MATLAB®&Simulink® 开发实例系列丛书

MATLAB 向量化编程基础精讲

马 良 祁彬彬 编著

下载程序请用
QQ 浏览器扫码

北京航空航天大学出版社

内 容 简 介

本书使用 MATLAB 最新版本 2016a,拣选 Mathworks 官方群组 Cody 中一些有趣的代码问题,分 6 章讲解这些优秀示例代码中使用数组、字符串操作、正则表达式以及匿名函数等方面的 MATLAB 编程技巧,并对其中较为典型和精彩的用法做扼要点评,对一些复杂思路或代码的细节和步骤,还逐一展开了延伸分析,使学习 MATLAB 编程的用户,能迅速体会 MATLAB 矢量化编程语言的基本特色。

本书适合所有 MATLAB 编程爱好者和使用 MATLAB 的不同专业大学生阅读,还可供研究生、科研工作人员及高校教师参考。

图书在版编目(CIP)数据

MATLAB 向量化编程基础精讲 / 马良,祁彬彬编著
. -- 北京: 北京航空航天大学出版社,2016.8
ISBN 978-7-5124-2209-4
I. ①M… II. ①马… ②祁… III. ①Matlab 软件—程序设计 IV. ①TP317
中国版本图书馆 CIP 数据核字 (2016) 第 186538 号

版权所有,侵权必究。

MATLAB 向量化编程基础精讲
马 良 祁彬彬 编著
责任编辑 王 实
*
北京航空航天大学出版社出版发行

北京市海淀区学院路 37 号(邮编 100191) http://www.buaapress.com.cn
发行部电话:(010)82317024 传真:(010)82328026
读者信箱: goodtextbook@126.com 邮购电话:(010)82316936
北京兴华昌盛印刷有限公司印装 各地书店经销
*
开本:787×1092 1/16 印张:27.75 字数:710 千字
2017 年 3 月第 1 版 2017 年 3 月第 1 次印刷 印数:4 000 册
ISBN 978-7-5124-2209-4 定价:58.00 元

若本书有倒页、脱页、缺页等印装质量问题,请与本社发行部联系调换。联系电话:(010)82317024

前　　言

学习 MATLAB，从来不是"学习 MATLAB"这么简单。

从一开始，对它的学习就和所学专业领域的相关理论同步，在学习阶段对它们的理解又交错生长、相互促进。毫无疑问，专业问题的研究处于核心主体地位，它高于对一个具体工具软件的钻研，但我们往往需要让公式、语言描述等，能以 MATLAB 作为媒介，解释、模拟、甚至预测事物运转的规律和真相。但这对于多数未必见长于编程的工程师，或者非计算机专业的高校大学生，具有一定的挑战性。

所以这时，学习方法就显得更加重要，人常说"工欲善其事，必先利其器"，可遇到的麻烦却往往是"器利，工未驭之以确法，致事不善"。层出不穷、匪夷所思的代码问题，往往是学习 MATLAB 伊始，没养成良好的编程习惯、没按正确方法发挥 MATLAB 特点所致。"良好习惯"或"正确方法"，并不仅仅是"每行代码都加注释"、"写一行隔个空行"等，当然，良好的编程习惯对代码后期维护调试大有好处，但这不是本书重点探讨的问题。我们要说的是：深入了解乃至掌控 MATLAB 函数，达到有效、简捷地用代码解决问题之目标。要达到这样的程度，恐怕要从调用方式到搭配组合再到执行效率，完整透彻理解 MATLAB 一些常用函数命令后，才能做到。很多人以为不难，认为看看命令帮助，学几个常见调用格式，写出程序，没有红色出错警示，就算大功告成了。

真是这样吗？

举例而言：其实相当一部分用过 MATLAB 软件，哪怕使用多年的用户，对 MATLAB 的常用命令也都未必谈得上熟悉。不信？不妨试试下面这个对带有"非数"的数列求和的问题：

源代码 1: 带有非数时的求和

```
1  >> a=[1:5,NaN,7]
2  a =
3       1     2     3     4     5    NaN     7
4  >> sum(a)
5  ans =
6     NaN
```

源代码 1 说明，当元素序列中存在特殊元素"NaN"时，原有的代数运算规则将发生变化，比如：NaN+1=NaN，NaN+inf=NaN(NaN 的详细介绍见 1.11.2 小节)。但在实际运算中这往往没有意义，我们可能更多需要的是统计除"NaN"之外的其他元素之和。

很多人想到循环遍历判断每个元素是否为"NaN"：

源代码 2: 除"NaN"以外元素的求和——方法 1

```
1  for i=1:length(a)
2      if isnan(a(i))
3          a(i)=0;
4      end
```

```
5     end
6 Result=sum(a)
```

源代码 2 用循环遍历序列 a 的每个元素，通过命令 `isnan` 判断每个元素是否为 "NaN"，如果是用 0 替换，最后求和。

对于没怎么接触过 MATLAB 的读者而言，源代码 2 貌似不错：一个程序用到循环、判断两种流程，甚至还有 `isnan` 这样 "高端大气上档次" 的逻辑命令。但更加了解 MATLAB 矢量化操作的用户都知道，函数 `isnan` 支持矢量化逻辑操作，循环、判断流程可以全部去掉。

源代码 3: 除 "NaN" 以外元素的求和——方法 2

```
1 a=[1:5,NaN,7];
2 Result=sum(a(~isnan(a)))
```

当然，在已知数组 a 确定为正的情况下，`isnan` 可用大于零的逻辑判断：$a(a >= 0)$ 代替，这是针对具体问题的特殊构造。

到此，即使具有一定 MATLAB 使用经验的读者，可能都会认为已经简无可简了，但重读求和命令 `sum` 后，你会发现 MATLAB 给这个使用频率最高的函数，悄然加上了后置辨识参数 "nanflag"，专门用于判定数组或者矩阵求和过程是否应当略过 "非数"。它有两个选项："{'includenan'} |'omitnan'"，花括号内的是默认值，这也是为什么直接对数组 a 求和而得到的结果却是 "NaN" 的原因，所以用 `sum` 求和时，把 "nanflag" 后置识别参数换为第二项，也就是 "'omitnan'"，可直接得解。

源代码 4: 除 "NaN" 以外元素的求和——方法 3

```
1 a=[1:5,NaN,7];
2 Result=sum(a,'omitnan')
```

是不是更简单了呢？我们可以举一反三，不仅求和函数，在 `max`、`min`、`mean`、`std`、`cov` 等不少经常使用的命令中也有类似的 "非数" 辨识参数选项，有兴趣的话可以在帮助中搜索 "nanflag" 查看更详细的内容。

仍以 `sum` 命令为例，有点基础的读者都知道 MATLAB 中的运算是以列为第一方向的，所以 `sum` 对于矩阵是按列求和的，如果要求按行求和，很多人会习惯性地先转置再求和：

源代码 5: 矩阵按行求和——方法 1

```
1 >> a=randi(10,4)
2 a =
3      9     7    10    10
4     10     1    10     5
5      2     3     2     9
6     10     6    10     2
7 >> sum(a')
8 ans =
9     36    26    16    28
```

但 `sum` 函数中有一个维度指定的后缀参数 "dim"，就省去了从外部转置的步骤：

源代码 6: 矩阵按行求和——方法 2

```
1  >> sum(a,2)
2  ans =
3      36
4      26
5      16
6      28
```

源代码 6 中通过第 2 个参数指定了求和方向为第 2 维度，即列方向。

一些读者觉得两种方法其实一样，第 2 种方法无非在内部做转置，与单独在外部做转置的方法"殊途同归"。这里要指出的是，两种方法原理上有很大区别：一方面，强调尽可能多运用相对高效的内置函数，能在内部解决的问题尽量不放在函数外部；另一方面，也是更重要的，当矩阵维度进一步扩展时，前一种方法自动失效，比如对三维矩阵 $(m \times n \times l)$，如需按第 3 维度 l 求和，则可深入到元素做遍历循环：

源代码 7: 三维矩阵按"页"求和——方法 1

```
1  a=randi(10,4,4,2);
2  for i=1:size(a,1)
3      for j=1:size(a,2)
4          Result(i,j)=a(i,j,1)+a(i,j,2);
5      end
6  end
7  Result
```

如果知道高低维索引转换命令 `ind2sub` 的用法，则二重循环降至一重也未尝不可：

源代码 8: 三维矩阵按"页"求和——方法 2

```
1  a=randi(10,4,4,2);
2  for i=1:numel(a(:,:,1))
3      [I,J]=ind2sub(size(a(:,:,1)),i);
4      Result(I,J)=a(I,J,1)+a(I,J,2);
5  end
6  Result
```

不过在循环机制下，还是按页整体求和相对直观和高效，毕竟 MATLAB 支持同维矩阵元素的对位相加：

源代码 9: 三维矩阵按"页"求和——方法 3

```
1  a = randi(10,4,4,2);
2  Result = a(:,:,1);
3  for i = 2 : size(a,3)
4      Result = Result + a(:,:,i);
5  end
6  Result
```

若对多维矩阵操作命令有一定基础，则把数据按问题要求变维再求和也能达到要求：

源代码 10: 三维矩阵按"页"求和——方法 4

```
1  squeeze(sum(permute(a,[3,2,1])))'
```

在源代码 10 中，按照 sum 的求和顺序，先用 permute 重排多维数组求和，再用 squeeze 压缩多维矩阵还原为结果。

上述对多维矩阵在高维度上的求和，明显感到循环遍历元素、变维等办法都很繁琐，其实只要更改 sum 默认维度参数"dim"，源代码 7~10 遇到的问题就都能避免：

源代码 11: 三维矩阵按"页"求和——方法 5

```
1  sum(a,3)
```

如果对 MATLAB 的 cell 数据结构理解更多一些，则会发现一些涉及 cell 数据结构的命令也具有数据打乱重组的方式，求和则可通过 cellfun 函数调用求和句柄对归并数据完成操控：

源代码 12: 三维矩阵按"页"求和——方法 6

```
1  cellfun(@sum,num2cell(a,3))
```

以上是求和命令 sum 的应用示例，此外，分析时间序列的工具箱 (Financial Toolbox) 函数 nansum 同样可以指定维度，并自动忽略数据中的"NaN"求和，感兴趣的读者可在"帮助"中查看。另外，如果今后对 MATLAB 函数有了更深入透彻的认识，涉及数据的重组归并还可参照 accumarray、splitapply 等函数。

从上述矩阵求和例子能看出：一方面，掌握 MATLAB 函数是长期累积的过程，很多甚至是十分常见的命令，其调用方法也会随版本更替不断"进化"，需要不断学习和体会，并没有一劳永逸的捷径；另一方面，不少省时省力的扩展方法也说明，钻研内置函数是有潜力可挖的。此外，也建议读者朋友在条件允许的情况下，尽量使用新版本，因为每次新版本对一些命令调用格式的微调，往往给 MATLAB 编程工作带来意想不到的切实便利。

鉴于此，我们决定尝试总结一些函数综合运用的心得体会，帮助大家有针对性地训练在 MATLAB 中操控数组和字符串的技巧，以具体问题为导向，尽量贴近实战环境，把复杂问题的运算过程，分解成多个简单的"代码步"，由浅入深，逐步解释命令的组合与搭配思路，使问题化繁为简、读者容易理解，并举一反三，对 MATLAB 命令在具体环境中的用法有更深一层的体悟。

要写出好的代码，首先要能欣赏好的代码。本书中所选择的问题，大多来自 Cody（Mathworks 公司主页上一个用 MATLAB 编程解决小问题的社区群体），在每个问题后，我们都给出了多种解决代码，以及关键窍要处的点评和注解，读者可以通过这些代码，洞见函数细微处控制的精妙"杀招"，开阔代码编写思路。相信打好这个基础，将为大家今后使用工具箱命令或自编函数，以高效简捷地解决专业上的具体问题，节省大量时间和精力！我想，随着代码欣赏力的提高，佐以适当练习，慢慢地您也能写出优雅如诗的 MATLAB 程序，到那时您就会发现写 MATLAB 代码解决问题的过程，居然充满了令人愉快的成就感！

我想，这就是我们写书的初衷和最终目的。

沟通和交流也是开阔 MATLAB 代码视界的有效途径，三人行必有我师，为与读者朋友们方便地交流和互相学习，本书在 MATLAB 中文论坛专设了交流版面（网址：http://www.ilovematlab.cn/forum-260-1.html），如果在阅读本书和运行代码过程中，您有任何问题，欢迎来和我们互动讨论。同时，由于时间仓促，水平有限，书中难免有错误和疏漏，如果您发现有任何问题，请在本书的勘误网址（http://www.ilovematlab.cn/thread-489591-1-1.html）提出，我们会尽快改正。

最后，我们感谢在本书内容上和求解代码中贡献智慧的 Cody 社区的兄弟姐妹，这些无名英雄默默的努力，正成为后人在黑暗中摸索 MATLAB 技巧的指路明灯。真诚感谢在探索 MATLAB 技巧的十几年的学习过程中，因网络结识的吴鹏、李国栋、谢中华、刘亚龙、黄源、刘鹏、LY Cao 等朋友，以及一直致力于推广 MATLAB 应用的麦客技术联盟，在本书撰写过程中，得到了你们很多宝贵的建议和意见。感谢北京航空航天大学出版社的编辑一直以来的帮助和鼓励。作者马良感谢母亲柳天毅长期的关心照顾，弟弟马强、好友王华和周兆军等一直以来在精神上的鼓励和支持；作者祁彬彬感谢身后一直默默支持自己的爱人邵冰华。同时，对马文涛、韩风霞、张致旭、窦婷、李伟东、安超、宋曦尧、赵昱杰、张国锋、孔祥松、魏志勋、徐浩鹏、丁洋、刘晨、门特、李曼茹、李森、李平、张超、谷翔、郑瑞峰、江海翔、李凯琪、殷凯、富文莲、褚传乐、孙海龙、吕晓龙、郭智鹏、曹璐、刘凯、支铁城等人在平时工作上的支持，也表示衷心的感谢。

马　良
2016 年 4 月于东北大学

目　　录

第 1 章　数组操作初步 ··· 1

 1.1　数组基础训练：算盘里的学问 ··· 1
  1.1.1　逐列循环结合正反向搜索 ·· 3
  1.1.2　利用累积乘积函数 cumprod ·· 6
  1.1.3　构造特殊的乘积因子 ··· 7

 1.2　数组基础训练：非零元素赋值为 1 ·· 8
  1.2.1　循环 + 判断 ·· 8
  1.2.2　利用逻辑判断 + 矢量索引 ·· 9
  1.2.3　利用 abs 和 sign ··· 9
  1.2.4　min 函数更改 nanflag 设置参数 ··· 10

 1.3　数组基础训练：将指定元素换成 0 ·· 11
  1.3.1　循环 + 判断 ··· 12
  1.3.2　高低维索引转换后赋值 ·· 13
  1.3.3　利用 bsxfun 单一维扩展构造逻辑判断条件 ··························· 15
  1.3.4　利用 sparse 函数对全零稀疏矩阵相关元素赋值 ······················ 16
  1.3.5　利用累积方式构造向量的 accumarray 函数 ·························· 17

 1.4　数组基础训练：正反对角线互换 ·· 19
  1.4.1　寻找元素行列索引关系循环赋值 ·· 20
  1.4.2　利用低维索引查找正反对角元素关系赋值 ····························· 20
  1.4.3　结合逻辑数组或点乘构造对角线元素 ··································· 21
  1.4.4　利用逻辑"或"操作 ··· 26

 1.5　数组基础训练：寻找真约数 ·· 28
  1.5.1　函数 factor 和组合命令 nchoosek ······································· 28
  1.5.2　最大公约数命令 ·· 29
  1.5.3　含求余函数 mod 和 rem 的逻辑判断 ··································· 30

 1.6　数组基础训练：康威的《生命游戏》 ··· 31
  1.6.1　枚　举 ·· 32
  1.6.2　循　环 ·· 34
  1.6.3　叠加与卷积 ·· 35

 1.7　数组基础训练：寻找最大尺码的"空盒子" ···································· 40

	1.7.1	循　环 ·	41

       1.7.2　利用 conv2 函数 · 42

  1.8　数组基础训练：寻找对角线上的最多连续质数 · 47

       1.8.1　卷积命令 · 48

       1.8.2　灵活的 max+diff+find 函数组合 · 53

  1.9　数组基础训练：扫雷棋盘模拟 · 59

       1.9.1　循环遍历元素 + 判断 · 60

       1.9.2　构造三对角矩阵的连乘方案 · 62

       1.9.3　利用卷积命令 conv2 · 62

  1.10　数组基础训练：移除向量中的 NaN 及其后两个数字 · 65

       1.10.1　循　环 · 66

       1.10.2　矢量化索引操作 · 67

  1.11　数组基础训练：把 NaN 用左边相邻数字替代 · 70

       1.11.1　循环 + 判断 · 70

       1.11.2　利用 cumsum 构造符合要求的索引 · 72

  1.12　数组基础训练：涉及类型转换的数据替代 · 75

       1.12.1　利用循环判断 · 76

       1.12.2　cellfun 赋值符合条件的索引位元素 · 77

       1.12.3　利用原逻辑索引在 cell 数组中引用赋值 · 77

       1.12.4　统一逻辑索引以多输出方式赋值 · 77

  1.13　数组基础训练：递归中的输入输出变量交互 · 79

  1.14　小　结 · 81

第 2 章　字符串操作初步 · 82

  2.1　字符串基础训练：字符取反的七种武器 · 82

       2.1.1　利用循环 + 判断的传统方式 · 84

       2.1.2　矢量化索引与不同函数组合的替换取反 · 85

       2.1.3　函数 sprintf+ 逻辑索引构造 · 85

       2.1.4　函数 char+ 逻辑数组 + 四则运算符的多种字符串构造方式 · · · · · · · · · · 87

       2.1.5　冒号操作做字符格式归并 + ASCII 码值运算转换 · 88

       2.1.6　函数 num2str 及其灵活的设定参数 · 90

       2.1.7　构造字符向量以输入做逻辑索引取反 · 91

  2.2　字符串基础训练：星号排布 · 92

       2.2.1　循　环 · 93

       2.2.2　矢量化构造方式 · 95

  2.3　字符串基础训练："开心"的 2013 · 95

	2.3.1	循环 + 利用函数 unique 判断	96
	2.3.2	循环 + num2str 转化年份为字符串分离数字	96
	2.3.3	num2str 分离数字 + 排序做差	97
2.4	字符串基础训练：寻找"轮转"的子字符串		99
	2.4.1	几种不同的循环方式	100
	2.4.2	利用卷积命令 conv2+ 测试矩阵	105
	2.4.3	利用 cellfun+ strfind+ 测试矩阵 gallery	105
2.5	字符串基础训练：猜测密码		106
	2.5.1	循环 + 判断	107
	2.5.2	矢量化索引方式	108
2.6	字符串基础训练：用指定数量填充字符		108
	2.6.1	循环判断及 repmat 扩展序列	109
	2.6.2	利用索引构造扩展	110
	2.6.3	try 流程省略判断 + 函数 strjoin 拼接向量	110
	2.6.4	利用 2015a 版本中的新函数 repelem	112
2.7	字符串基础训练：带判断条件的字符串替代		112
	2.7.1	循环 + 判断	113
	2.7.2	矢量化索引构造	114
2.8	字符串基础训练：抽取指定位数数字组成向量并排序		116
	2.8.1	floor+log10+mod 组合	117
	2.8.2	转换为字符串提取单字符	118
2.9	字符串基础训练：二进制字符中查找最长的"1"序列		122
	2.9.1	查找逻辑索引做差	123
	2.9.2	字符匹配方式处理字符串	124
	2.9.3	查找字符替换为空格	125
2.10	字符串基础训练：剔除指定数字的序列求和		126
	2.10.1	利用 log10 或 mod 等函数的数值处理	126
	2.10.2	利用进制转换函数 dec2base	128
	2.10.3	利用数值转字符函数 num2str 构造逻辑索引	129
2.11	字符串基础训练：元胞数组内字符串的合成		129
	2.11.1	函数 sprintf	130
	2.11.2	利用向量的列排布变维	131
	2.11.3	函数 strjoin	132
2.12	小　结		133

第 3 章 数组操作进阶：扩维与构造 · 134

3.1 关于矩阵维数扩充的预备知识 · 135
3.1.1 repmat 函数 · 135
3.1.2 索引构造 · 135
3.1.3 kron 函数扩维 · 136
3.1.4 meshgrid 和 ndgrid 函数扩维 · 137
3.1.5 矩阵外积 · 139
3.1.6 bsxfun 函数矩阵扩维 · 139
3.1.7 其他思路 · 145
3.1.8 扩维思路的总结 · 145

3.2 数组训练进阶：向量数值为长度的扩维 · 146
3.2.1 循 环 · 147
3.2.2 利用 arrayfun 扩维 · 148
3.2.3 利用 repmat 扩维 · 148
3.2.4 利用 meshgrid 和 ndgrid 扩展矩阵索引 · · · · · · · · · · · · · 149
3.2.5 利用 bsxfun 扩维 · 150

3.3 数组训练进阶：求和与构造 · 151
3.3.1 直接索引法 · 151
3.3.2 加法中的减法 · 152
3.3.3 中部元素置零 · 153
3.3.4 测试矩阵构造 · 153
3.3.5 卷积和滤波命令 · 157

3.4 数组训练进阶："行程长度编码"序列构造 · · · · · · · · · · · · · · · · · · · 160
3.4.1 利用循环拼接 repmat 扩展矩阵 · 161
3.4.2 索引扩维、arrayfun 扩展和 cell2mat 拼接 · · · · · · · · · · · 161
3.4.3 按 reshape 变维向量循环处理 · 161
3.4.4 递 归 · 162
3.4.5 直接调用函数 repelem · 163

3.5 数组训练进阶："行程长度编码"的反问题 · · · · · · · · · · · · · · · · · · · 163
3.5.1 循环拼接向量 · 164
3.5.2 利用矢量化多次寻址构造序列 · 165

3.6 数组训练进阶：孤岛测距 · 166
3.6.1 序列 1,0 元素索引位相减取最小值 · 166
3.6.2 直接处理每段"安全"区域 · 167
3.6.3 利用相邻项数值的构造和比较 · 168
3.6.4 利用滤波函数 filter2 · 168

3.7	数组训练进阶：生成索引数自扩展序列 ·	170
	3.7.1 循环拼接 ·	171
	3.7.2 利用测试矩阵 hankel ·	172
	3.7.3 利用上三角矩阵函数 triu+meshgrid 构造 · · · · · · · · · · · · · ·	172
3.8	数组训练进阶：指定子向量长度求均值 ·	173
	3.8.1 循环逐段求均值 ·	174
	3.8.2 利用频数累加函数 accumarray ·	174
	3.8.3 利用测试矩阵 hankel ·	176
	3.8.4 利用卷积系列命令 ·	177
3.9	数组训练进阶：统计群组数量 ·	177
	3.9.1 循环拼接向量 ·	178
	3.9.2 涉及排重命令 unique 的几种解法 ·	179
	3.9.3 利用累积求和函数 cumsum 与 diff · · · · · · · · · · · · · · · · · · ·	181
3.10	数组训练进阶：对角矩阵构造 ·	181
	3.10.1 矩阵叠加 ·	182
	3.10.2 借助特殊矩阵构造 ·	185
	3.10.3 循环处理构造思路 ·	187
3.11	数组训练进阶：在时间序列中插入 0 元素 · · · · · · · · · · · · · · · · · · ·	187
	3.11.1 指定位置赋值 ·	187
	3.11.2 增加 0 元素用 reshape 变维 ·	189
	3.11.3 循　环 ·	190
	3.11.4 利用 kron 函数扩展矩阵 ·	190
	3.11.5 正则替换 ·	191
3.12	数组训练进阶：Bullseye 矩阵构造 ·	191
	3.12.1 工具箱特殊函数 ·	192
	3.12.2 利用特殊矩阵构造 ·	194
	3.12.3 基本数列构造并矢量化扩维 ·	195
	3.12.4 递归、判断与循环 ·	199
3.13	数组训练进阶：Bullseye 矩阵构造扩展之一 · · · · · · · · · · · · · · · · · ·	200
	3.13.1 利用求余命令 mod 或 rem 获得矩阵数值 · · · · · · · · · · · · · ·	200
	3.13.2 利用循环逐元素赋值 ·	203
3.14	数组训练进阶：Bullseye 矩阵构造扩展之二 · · · · · · · · · · · · · · · · · ·	204
	3.14.1 ndgrid 对"基"序列扩维 ·	204
	3.14.2 利用测试矩阵 spiral 试凑 ·	204
3.15	数组训练进阶：Bullseye 矩阵构造扩展之三 · · · · · · · · · · · · · · · · · ·	205
	3.15.1 构造"基"序列扩维 ·	206

  3.15.2 特殊矩阵构造 ········ 209
  3.15.3 递归与循环 ········ 209
 3.16 数组训练进阶：Bullseye 矩阵构造扩展之四 ········ 210
  3.16.1 循 环 ········ 211
  3.16.2 向量组合 + meshgrid 函数构造 ········ 212
  3.16.3 bsxfun 扩维 ········ 214
  3.16.4 测试矩阵 spiral 试凑 ········ 214
 3.17 数组基础训练：最小值替换为行均值 ········ 215
  3.17.1 循环与矢量化函数二者的结合 ········ 216
  3.17.2 利用高低维索引转换函数 sub2ind ········ 217
  3.17.3 利用稀疏矩阵构造指定位置索引 ········ 217
  3.17.4 bsxfun 单一维扩展构造索引 ········ 217
  3.17.5 累积最值函数 cummin ········ 218
 3.18 数组训练进阶：矩阵元素分隔——"内向"的矩阵 ········ 219
  3.18.1 循环 + 判断 ········ 220
  3.18.2 利用函数 kron 扩维 ········ 221
  3.18.3 利用索引构造变换对新矩阵赋值 ········ 223
  3.18.4 利用稀疏矩阵命令 sparse 构造 ········ 225
  3.18.5 利用累积求和命令 accumarray ········ 226
 3.19 数组训练进阶：矩阵分块均值——"外向"的矩阵 ········ 227
  3.19.1 循环逐个元素查找相邻索引号 ········ 227
  3.19.2 利用 circshift 函数换序叠加 ········ 228
  3.19.3 利用二维卷积和滤波函数 ········ 229
 3.20 小 结 ········ 229

第 4 章 字符操作进阶：正则表达式 ········ 231
 4.1 闲话正则 ········ 231
 4.2 灵活的正则语法 ········ 232
  4.2.1 元字符 ········ 232
  4.2.2 转义字符 ········ 234
  4.2.3 匹配次数 ········ 234
  4.2.4 模 式 ········ 236
  4.2.5 分组运算 ········ 237
  4.2.6 关于锚点 ········ 239
  4.2.7 左顾右盼 ········ 239
  4.2.8 逻辑与条件运算 ········ 240

    4.2.9   标记操作 · 241

    4.2.10 动态正则表达式 · 243

    4.2.11 注释与搜索标识 · 246

4.3   正则表达式基础：元音字母计数 · 248

    4.3.1   其他解法 · 249

    4.3.2   正则解法 · 251

4.4   正则表达式基础：所有的字母都是大写吗？ · 252

    4.4.1   其他解法 · 252

    4.4.2   正则解法 · 254

4.5   正则表达式基础：移除字符串中的辅音字母 · 255

    4.5.1   其他解法 · 255

    4.5.2   正则解法 · 258

4.6   正则表达式基础：首尾元音字母字符串的查找 · 260

    4.6.1   其他解法 · 261

    4.6.2   正则解法 · 262

4.7   正则表达式基础：提取文本数字求和 · 263

    4.7.1   其他解法 · 263

    4.7.2   正则解法 · 265

4.8   正则表达式基础：钱数统计 · 267

    4.8.1   其他解法 · 268

    4.8.2   正则解法 · 271

4.9   正则表达式基础：文本数据的"开关式"查找替换 · 274

    4.9.1   其他解法 · 275

    4.9.2   正则解法 · 275

4.10 正则表达式基础：剔除且只剔除首尾指定空格 · 279

    4.10.1 其他解法 · 280

    4.10.2 正则解法 · 283

4.11 正则表达式基础：电话区号查询 · 284

    4.11.1 其他解法 · 284

    4.11.2 正则解法 · 287

4.12 正则表达式基础：字母出现频数统计 · 288

    4.12.1 其他解法 · 289

    4.12.2 正则解法 · 292

4.13 正则表达式基础：翻转单词（不是字母）次序 · 294

    4.13.1 其他解法 · 294

4.13.2 正则解法 ··· 296
4.14 正则表达式基础：寻找最长的"回文"字符 ·· 298
　　4.14.1 其他解法 ··· 298
　　4.14.2 正则解法 ··· 299
4.15 正则表达式基础：求解"字符型"算术题 ·· 301
　　4.15.1 其他解法 ··· 301
　　4.15.2 正则解法 ··· 304
4.16 本书前三章中一些问题的正则解法 ·· 308
　　4.16.1 正则表达式重解例 1.12 ·· 308
　　4.16.2 正则表达式重解例 2.1 ·· 309
　　4.16.3 正则表达式重解例 2.5 ·· 310
　　4.16.4 正则表达式重解例 2.6 ·· 310
　　4.16.5 正则表达式重解例 2.8 ·· 312
　　4.16.6 正则表达式重解例 2.9 ·· 313
　　4.16.7 正则表达式重解例 2.10 ·· 314
　　4.16.8 正则表达式重解例 3.5 ·· 315
　　4.16.9 正则表达式重解例 3.6 ·· 315
　　4.16.10 正则表达式重解例 3.7 ·· 319
4.17 小　　结 ··· 319

第 5 章 多维数组漫谈 ··· 320
5.1 多维数组基础 ·· 321
5.2 多维数组问题 1：扩维 ·· 328
　　5.2.1 利用 kron 和 reshape 函数 ··· 330
　　5.2.2 利用 cat 函数 ·· 332
　　5.2.3 利用 bsxfun 和 shiftdim 函数 ··· 337
　　5.2.4 利用 convn 和 shiftdim 函数 ·· 340
5.3 多维数组问题 2："乘"操作 ··· 340
　　5.3.1 循环和分情况判断的基本方法 ··· 341
　　5.3.2 点积单独构造维数向量与循环的组合 ··································· 343
　　5.3.3 利用高、低维索引变换 ·· 343
　　5.3.4 cell 数组结构与 repmat 函数组合 ··· 346
　　5.3.5 cell 数组结构 + 扩维 ·· 349
5.4 多维数组问题 3：高维数组的矢量化索引寻址 ································· 352
　　5.4.1 permute 做源数据维度变换的不同方式 ································· 354
　　5.4.2 索引分组 ··· 360

5.5	小 结	361

第6章 匿名函数专题 · 362

- 6.1 匿名函数探析 · 362
  - 6.1.1 基本应用 · 362
  - 6.1.2 匿名函数嵌套构造函数在程序编写中的应用 · 364
  - 6.1.3 匿名函数与参数传递 · 367
  - 6.1.4 匿名函数进阶 · 376
- 6.2 匿名函数应用：函数迭代器 · 381
  - 6.2.1 循环求解的多个变体 · 381
  - 6.2.2 递归思路及引申 · 382
- 6.3 匿名函数应用：返回多输出 · 385
  - 6.3.1 利用匿名函数创建多输出句柄 · 385
  - 6.3.2 利用匿名函数构造更灵活的任意数量输出 · 390
- 6.4 匿名函数应用：复合句柄 · 393
  - 6.4.1 利用子函数 · 394
  - 6.4.2 利用匿名函数构造 · 395
- 6.5 匿名函数应用：斐波那契数列求值 · 400
  - 6.5.1 几种不用匿名函数定义句柄的解法 · 401
  - 6.5.2 使用匿名函数构造序列的相关算法 · 404
- 6.6 匿名函数应用：斐波那契数列构造 · 406
  - 6.6.1 不使用匿名函数的几种求解思路 · 407
  - 6.6.2 使用匿名函数构造受控句柄的几种解法 · 409
- 6.7 匿名函数应用：函数执行计数器中的匿名函数传参机理 · 410
  - 6.7.1 `save+load` 存储调用变量 · 412
  - 6.7.2 图形句柄 · 413
  - 6.7.3 随机数控制器 rng · 414
  - 6.7.4 全局变量定义 "global" · 416
  - 6.7.5 匿名函数句柄传递计数结果 · 417
- 6.8 小 结 · 423

参考文献 · 424

第 1 章 数组操作初步

所谓数组操作,泛指利用 MATLAB 基本命令(一般是 Builtin-in 函数)如 `find`、`max`、`min`、`diff` 或 `sign` 等,以及矩阵寻址矢量操作和逻辑判断语句,实现数据按需批量处理。看懂这部分内容,并能用这些命令构造一些合适的组合,达到简捷快速处理问题的效果,往往意味着使用者对 MATLAB 的使用有了一定程度的理解,不再把 MATLAB 当成 C++、FORTRAN,或其他什么语言的翻译器,而是真正写出了打上 MATLAB 烙印的程序。

控制索引是数组操作的灵魂,尤其对元素索引位多次逻辑寻址,能充分体现 MATLAB 矢量化程序的编写功底。遗憾的是各种中文教材较少对此详细介绍,多数人在起步阶段采用的方法都是在论坛诸多求助代码的回复中,偶然偷师学得的一招半式。不过,除非天资颖悟,多数人仍难举一反三,实现矢量化编程能力质的飞跃,甚至不少人使用 MATLAB 经年,遇到代码问题,还本能地循环加判断遍历矩阵元素。虽说循环机制经过不断优化完善,曾饱受诟病的低效问题早已能妥善应对,但抛开程序啰嗦不说,不掌握 MATLAB 矢量化寻址的精髓,MATLAB 的特点或者潜力就难以发挥。另外,很多以为非常熟悉的常用函数,随着版本进化,不少都具备了更灵活强大的重载方式,新的后置参数、新的使用方法,意味着新的组合方式,更意味着代码优化存在着进化的可能性,如果还一味守着老观念,坚持着十年前所学到的"能或不能"、"好或者坏",那么代码的冗长乏味、执行效率的低下,也就不可避免了。

因此,本章期望通过对问题的求解讨论,重回基础数组命令及其组合,在矢量化编程方式与传统编程方法的差异比较中,感受普通函数的不普通之处。另外,本章和后续几乎所有题目的解答都是开放式的,更好的学习方法就是找到比书中解答更简捷的思路或者方法,这样得到的提高当然就更大!

1.1 数组基础训练:算盘里的学问

例 1.1 算盘由 $7\times N$ 个槽和占据其中的 $5\times N$ 个算珠组成。要求编写 M 函数,函数的输入代表图 1.1 所示算珠的占位,即:算珠所处位置,则该位置输入为 1,否则为 0,并设定所有算珠占位形式都不违反算盘的实际摆放规则。

源代码 1.1: 例 1.1 测试代码

```
1  %% 1
2  x = [ 1 0 1 1 0 1 1 ]';
3  y_correct = 2;
4  assert(isequal(soroban_evaluate(x),y_correct))
5  %% 2
6  x = [ 1 1 0 0 0
7          0 0 1 1 1
8          1 0 0 1 1
```

```
 9      0 1 1 1 0
10      1 1 1 1 1
11      1 1 1 0 1
12      1 1 1 1 1];
13  y_correct = 10586;
14  assert(isequal(soroban_evaluate(x),y_correct))
15  %% 3
16  x = [ 1 1 1 1 1
17      0 0 0 0 0
18      0 0 0 0 0
19      1 1 1 1 1
20      1 1 1 1 1
21      1 1 1 1 1
22      1 1 1 1 1];
23  y_correct = 0;
24  assert(isequal(soroban_evaluate(x),y_correct))
25  %% 4
26  x = [ 0 1 1 1 1
27      1 0 0 0 0
28      0 0 0 0 0
29      1 1 1 1 1
30      1 1 1 1 1
31      1 1 1 1 1
32      1 1 1 1 1];
33  y_correct = 50000;
34  assert(isequal(soroban_evaluate(x),y_correct))
35  %% 5
36  x = [ 0 0 0 0 0 1 1 1 1 1
37      1 1 1 1 1 0 0 0 0 0
38      1 1 1 1 0 1 1 1 1 0
39      1 1 1 0 1 1 1 1 0 1
40      1 1 0 1 1 1 1 0 1 1
41      1 0 1 1 1 0 1 1 1
42      0 1 1 1 1 0 1 1 1 1];
43  y_correct = 9876543210;
44  assert(isequal(soroban_evaluate(x),y_correct))
```

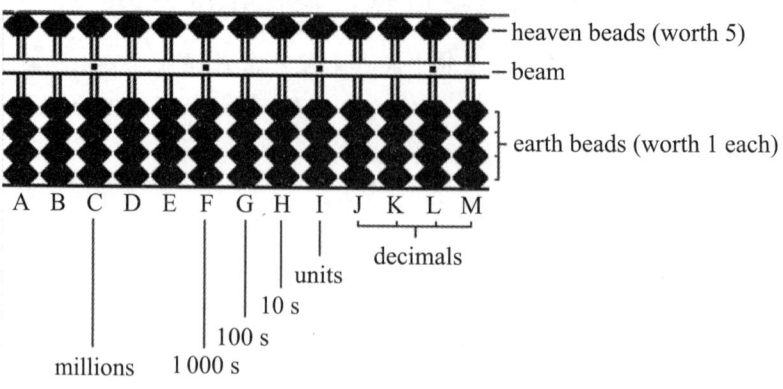

图 1.1 算 盘

释义：这是算盘运算的基本原理。如图 1.1 中所示，M → A 分别为"个十百千万……"

不同位数、算盘下方 5 个珠代表单个数字 1，逢一进一；上方 1 个珠代表数字 5，逢五进一（即退格至下方）。算珠填充档位在输入矩阵中以"1"表示，反之为"0"，输入一个 $7\times N$ 的"0–1"矩阵，假定输入都符合珠算上下各 1，共计 2 个空位的排布方式，即不考虑："上方 2 个 0，下方 5 个 1"这样的错误情况。要求用给定的 $7\times N$ 矩阵算出其所代表的十进制数。

算盘横隔上方以"[1;0]"排列代表上珠不动，即不加 5，"[0;1]"代表算盘珠下拨，本列加 5，下方 5 珠则上推几珠计为几，二者相加是本列数值。5 列数计算完毕，按指定 $7\times N$ 矩阵自右向左为以 10 倍递进关系，乘以相应的倍数关系得到最终的数据，例如源代码 1.1 中的第 2 个算例，最右列上珠下拨计 5，下珠仅 1 个上拨，计为 1，因此第一列结果为 $5+1=6$，同理得到共 5 列计数值为"[1 0 5 8 6]"，各自代表单位依次为"[10 000 1 000 100 10 1]"，做向量点积求和即为结果 10 586。

1.1.1 逐列循环结合正反向搜索

对每列只有 2 个 0 和 5 个 1，第 1、2 个元素只有"[1;0]"和"[0;1]"两种排列方式的珠算档，最普通的办法是逐列循环。函数 find 具有一个方便的特性：查找确定元素时序列中能按正、反两个方向搜索满足要求的前 N 个元素，例如：

源代码 1.2: 函数 find 应用示例

```
1  >> x=randi(10,1,12)
2  x =
3       9    10     2    10     7     1     3     6    10    10     2    10
4  >> find(x<5,2,'last')
5  ans =
6       7    11
7  >> find(x<5,2)
8  ans =
9       3     6
```

源代码 1.2 第 2 条语句后缀参数"'last'"，意为在随机整数序列 x 中，自后向前反向查找小于 5 的两个数的索引；第 3 条语句没有后缀参数，默认从前向后正向搜索序列 x，满足小于 5 的两个数。

这个功能对于例 1.1 的求解非常便利：因为计数矩阵中的两个 0 的位置控制实际输出，所以一个正向搜索、一个反向搜索找到两个位置，本列的计数值就确定了。这个思路具体实现方式多样，如可把生成的本列值和进位放进一个循环体：

源代码 1.3: 函数 find 搜索定位计数,by Luis Vicente,size:53

```
1  function y = soroban_evaluate(s)
2      [i,~] = find(s(3:7,:) == 0);
3      y = 0;
4      for j=1:size(s,2),
5          y = y*10 + s(2,j)*5 + i(j) - 1;
6      end
7  end
```

源代码 1.3 函数体内第 1 行查找算盘下方 5 珠中的 0 位并返回其相应行索引，由于用不到列位，命令 find 的第 2 输出参数用"~"省略。注意，在这段代码的循环体内逐位构造，它完全模拟了算盘计数规则。以源代码 1.1 的算例 2 即结果 10586 为例，第 1 次循环时 y 初值为 0，第 1 项 $10y$ 不起作用；$s(2,j) \times 5$ 隐含一个判断：如 $s(2,j)=1$，则本列数据个位加 $5 \times 1 = 5$，如上珠不在该位，则本列数据为 $5 \times 0 = 0$，也就是不加数 5；$i(j)-1$ 代表下珠上拨个数，因变量 i 代表 0 位，所以需要减去 1。第 2 次循环开始，每次把前次得到的结果乘以 10，相当于高位的数左移，本例前次循环结果为"1"，乘以 10 相当于进位，其余类推。这个算法还可通过 arrayfun 函数略作改进：

源代码 1.4: 正反向用函数 find 搜索定位计数, by bainhome, size:47

```
1  function ans = soroban_evaluate(s)
2  ans=polyval(arrayfun(@(i) 5*(find(s(:,i),1)==2)+...
3      find(s(:,i)==0,1,'last')-3,1:size(s,2)),10);
4  end
```

程序只有一行，但流程可被分解为里层查找计数、中间逐列循环以及外层多项式求值三部分，分步讲解如下：

① **函数 find 查找计数**：之前已经谈到 find 函数的搜索可以沿正、反向进行，但最上方两个位置都是"非 0 即 1"的，所以查找 1 和查找 0 并没有区别；另外，find 函数内第 1 个参数代表的是某种逻辑条件，此处的 find(s(:,i),1) 代表的是第 1 个为非零，即 TRUE 的逻辑值所在原向量 s 中的位置，比如：

源代码 1.5: 源代码 1.4 分析 1——查找计数

```
1  >> x=[0 -2 3 -1 2]
2  x =
3      0   -2    3   -1    2
4  >> find(x,1)
5  ans =
6      2
```

所以，逻辑语句 (find(s(:,i),1)==2) 代表判断输入 s 第 i 列第 1 个 1 是否在向量 s(:,i) 的第 2 位上，如果是则返回 1，反之为 0；里层后半部分 find(s(:,i)==0,1,'last')-3 则从后向前查找第 1 个 0，在结果上减 3 是因为从第 3 个珠算位开始就"逢一进位"了。这两部分的结果相加即为本列珠算结果 m_i，其数学表达如式 (1.1) 所示，其中 x 代表下部 5 颗珠共上拨的颗数：

$$m_i = x + \begin{cases} 5 & \text{上珠下拨} \\ 0 & \text{上珠上拨} \end{cases} \tag{1.1}$$

② **函数 arrayfun 做逐列循环**：源代码 1.4 用函数 arrayfun 替代了 for 循环，二者在本例中没有区别，前者的便利之处体现在与匿名函数之间的联系上，通过匿名函数的多样构造，以及同类函数 cellfun、structfun 等的组合搭配，能写出很多带有高度矢量化特性的简捷程序。关于匿名函数在第 6 章会详细说明，arrayfun 的调用格式如下：

源代码 1.6: 源代码 1.4 分析 2——arrayfun 函数调用格式

```
1  [B1,...,Bm] = arrayfun(func,A1,...,An,Name,Value)
```

$A_i(i=1,2,\cdots,n)$ 要求是同维序列，如果函数 func 的每个输出是数字，则默认按序存放至一维数组输出，'UniformOutput' 设为 TRUE；否则需要在最后设定非统一输出，也就是'UniformOutput' 设置为 FALSE。它可以写成多种省略形式，如'Uni'、'Un' 等，且大小写不敏感。

源代码 1.7: 源代码 1.4 分析 3——arrayfun 函数应用举例

```
1  >> A=randi(10,2)
2  A =
3       3    7
4       6    9
5  >> arrayfun(@(i)i*A(i),1:numel(A))
6  ans =
7       3   12   21   36
8  >> arrayfun(@(i)i*A(:,i),1:size(A,2),'uni',0)
9  ans =
10     [2x1 double]   [2x1 double]
11 >> ans{:}
12 ans =
13       3
14       6
15 ans =
16      14
17      18
```

这样就比较容易理解 arrayfun 函数在源代码 1.4 中的作用，即按 1:size(s,2) 的列次数循环计算每列的珠算数值，例如算例 2 就得到 [1 0 5 8 6]。

③ **多项式求值**：所用到的函数是命令 polyval，这个函数通常用于计算多项式代入数据求值，如：

源代码 1.8: 源代码 1.4 分析 4——polyval 函数的用法

```
1  >> polyval([2 0 3 1 7],-2:2)
2  ans =
3      49   11    7   13   53
```

其含义是求多项式

$$p(x) = 2x^4 - 3x^2 + x + 7$$

在 $x = -2:2$ 五个点处的数值，如果把求值点换成确定的数字 10，就相当于

$$p(10) = 2 \times 10^4 + 0 \times 10^3 + 3 \times 10^2 + 1 \times 10^1 + 7$$

正好是各个进位上的数字变成完整的十进制数字。当然，polyval 并不是把单独数字按进位形成完整数字的唯一方案，如矩阵点乘也能满足同样的要求，仍以算例 2 的结果 [1 0 5 8 6] 为例。

源代码 1.9: 源代码 1.4 分析 5——矩阵点乘求和计数合成

```
1  >> sum([10000,1000,100,10,1].*[1,0,5,8,6])
2  ans =
3       10586
```

```
4 >> sum(10.^fliplr(0:4).*[1 0 5 8 6])
5 ans =
6      10586
```

当然,点乘命令 dot 或者矩阵乘法是更好的方式。

源代码 1.10: 源代码 1.4 分析 6——点乘命令 dot 和矩阵乘法

```
1 >> dot([1 0 5 8 6],[10000,1000,100,10,1])
2 ans =
3      10586
4 >> [1 0 5 8 6]*[10000;1000;100;10;1]
5 ans =
6      10586
```

或者可以用累积求积命令,更容易随输入列数改变构造部分的长度。

源代码 1.11: 源代码 1.4 分析 7——累积求积命令 cumprod 实现求和计数合成

```
1 >> sum([fliplr(cumprod(10*ones(1,4))),1].*[1,0,5,8,6])
2 ans =
3      10586
```

还可以利用字符串命令完成转换。

源代码 1.12: 源代码 1.4 分析 8——字符串命令实现计数合成

```
1 >> str2num(char([1,0,5,8,6]+'0'))
2 ans =
3      10586
```

关于字符串的技巧将在下一章介绍,先略过不提。

1.1.2 利用累积乘积函数 cumprod

进一步利用 MATLAB 函数的矢量化操作特点,还可以省略 1.1.1 小节思路中的循环和逻辑判断,达到简化代码的目的。

源代码 1.13: 正反向用函数 find 搜索定位计数,by Michael C,size:31

```
1 function ans = soroban_evaluate(x)
2 ans=polyval((x(2,:)*5+sum(cumprod(x(3:end,:)))),10)
3 end
```

最大的变化:取消中间循环、删掉里层 find 判断。过程分析如下:

① cumprod 函数用于累积求积,即序列每一项都是前面所有元素的乘积,但在本例中,这一属性可以非常方便地用作判断下方 0 位所在的位置,仍以算例 2 为例。

源代码 1.14: cumprod 函数的作用分析

```
1 >> x(3:end,:)
2 ans =
3     1    0    0    1    1
4     0    1    1    1    0
5     1    1    1    1    1
6     1    1    1    0    1
```

第 1 章 数组操作初步

```
 7         1    1    1    1    1
 8  >> cumprod(x(3:end,:))
 9  ans =
10         1    0    0    1    1
11         0    0    0    1    0
12         0    0    0    1    0
13         0    0    0    0    0
14         0    0    0    0    0
```

cumprod 命令的作用是找到算盘下方的 0 位置: 自上至下。0 出现的位置导致后续相乘结果全部为 0,sum 得梁下五珠的实际计数求和结果,通过 cumprod 的矢量化运算,自然避免循环。另外,cumprod 函数的累积乘积可借助方向参数 'Direction',让累积相乘从反方向进行,例如:cumprod(x,'reverse'),代表变量 x 每列自底而上累积相乘。

② 梁上的两位,如果珠处于下位则为 5,因此不再管上位为几,只输入 x 的第 2 行每个数为 1,乘以 5 得上位珠计数结果,避免利用 find 做判断。

> **评** 显然,源代码 1.13 从内部更充分地利用函数蕴含的矢量化能力,避免冗长循环,简化了计算代码。

1.1.3 构造特殊的乘积因子

每列从第 3 行到第 5 行每上推一算珠代表加 1,计算并不方便,但如果取逻辑反,原来唯一的"0"变成了"1",只要构造特殊序列,就能在找到该标识的同时,用构造序列数值代表上推算珠数,问题迎刃而解。

源代码 1.15: 构造特殊序列辅助计数,by Tim,size:22

```
1  function s=soroban_evaluate(x)
2  s=polyval([5 0 0 1 2 3 4]*~x,10);
```

源代码 1.15 的关键是构造序列 [5 0 0 1 2 3 4],根据上述分析,需对输入 x 做取反操作。

源代码 1.16: 构造辅助序列原因分析

```
1  >> ~x
2  ans =
3       0    0    1    1    1
4       1    1    0    0    0
5       0    1    1    0    0
6       1    0    0    0    1
7       1    1    1    1    1
8       1    0    0    1    0
9       0    0    0    0    0
```

恰好把"0–1"矩阵转换为"1–0"矩阵,按矩阵乘法,第 1 位处相应构造序列的"5",更加方便的是:在梁下 5 珠做矩阵乘积时,序列第 3 ~ 7 位,也就是 [0:4] 中,原来唯一的"0"取反后,是唯一的"1",所乘数字恰为上推算珠总和,其他位与取反中的 0 元素相乘对结果无影响。

> 评 源代码 1.15 不但考虑到充分利用矢量化函数，同时涉及逻辑索引和实际数组的转换，并适时根据条件，巧妙构造合适的序列，以简化求解代码。这需要深入分析矩阵元素的内在关系，除了熟悉矩阵相关操作外，建模也需要有一定的想象力，很好地体现了对 MATLAB 程序编写的深刻理解。

1.2 数组基础训练：非零元素赋值为 1

例 1.2 给定输入变量 x，将其中所有非零元素赋值为 1，并返回同维输出矩阵 y。例如给定变量 x 为

$$x = \begin{pmatrix} 1 & 2 & 0 & 0 & 0 \\ 0 & 0 & 5 & 0 & 0 \\ 2 & 7 & 0 & 0 & 0 \\ 0 & 6 & 9 & 3 & 3 \end{pmatrix}$$

输出变量 y 为

$$y = \begin{pmatrix} 1 & 1 & 0 & 0 & 0 \\ 0 & 0 & 1 & 0 & 0 \\ 1 & 1 & 0 & 0 & 0 \\ 0 & 1 & 1 & 1 & 1 \end{pmatrix}$$

源代码 1.17: 例 1.2 测试代码

```matlab
%% 1
x = [1 2 4 6 0
     9 8 0 0 0];
y_correct = [1 1 1 1 0
             1 1 0 0 0];
assert(isequal(your_fcn_name(x),y_correct))
%% 2
x = [-1 2 NaN 6
      3 7 0 0];
y_correct = [1 1 NaN 1
             1 1 0 0];
assert(isequaln(your_fcn_name(x),y_correct))
```

释义：要求把输入矩阵中的非零数字赋值为 1，强调"数字"二字，是因为在源代码 1.17 的算例 2 中出现了非数 NaN，它使构造逻辑判断的思路变得复杂了。

1.2.1 循环 + 判断

如果刚从其他高级语言转向 MATLAB，一般习惯性的这样写程序：

源代码 1.18: 循环 + 判断逐个元素赋值,by James,size:40

```matlab
function y = your_fcn_name(x)
    y=x;
    for flag=1:numel(x)
        if x(flag)~=0
```

```
5            y(flag)=1
6         end
7     end
8     y(isnan(x))=NaN
9 end
```

按低维索引 (numel) 数循环遍历矩阵元素，判断令 $x(i)\neq 0$ 的数赋值为 1，最后通过 isnan 将非数元素重新赋值为 NaN。

> **评** 源代码 1.18 主要问题是未能充分利用基本函数的矢量化索引特性，流程上明明能在函数内批量处理，却被改成对逐个元素的判断，显得啰唆冗长。

1.2.2 利用逻辑判断 + 矢量索引

逻辑判断的方法很多，例如把 x 中不是 0 和不是非数的元素赋值为 1：

源代码 1.19: 逻辑"与"索引,by Binbin Qi,size:19

```
1 function x = your_fcn_name(x)
2     x(x~=0 & ~isnan(x)) = 1;
3 end
```

或者：

源代码 1.20: 大于小于零的逻辑"或"索引,by Alfonso Nieto-Castanon,size:18

```
1 function x = your_fcn_name(x)
2     x(x>0|x<0)=1
3 end
```

通过非数特性："既不大于零，也不小于零"去掉 isnan，这也是一种不错的构思。另一个等效方式是先加绝对值再判断，省去一个逻辑判断。

源代码 1.21: 先取绝对值再做大于零的逻辑索引,by Grant III,size:16

```
1 function x = your_fcn_name(x)
2     x(abs(x)>0) = 1;
3 end
```

还有采取 find 的做法，基本等效于逻辑索引的思路，故从略，有兴趣的读者可自行试验。

1.2.3 利用 abs 和 sign

结果矩阵中只有三种元素 0、1 和 NaN，可以考虑用运算替代逻辑判断：

源代码 1.22: abs+ sign,by Jean-Marie SAINTHILLIER,size:14

```
1 function ans = your_fcn_name(x)
2     ans=abs(sign(x));
```

普通运算中非数不会变化，sign 运算得到的 "−1" 由绝对值函数已经改成了 "1"，或者加个平方也可以：

源代码 1.23: sign 运算做平方, by Jan Orwat, size:14

```
1  function ans = your_fcn_name(x)
2  ans=sign(x).^2;
```

1.2.4 min 函数更改 nanflag 设置参数

很多函数重载方式正随版本更新悄然变化，例如序言提到的辨识非数后置参数 'nanflag':

源代码 1.24: 利用 min 的 nanflag 设置, by LY Cao, size:16

```
1  function ans = your_fcn_name(x)
2  ans=min(abs(x),1,'includenan');
```

与求和命令中的 'nanflag' 参数使用有一个区别：源代码 1.24 中最小值函数特意用参数 'includenan' 指明非数参与比较，而如果不加入 'includenan'，非数会在判断和比较中被数据冲掉，本例中会变成 1，显然与题意不符。这种区别可通过源代码 1.25 表示。

源代码 1.25: min 新的 nanflag 设置的比较说明

```
1  >> x = [-1,2,NaN,6;3,7,0,0]
2  x =
3      -1   2   NaN   6
4       3   7     0   0
5  >> min(x,1)
6  ans =
7      -1   1   1   1
8       1   1   0   0
9  >> min(x,1,'includenan')
10 ans =
11     -1   1   NaN   1
12      1   1     0   0
```

> **评** 例 1.2 能帮助读者初步感受关于"写 MATLAB 程序"的具体含义，从中总结出三个"尽量利用"：
>
> ① 尽量利用 MATLAB 矢量化索引方式，避免循环冗长代码，把单独处理改为批量处理，让代码化繁为简。
>
> ② 尽量利用函数自身调用方式，设计者对使用函数时可能出现的情况已有充分预计，使用函数时先仔细查看帮助文件，尽最大可能依托函数本身的功能实现局部目标。比如源代码 1.25 中 min 函数对位比较元素的调用方法以及前面几次提到的函数后置参数 'nanflag'。
>
> ③ 尽量利用问题已知条件，用特殊替代一般。例如问题本身中只有 0、1 和 NaN 三种元素，源代码 1.22 和源代码 1.23 用函数 sign 和点乘方的矢量运算取代逻辑索引，构成"特殊"问题的"特殊"解决方案。

1.3 数组基础训练：将指定元素换成 0

本节进一步探讨特定行、列的换序赋值以及对矩阵中满足某种条件元素进行批量赋值的问题。

例 1.3 给定一个非空输入变量，首先得到每行最大值，接着把除最大值之外的其他行元素赋值为 0，例如：

$$\text{input} = \begin{pmatrix} 1 & 2 & 3 & 4 \\ 5 & 5 & 6 & 5 \\ 7 & 9 & 8 & 3 \end{pmatrix}$$

输出结果应当为

$$\text{output} = \begin{pmatrix} 0 & 0 & 0 & 4 \\ 0 & 0 & 6 & 0 \\ 0 & 9 & 0 & 0 \end{pmatrix}$$

如果同一行不同列上有多个相同的最大值，则总是按自左至右顺序取第一个出现的，如：

$$\text{input} = \begin{pmatrix} 5 & 4 & 5 \\ 2 & 8 & 8 \end{pmatrix}$$

输入中两行都存在最大值重复的情况，此时应保留自左至右顺序，也就是 input 中的 (1,1) 和 (2,2) 两个元素，第 (1,3) 和第 (2,3) 两个相同的最大值元素则赋值为 0，即：

$$\text{output} = \begin{pmatrix} 5 & 0 & 0 \\ 0 & 8 & 0 \end{pmatrix}$$

源代码 1.26: 例 1.3 测试代码

```
%% 1
x = [ 1    2    3    4
      5    5    6    5
      7    9    8    3];
y_correct = [ 0    0    0    4
              0    0    6    0
              0    9    0    0];
assert(isequal(your_fcn_name(x),y_correct))
%% 2
x = magic(4);
y_correct = [ 16   0    0    0
              0    11   0    0
              0    0    0    12
              0    0    15   0];
assert(isequal(your_fcn_name(x),y_correct))
%% 3
x = pi;
y_correct = pi;
assert(isequal(your_fcn_name(x),y_correct))
%% 4
x = 0;
y_correct = 0;
```

```
23    assert(isequal(your_fcn_name(x),y_correct))
24    %% 5
25    x = toeplitz(1:5);
26    y_correct = [ 0    0    0    0    5
27                  0    0    0    0    4
28                  3    0    0    0    0
29                  4    0    0    0    0
30                  5    0    0    0    0];
31    assert(isequal(your_fcn_name(x),y_correct))
32    %% 6
33    x = ones(5);
34    y_correct = [ 1    0    0    0    0
35                  1    0    0    0    0
36                  1    0    0    0    0
37                  1    0    0    0    0
38                  1    0    0    0    0];
39    assert(isequal(your_fcn_name(x),y_correct))
40    %% 7
41    x =nchoosek(7:9,3);
42    y_correct =[ 0    0    9];
43    assert(isequal(your_fcn_name(x),y_correct))
```

释义：问题要求把输入矩阵每行中除首个最大值之外的所有数以 0 替代。

1.3.1 循环 + 判断

在循环体内用"逐个元素"与"逐行（列）"两种不同判断方式求解问题。

1. 逐个元素循环判断

逐个元素判断的方法之一是在用同维全零矩阵初始化输出矩阵后，按高维索引做两重循环，每次循环行、列索引 (i,j)，如同时满足下列两个条件，则对输出矩阵该索引下元素赋值为 $a(i,j)$；否则，进入下次循环。

- 输入 a 在该索引处的元素值等于行最大值；
- 输出矩阵本行所有元素均为零。

源代码 1.27: 两重循环逐个元素判断,by bainhome,size:64

```
1   function ans = your_fcn_name(a)
2   ans=zeros(size(a));
3   for j=1:size(a,2)
4       for i=1:size(a,1)
5           if a(i,j)==max(a(i,:))&&all(ans(i,:)==0)
6               ans(i,j)=a(i,j);
7           end
8       end
9   end
```

2. 逐行（列）循环判断

逐行（列）判断的方法是在源代码 1.27 基础上的改进。

第 1 章　数组操作初步

源代码 1.28: 按满足最大值条件索引赋值输出矩阵,by Freddy,size:45

```matlab
1  function N = your_fcn_name(M)
2  [~,i]=max(M.');
3  N=zeros(size(M));
4  for k = 1:length(i)
5      N(k,i(k)) = M(k,i(k));
6  end
```

主要是对最大值函数的利用：max 第 2 个输出参数返回第 1 个输出，即：列最大值的索引，源代码 1.28 中采取转置方式得到行最大值，读完序言就知道可由 max 的后置参数 'Direction' 代替。

源代码 1.29: 函数 max 的索引返回值分析

```matlab
1  >> x = toeplitz(1:5)
2  x =
3       1     2     3     4     5
4       2     1     2     3     4
5       3     2     1     2     3
6       4     3     2     1     2
7       5     4     3     2     1
8  >> [~,indMax]=max(x,[],2)
9  indMax =
10       5
11       5
12       1
13       1
14       1
```

源代码 1.29 中的 toeplitz 矩阵第 3 行最大值出现在第 1、5 列，用 max 只返回第 1 列的数据 3，正好符合问题要求。

1.3.2　高低维索引转换后赋值

源代码 1.28 中通过循环把每行最大值在对应索引位处赋给输出矩阵，如果把最大值的高维索引转换为低维索引，则事情会变得更加简单：

源代码 1.30: 高低维索引转换赋值输出矩阵,by bainhome,size:38

```matlab
1  function ans = your_fcn_name(M)
2  [t,i]=max(M');
3  ans=0*M;
4  ans(sub2ind(size(M), 1:size(M,1), i))=t;
```

源代码 1.30 利用高低维索引转换函数 sub2ind 避免了循环。为便于理解，不妨用二维矩阵说明 sub2ind 在程序中的用途：

源代码 1.31: 高低维索引转换函数 sub2ind

```matlab
1  >> x=randi(10,4)
2  x =
3       9     7    10    10
4      10     1    10     5
```

```
 5    2    3    2    9
 6   10    6   10    2
 7  >> x([1,3],[2,4])
 8  ans =
 9    7   10
10    3    9
11  >> ind=sub2ind(size(x),[1,3,1,3],[2,2,4,4])
12  ind =
13    5    7   13   15
14  >> x(ind)
15  ans =
16    7    3   10    9
```

源代码 1.31 把高维索引转换为低维索引，演示了提取随机整数矩阵中的 (1,2), (1,4), (3,2), (3,4) 四个元素的过程。

> **评** 简单地说，矩阵元素的索引地址唯一，但表示方法却不唯一。就好像家庭住址，通过经纬度值、街道门牌号、公交地铁站或其他周围较为有名的地标建筑的位置做参照，都能查找寻址。类似地，矩阵索引也有不同方式的索引描述方法，一般说来高维索引参照更多也更直观，但查找和运算寻址不易，往往意味着更多重的循环和判断；低维索引看起来并不直观，无法显示矩阵本身的形状维度特征，但在程序中更容易查找和矢量化运算寻址，二者各有其作用。

也要注意，矩阵元素读取在 MATLAB 中，是按列方向顺序的：

源代码 1.32: 低维索引矩阵元素的运算顺序

```
1  >> x=randi(10,2)
2  x =
3    7    9
4    1   10
5  >> x(1:4)
6  ans =
7    7    1    9   10
```

程序逐个元素运算的顺序是自左至右、从上到下，所以高维索引转换为低维索引，加上矢量化的寻址特点，避免多重循环嵌套，这在高维数组中尤其实用。源代码 1.30 就是利用转换为低维索引的批量赋值避免循环的。关于 sub2ind 和 ind2sub 两个函数将在后续介绍高维数组的 5.3.3 小节详细介绍。同时，高维转换为低维索引还有个方便之处：高维索引并不支持单独索引，例如想对二维数组中某几个确定的元素进行赋值，用高维索引会出现多余引用。

源代码 1.33: 高维索引中的多余引用问题

```
1  >> x=magic(3)
2  x =
3    8    1    6
4    3    5    7
5    4    9    2
6  >> x([1 2],[1 2])=0
```

```
 7  x =
 8       0    0    6
 9       0    0    7
10       4    9    2
```

本意是让 $x(1,1),x(2,2)$ 两个数值赋 0，但源代码 1.33 却多出了 $x(1,2)$ 和 $x(2,1)$，如果采用低维索引就没有类似问题。对于高维索引引用无关元素，1.3.4 小节还有采用稀疏矩阵做索引引用的便捷解决方案。

1.3.3 利用 bsxfun 单一维扩展构造逻辑判断条件

本例还可以利用 bsxfun 构造逻辑判断条件。

源代码 1.34: bsxfun 扩展构造最大值逻辑索引,by Dirk Engel,size:37

```
1  function ans = your_fcn_name(x)
2  [~,i]=max(x');
3  bsxfun(@(c,d)c.*(1:size(x,2)==d)', x', i)';
4  end
```

源代码 1.34 的核心思想是构造最大值的逻辑索引，以 toeplitz 矩阵为例：

源代码 1.35: 源代码 1.34 所需构造的最大值逻辑索引

```
 1  >> x = toeplitz(1:5)
 2  x =
 3       1    2    3    4    5
 4       2    1    2    3    4
 5       3    2    1    2    3
 6       4    3    2    1    2
 7       5    4    3    2    1
 8  indMaxX =
 9       0    0    0    0    1
10       0    0    0    0    1
11       1    0    0    0    0
12       1    0    0    0    0
13       1    0    0    0    0
14  >> x.*indMaxX
15  ans =
16       0    0    0    0    5
17       0    0    0    0    4
18       3    0    0    0    0
19       4    0    0    0    0
20       5    0    0    0    0
```

源代码 1.35 中第 2 条语句的逻辑变量 "indMaxX" 是关键所在，bsxfun 函数对两个矩阵运算时的单一维扩展正好满足所需，先通过源代码 1.36 给出函数 bsxfun 的等效扩展方式。bsxfun 的应用非常灵活，具有很大的矢量化操作空间，属于值得深入探讨的 MATLAB 函数之一，详细介绍请参阅 3.1 节矩阵扩维的基本知识。

源代码 1.36: 函数 bsxfun 构造逻辑索引的等效过程演示

```
1  >> arrayfun(@(n)(1:size(x,2)==i(n)),1:length(i),'uni',0)'
2  ans =
```

```
  3       [1x5 logical]
  4       [1x5 logical]
  5       [1x5 logical]
  6       [1x5 logical]
  7       [1x5 logical]
  8  >> ans{:}
  9  ans =
 10       0     0     0     0     1
 11  ans =
 12       0     0     0     0     1
 13  ans =
 14       1     0     0     0     0
 15  ans =
 16       1     0     0     0     0
 17  ans =
 18       1     0     0     0     0
```

max 求得每行最大值索引，在 bsxfun 函数中循环查找列索引 "$1:5$" 和最大值 $i(n)$ 相等项逻辑值为 TRUE。

1.3.4 利用 sparse 函数对全零稀疏矩阵相关元素赋值

观察测试算例返回的结果矩阵，发现除最大值外其他元素均为 0，联想到用 sparse 构建稀疏矩阵，正好其调用格式可以对指定索引进行赋值，并且同时还能确定维度。

源代码 1.37: sparse 函数调用格式讲解 1

```
1  S = sparse(i,j,v,m,n)
```

sparse 函数共 5 个参数，意为构造 $m \times n$ 稀疏矩阵 S，第 (i,j) 个元素的值由变量 v 确定（i、j 和 v 是同维向量），其余元素全部是 0，例如：

源代码 1.38: sparse 函数调用格式讲解 2

```
 1  >> sparse([1,3,5],[2,3,4],randi(10,1,3),5,5)
 2  ans =
 3      (1,2)      9
 4      (3,3)      2
 5      (5,4)      5
 6  >> full(ans)
 7  ans =
 8       0     9     0     0     0
 9       0     0     0     0     0
10       0     0     2     0     0
11       0     0     0     0     0
12       0     0     0     5     0
```

矩阵 S 第 (1,2)、(3,3) 和 (5,4) 三个元素值由 "randi(10,1,3)" 随机整数矩阵赋值，其余元素均为 0。稀疏矩阵有其特有的表述方式，full 命令可将其展开为全维度完整矩阵。

利用稀疏矩阵命令 sparse 写出例 1.3 的求解代码。

源代码 1.39: sparse 函数构造稀疏矩阵, by Binbin Qi, size:38

```
1  function ans = your_fcn_name(x)
```

```
2    [c,ans] = max(x,[],2);
3    ans=sparse(1:size(x,1),ans,c,size(x,1),size(x,2));
4  end
```

1.3.5 利用累积方式构造向量的 accumarray 函数

累积构造的思路首先得从 accumarray 函数讲起，它也是个用法灵活、功能强大的函数。当基底数量 (Bin) 为 1 时，运算结果类似于频数统计函数 histcounts，也就是老版本中的 histc。

源代码 1.40: accumarray 函数与 histcounts 函数的比较

```
1  >> x=randi([1 10],1,8)
2  x =
3       7    8    8    3    7    7    2    2
4  >> histcounts(x,1:9)
5  ans =
6       0    2    1    0    0    0    3    2
7  >> accumarray(x',1)'
8  ans =
9       0    2    1    0    0    0    3    2
```

源代码 1.40 中的频数统计函数 histcounts 意味着随机整数向量 x 中分别等于 $1,2,\cdots,9$ 的元素数量，显然 $x\in[1,2)$ 元素数为 0、$x\in[2,3)$ 元素数为 2、$x\in[3,4)$ 元素数为 1······

源代码 1.40 中两个函数的计算结果虽然相同，但输入参数的含义却相反：accumarray 的第 1 个参数 x 是子索引向量 (subscripts)，第 2 个参数才是数值，accumarray(x',1) 指不同子索引上方的值都是 1，且返回结果大小由子索引向量最大值决定，本例中 max(x)=8，因此返回向量长度为 8。

通过归类，索引 7 出现 3 次，所以结果的第 7 位上为 3；再如索引 8 出现 2 次，结果向量的第 2 位上出现的就是 2；如第 i 位在输入子索引向量 x 中并未出现，例如第 1 位，则相应结果向量的位数上显示 0。当然，accumarray 函数的第 2 个参数 Val 可自行定制。

源代码 1.41: accumarray 函数自定义数值 Val

```
1  >> Subs=randi([1 10],1,8)
2  Subs =
3       3    1    1    9    7    4    10   1
4  >> Val=randi(10,1,8)
5  Val =
6       5    4    8    8    2    5    5    7
7  >> Fre=accumarray(Subs',Val)'
8  Fre =
9       19   0    5    5    0    0    2    0    8    5
```

源代码 1.41 通过自定义数值 Val，使 accumarray 函数频数统计的味道更浓厚了，分析如下：

① 定义 1×8、索引范围 $[1,10]$ 之间的随机整数索引位向量 "Subs" 和与其同维的数值 "Val"。

② accumarray 的返回结果是各个索引位上数值的累积，这是命令词根 "accum-" 的

确切含义。比如 Subs(1)=3,且在 Subs 向量中 3 仅出现 1 次,同维向量 Val 对应索引位的值为 5 (Val(1)=5),因此用 accumarray 返回结果中第 3 索引位上的数值是 5 (Fre(3)=5)。再如 Subs 向量中 1 出现 3 次 (Subs([2,3,8])),同维向量 Val 上对应的数值分别是 4、8 和 7 (Val([2,3,8]=[4,8,7]) 累积结果 19,出现在返回向量的第 1 位上 (Fre(1)=4+8+7=19),余类推。

accumarray 的频数统计适合于矩阵高维索引,也能指定返回的统计数据维度,甚至支持自定义函数处理统计数据,例如:

源代码 1.42: accumarray 对高维索引的支持及索引位数据均值

```
1  >> val = [100.1 101.2 103.4 102.8 100.9 101.5]';
2  >> subs = [1 1; 1 1; 2 2; 3 2; 2 2; 3 2]
3  subs =
4       1     1
5       1     1
6       2     2
7       3     2
8       2     2
9       3     2
10 >> A1 = accumarray(subs,val,[],@mean)
11 A1 =
12   100.6500        0
13        0    102.1500
14        0    102.1500
15 >> A2 = accumarray(subs,val,[3 3])
16 A2 =
17   201.3000        0        0
18        0    204.3000        0
19        0    204.3000        0
```

源代码 1.42 不同之处在于,子索引 Subs (维度为 3×2) 不是向量而是矩阵,其结果为矩阵高维索引(第 1 列代表行索引值,第 2 列为列索引值)。第 2 条语句中自定义均值句柄,用于处理每个索引得到的数据。如:第 (1,1) 个数据出现频数为 2,对应 Val 中第 1、2 个数据 $100.1, 101.2$,均值 100.65;第 (1,2)、(2,1) 及 (3,1) 位置,Val 出现频数为 0,均值自然也为零,其余类推。如不自定义函数,则默认是对频数分组数据求和,且如手动指定返回数据 A_2 的维度 3×3,其余数据自动以零填充。

现在求解例 1.3 时,accumarray 函数所起的作用就容易理解了。

源代码 1.43: accumarray 函数构造稀疏矩阵,by Alfonso Nieto-Castanon,size:32

```
1  function ans = your_fcn_name(x)
2    [t,i]=max(x,[],2);
3    ans=accumarray([find(i),i],t,size(x));
4  end
```

源代码 1.43 自内向外的运行结果如下:

① **构建子索引 Subs**:仍以 5×5 Toeplitz 矩阵为例。

源代码 1.44: accumarray 子索引 Subs 的构建

```
1  >> x=toeplitz(1:5)
```

```
2  x =
3       1    2    3    4    5
4       2    1    2    3    4
5       3    2    1    2    3
6       4    3    2    1    2
7       5    4    3    2    1
8  >> [t,i]=max(x,[],2);
9  >> [find(i),i]
10 ans =
11      1    5
12      2    5
13      3    1
14      4    1
15      5    1
```

显然，源代码 1.44 中的第 3 条语句找到了最大值出现的第 1 个高维索引位。

② **构建索引数值 Val**：max 所求最大值 t 是所需 Val 数据。

③ **返回值维度确定**：用"size(x)"指定输出维度，除频数统计外其余数据均用零自动填充。

> **评** 源代码 1.43 中对 accumarray 函数的特性仅利用了"指定索引对应批量赋值"和"维度指定自动充零"两个部分，函数本身灵活强大的功能远未充分体现；同时，例 1.3 的解法中出现了 bsxfun 和 accumarray 两个类似的矢量化函数，本书后续内容中还会陆续介绍它们的其他用法。

1.4 数组基础训练：正反对角线互换

例 1.4 在不使用 diag 函数的前提下，把一个矩阵变量的正反对角线元素互换，如下式：

$$\begin{pmatrix} 1 & 2 & 3 \\ 4 & 5 & 6 \\ 7 & 8 & 9 \end{pmatrix} \Rightarrow \begin{pmatrix} 3 & 2 & 1 \\ 4 & 5 & 6 \\ 9 & 8 & 7 \end{pmatrix} \tag{1.2}$$

源代码 1.45: 例 1.4 测试代码

```
1  %% 1
2  x = [1 2 3;4 5 6;7 8 9];
3  y_correct = [3 2 1;4 5 6;9 8 7];
4  filetext = fileread('permuted.m');
5  assert(isequal(permuted(x),y_correct))
6  assert(isempty(strfind(filetext, 'diag')))
7  %% 2
8  x=[1 2;3 4];
9  y_correct = [2 1;4 3];
10 filetext = fileread('permuted.m');
11 assert(isequal(permuted(x),y_correct))
12 assert(isempty(strfind(filetext, 'diag')))
13 %% 3
14 x=magic(10);
```

```
15  y_correct = [ 40   99    1    8   15   67   74   51   58   92
16                     98   64    7   14   16   73   55   57   80   41
17                      4   81   63   20   22   54   56   88   70   47
18                     85   87   19   62    3   60   21   69   71   28
19                     86   93   25    2   61    9   68   75   52   34
20                     17   24   76   83   42   90   49   26   33   65
21                     23    5   82   30   91   48   89   32   39   66
22                     79    6   38   95   97   29   31   13   45   72
23                     10   46   94   96   78   35   37   44   12   53
24                     59   18  100   77   84   36   43   50   27   11];
25  filetext = fileread('permuted.m');
26  assert(isequal(permuted(x),y_correct))
27  assert(isempty(strfind(filetext, 'diag')))
```

释义：要求把输入矩阵对角线元素互换，其他元素保持不变。容易想到 diag 命令，但测试算例禁止使用这个函数，这样人为设定的"刁难"，却意外地让人"受迫"发现其他有趣的解答思路。

其实通过深入分析，即使允许使用 diag 命令，取得和替换对角线元素的算法也不合适，赋值时同样要考虑维度为奇偶数时中心元素可能多减一次的情况；反过来讲：求解方法如果得宜，有无 diag，对结果都影响不大。

1.4.1 寻找元素行列索引关系循环赋值

在对角线与反对角线元素之间的高维索引寻找关系，把这种关系体现在循环体内的索引变换中。

源代码 1.46: 循环赋值 1,by Binbin Qi,size:45

```matlab
1  function x = permuted(x)
2    for i = 1 : size(x,1)
3        x(i,[i,size(x,2) + 1 - i]) = x(i,[size(x,2) + 1 - i, i]);
4    end
5  end
```

或引入翻转命令 fliplr，去掉中介变量 y：

源代码 1.47: 循环赋值 2,by Khaled Hamed,size:39

```matlab
1  function x = permuted(x)
2    for i=1:length(x)
3      [i length(x)-i+1];
4      x(i,ans)=x(i,fliplr(ans));
5    end;
6  end
```

1.4.2 利用低维索引查找正反对角元素关系赋值

先将高维索引转换为低维索引，去掉一重循环，找到正反对角线元素的低维索引变换关系，最后据此完成赋值。

源代码 1.48: 低维索引查找赋值,by bainhome,size:64

```
1  function x = permuted(x)
2  b=x;n=size(x,1);
3  [i1,i2]=deal(1:n+1:numel(x),n:n-1:numel(x)-1);
4  x(i1)=fliplr(b(i2));
5  x(i2)=fliplr(b(i1));
```

源代码 1.48 利用输入矩阵 x（$n \times n$）对角线元素低维索引是 $x(1:n+1:end)$、反对角线元素低维索引是 $x(n:n-1:end-1)$，通过索引得到矩阵数值，再按题意顺序适当翻转，或用高低维索引转换函数 sub2ind 替代自行组维。

源代码 1.49: 低维索引查找赋值,by J.R.! Menzinger,size:62

```
1  function x = permuted(x)
2  [r,c] = size(x);
3  r = 1:r;
4  c = 1:c;
5  i1 = sub2ind(size(x), r, c);
6  i2 = sub2ind(size(x), r, fliplr(c));
7  x([i1 i2]) = x([i2 i1]);
8  end
```

1.4.3 结合逻辑数组或点乘构造对角线元素

显然，找到不用 diag，还能索引出正反对角线元素的方法是求解的关键，主要还得在逻辑索引构成方面下功夫，由此演化出三种 diag 的替代做法。

1. 通过矩阵点乘生成对角线元素矩阵

根据矩阵相乘规则，对角线元素提取通过单位矩阵和点乘来实现。

源代码 1.50: 矩阵点乘获取对角线元素

```
1  >> x = [1 2 3;4 5 6;7 8 9]
2  x =
3       1     2     3
4       4     5     6
5       7     8     9
6  >> x.*eye(size(x))
7  ans =
8       1     0     0
9       0     5     0
10      0     0     9
11 >> fliplr(x).*eye(size(x))
12 ans =
13      3     0     0
14      0     5     0
15      0     0     7
```

相应的例 1.4 求解代码如下：

源代码 1.51: find 结合单位矩阵构造对角线元素向量,by James,size:56

```
1  function ans = permuted(x)
```

```matlab
2  q=eye(size(x));
3  ans=max(fliplr(x.*q),fliplr(x).*q);
4  [q,w]=find(~ans);
5  e=sub2ind(size(x),q,w);
6  ans(e)=x(e);
7  end
```

> **评** 源代码 1.51 有两处值得注意：一是利用矩阵点乘和函数 max 对位元素比较，二者结合构造正反对角线元素；二是不用高低维索引转换函数 sub2ind 查找对角线元素，而对交叉对角矩阵取反，逆向寻找非对角元素索引。

以 5×5 随机整数矩阵为例：

① 生成原始矩阵：

源代码 1.52: 源代码 1.51 分析 1——分离对角线元素

```
1  >> x=randi(10,5)
2  x =
3       4    5    6    1    7
4       2    1    1    1    5
5       8    2    3    2    6
6       4   10    4    7    3
7       3   10    9    8    8
8  >> q=eye(size(x))
9  q =
10      1    0    0    0    0
11      0    1    0    0    0
12      0    0    1    0    0
13      0    0    0    1    0
14      0    0    0    0    1
```

② 利用和单位矩阵 q 的点乘翻转操作，把正反对角线元素从原矩阵分离并互换，构造除正反对角线外其他元素均为 0 的同维矩阵。

源代码 1.53: 源代码 1.51 分析 2——构造对角线元素矩阵

```
1  >> fliplr(x.*q)
2  ans =
3       0    0    0    0    4
4       0    0    0    1    0
5       0    0    3    0    0
6       0    7    0    0    0
7       8    0    0    0    0
8  >> fliplr(x).*q
9  ans =
10      7    0    0    0    0
11      0    1    0    0    0
12      0    0    3    0    0
13      0    0    0   10    0
14      0    0    0    0    3
15 >> max(fliplr(x.*q),fliplr(x).*q)
```

16	ans =			
17	7	0	0	0	4
18	0	1	0	1	0
19	0	0	3	0	0
20	0	7	0	10	0
21	8	0	0	0	3

当测试代码矩阵元素均为正数时,用 max 对位比较提取对角线元素十分便利,属于针对特殊情况构造特殊代码。

③ sub2ind 获取原矩阵非零元素的低维索引,让前一步构造的对位比较矩阵,在非对角线上用原矩阵 x 赋值。

当然,点乘运算如果再加上矩阵试凑,源代码 1.51 还可简化如下:

源代码 1.54: 利用同维矩阵四则运算结合点乘构造, by Tim,size:35

```
1  function s=permuted(x)
2  eye(size(x));
3  x.*(ans+fliplr(ans));
4  s=x-ans+fliplr(ans);
```

源代码 1.54 中对角元素互换、除对角元素外其他元素均为 0 的做法与前类似,但它通过简单同维矩阵的加减运算,避免了对位比较和低维索引赋值,能把输入矩阵维度奇偶数不同情况用同种运算统一处理:

① **构造正反对角线元素索引**:注意中心元素数值随着输入矩阵 x 维数为奇数或偶数,会有所不同。

源代码 1.55: 正反对角线元素索引构造——输入矩阵 x 为偶数维度

```
 1  >> x=randi(10,4)
 2  x =
 3       8    7    6    7
 4      10    2    5    9
 5       9    1   10    9
 6       4    8    7    6
 7  >> eye(size(x));
 8  k=ans+fliplr(ans)
 9  k =
10       1    0    0    1
11       0    1    1    0
12       0    1    1    0
13       1    0    0    1
14  >> eye(size(x));
15  k=ans+fliplr(ans)
16  k =
17       1    0    0    0    1
18       0    1    0    1    0
19       0    0    2    0    0
20       0    1    0    1    0
21       1    0    0    0    1
```

② **分奇偶情况分析同维矩阵四则运算结果:**

- **输入矩阵维度为偶数**：方阵 $(n \times n)$ 中，当 n 为偶数时没有中心元素，运行 x-ans+fliplr(ans)，原矩阵先减正反对角矩阵使对角线元素全部为 0，然后 fliplr 翻转正反对角线元素矩阵为题意要求结果。以源代码 1.55 中的 4×4 随机整数矩阵为例。

源代码 **1.56:** 对角线元素互换原理 ($n = 2k \quad k = 2, 4, \cdots$)

```
 1  >> eye(size(x));
 2  k=x.*(ans+fliplr(ans))
 3  k =
 4       8    0    0    7
 5       0    2    5    0
 6       0    1   10    0
 7       4    0    0    6
 8  >> x-k
 9  ans =
10       0    7    6    0
11      10    0    0    9
12       9    0    0    9
13       0    8    7    0
14  >> ans+fliplr(k)
15  ans =
16       7    7    6    8
17      10    5    2    9
18       9   10    1    9
19       6    8    7    4
```

- **输入矩阵维度为奇数**：根据源代码 1.55 中的第 3 句运行结果，索引 k 的中心元素等于 2，即随后用原矩阵 x 减去 $x.*k$ 时，对角元素非中心元素全部变成 0，只是中心多减一次，成为中心元素的相反数，随即再加 fliplr(x.*k)，中心元素位置在翻转中不发生变化 (即 $-x(\frac{n+1}{2}, \frac{n+1}{2}) + 2x(\frac{n+1}{2}, \frac{n+1}{2})$)。

2. 查找命令寻找对角元素索引地址

源代码 1.50 通过点乘获得除对角线元素外其他均为零的矩阵，如想一步到位，则可构造对角线元素向量，首先需要 find 函数查找对角线元素的索引。

源代码 **1.57:** 矩阵点乘获取对角线元素

```
 1  >> x = [1 2 3;4 5 6;7 8 9]
 2  x =
 3       1    2    3
 4       4    5    6
 5       7    8    9
 6  >> x(find(eye(size(x))))
 7  ans =
 8       1
 9       5
10       9
```

> **评** 源代码 1.57 中的索引构造是常用技巧，eye 对角线上的实际元素 1 借助 find 函数的过渡，返回矩阵 x 符合要求的地址索引，说明索引与实际矩阵间有互相切换的特性。实际上，具有某种元素排布规律的矩阵构造，都能用特殊矩阵经过一定运算获得索引矩阵，本书后续很多问题的求解中会体现这一点。

下面的解法就是把对角线、反对角线索引合并为 $2n \times 1$ 的向量，统一通过翻转函数 flipud 处理。

源代码 1.58: find 结合单位矩阵构造对角线元素向量，by Alfonso Nieto-Castanon,size:38

```
1  function x = permuted(x)
2    [find(eye(size(x)));find(fliplr(eye(size(x))))];
3    x(ans)=x(flipud(ans));
4  end
```

3. logical 在原矩阵中引用对角线元素地址

源代码 1.58 矩阵通过向 find 函数输入逻辑判断得到符合特定要求的矩阵索引，下面继续探讨如何利用 logical 在原矩阵中直接索引。

源代码 1.59: 逻辑值函数 logical 生成对角线元素索引

```
1  >> x = [1 2 3;4 5 6;7 8 9]
2  x =
3       1     2     3
4       4     5     6
5       7     8     9
6  >> x(logical(eye(size(x))))
7  ans =
8       1
9       5
10      9
```

源代码 1.59 用到 logical 创建逻辑索引。

源代码 1.60: 双精度 "0–1" 矩阵与逻辑值矩阵之间的区别演示 1

```
1  >> x=randi(10,2)
2  x =
3       9    10
4       5     2
5  >> aDouble=eye(size(x))
6  aDouble =
7       1     0
8       0     1
9  >> aDouble+1
10 ans =
11      2     1
12      1     2
13 >> aLogic=logical(eye(size(x)))
14 aLogic =
15      1     0
```

```
16         0     1
17   >> aLogic+1
18   ans =
19         2     1
20         1     2
```

源代码 1.60 从表面上看，是否用函数 logical 处理"eye(size(x))"，得到的运行结果相同，都能参与四则运算，结果也并无二致，但当用作索引值处理原矩阵 x 时，变量 aDouble、aLogic 的情况发生了变化。

源代码 1.61: 双精度"0–1"矩阵与逻辑值矩阵之间的区别演示 2

```
1  >> x(aDouble)
2  Subscript indices must either be real positive integers or logicals.
3  >> x(aLogic)
4  ans =
5        9
6        2
```

源代码 1.61 中的第 1 句出错原因在于变量"aDouble"不是逻辑值。

源代码 1.62: logical 结合单位矩阵构造寻址对角线元素,by Amy,size:45

```
1  function y = permuted(x)
2    y = x;
3    idx = logical(eye(size(x,1)));
4    y(idx) = flipud(x(flipud(idx)));
5    y(flipud(idx)) = flipud(x(idx));
6  end
```

1.4.4 利用逻辑"或"操作

例 1.4 的关键是提取对角线元素，如果把正反对角线元素逻辑索引标识出来，通过翻转、加减等操作组合就容易解决问题了。所以本小节探讨用 max 对位比较，提取对角线元素思路的升级版——逻辑"或"构造。

源代码 1.63: 逻辑"或"构造对角线元素索引标识,by Alfonso Nieto-Castanon,size:32

```
1  function s=permuted(x)
2    eye(size(x));
3    s=x+(fliplr(x)-x).*(fliplr(ans)|ans);
```

源代码 1.63 中出现一个很"新奇"的逻辑数组构造语句："(fliplr(ans)|ans)"。

源代码 1.64: 逻辑"或"分析 1

```
1  >> x=randi(10,5)
2  x =
3        2     2     1     1     7
4        3    10     7     9     6
5        9     8     1     9    10
6        1     6     1     8     7
7        5     5     6     2     9
8  >> eye(size(x))
```

```
 9  ans =
10       1     0     0     0     0
11       0     1     0     0     0
12       0     0     1     0     0
13       0     0     0     1     0
14       0     0     0     0     1
15  >> (fliplr(ans)|ans)
16  ans =
17       1     0     0     0     1
18       0     1     0     1     0
19       0     0     1     0     0
20       0     1     0     1     0
21       1     0     0     0     1
```

显然逻辑"或"操作支持矢量化特性，不用 max 直接比较元素，而通过"或"操作，把正反对角线逻辑索引两个矩阵巧妙地合二为一，既避免了维度奇偶数判断导致的四则运算困扰，又省去了低维索引赋值的相对繁琐，源代码 1.63 最后一句 x+(fliplr(x)-x).*(fliplr(ans)|ans) 的目的是节省代码长度。

源代码 1.65: 逻辑"或"分析 2

```
 1  >> x
 2  x =
 3       5     2     4     3     2
 4       5     4     6     5     4
 5       9     9     5     1     2
 6       1     9     7    10     5
 7       2     1     7     2     4
 8  >> k=x-x.*(fliplr(ans)|ans)
 9  k =
10       0     2     4     3     0
11       5     0     6     0     4
12       9     9     0     1     2
13       1     0     7     0     5
14       0     1     7     2     0
15  >> fliplr(x).*(fliplr(ans)|ans)
16  ans =
17       2     0     0     0     5
18       0     5     0     4     0
19       0     0     5     0     0
20       0    10     0     9     0
21       4     0     0     0     2
22  >> k+ans
23  ans =
24       2     2     4     3     5
25       5     5     6     4     4
26       9     9     5     1     2
27       1    10     7     9     5
28       4     1     7     2     2
```

无论从何种角度来看，源代码 1.63 都属于充分利用 MATLAB 矢量化操作特性的优秀程序。

1.5 数组基础训练：寻找真约数

例 1.5 寻找输入整数变量的所有真约数，并按照升序输出。

源代码 1.66: 例 1.5 测试代码

```
1  %% 1
2  assert(isequal(pfactors(5),[]))
3  %% 2
4  assert(isequal(pfactors(10),[2 5]))
5  %% 3
6  assert(isequal(pfactors(12),[2 3 4 6]))
7  %% 4
8  assert(isequal(pfactors(15432),[2 3 4 6 8 12 24 643 1286 1929 2572 3858 5144 7716]))
```

释义：要求找到给定整数 x 的所有乘积因子，不包括 x 本身和 1，即真约数。例如当 $x=12$ 时，其满足要求的乘数因子有 $2,3,4,6$ 四个；如果没有符合要求的乘数因子，则返回空矩阵，例如当 $x=5$ 时就返回"[]"。

1.5.1 函数 factor 和组合命令 nchoosek

问题实际上是寻找给定整数所有相乘因子中所包含的质数组合（注意：不要理解成寻找所有的质数，二者有关联，但不等价）。首先，想到 factor 函数返回所有乘数中的质数因子，例如：

源代码 1.67: factor 函数的用法

```
1  >> factor(57)
2  ans =
3       3    19
4  >> factor(36)
5  ans =
6       2    2    3    3
```

源代码 1.67 中的 factor 已很接近问题答案，只需用组合命令 nchoosek 找出不同质数组合再排序去掉重复元素。

源代码 1.68: 函数 factor + nchoosek 形成不同质数组合 1,by bainhome,size:59

```
1  function ans = pfactors(x)
2  t=factor(x);ans=[];
3  if t==x
4      return
5  else
6      for i=1:length(t)
7          ans=[t,ans,prod(nchoosek(t,i),2)'];
8      end
9      ans=sort(unique(ans(ans<x)));
10 end
```

源代码 1.68 相当于对问题解决方案的"直译"，并不推荐这样解决问题。可改进的地方有：因不包括 x 本身，把循环次数减 1；用 unique 在循环体内剔除重复元素，可去掉排序步骤。

源代码 1.69: 函数 factor+ nchoosek 形成不同质数组合 2,by Khaled Hamed,size:43

```
1  function ans = pfactors(x)
2  a=factor(x);ans=[];
3  for i=1:length(a)-1;
4      ans=unique([ans prod(nchoosek(a,i)',1)]);
5  end
6  end
```

1.5.2 最大公约数命令

由于涉及真约数，所以想到最大公约数函数 gcd。

源代码 1.70: 函数 gcd,by bainhome,size:36

```
1  function ans = pfactors(x)
2  ans=unique(gcd(x,1:x));
3  ans(2:end-1);
4  if isempty(ans)
5      ans=[];
6  end
```

源代码 1.70 遍历整数 x 以下的所有元素与 x 求最大公约数，乘积因子就隐藏在这些数中，利用 unique 剔除重复元素，去掉开始的 1 及其末尾本身即得所求。值得注意的是最后一个判断语句，可能有人奇怪为什么当 "ans" 已经是空矩阵时，还要重新赋值 "空" 矩阵？因为这两个空矩阵是有区别的。

源代码 1.71: "空" 矩阵的区别辨析

```
1  >> a=[3,7]
2  a =
3      3    7
4  >> a(2:1)
5  ans =
6     Empty matrix: 1-by-0
7  >> isempty(ans)
8  ans =
9      1
10 >> size(a(2:1))
11 ans =
12     1    0
13 >> isempty([])
14 ans =
15     1
16 >> size([])
17 ans =
18     0    0
```

源代码 1.71 显示："[]" 和 "a(2:1)" 虽然都是空矩阵，但维度不同，前者是 0×0，后者是 1×0。

1.5.3 含求余函数 mod 和 rem 的逻辑判断

反过来考虑问题，除法实际上是乘以数的倒数，反之亦然。如用 x 整除以某数（余数为零），则该数必可为其乘数。

源代码 1.72: mod+ isempty 做空矩阵判断,by Clemens Giegerich,size:32

```
1  function ans = pfactors(x)
2    ans=find(~mod(x,2:x-1)) + 1;
3    if isempty(ans)
4      ans=[];
5    end
```

源代码 1.72 用求余命令 mod 对 $2:x-1$ 遍历求余,整除得到余数为 0,0 取反为逻辑"TRUE(1)",输入 find 得到符合要求的索引。另外,因为是从 2 开始求余,索引号相对原数组序列再加 1。

总结规律发现，空矩阵都是在 x 本身为质数的情况下出现的，所以判断条件可换成 isprime。

源代码 1.73: 利用求余命令 mod+ isprime 判断,by bkzcnldw,size:32

```
1  function ans = pfactors(x)
2    ans=find(~mod(x, 2:x-1))+1;
3    if isprime(x),ans=[];end;
4  end
```

对正整数而言，也能用 rem 代替 mod。

源代码 1.74: 利用求余命令 rem+ isempty 判断,by Grzegorz Knor,size:31

```
1  function ans = pfactors(N)
2    x = 2:N-1;
3    ans=x(~(rem(N, x)));
4    if isempty(ans)
5      ans=[];
6    end
7  end
```

求余命令 rem 和 mod 对除数和被除数都是符号相同时结果相同，符号不同时结果也有区别。

源代码 1.75: rem 和 mod 的区别

```
1  >> mod(-10,2:9)
2  ans =
3       0     2     2     0     2     4     6     8
4  >> rem(-10,2:9)
5  ans =
6       0    -1    -2     0    -4    -3    -2    -1
```

观察结果发现，mod 的余数，其符号跟随第 2 个参数，而 rem 则跟随第 1 个参数。

进一步观察结果发现，除到 $\frac{x}{2}$，继续增加除数得到的结果都小于 2，因此余数都是本身，除数到 $2:\frac{x}{2}$ 就够了。

源代码 1.76: 利用求余命令 mod,by Jan Orwat,size:22

```
1  function ans= pfactors(x)
```

```
2  ans=find(~mod(x,2:x/2))+1;
```

比较源代码 1.73 和源代码 1.76，发现：前者在 "find(~mod(x, 2:x-1))" 之后跟判断语句；后者函数不变，仅改变遍历除数数组的长度，即 "find(~mod(x, 2:x/2))"，后面判断语句就被省略了，这是为什么呢？

当 $x = 5$ 时，以如下语句再说明空矩阵之间的区别。

源代码 1.77: 再谈空矩阵

```
1   >> x=5;
2   >> ~mod(x, 2:x/2)
3   ans =
4        0
5   >> ~mod(x, 2:x-1)
6   ans =
7        0   0   0
8   >> find(~mod(x, 2:x-1))
9   ans =
10      Empty matrix: 1-by-0
11  >> find(~mod(x, 2:x/2))
12  ans =
13       []
14  >> []+1
15  ans =
16       []
```

从源代码 1.77 可以看出：MATLAB 规定逻辑数组如果为长度大于 1 的全 "FALSE" 序列，find 返回结果虽然也是空矩阵，但其维度为 1×0；而对长度等于 1 即单个 "FALSE"，find 返回维度为 0×0 的空矩阵 "[]"。

1.6 数组基础训练：康威的《生命游戏》

康威的《生命游戏》是一个二维矩形世界，规则是世界中的每个方格居住着一个活着或死了的细胞。一个细胞在下一个时刻的生死取决于相邻八个方格中活着或死了的细胞数量。如相邻方格活细胞数量过多，这个细胞就会因为资源匮乏而在下一个时刻死去；相反，如果周围活细胞过少，这个细胞会因太孤单而死去。可设定周围活细胞数目阈值，规定适宜该细胞生存的数量范围。如果数目设定得过高，则世界中的大部分细胞会因找不到太多活的邻居而死去，直到整个世界都没有生命；如果数目设定得过低，则世界中又会被生命充满而缺乏变化。实际上，数目一般选取 2 或 3，这样整个生命世界才不至于太过荒凉或拥挤，而处在动态平衡中。因此游戏规定：当一个方格周围有 2 或 3 个活细胞时，方格中活细胞在下一个时刻继续存活；即使这个时刻方格中没有活细胞，下一个时刻也会"诞生"活细胞。游戏中还可设定一些更复杂的规则，例如当前方格状况不仅由父代决定，而且还考虑祖父代情况；还可以作为这个世界的上帝，随意设定某个方格细胞的死活，以观察对世界的影响。

游戏进行中，细胞会逐渐演化出各种有形结构；这些结构往往有很好的对称性，而且每一代都在变化形状。一些形状已经锁定，不会逐代变化。有时，一些已经成形的结构会因为一些无序细胞的"入侵"而被破坏。但是形状和秩序经常能从杂乱中产生出来。

最早研究细胞自动机的科学家是冯·诺伊曼，后来康威提出上面展示的细胞自动机程序：生命游戏。Wolfram 则讨论了一维世界中的细胞自动机的所有情况，认为可就演化规则 f 进行自动机分类，仅当 f 满足一定条件时系统演化出的情况才是有活力的，否则不是因为演化规则太死板而导致生命死亡，就是因为演化规则太复杂而使得随机性无法克服，系统乱成一锅粥，没有秩序。后来，人工生命之父克里斯·朗顿进一步发展元胞自动机理论，并认为具有 8 个有限状态集合的自动机就能够涌现出生命体的自复制功能。他根据不同系统的演化函数 f，找到一个参数 λ 用以描述 f 的复杂性，得出结论：仅当 λ 与混沌状态的 λ 相差很小时，复杂生命系统才会诞生，因此朗顿称生命诞生于"混沌的边缘"，并从此开辟了"人工生命"这一新兴交叉学科（以上节选自维基百科）。

例 1.6 是生命游戏的简化，限定于维度 4×4 的游戏演化板，并只要求观测第一次演化的结果。

例 1.6 给定代表 $t = n$ 时刻生命状态的输入变量 $A(4\times 4)$，返回代表下一瞬态，即 $t = n + 1$ 时刻康威《生命游戏》的状态矩阵变量 B。假设生命游戏矩阵为"环形边界"，详见问题"释义"。

源代码 1.78: 例 1.6 测试代码

```
%% 1
A = [1 1 0 0;0 1 0 0;1 1 0 0;0 0 0 0];
B = [1 1 0 0;0 0 1 0;1 1 0 0;0 0 0 0];
assert(isequal(life(A),B))
%% 2
A = [0 1 1 0;1 1 1 0;0 0 1 0;0 0 0 0];
B = [1 0 1 1;1 0 0 0;0 0 1 1;0 1 1 0];
assert(isequal(life(A),B))
```

释义：每个格子的生死遵循如下规则：

① 如果一个细胞周围有 3 个细胞为生（一个细胞周围共有 8 个细胞），则该细胞为生（即若该细胞原先为死，则转为生；若原先为生，则保持不变）。

② 如果一个细胞周围有 2 个细胞为生，则该细胞的生死状态保持不变。

③ 其他情况下，该细胞为死（即若该细胞原先为生，则转为死；若原先为死，则保持不变）。

理论上讲系统规模可以无限大，所需计算的内存也相应无限大。出于演示目的，仅限定于二维 4×4 矩阵内第一次生命推演。对于边界元素，按照"环形边界"或者周期性边界处理。所谓"环形边界"，指边界向内封闭，例如生命矩阵 A 的第 1 行元素上边界是末尾行 $A(4,:)$，同理末尾行没有下边界，用首行元素 $A(1,:)$ 做下边界，第 1 列元素以末尾列 $A(:,4)$ 为左侧边界，末尾列则以首列 $A(:,1)$ 做右侧边界。

1.6.1 枚举

枚举思想是以矩阵 A 各元素索引为中心，定位相邻元素索引，再在源数据扩展矩阵中寻址相加。

源代码 1.79: 矢量化索引寻址示例

```
1  >> a=randi(10,5,5)
2  a =
3       9    1    2    2    7
4      10    3   10    5    1
5       2    6   10   10    9
6      10   10    5    8   10
7       7   10    9   10    7
8  >> a([2,5],[1,4])
9  ans =
10     10    5
11      7   10
12 >> a>8
13 ans =
14      1    0    0    0    0
15      1    0    1    0    0
16      0    0    1    1    1
17      1    1    0    0    1
18      0    1    1    1    0
```

源代码 1.79 中的第 1 条提供随机整数矩阵 a 作源数据；第 2 条把矩阵 a 中的第 (r_2,c_1)、(r_2,c_4)、(r_5,c_1) 以及 (r_5,c_4) 这 4 个元素选出形成矩阵；第 3 条语句中对源数据索引按是否满足 $a>8$ 分类，满足的逻辑值为 "TRUE(1)"，否则为 "FALSE(0)"。

例 1.6 中的生命矩阵，每个数周围其他元素的行、列索引分别比元素本身索引值高出 "$[-1,0,1]$"，其中 "-1" 代表该周围元素比中心元素索引值低 1 位（式 (1.3)），可通过矢量化索引寻址找到周围元素索引，求值并按生命游戏规则做存亡判断。

$$\begin{bmatrix} (i-1,j-1) & (i-1,j) & (i-1,j+1) \\ (i,j-1) & (i,j) & (i,j+1) \\ (i+1,j-1) & (i+1,j) & (i+1,j+1) \end{bmatrix} \quad (1.3)$$

源代码 1.80: 每个元素周围索引的枚举解法,by Tim,size:151

```
1  function B=life(A)
2  [m,n]=size(A);
3  N=[A(m,n),A(m,:),A(m,1);A(:,n),A,A(:,1);A(1,n),A(1,:),A(1,1)];
4  i=2:m+1;
5  j=2:n+1;
6  N=N(i-1,j-1)+N(i,j-1)+N(i+1,j-1)+...
7    N(i-1,j)+N(i+1,j)+...
8    N(i-1,j+1)+N(i,j+1)+N(i+1,j+1);
9  B=(N==3)|(A&(N==2));
10 end
```

以下三点值得注意：

① 环形边界或周期性边界，要求原矩阵 $(m\times n)$ 扩维为维度 $(m+2)\times(n+2)$ 的矩阵 N(上下左右增加一行)；

② 矩阵 A 索引 (在矩阵 N 中 $i=2:m+1,j=2:n+1$) 都是向量，按式 (1.3) 相加得到的也是矢量索引，一次相加就得到每个元素周围所有细胞的和值，相加完的维度按行列索

引范围确定，即 $N(i,j)$，又变回与源数据 N 同维，且此时 N 的每个元素代表 N 中对应元素周围活细胞元素的数量和；

③ 最后的逻辑判断分成两个部分，满足其中任意一个结果值为"TRUE(1)"，否则为 0。两个判断前一部分"(N==3)"指周边活细胞元素数量为 3，结果可为真；后半部分"(A&(N==2))"比较有意思：中间的"&"为逻辑"与"，意思是"A"和"(N==2)"两个条件同时满足为"TRUE(1)"，"(N==2)"代表 N 中与 A 同索引位对应元素周围活细胞的数量必须为 2。有人可能会问 A 是怎样参与判断的？关键在于生命矩阵 A 本身是"0–1"矩阵，每个元素都是真假逻辑值：如果其本身为 1，则代表条件满足；反之为不满足。当等于 0 时，鉴于中间的"&"，无论 N 是否为 2，最终的判断都是 0，恰好满足前述规则第 ③ 条：周围 2 个元素原为"死"细胞，现在维持不变。

1.6.2 循 环

循环是逐元素对周边元素个数进行判断并确定自身数值的办法。

源代码 1.81: 循环（2 重）求解思路,by Tim,size:151

```
1  function A = life(A)
2  a = [A(:,end) A A(:,1)];
3  a = [a(end,:); a; a(1,:)];
4  for k1 = 2:size(a,1)-1
5      for k2 = 2:size(a,2)-1
6          s = sum(sum(a(k1-1:k1+1,k2-1:k2+1))) - a(k1,k2);
7          if a(k1,k2)
8              if s==2 || s==3
9                  A(k1-1,k2-1) = 1;
10             else
11                 A(k1-1,k2-1) = 0;
12             end
13         else
14             if s==3
15                 A(k1-1,k2-1) = 1;
16             else
17                 A(k1-1,k2-1) = 0;
18             end
19         end
20     end
21 end
22 end
```

对矩阵的二维索引做循环，逐个判断循环中的元素是否符合前述规则。当然也可把高维索引转换为低维索引循环，变成 1 重循环。

源代码 1.82: 循环（1 重）求解思路,by bainhome,size:178

```
1  function ans = life(ans)
2  A1=ans([end 1:end 1],[end 1:end 1]);
3  t=reshape(bsxfun(@plus,6*[1:4]',2:5)',[],1);
4  [a1xi,a1yi]=ind2sub(size(A1),t);
5  [a1x,a1y]=ind2sub(size(A1),(1:numel(A1))');
6  for i=1:length(t)
```

```
7       k(i)=sum(A1(a1x<=a1xi(i)+1&a1x>=a1xi(i)-1&a1y<=a1yi(i)+1&a1y>=a1yi(i)-1))-A1(t(i));
8       if k(i)<2||k(i)>3&&ans(i)==1
9           ans(i)=0;
10      elseif k(i)==3&&ans(i)==0
11          ans(i)=1;
12      end
13    end
14  end
```

循环虽然减掉一层，但代码不但没有简化，反而繁琐了，原因是 ind2sub 的转换需要额外的程序开销。当然在判断条件部分可按源代码1.80。

源代码 1.83: 源代码 1.82 改进逻辑判断,by bainhome,size:155

```
1  function ans = life(ans)
2    ...
3    for i=1:length(t)
4        k(i)=sum(A1(a1x<=a1xi(i)+1&a1x>=a1xi(i)-1&a1y<=a1yi(i)+1&a1y>=a1yi(i)-1))-A1(t(i));
5    end
6    k=reshape(k,4,[]);
7    k==3|(ans&k==2);
8  end
```

1.6.3 叠加与卷积

观察问题要求发现：外边缘元素是首尾闭合的边界，即矩阵下(左)边界就是首行(列)元素的上(右)边缘。可据此构造一系列首尾或者左右侧轮转的同维矩阵，叠加于全 0 矩阵上，加和后新矩阵的每个元素值自然就是周围元素之和。

源代码 1.84: 边界元素的叠加解法,by Bart Vandewoestyne,size:90

```
1  function ans = life(ans)
2    m = length(ans);
3    n = [m 1:m-1];
4    e = [2:m 1];
5    N = ans(n,:) + ans(e,:) + ans(:,e) + ans(:,n) + ...
6        ans(n,e) + ans(n,n) + ans(e,e) + ans(e,n);
7    ans=(ans & (N == 2))|(N == 3);
8  end
```

源代码 1.84 利用上下左右四个边界条件换序，例如上边界是最后一行，则将其移位至上方，行序变成"[4 1 2 3]"；第 4 列右边界是第 1 列，将其移位至第 4 列，列序换为"[2 3 4 1]"，按同样方法构造 8 个矩阵，求和后每个元素正好是周边元素之和，判断部分与之前的分析相同，不再赘述。

学过信号处理、数字图像等专业课程的读者会马上有种直觉：这个叠加算法非常类似脉冲信号或者图像边缘检测等问题中某个很熟悉的概念……没错，就是卷积！

没学过的有必要了解卷积 (convolution) 的概念：它相当于脉冲信号在时间轴上的后效评估。单脉冲是工程中应用非常多的狄拉克函数，如果某段时间内频繁发生脉冲信号，则对系统所产生的效果就与作用时间间隔、效果衰减等因素有关，计算这段连续脉冲对系统的累积实际效果，可看做衰减系数和脉冲波高度、时间段三者的耦合。发生一个脉冲后经历时间越长衰减越大，因此时间与衰减因素之间反比例相关，第 τ 个时刻发生的脉冲 $f(\tau)$，到了第 $x-\tau$ 时刻对系统的效果就可用二者乘积 $f(\tau)g(x-\tau)$ 表示。这就好像脉冲在时间轴上"倒溯褶曲"一般，如果有无穷多个这样的脉冲，当然就变成积分，相当于信号对系统的效应累积：

$$\int_{\infty}^{+\infty} f(\tau)g(x-\tau)\mathrm{d}\tau$$

"卷积"之名，形象而贴切。

MATLAB 中离散卷积专门命令是 conv(一维)、conv2(二维) 和 convn(n 维)，以一维卷积命令为例说明其原理。

源代码 1.85: 一维卷积命令 conv 计算示例

```
1  >> a=randi(10,1,4),b=randi(10,1,4)
2  a =
3       8     8     4     7
4  b =
5       2     8     1     3
6  >> conv(a,b)
7  ans =
8      16    80    80    78    84    19    21
```

按照卷积定义有：

$$\mathrm{ans}(k) = \sum_j a(j)b(k-j+1) \tag{1.4}$$

卷积结果的维度数等于 "length(a)+length(b)-1"。就源代码 1.85 而言，由于脉冲数量很少 (离散)，做如式 (1.4) 所示的序列求和，卷积结果 "ans" 中每个元素值为

$$\begin{cases}
\mathrm{ans}(1) = a(1) \times b(1) = 8 \times 2 = 16 \\
\mathrm{ans}(2) = a(1) \times b(2) + a(2) \times b(1) = 8 \times 8 + 8 \times 2 = 64 + 16 = 80 \\
\mathrm{ans}(3) = a(1) \times b(3) + a(2) \times b(2) + a(3) \times b(1) = \\
\qquad 8 \times 1 + 8 \times 8 + 4 \times 2 = 8 + 64 + 8 = 80 \\
\mathrm{ans}(4) = a(1) \times b(4) + a(2) \times b(3) + a(3) \times b(2) + a(4) \times b(1) = \\
\qquad 8 \times 3 + 8 \times 1 + 4 \times 8 + 7 \times 2 = 24 + 8 + 32 + 14 = 78 \\
\mathrm{ans}(5) = a(2) \times b(4) + a(3) \times b(3) + a(4) \times b(2) = \\
\qquad 8 \times 3 + 4 \times 1 + 7 \times 8 = 24 + 4 + 56 = 84 \\
\mathrm{ans}(6) = a(3) \times b(4) + a(4) \times b(3) = 4 \times 3 + 7 \times 1 = 19 \\
\mathrm{ans}(7) = a(4) \times b(4) = 7 \times 3 = 21
\end{cases} \tag{1.5}$$

如果式 (1.4) 没看懂，则式 (1.5) 就算是个丰富的补充诠释，可以看到如下规律：

① 卷积向量长度的直观解释：式 (1.4) 前一变量 a 像只有 4 节车厢的火车，后一变量 b 相当于只有 4 节的轨道。火车 a 在轨道 b 上行驶，前行一节 (假设火车超出的这节搁在无限长的站台轨道上)，火车 a 与轨道 b 此时只有三节接触，继续向前，直到二者之间只有一节重叠，这就到了极限，因为如果再向前，则车厢与轨道之间就没有关联了，也就失去了卷积讨论触发信号与系统之间关系的意义（因为不重叠就毫无关联了）。说明二者之间有交集的最大长度应该是 $4+3 = 7$，这就是卷积长度*。

② 两个向量的数值相当于在相同时间间隔 1 内的峰值信号强度，二者之间的交叠关系由于时间差的问题，必须做按时间回卷的乘积运算，所以一列顺序、一列倒序，相乘的总和就是二者的卷积运算。

③ 关于"ans(i)"运算原理的解释：卷积属于信号对系统产生影响之后的评估，所以如果仍以①中列车的例子说明，做卷积就是当列车开到末尾时才能算，显然只有第 1 节车厢与第 1 节轨道之间有交集（因为 2,3,4 节车厢的停放位置就已经在第 1 节轨道后面，开动之后只会越来越远）。第 2 节轨道曾经过第 1、2 节车厢，所以结果就是 $a_1b_2 + a_2b_1$，以此类推，这种影响持续增大，直至第 4 节轨道，因为这节轨道，4 节车厢都会经过，所以这个数值所关联的因素就最多（见式 (1.5) 中的 ans(4)），后面相互的影响又开始逐渐减弱，到第 4 节车厢，因为只经过了第 4 节轨道，所以其结果也只有两个向量末尾元素的相乘。

二维卷积同样道理，例如：

源代码 1.86: 二维卷积命令 conv2 计算示例

```
 1  >> a=randi(10,3),b=randi(10,3)
 2  a =
 3       1    8    6
 4       1   10    5
 5       6    2    1
 6  b =
 7       4    4    7
 8       2    6    3
 9       8    2    7
10  >> conv2(a,b)
11  ans =
12       4   36   63   80   42
13       6   66  130  150   53
14      34  124  198  146   64
15      20  122   99   92   38
16      48   28   54   16    7
```

源代码 1.86 是二维卷积命令 conv2 计算，向量维度关系在一维部分已经介绍，由于元素数量过多，下面只对几个典型元素的卷积过程做解释：

---

*在 MATLAB 卷积命令中对于离散卷积维度还有不同的后缀参数设置，详见本节后续问题的求解过程。

$$\begin{cases} \text{ans}(1,1) = a(1,1) \times b(1,1) = 1 \times 4 = 4 \\ \text{ans}(1,2) = a(1,1) \times b(1,2) + a(1,2) \times b(1,1) = 1 \times 4 + 8 \times 4 = 4 + 32 = 36 \\ \quad \cdots\cdots \\ \text{ans}(2,1) = a(1,1) \times b(2,1) + a(2,1) \times b(1,1) = 1 \times 2 + 1 \times 4 = 2 + 4 = 6 \\ \text{ans}(2,2) = a(1,1) \times b(2,2) + a(1,2) \times b(2,1) + a(2,1) \times b(1,2) + a(2,2) \times b(1,1) = \\ \qquad 1 \times 6 + 8 \times 2 + 1 \times 4 + 10 \times 4 = 6 + 16 + 4 + 40 = 66 \\ \text{ans}(2,3) = a(1,1) \times b(2,3) + a(1,2) \times b(2,2) + a(1,3) \times b(2,1) + a(2,1) \times b(1,3) + \\ \qquad a(2,2) \times b(1,2) + a(2,3) \times b(1,1) = 1 \times 3 + 8 \times 6 + 6 \times 2 + 1 \times 7 + 10 \times 4 + \\ \qquad 5 \times 4 = 3 + 48 + 12 + 7 + 40 + 20 = 130 \\ \quad \cdots\cdots \\ \text{ans}(5,3) = a(3,1) \times b(3,3) + a(3,2) \times b(3,2) + a(3,3) \times b(3,1) = \\ \qquad 6 \times 7 + 2 \times 2 + 1 \times 8 = 42 + 4 + 8 = 54 \\ \quad \cdots\cdots \\ \text{ans}(5,5) = a(3,3) \times b(3,3) = 1 \times 7 = 7 \end{cases} \tag{1.6}$$

通过卷积的来源、原理讲解,即使以前未接触过 conv、conv2 等函数的读者,也应发现卷积运算与源代码 1.84 的原理颇有类似之处,主要是构造两个合适的矩阵参数。

源代码 1.87: conv2 命令构造周边元素和值矩阵,by Nicholas Howe size:43

```
1  function ans = life(A)
2      conv2(A([end 1:end 1],[end 1:end 1]),ones(3),'valid');
3      ans-A==3|ans==3;
4  end
```

虽然源代码 1.87 很短,但很多内容值得效仿学习,逐一说明如下:

① conv2 命令调用时的后缀参数 'valid' 的物理意义相当于选择"信号对系统影响最大"的那部分区域,即:卷积交叠最大的部分。但从结果来看,它所选择的区域维数等于扣除两个矩阵外边界剩余部分做卷积的维度。例 1.6 中的生命矩阵经边界扩展后维度为 6×6,构造矩阵 b=onses(3) 维度是 3×3,按卷积计算的全维度本是 $(6+3-1, 6+3-1) = (8,8)$,如二者各自剔除外边界,则维度分别为 4×4、1×1,加后缀参数 'valid' 对原矩阵得到的卷积进行计算,结果维度相当于 $(4+1-1, 4+1-1) = (4,4)$,正好是生命矩阵维度。

② 矩阵 A 扩展使用矢量索引"$A([\ldots],[\ldots])$",这是 MATLAB 处理矩阵的优势之一。

③ 扩展矩阵 A' 和构造维度 3×3 全 1 矩阵之间的卷积运算是问题求解的关键,尤其是为何要"恰当地"构造 3×3 矩阵来"凑"卷积形式?为直观和便于解释起见,我们不妨设定一个全 1 的 6×6 矩阵 n_1 和 3×3 全 1 矩阵 m_1 做二维卷积。

源代码 1.88: 维数为 3×3 全 1 矩阵构造原因分析

```
1  >> n1=ones(6);m1=ones(3);
2  >> conv2(n1,m1)
```

```
3  ans =
4       1    2    3    3    3    3    2    1
5       2    4    6    6    6    6    4    2
6       3    6    9    9    9    9    6    3
7       3    6    9    9    9    9    6    3
8       3    6    9    9    9    9    6    3
9       3    6    9    9    9    9    6    3
10      2    4    6    6    6    6    4    2
11      1    2    3    3    3    3    2    1
```

采用全1矩阵 n_1 和 m_1 的目的是更加便于观察二维卷积的元素关联效果。通过源代码 1.88 很容易看出："ones(3)" 正好可以"笼罩" 6×6 矩阵中某元素，卷积结果代表了后面矩阵 m_1 与前者之间的交叠性。这种"交叠"的效果与卷积结果元素的对应容易通过图形显示：从图 1.2 很方便地找到了卷积结果中每个元素数字与 3×3 全1矩阵 m_1 之间的位置关系，这是当 n_1 为全1矩阵的情况；如果 n_1 元素值为任意，结果就是重叠部分对应元素乘积之和。这个构造正好解决了例 1.6 中对周边元素的判断，只是卷积得到的结果里包含从 A 扩展得到的矩阵 N 对应元素值，所以最后判断部分要用其减去 A 的数值。而后半段 "ans == 3" 等价于一个双重判断：如果 A 本身对应元素为 0，则此处 ans = ans $- A ==$ 3 代表周围有 3 个元素，按规则当 0 元素周围有恰好 3 个元素时应当为 1；如果 A 本身对应元素为 1，则此处 ans $- A == 2$，按规则当 1 元素周围有 2 个元素时，其值并不发生变化。

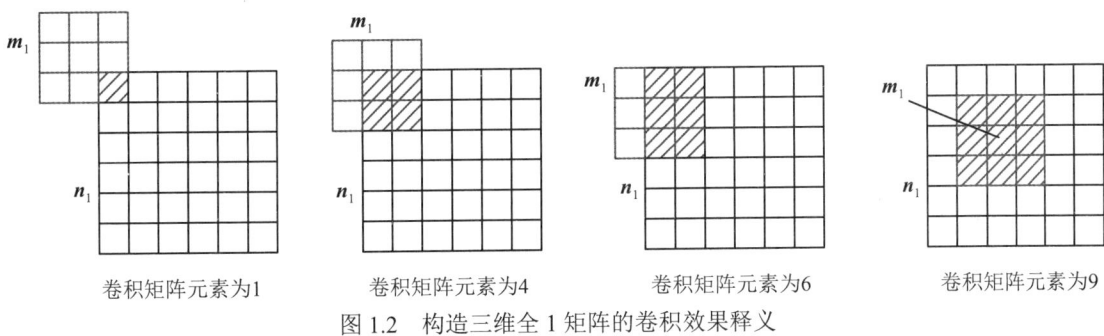

图 1.2　构造三维全1矩阵的卷积效果释义

实际上，多维卷积命令 convn 同样可以用在低维条件下。

源代码 1.89: 边界元素的叠加解法, by Alfonso Nieto-Castanon, size:47

```
1  function B = life(A)
2    C=convn(A([end,1:end,1],[end,1:end,1]),ones(3),'valid');
3    B = C==3 | A&C==4;
4  end
```

与源代码 1.84 中的判断条件相比，恰好相差 1，说明利用 convn 得到的求值结果是包含本身的。

当构造封闭的边界条件时，还可以更"粗放"些，conv2 和 convn 函数的运行结果显示，如果利用类似于 "ones(3)" 作为其第 2 个参数，则相当于对前一矩阵的局部处理，这完全符合卷积的原理：离该元素较远的部分对其影响变小，所以边界即使扩大也不会影响我们所关心的元素处理。按照这种想法，可以用复制矩阵的方法构造边界条件。

源代码 1.90: 复制矩阵扩维构造边界 1,by Dirk Engel,size:41

```
1  function B = life(A)
2  conv2(repmat(A, 3),ones(3),'same');
3  ans(5:8,5:8);
4  B=(ans==3 | A&ans==4);
5  end
```

源代码 1.90 利用 repmat 函数把生命矩阵 A 按 3×3 维度复制成更大的矩阵, 效果类似于:

源代码 1.91: 矩阵整体复制命令 repmat

```
1  >> repmat('A',3)
2  ans =
3  AAA
4  AAA
5  AAA
```

这样, 中间矩阵 A 正好被自身 4 个边界包围, 做 conv2 运算后, 只需取出中间一块, 或用其他扩维方式也能达到同样目的。

源代码 1.92: 复制矩阵扩维构造边界 2,by Yaroslav,size:37

```
1  function ans = life(A)
2  ans=abs(conv2(kron(ones(3),A),str2num('1 1 1; 1 0.5 1; 1 1 1'))-3)<1;
3  ans=ans(6:9,6:9);
4  end
```

> **评** 源代码 1.92 使用 str2num 缩短代码的"长度", 这在实际编写程序中并不可取; 此外, 当原矩阵比较大时, 扩维致使多余运算急剧增多, 也得不偿失。不过例 1.6 限定 4×4 的维度, 不失为缩短代码长度的思路。另外, 鉴于矩阵扩维操作在很多问题中都将使用 (并不像在例 1.6 中的可有可无, 有些问题中维度扩展甚至是非常实用的)。这部分内容将在 3.1 节专门介绍。

1.7 数组基础训练: 寻找最大尺码的"空盒子"

例 1.7 给定仅含有元素 0 和 1 的方阵, 把其中所有的元素 1 索引位视为假想平面上放置的凸起物, 元素 0 索引位置处则为空地板, 如果想在这块假想平面上, 找一个"空盒子" (相当于一个子矩阵, 其上每个索引位元素值都是 0) 放置一个大的方块, 请找出该假想平面上能容纳最大方块 (子矩阵) 的"空盒子"索引坐标位, 并返回子矩阵在原矩阵中的坐标索引行列范围。注意: 答案可能不唯一, 此时列出其中一组即可通过测试代码。例如:

源代码 1.93: 例 1.7 测试示例

```
1  Input_a = [1 0 0; 0 0 0; 0 0 0]
2  Output_si = [2 3 2 3]
```

上述例子意味着变量 a 中能够容纳的最大全 0 方阵, 也就是最大尺寸"空盒子"是 2×2, 其行列坐标索引范围是 "a(2:3,2:3)", 用代码 "sum(sum(a(2:3,2:3)))" 验证得到的结果为 0,

说明子矩阵对应着 4 个 0 元素。

源代码 1.94: 例 1.7 测试代码

```
1  %% 1
2  a = [1 0; 0 0];
3  [r1,r2,c1,c2] = biggest_box(a);
4  sub = a(r1:r2,c1:c2);
5  [m,n] = size(sub);
6  len = 1;
7  assert(isequal(sum(sub(:)),0))
8  assert(isequal(m,len));
9  assert(isequal(n,len));
10 %% 2
11 a = [1 0 0; 0 0 0; 0 0 0];
12 [r1,r2,c1,c2] = biggest_box(a);
13 sub = a(r1:r2,c1:c2);
14 [m,n] = size(sub);
15 len = 2;
16 assert(isequal(sum(sub(:)),0))
17 assert(isequal(m,len));
18 assert(isequal(n,len));
19 %% 3
20 a = eye(9);
21 [r1,r2,c1,c2] = biggest_box(a);
22 sub = a(r1:r2,c1:c2);
23 [m,n] = size(sub);
24 len = 4;
25 assert(isequal(sum(sub(:)),0))
26 assert(isequal(m,len));
27 assert(isequal(n,len));
28 %% 4
29 a = double(magic(7)<6);
30 [r1,r2,c1,c2] = biggest_box(a);
31 sub = a(r1:r2,c1:c2);
32 [m,n] = size(sub);
33 len = 4;
34 assert(isequal(sum(sub(:)),0))
35 assert(isequal(m,len));
36 assert(isequal(n,len));
```

释义：要求在输入的"0-1"方阵中找到最大全 0 方阵，并输出该方阵位置索引"$(r_1:r_2,c_1:c_2)$"，显然结果可能不唯一，例如源代码 1.94 的算例 3，9×9 的单位矩阵 a，其中的 $a(1:4,5:8)$、$a(1:4,6:9)$ 或者 $a(2:5,6:9)$ 包括沿 eye(9) 对角线的对称矩阵都满足条件，列出其中一组即可。

1.7.1 循 环

从某个元素起，扩展某个维度的全 0 矩阵 $l_1 \times l_2$，显然该子矩阵索引排布与起始某个元素密切相关。结合循环与判断，以某元素为起始点构造子矩阵，由于源数据全部元素均满足 $a_{ij} \geqslant 0$，直接判断全部元素之和是否为 0 即可。

源代码 1.95: 一般的循环判断求解方法,by Zoltan Fegyver,size:68

```matlab
1  function [r1,r2,c1,c2] = biggest_box(A)
2  s = length(A);
3  for n = s : -1 : 0
4    for r1 = 1 : s - n
5      for c1 = 1 : s - n
6        r2 = r1 + n;
7        c2 = c1 + n;
8        if ~sum(sum(A(r1 : r2, c1 : c2)))
9          return
10       end
11     end
12   end
13 end
14 end
```

源代码 1.95 最外重循环自起始元素开始从大到小排列移位距离；内层两重循环范围确定起始元素位置，`if` 语句判断自起始元素按移位距离得到的矩阵是否为全 0 矩阵，如果是，则程序以 `return` 语句跳出终止；如果否，则继续缩小维度循环计算。判断语句求得矩阵所有元素之和，如果是 0，则取反得到 1 (TRUE)，达到终止条件。

1.7.2 利用 conv2 函数

如果在源数据中，依照某种特征寻找子矩阵，卷积命令 conv 往往有很好的效果，难点在于设计合适的输入矩阵。

"空盒子"即查找全 0 子矩阵，根据 1.6.3 小节 conv 系列函数的分析，构造合适的矩阵和源数据做卷积，按乘积之和，最后总能判断并找到符合要求子矩阵的特征，尤其源数据是 "0-1" 矩阵，可对原矩阵取反，变成在去逻辑反的新矩阵中查找全 1 矩阵。例如：构造特定维度 k 的全 1 矩阵（维数小于或等于原矩阵），二维卷积计算结果矩阵的某个元素值为 k^2，则判定原矩阵中必然存在一个 $k \times k$ 的全 0 矩阵。

源代码 1.96: 卷积函数 conv2 应用 1——源数据取反, by bainhome, size:81

```matlab
1  function [r1,r2,c1,c2] = biggest_box(a)
2  for i=fliplr(1:length(a)-1)
3    [indx,indy]=find(conv2(~a+0,ones(i))==i^2);
4    if ~isempty(indy)
5      [r1,r2,c1,c2]=deal(indx(end)-i+1,indx(end),indy(end)-i+1,indy(end));
6      return
7    end
8  end
9  end
```

或在卷积结果上取反：

源代码 1.97: 卷积函数 conv2 应用 2——卷积数据取反, by Binbin Qi, size:78

```matlab
1  function [r1,r2,c1,c2] = biggest_box(a)
2  for i = min(size(a)):-1:1
3    b = convn(abs(a),ones(i),'valid');
4    [c,d] = find(~b);
```

```
5      if ~isempty(c)
6          r1 = c(1);
7          c1 = d(1);
8          r2 = r1 + i - 1;
9          c2 = c1 + i - 1;
10         break
11     end
12 end
```

针对问题的具体条件进一步简化代码:

源代码 1.98: 卷积函数 conv2 应用 3——卷积取反 + while 循环,by LY Cao,size:55

```
1 function [r1,ans,c1,c2] = biggest_box(a)
2   size(a);
3   while conv2(a,ones(ans),'valid')
4   ans-1;
5   end
6   [r1,c1] = find(~conv2(a,ones(ans),'valid'),1);
7   c2 = c1+ans-1;
8   r1+ans-1;
```

源代码 1.98 借用默认变量 "ans" 省去输出中的一个变量赋值过程,或:

源代码 1.99: 卷积函数 conv2 应用 4——卷积取反 + find 逻辑条件利用,by Alfonso Nieto-Castanon,size:54

```
1 function [r1,r2,c1,c2] = biggest_box(a)
2   for n=fliplr(0:length(a))
3       [r1,c1,v]=find(~convn(a,ones(n+1),'valid'),1);
4       if v
5           r2=r1+n;
6           c2=c1+n;
7           return
8       end
9   end
10 end
```

源代码 1.99 利用 find 函数中一个不太常用的调用方法:"[i,j,v]=find(...)",其中第 3 个参数 v 的功能用下面的代码说明:

源代码 1.100: find 函数第 3 个参数 v 释义

```
1 >> [~,j,v]=find(randi(10,1,10)>=5,2)
2 j =
3      3   4
4 v =
5      1   1
```

源代码 1.100 在源数据(维度为 1×10 随机整数序列)中,查找满足 $x \geqslant 5$ 的前 2 个数的索引 (运行结果是 $x_j = x([3,4])$),向量 v 则是当满足 find 的逻辑条件时,源数据符合条件索引位置返回一个逻辑的 "TRUE(1)"。

鉴于输出数量较多,还可利用输出函数 varargout 打包的方法,省去 4 个变量的赋值:

源代码 1.101: 滤波函数 `filter2`+ `varargout` 输出变量打包, by Aurelien Queffurust,size:51

```matlab
1  function varargout= biggest_box(a)
2   for o = 1:size(a,1)
3       [ii,jj]=find(~filter2(ones(o),a,'valid'),1);
4       if ii
5           varargout={ii,ii+o-1,jj,jj+o-1}
6       end
7   end
```

首先，用 `filter2` 替代 `conv2`，二者计算上没有本质区别：`filter2` 也要先对数据做卷积运算 (详见 3.3.5 小节)；其次，`varargout` 把全部输出打包成 cell 数据，输出形式上更灵活。

循环中，当 `find` 函数找不到符合条件的数据时，索引本身是"空"序列，这一点能被作为判断流程的逻辑语句，源代码 1.99 中的"v"可用可不用，去掉它再用 `varargout` 打包输出更简捷。

源代码 1.102: 卷积函数 `conv2` 应用 5——卷积取反 + `find` 更简捷的写法,by Alfonso Nieto-Castanon,size:48

```matlab
1  function varargout = biggest_box(a)
2   for n=0:length(a)
3       [r1,c1]=find(~convn(a,ones(n+1),'valid'),1);
4       if r1
5           varargout={r1,r1+n,c1,c1+n};
6       end
7   end
8  end
```

源代码 1.99 和源代码 1.102 都用到输出打包函数 `varargout`，加上另一个输入打包函数 `varargin`，两个函数在编写程序时应用得非常普遍，不妨通过一个问题的求解，加深对它们的理解。

例 1.8 请写出一个计算立方体体积的函数 `computeVolume.m`。函数要能接收 3 个输入变量：立方体的长度、宽度和高度。如果 3 个变量中任意一个为"[]"或没有赋值，则程序可以自动默认其为 1。

例如：`computeVolume(2,3,4)` 返回体积值 24；`computeVolume(2,3)` 则应返回体积值 6；而 `computeVolume(1,[],3)` 则返回体积值 3。

源代码 1.103: 例 1.8 测试代码

```matlab
1  %% 1
2  x = 1;
3  y = 1;
4  z = 1;
5  v_correct = 1;
6  assert(isequal(computeVolume(x,y,z),v_correct));
7  %% 2
8  x = 3;
9  y = 4.5;
10 z = 2;
11 v_correct = 27;
12 assert(isequal(computeVolume(x,y,z),v_correct));
```

```
13  %% 3
14  v_correct = 1;
15  assert(isequal(computeVolume(),1));
16  %% 4
17  v_correct = 1;
18  assert(isequal(computeVolume([],[],[]),1));
19  %% 5
20  y = 2;
21  v_correct = 2;
22  assert(isequal(computeVolume([],y),v_correct));
23  %% 6
24  x = 9.2;
25  y = [];
26  v_correct = 9.2;
27  assert(isequal(computeVolume(x,y),v_correct));
```

释义：例 1.8 非常简单，即如果六面体长 l、宽 b、高 h 已知，则求体积 V。但作者在程序输入方面设置了一个小障碍：默认输入变量个数。也就是说：长、宽、高中任何一个，或多个参数未输入，甚至像源代码 1.103 的算例 4 那样，所有参数都不输入，那么未输入的变量均默认其值为 1。

如果不用输入打包命令 varargin，而以 "function ans=Fun(x,y,z)" 的形式手动指定输入变量个数，则代码将十分冗长繁琐。

源代码 1.104: 确定输入数量的繁琐写法示例 1,size:103

```
1   function ans= computeVolume(x,y,z)
2   switch nargin
3       case 3
4       if isempty(x)
5           x=1;
6       end
7       if isempty(y)
8           y=1;
9       end
10      if isempty(z)    z=1;
11      end
12      case 2
13      if isempty(x)
14          x=1;
15      end
16      if isempty(y)
17          y=1;
18      end
19      z=1;
20      case 1
21      if isempty(x)
22          x=1;
23      end
24      y=1;z=1;
25      case 0
26          x=1;y=1;z=1;
```

```
27    end
28    x*y*z;
29 end
```

或者：

源代码 1.105: 确定输入数量的繁琐写法示例 2,size:118

```
1  function v = computeVolume(varargin)
2  switch nargin
3     case 0
4        x = 1; y = 1; z = 1;
5     case 1
6        x = varargin{1}; y = 1; z = 1;
7     case 2
8        x = varargin{1}; y = varargin{2}; z = 1; case 3
9        x = varargin{1}; y = varargin{2}; z = varargin{3};
10    otherwise
11       error('computeVolume:TooManyInputs','Too many inputs.')
12 end
13 if isempty(x)
14    x = 1;
15 end
16 if isempty(y)
17    y = 1;
18 end
19 if isempty(z)
20    z = 1;
21 end
22 v = x*y*z;
23 end
```

源代码 1.105 中虽然使用了 varargin 函数，但对问题的理解却并不透彻，忽略了对"未输入或空变量默认为 1"条件的利用。此外，在给定输入变量个数为 3 的所有写法中，由于无法规避对各种缺少变量情况的判断，最简捷的也只能达到如下程度：

源代码 1.106: 确定输入数量的繁琐写法示例 3,size:54

```
1  function v = computeVolume(x,y,z)
2  switch nargin
3     case 0
4        v = 1;
5     case 1
6        v = x;
7     case 2
8        a = [x y];
9        v = prod(a);
10    case 3
11       b = [x y z];
12       v = prod(b);
13 end
14 end
```

其实在这个问题中，varargin 的正确打开方式如下：

源代码 1.107: 确定输入数量的简捷写法,by @bmtran,size:12

```
1  function ans = computeVolume(varargin)
2    prod(cell2mat(varargin))
3  end
```

用 cell2mat 接收 varargin 打包的输入变量，也就是 cell 数组，将其转为矩阵，再用 prod 相乘，默认值"1"对相乘结果无影响，因此不用做判断。

> **评** varargin 和 varargout 需要熟练掌握，它不仅在本书后续例子中经常使用，而且在平时的程序编写中，也同样要充分考虑输入与输出二者之间的联系。

1.8 数组基础训练：寻找对角线上的最多连续质数

例 1.9 Stanislaw Ulam 曾经观察发现：如果自中心点向外旋转计数，则其中的质数具有非常规则的排列模式：它们总是沿旋转矩阵的正反对角线呈链状排布。请编写程序，输入是正整数变量 n，找到矩阵 spiral(n) 中最长一段对角线质数序列的长度值。例如，当 $n=7$ 时，最长的对角线质数序列的长度是 4，因为运行"isprime(spiral(n))"得到如源代码 1.108 所示的结果。

源代码 1.108: 例 1.9 测试示例

```
1  >> isprime(spiral(7))
2  ans =
3     1   0   0   0   1   0   0
4     0   0   0   1   0   0   0
5     1   0   1   0   0   0   0
6     0   1   0   0   1   1   0
7     0   0   1   0   1   0   1
8     0   1   0   0   0   1   0
9     1   0   0   0   0   0   1
```

从源代码 1.108 的运行结果可以看出，反对角线上有连续 4 个质数，这也是整个矩阵中最长的一段对角线连续质数。

源代码 1.109: 例 1.9 测试代码

```
1  %% 1
2  n = 4;
3  d = 2;
4  %p = isprime(spiral(n));imagesc(p)
5  assert(isequal(prime_spiral(n),d))
6  %% 2
7  n = 7;
8  d = 4;
9  assert(isequal(prime_spiral(n),d))
10 %% 3
11 n = 13;
12 d = 5;
```

```
13    assert(isequal(prime_spiral(n),d))
14    %% 4
15    n = 52;
16    d = 6;
17    assert(isequal(prime_spiral(n),d))
18    %% 5
19    n = 81;
20    d = 9;
21    assert(isequal(prime_spiral(n),d))
```

注：问题的基本思想来自 Stanisław Ulam 对维度 200×200 的 Spiral 矩阵中质数位置的观察，发现它们多呈对角线分布特征(维基百科)。本例即取此意，要求寻找给定长度的 Spiral 矩阵，在其中寻找对角线连续最多质数的序列长度。如源代码 1.108 所示，7×7 的 spiral 矩阵系列反对角线上的 $(4,2),(3,3),(2,4),(1,5)$ 四个元素构成最长的质数序列，因此其长度为 4。所以矩阵在正反两种对角线位置都要排查。MATLAB 提供现成命令直接生成 Spiral 矩阵，与其他测试矩阵一样，除了其本身的数学意义外，还可通过一些特定的操作构造满足我们要求的其他矩阵。这种利用特殊测试矩阵的构造在后续内容中还会讲解。判断矩阵每个元素是否为质数可用命令 isprime，这两个命令给问题的求解带来了方便。

假如采用循环 + 判断流程，思路是用块对角线排列函数 blkdiag，把所有输入矩阵变量：$A_1, A_2, \cdots A_n$ 视为子块，放置在一个维度为 $size(A_1) + size(A_2)$ 矩阵的主对角线上，即

$$B = \begin{pmatrix} A_1 & & & 0 \\ & A_2 & & \\ & & \ddots & \\ 0 & & & A_n \end{pmatrix}$$

再用 diag 循环提取每条对角线上的元素构成字符串，通过正则命令 regexp，查找匹配的全 1 字符串。鉴于本章主要内容是数组操作，另外正则命令对字符串的操纵需要特定的正则语法知识，这类解法详见本书第 4 章。利用数组解决例 1.9 的方案大体有两类：二维卷积和数组基本操作命令组合。

1.8.1 卷积命令

乍一看似乎卷积命令也并不容易行得通，因为要查找 $1 \times n$ 的子序列而不是矩阵，如用一维卷积命令 conv 配合 diag，则似乎又走到老路上了，只是判断连续 1 序列长度更容易一点罢了。

但经过分析发现：conv2 实质是以一个矩阵的每个元素为中心，按另一变量的构造矩阵，遍历做乘并求和，源数据无法改变，但做乘矩阵却能按需灵活构造——只要利于问题解决。

不妨用命令 eye 把除对角线外的其他元素构造时就置 0，其他位置元素将不会影响结果，但要注意，可能出现如下例外：

源代码 1.110: 对角元素选择时的例外因素

```
1  >> isprime(spiral(9))
2  ans =
```

3	1	0	0	0	0	0	1	0	0
4	0	1	0	0	0	1	0	0	0
5	1	0	0	0	1	0	0	0	0
6	0	1	0	1	0	0	0	0	0
7	0	0	1	0	0	1	1	0	1
8	0	0	0	1	0	1	0	1	0
9	1	0	1	0	0	0	1	0	0
10	0	1	0	0	0	0	0	1	0
11	0	0	0	0	1	0	1	0	0

```
12 >> diag(ans(1:8,1:8))'
13 ans =
14      1    1    0    1    0    1    1    1
15 >> sum(ans)
16 ans =
17      6
```

计算结果如图 1.3 所示，观察发现 9×9 旋转矩阵"isprime(spiral(9))"中最大的对角线质数序列为 5，但卷积命令 conv2 通过构造矩阵"eye(i)"却有可能把对角线中间的 0 也考虑在内，破坏了"连续质数"的预设，最终出现单位矩阵随循环扩展，序列值被错误地增大的现象。以源代码 1.110 为例，将得到矩阵第 $1\sim 8$ 行、第 $1\sim 8$ 列对角线质数为 6 的错误结果。

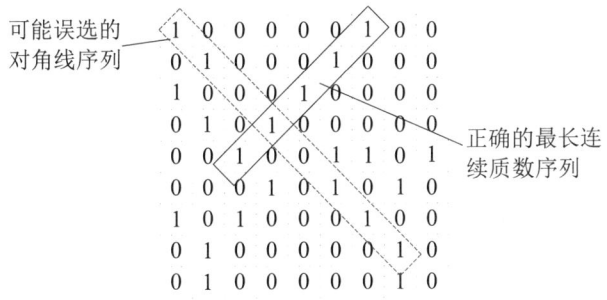

图 1.3 对角元素选择例外情况分析

为避免这种现象，需增加一个判断，令卷积结果矩阵中最大值和循环次数 i 相等，即排除中间有元素为 0 的情况，得如下代码：

源代码 1.111: 卷积命令 + 单位矩阵构造质数序列长度 1,by bainhome,size:65

```
1 function ans = prime_spiral(n)
2 ans=1;
3 for i=1:9
4     k1=+isprime(spiral(n));
5     k2=eye(i);
6     t=max(max([conv2(k1,k2,'same');
7     conv2(k1,fliplr(k2),'same')]));
8     ans=max(ans,(t==i).*t);
9 end
```

源代码 1.111 的第 4 行"+isprime(spiral(n))"的"+"号把 isprime 判断质数得到的逻辑类型转换为双精度数据，否则无法参与卷积运算。另外，因为正反对角线都可能存在最长序列质数，所以 fliplr 命令翻转单位矩阵重做一次卷积，取两次运算的最大值。

还有一种利用卷积函数的巧妙做法如下：

源代码 1.112: 卷积命令 + 单位矩阵构造质数序列长度 2,by Jan Orwat,size:46

```
1  function ans = prime_spiral(n)
2    for k=1:n
3      if any(any(k==conv2([rot90(eye(k)) zeros(k,n) eye(k)],+isprime(spiral(n)))))
4        ans=k;
5      end
6    end
7  end
```

源代码 1.112 的突出之处在于其两步 any 的判断，条件比较长，整体格式为 any(any(k==conv2([⋯], [⋯])))，分析如下：

① **卷积矩阵构造**：与源代码 1.111 正好相反，质数判断的逻辑值矩阵成为 conv2 的第 2 个参数，按循环逐次扩展的单位矩阵变成第 1 个参数，为省略做两次卷积，通过矩阵乘积把翻转矩阵和原矩阵对质数判断的逻辑值并入同一矩阵，一次卷积操作就得到最大连续质数序列长度。例如当 $n=5$ 时，第 3 次循环如下所示：

源代码 1.113: 源代码 1.112 分析——翻转矩阵当 $n=5$ 时，第 3 次的形态

```
1  >> [rot90(eye(k)) zeros(k,n) eye(k)]
2  ans =
3     0   0   1   0   0   0   0   0   1   0   0
4     0   1   0   0   0   0   0   0   0   1   0
5     1   0   0   0   0   0   0   0   0   0   1
6  >> +isprime(spiral(n))
7  ans =
8     0   0   1   0   0
9     0   1   0   0   0
10    1   0   0   1   1
11    0   1   0   1   0
12    1   0   0   0   1
```

② **里层卷积**：上述两个矩阵的二维卷积的意义与源代码 1.111 类似，即：每个数字都代表最近元素正（反）对角线上，按 "eye(i)" 拓展出的矩阵的对角线上元素 1 的数量。

源代码 1.114: 源代码 1.112 分析——卷积结果 $n=5$，第 3 次循环

```
1  >> conv2([rot90(eye(k)) zeros(k,n) eye(k)],+isprime(spiral(n)))
2  ans =
3     0   0   0   0   1   0   0   0   0   1   0   0   0
4     0   0   0   2   0   0   0   0   1   0   1   0   0
5     0   0   3   0   0   1   0   1   0   1   0   2   0
6     0   2   0   1   1   0   0   0   2   0   1   0   0
7     1   0   2   1   2   0   1   0   2   0   1   0   1
8     0   2   0   1   0   0   1   0   1   0   2   0   0
9     1   0   0   0   0   0   0   0   0   0   0   0   1
```

③ **两个元素"属于"的判断**：第 $k=i$ 次循环中，里层的"any"判断卷积矩阵中的每一列是否存在和本次循环次数"k"相等的元素，如有则返回 1，生成 $1 \times \text{size}(\text{conv2}(\ldots),2)$ 的序列；外层的"any"用于判断前述序列是否有任何逻辑"TRUE(1)"：如有，则本次判断

第 1 章 数组操作初步

返回 "ans = k"; 如没有, 则既不记录 k 值, 也不对 "ans" 重新赋值, 直接进入第 $k = i+1$ 次循环。按上述流程执行到第 $k = n$ 次循环结束, 得到满足判断条件的最大循环次数, 即最长质数序列长度。

源代码 **1.115**: 源代码 1.112 分析——两个 "any" $n = 5$, 第 3 次循环

```
1  >> any(k==conv2([rot90(eye(k)) zeros(k,n) eye(k)],+isprime(spiral(n))))
2  ans =
3       0   0   1   0   0   0   0   0   0   0   0   0   0   0   0
4  >> any(any(k==conv2([rot90(eye(k)) zeros(k,n) eye(k)],+isprime(spiral(n)))))
5  ans =
6       1
```

评 源代码 1.112 把两个质数判断的 "0–1" 矩阵合并, 利用一个卷积命令就得到正反两个对角线上的最大连续 1 序列; 此外, "+" 操作符变换数据类型的操作值得学习; 最里层两个矩阵构造不易想到, 这种 "无中生有" 的构造, 是编程思维十分灵活的体现。

除上述解法之外, 下面还有一种采用卷积命令的做法:

源代码 **1.116**: 多维数组的卷积命令 + 单位矩阵构造质数序列长度, by Alfonso Nieto-Castanon, size:46

```
1  function d = prime_spiral(n)
2      for d=fliplr(1:n)
3          j=find(convn(isprime(spiral(n)),cat(3,eye(d),fliplr(eye(d))))==d);
4          if ~isempty(j)
5              return;
6          end
7      end
8  end
```

评 源代码 1.116 与源代码 1.112 在卷积命令的使用上十分相似, 区别在于三维数组合成函数 cat 的使用。当然, 关于高维数组是个很大的话题, 在第 5 章将专门对其存储、移位、扩维、转置等技巧, 结合一些问题详细介绍。

函数 cat 把两个或者两个以上低维数组转换成高维数组, 调用示例如下:

源代码 **1.117**: cat 函数的调用示例

```
1  >> cat(2,randi(10,1,5),randi(10,1,5))
2  ans =
3       9   10    2   10    7    1    3    6   10   10
4  >> cat(1,randi(10,1,5),randi(10,1,5))
5  ans =
6       2   10   10    5    9
7       2    5   10    8   10
8  >> cat(3,ans,2*ans)
9  ans(:,:,1) =
10      2   10   10    5    9
11      2    5   10    8   10
12 ans(:,:,2) =
```

13	4	20	20	10	18
14	4	10	20	16	20

第 1 个参数是维度（Dimension,dim），如果 `dim=1`，则沿行维度组合；如果 `dim=2`，则沿列维度组合；如果 `dim=3`，则按"页(层)"维度把低维矩阵合成更高的三维矩阵。

源代码 1.116 采用高维数组的目的是只进行一次卷积操作，但在 cat 函数的输入中归并 "`eye(i)`" 和 "`fliplr(eye(i))`" 到更大的二维矩阵，而 cat 则把它们分别存放在一个三维数组的不同层内，用 convn 完成卷积运算。

下面仍以 $n=5$、循环至 $d=3$ 次时的卷积结果为例：

源代码 1.118: convn 对高维数组的卷积运算操作

```
 1  >> cat(3,eye(3),fliplr(eye(3)))
 2  ans(:,:,1) =
 3       1     0     0
 4       0     1     0
 5       0     0     1
 6  ans(:,:,2) =
 7       0     0     1
 8       0     1     0
 9       1     0     0
10  >> convn(isprime(spiral(5)),cat(3,eye(3),fliplr(eye(3))))
11  ans(:,:,1) =
12       0     0     1     0     0     0     0     0     0     0     0     0
13       0     1     0     1     0     0     0     0     0     0     0     0
14       1     0     1     1     2     0     0     0     0     0     0     0
15       0     2     0     2     1     2     0     0     0     0     0     0
16       1     0     2     0     3     1     2     0     0     0     0     0
17       0     1     0     2     0     3     1     2     0     0     0     0
18       0     0     1     0     2     0     3     1     2     0     0     0
19       0     0     0     1     0     2     0     3     1     2     0     0
20       0     0     0     0     1     0     2     0     3     1     2     0
21       0     0     0     0     0     1     0     2     0     3     1     1
22       0     0     0     0     0     0     1     0     2     0     2     1     1
23       0     0     0     0     0     0     0     1     0     1     0     2     0
24       0     0     0     0     0     0     0     0     1     0     0     0     1
25  ans(:,:,2) =
26       0     0     0     0     0     0     0     0     0     1     0     0
27       0     0     0     0     0     0     0     0     2     0     0     0
28       0     0     0     0     0     0     0     3     0     0     1     1
29       0     0     0     0     0     0     3     0     1     1     2     0
30       0     0     0     0     0     3     0     2     1     2     0     0
31       0     0     0     0     3     0     2     1     2     0     1     0
32       0     0     0     3     0     2     1     2     0     1     0     0
33       0     0     0     0     2     1     2     0     1     0     0     0
34       0     0     3     0     2     1     2     0     1     0     0     0
35       0     2     0     2     1     2     0     1     0     0     0     0
36       1     0     2     1     2     0     1     0     0     0     0     0
37       0     2     0     1     0     2     0     0     0     0     0     0
38       1     0     0     0     1     0     0     0     0     0     0     0
```

> **评** convn 可针对三维数组分层操作，一次卷积就能用 find 函数找到正反对角线两种情况下的最大序列长度，既省略了连续的 "max(max())" 操作步骤，也不用矩阵乘归并二维数组；判断流程得到简化，程序编写的难度也大大降低。

1.8.2 灵活的 max+diff+find 函数组合

源数据矩阵维度虽然是二维，但归根结底是对角线上连续质数元素的逻辑判断向量，相当于问题求解的大体方向：设法把对角线元素通过操作归并为一维向量，通过矢量化基本数组命令求解问题。

源代码 1.119: 基本数组命令操作对角线元素,by Dirk Engel,size:30

```
1  function ans = prime_spiral(n)
2  ans=isprime(spiral(n));
3  ans=max(diff(find(~spdiags([ans,rot90(ans)]))))-1;
4  end
```

spdiags 函数名的意思是 "Sparse Matrix diagonal"，即 "稀疏矩阵对角线"。"稀疏矩阵" 指矩阵中的 0 元素非常多，应对其中的非 0 元素采用特殊存储方式以节省内存开销。稀疏矩阵的相关命令有 sparse、sprand、speye、spdiags、full 等，简单列举几个应用代码，以帮助读者了解其命令的用法，其他具体使用方法可参见相关命令帮助。

源代码 1.120: 稀疏矩阵命令释义 1

```
1   >> sparse(5,5)              % 创建全0稀疏矩阵
2   ans =
3      All zero sparse: 5-by-5
4   >> full(ans)                % 把稀疏矩阵转为全矩阵
5   ans =
6       0   0   0   0   0
7       0   0   0   0   0
8       0   0   0   0   0
9       0   0   0   0   0
10      0   0   0   0   0
11  >> sprand(5,5,0.1)          % 创建指定分布密度的稀疏随机矩阵
12  ans =
13     (1,4)    0.7431
14     (5,4)    0.6555
15     (4,5)    0.3922
16  >> full(ans)                % 还原指定分布密度的稀疏随机矩阵
17  ans =
18      0   0   0   0.7431   0
19      0   0   0   0        0
20      0   0   0   0        0
21      0   0   0   0        0.3922
22      0   0   0   0.6555   0
```

第 1 个语句创建的全 0 稀疏矩阵，能通过第 2 条语句中的 full 命令还原；第 3 条创建的稀疏随机矩阵与一般随机矩阵没有本质区别，鉴于一般使用稀疏矩阵时维数非常巨大，且 0 元

素非常多，所以只把其中的非 0 元素单独拿出来显示其位置和数值，不同点在于有个后缀的密度参数，例如语句"sprand(5,5,0.1)"，表示在这个稀疏随机矩阵中非 0 随机数至少应该有 $5 \times 5 \times 0.1 = 2.5$ 个，向上圆整为 3。

命令 spdiags 调用方式如下：

源代码 1.121: 稀疏矩阵命令释义 2

```
 1  >> sprand(7,7,0.2)
 2  ans =
 3      (1,2)      0.5853
 4      (4,2)      0.7572
 5      (5,2)      0.3804
 6      (6,3)      0.5678
 7      (7,3)      0.0759
 8      (2,4)      0.5497
 9      (2,5)      0.9172
10      (2,6)      0.2858
11      (4,6)      0.7537
12      (7,7)      0.0540
13  >> spfu=full(ans)
14  spfu =
15       0    0.5853    0         0         0         0         0
16       0    0         0    0.5497    0.9172    0.2858         0
17       0    0         0         0         0         0         0
18       0    0.7572    0         0         0    0.7537         0
19       0    0.3804    0         0         0         0         0
20       0    0    0.5678         0         0         0         0
21       0    0    0.0759         0         0         0    0.0540
22  >> [B,d]=spdiags(ans)
23  B =
24       0         0         0         0         0         0         0
25       0    0.3804    0.7572         0    0.5853         0         0
26  0.0759    0.5678         0         0         0         0         0
27       0         0         0         0         0    0.5497         0
28       0         0         0         0         0         0    0.9172         0
29       0         0         0         0         0    0.7537         0    0.2858
30       0         0         0    0.0540         0         0         0
31  d =
32      -4
33      -3
34      -2
35       0
36       1
37       2
38       3
39       4
```

为方便起见，源代码 1.121 对随机稀疏矩阵用 full 做处理。根据帮助文件 spdiags 的解释，7×7 矩阵一共有 $7 + 7 - 1 = 13$ 条对角线，如果对比稀疏矩阵的"全"形式 spfu 和经过 spdiags 排列后的矩阵 B 会发现，spfu 的对角线元素以自左下至右上的次序被放在了 B 的列中，且用变量 d 存储其对角线序号，如果让矩阵 spfu 的对角线元素与矩阵 B 各列对应相

第 1 章　数组操作初步　　　　　　　　　　　　　　　　　　　　　　　　　　　　　　　　　55

同颜色，则前后对照会更容易理解一些。如图 1.4 左图所示，对角线序号编号为 −3 的元素 [0, 0.380 4, 0.567 8, 0] 依序成为右图对应编号列，以此类推，右图编号 d 即为源代码 1.121 最后一条语句的运行结果。

spdiags运行前的稀疏矩阵"全"形式spfu								spdiags运行后的稀疏元素沿对角存储矩阵B								
		对角线序号								对角线序号d						
		1	2	3	4	5	6		−4	−3	−2	−1	0	1	2	3	4
对角线序号	0	0	0.585 3	0	0	0	0		0	0	0	0	0	0	0	0	0
	−1	0	0	0	0.549 7	0.917 2	0.285 8		0	0.380 4	0.757 2	0	0.585 3	0	0	0	0
	−2	0	0	0.549 7	0	0	0		0.075 9	0.567 8	0	0	0	0	0.549 7	0	0
	−3	0	0.757 2	0	0	0	0.753 7		0	0	0	0	0	0	0	0.917 2	0
	−4	0	0.380 4	0	0	0	0		0	0	0	0	0	0	0.753 7	0	0.285 8
	−5	0	0	0.567 8	0	0	0		0	0	0	0	0	0.054	0	0	0
	−6	0	0	0.075 9	0	0	0.054										

图 1.4　spdiags 中的对角线编号对比图

显然，spdiags 函数适合于连续质数的序列判断，可把本来既不在一行、也不在一列的数据归并在同一行，余下元素补 0 对齐。源代码 1.119 里层用 spdiags 把对角线处理成按列方式存储的矩阵；外层则通过 3 个基本函数形成类似如下源代码的组合调用顺序：

源代码 1.122: MATLAB 数组基础命令实现 1 序列长度判断分析——调用格式

```
1  max(diff(find(~spdiags(...))))-1;
```

以 $n = 5$ 的情况，逐段分析如下：

① **归并**：两个（即翻转矩阵）质数判断逻辑矩阵并取反，取逻辑反利于后续 diff 做差，寻找最多的 0；如果不取反，diff 会混淆淹没前后相等元素相减为 0 的结果。

源代码 1.123: 实现 1 序列长度判断代码分解 1——归并判断矩阵

```
 1  >> isprime(spiral(5))
 2  ans =
 3     0   0   1   0   0
 4     0   1   0   0   0
 5     1   0   0   1   1
 6     0   1   0   1   0
 7     1   0   0   0   1
 8  >> spdiags([ans,rot90(ans)])
 9  ans =
10     0   0   0   0   1   0   0   0   1   1
11     0   0   1   0   0   0   0   1   1   0
12     0   1   0   1   1   0   0   0   0   0
13     0   1   1   0   1   1   0   0   0   0
14     1   0   1   0   0   1   0   0   0   0
15  >> ~ans
16  ans =
17     1   1   1   1   0   1   1   1   0   0
18     1   1   0   1   1   1   1   0   0   1
19     1   0   1   0   0   1   1   1   1   1
20     1   0   0   1   0   0   1   1   1   1
21     0   1   0   1   1   0   1   1   1   1
```

② **查找逻辑"TRUE(1)"值**：find 函数不用多输出形式，直接查找二维矩阵返回其低维索引[*]，这是个 $n \times 1$ 的向量，为方便表示，省略部分并将其转置，因此下列代码显示的索

---
[*]关于高低维索引将在第 5 章的高维数组基础知识中讲解。

引号对应于源代码 1.123 中二维质数判断逻辑矩阵中"非质数"的索引号。

③ **索引号做差**：原矩阵非 0 即 1，当相邻 0 元素索引号做差结果为 1 时，说明二者相邻，即中间没有 1；如果二者之间有 2 个 1，比如下列源代码中的索引号 7 与 10 之间相减应为 $10-7=3$ 或 $2+1=3$，就确定了连续 1 的数量索引。

源代码 1.124: 实现 1 序列长度判断代码分解 2——0 元素索引查找

```
1  >> find(ans)
2  ans =
3      1
4      2
5     ...
6     50
7  >> ans'
8  ans =
9    Columns 1 through 12
10     1   2   3   4   6   7  10  11  13  16  17  19
11   Columns 13 through 24
12    20  22  24  25  26  27  31  32  33  36  38  39
13   Columns 25 through 32
14    40  43  44  45  47  48  49  50
```

④ **寻找最大间隔**：源代码 1.125 所得向量以最大值命令 max 寻找即得到序列中与 0 元素相隔最远位置，比如源代码 1.124 所得序列中的元素 27 和 31，相减为 4，由之前分析易知，最大 1 序列应为 $4-1=3$，"-1" 也是最后一步操作。

源代码 1.125: 实现 1 序列长度判断代码分解 3——diff 寻找最大间隔索引

```
1  >> diff(ans')
2  ans =
3      1
4      1
5      1
6      2
7     ...
8  >> ans'
9  ans =
10   Columns 1 through 12
11     1   1   1   2   1   3   1   2   3   1   2   1
12   Columns 13 through 24
13     2   1   1   1   4   1   1   1   3   2   1   1
14   Columns 25 through 31
15     3   1   1   1   1   1   1
```

笔者认为程序本身算法设计存在隐患，因为先把两个矩阵归并，统一用 spdiags 处理可能会造成一个矩阵借用另一个矩阵的元素的情况。以源代码 1.126 为例：归并处理中部对角线元素与分开的结果有较大区别，当非 0 元素较多时，有可能出错。

源代码 1.126: 统一用 spdiags 处理的矩阵隐患分析

```
1  >> a=[reshape(1:16,4,[]),rot90(reshape(1:16,4,[]))]
2  a =
3      1   5   9  13  13  14  15  16
```

```
 4    2    6   10   14    9   10   11   12
 5    3    7   11   15    5    6    7    8
 6    4    8   12   16    1    2    3    4
 7  >> spdiags(a)
 8  ans =
 9    0    0    0    1    5    9   13   13   14   15   16
10    0    0    2    6   10   14    9   10   11   12    0
11    0    3    7   11   15    5    6    7    8    0    0
12    4    8   12   16    1    2    3    4    0    0    0
13  >> [spdiags(reshape(1:16,4,[])),spdiags(rot90(reshape(1:16,4,[])))]
14  ans =
15    4    3    2    1    0    0    1    5    9   13    0    0    0
16    0    8    7    6    5    0    0    2    6   10   14    0    0
17    0    0   12   11   10    9    0    0    3    7   11   15    0
18    0    0    0   16   15   14   13    0    0    4    8   12   16
```

正确的方法是仍然需要把矩阵分别处理后再归并：

源代码 **1.127**: 源代码 1.119 的第一步修正——先 spdiags 处理对角线元素再归并

```
1  function ans = prime_spiral(n)
2  isprime(spiral(n));
3  max(diff(find(~[spdiags(ans),spdiags(rot90(ans))])))-1;
4  end
```

进一步地，用 find 命令查找当非 0 元素密度较大时，可能出现前一行尾部数字和后一行开始数字均为 1 的情况，理论上会产生多算或漏算的可能，但观察 spdiags 的计算结果发现：因对角线元素按列分时呈倾斜带状分布，多算或漏算实际上都得到了规避。

连续质数的数组操作解法在实际工作中很常用，例如在很多论坛中频繁讨论的峰值点求解问题。

例 1.10 给定维度 $n \times 1$ 的随机点序列，求所有高于左右相邻两点的峰值位置。例如给定输入 10 个随机点序列：

源代码 **1.128**: 例 1.10 测试示例

```
1  >> data=randi(100,1,10)
2  data =
3    28   68   66   17   12   50   96   35   59   23
```

其波峰位置出现在第 2、第 7 和第 9 三个位置，因为第 2 位的 68 大于相邻的 28 和 66，第 7 位的 96 大于相邻的 50 和 35，第 9 位的 59 大于相邻的 35 和 23。

可用图像处理工具箱中的函数 imregionalmax 解决：

源代码 **1.129**: 用函数 imregionalmax 计算峰值点位置

```
1  >> find(imregionalmax(data))
2  ans =
3     2    7    9
```

基本数组操作命令也能得到类似结果：

源代码 1.130: 用基本数组操作命令计算峰值点位置

```
1  >> datamax=find(diff(sign(diff(data)))==-2)+1
2  datamax =
3       2    7    9
```

二者结果只是"类似"而不是相同,因为 imregionalmax 可包含端点和相邻两点值相同的情况,而基本数组操作方式则会排除这两种情况。

源代码 1.131: imregionalmax 和基本数组操作命令组合的差异比较

```
1  >> data=randi(10,1,10)
2  data =
3       4    9    6    6    10   3    8    8    4    6
4  >> find(imregionalmax(data))
5  ans =
6       2    5    7    8    10
7  >> datamax=find(diff(sign(diff(data)))==-2)+1
8  datamax =
9       2    5
```

同理,计算波谷点:

源代码 1.132: 波谷点的求解 1

```
1  >> data=randi(100,1,10)
2  data =
3       8    6    54   78   94   13   57   47   2    34
4  >> find(imregionalmin(data))
5  ans =
6       2    6    9
7  >> datamin=find(diff(sign(diff(data)))==2)+1
8  datamin =
9       2    6    9
```

波峰和波谷点绘制在同一张二维图上(见图 1.5):

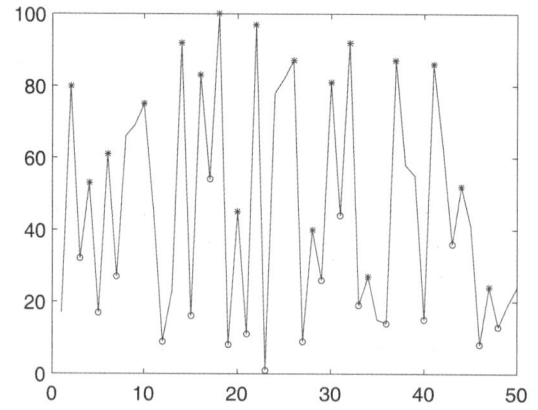

图 1.5 源代码 1.133 的运行结果:波峰与波谷点绘制

源代码 1.133: 波谷点的求解 2

```
1  data=randi(100,1,50);
2  datamax=find(diff(sign(diff(data)))==-2)+1;
```

```
3  datamin=find(diff(sign(diff(data)))==2)+1;
4  plot(1:length(data),data,datamax,data(datamax),'r*',datamin,data(datamin),'bo')
```

1.9 数组基础训练：扫雷棋盘模拟

Windows 中自带的经典游戏应该都不陌生，本节进一步：构造扫雷游戏局了解布雷的游戏原理。

例 1.11 扫雷是绝大多数读者非常熟悉的游戏。游戏开始时，用户被提供一片被遮盖的网格区域，单击任意一个网格，将出现两种可能的情况：提示该数字邻近区域内有多少颗雷，或者雷本身。当然，后一种情况意味着这盘游戏已经结束。我们这个问题的目标是根据雷的数量和棋盘大小，生成一个扫雷棋盘。已知条件是棋盘中 K 个雷的行列索引向量 I 和 J，以及扫雷棋局的行数 M 与列数 N，利用这些信息生成 $M \times N$ 大小的扫雷棋局矩阵，矩阵中每个大于或等于 0 的元素代表邻近雷的数量，−1 代表索引位置处是一颗雷。

源代码 1.134: 例 1.11 测试代码

```
1   %% 1
2   I = [ 2 3 3 5 1 4 9 2 3 9 ];
3   J = [ 1 1 4 4 5 5 6 8 8 9 ];
4   M = 9; N = 9;
5   y_correct = [ 1 1 0 1 -1 1 1 1 1
6                -1 2 1 2 2 1 2 -1 2
7                -1 2 1 -1 2 1 2 -1 2
8                 1 1 2 3 -1 1 1 1 1
9                 0 0 1 -1 2 1 0 0 0
10                0 0 1 1 1 0 0 0 0
11                0 0 0 0 0 0 0 0 0
12                0 0 0 0 1 1 1 1 1
13                0 0 0 0 1 -1 1 1 -1 ];
14  assert(isequal(minehunting(I,J,M,N),y_correct))
15  %% 2
16  I = 9; J = 9; M = 9; N = 9;
17  y_correct = [ 0 0 0 0 0 0 0 0 0
18                0 0 0 0 0 0 0 0 0
19                0 0 0 0 0 0 0 0 0
20                0 0 0 0 0 0 0 0 0
21                0 0 0 0 0 0 0 0 0
22                0 0 0 0 0 0 0 0 0
23                0 0 0 0 0 0 0 0 0
24                0 0 0 0 0 0 0 1 1
25                0 0 0 0 0 0 0 1 -1 ];
26  assert(isequal(minehunting(I,J,M,N),y_correct))
27  %% 3
28  I = 5; J = 5; M = 9; N = 9;
29  y_correct = [ 0 0 0 0 0 0 0 0 0
30                0 0 0 0 0 0 0 0 0
31                0 0 0 0 0 0 0 0 0
32                0 0 0 1 1 1 0 0 0
33                0 0 0 1 -1 1 0 0 0
```

```
34              0 0 0 1 1 1 0 0 0
35              0 0 0 0 0 0 0 0 0
36              0 0 0 0 0 0 0 0 0
37              0 0 0 0 0 0 0 0 0];
38   assert(isequal(minehunting(I,J,M,N),y_correct))
39   %% 4
40   [I,J] = ndgrid(1:2:11,1:2:5);
41   M = 11; N = 5;
42   y_correct = [ -1 2 -1 2 -1
43                  2 4 2 4 2
44                 -1 2 -1 2 -1
45                  2 4 2 4 2
46                 -1 2 -1 2 -1
47                  2 4 2 4 2
48                 -1 2 -1 2 -1
49                  2 4 2 4 2
50                 -1 2 -1 2 -1
51                  2 4 2 4 2
52                 -1 2 -1 2 -1 ];
53   assert(isequal(minehunting(I,J,M,N),y_correct))
54   %% 5
55   [I,J] = ndgrid(2:3:11,2:3:5);
56   M = 11; N = 5;
57   y_correct = [ 1 1 1 1 1
58                 1 -1 1 1 -1
59                 1 1 1 1 1
60                 1 1 1 1 1
61                 1 -1 1 1 -1
62                 1 1 1 1 1
63                 1 1 1 1 1
64                 1 -1 1 1 -1
65                 1 1 1 1 1
66                 1 1 1 1 1
67                 1 -1 1 1 -1 ];
68   assert(isequal(minehunting(I,J,M,N),y_correct))
```

释义：构造扫雷棋局矩阵，矩阵维度数值由输入变量 M 和 N 决定，输入索引向量 I 和 J 给定所有雷的位置，矩阵中雷的位置数值设为 -1，其他位置则等于其周边雷的数量，这与扫雷游戏的规则相同。

1.9.1 循环遍历元素 + 判断

首先想到根据每个元素索引判断周边元素值为 -1 的数量：

源代码 1.135：逐个元素索引判断周边小于 0 元素的数量，by Takehiko KOBORI,size:106

```
1  function y = minehunting(I,J,M,N)
2  y = zeros(M+2,N+2);
3  y(J*(M+2)+I+1) = -1;
4  for ii=2:M+1
5      for jj=2:N+1
6          if y(ii,jj) ~= -1
7              y(ii,jj) = sum(sum(y(ii+(-1:1),jj+(-1:1))<0));
```

```
 8        end
 9      end
10 end
11 y=y(2:end-1,2:end-1);
12 end
```

以源代码 1.134 的算例 1 为例，已知条件为行、列索引位置：$I = [2\ 3\ 3\ 5\ 1\ 4\ 9\ 2\ 3\ 9]$、$J = [1\ 1\ 4\ 4\ 5\ 5\ 6\ 8\ 8\ 9]$，行、列维数 $M = N = 9$，注意其布雷方式是先构造 $M+2 \times N+2$ 的全 0 矩阵，目的是让每个元素周围都有 8 个元素围绕，省去边界元素分情况判断；因为索引之间交叉遍历，对有雷的位置赋值为 -1，采用低维索引，不能直接用 $y(I,J) = -1$ 生成。

源代码 1.136: 高维索引寻址的注意事项

```
1 >> m=3;Mat=zeros(m+2);
2 >> indX=[2,4];indY=[3,5];
3 >> Mat(indX,indY)=-1
4 Mat =
5      0     0     0     0     0
6      0     0    -1     0    -1
7      0     0     0     0     0
8      0     0    -1     0    -1
9      0     0     0     0     0
```

源代码 1.136 的本意是让两个索引位置 (2,3) 和 (4,5) 赋值为 -1，结果却因索引交叉遍历使得 (2,3)、(2,5)、(4,3) 和 (4,5) 四个位置均赋值。为解决这个问题，需使用两个点的低维索引，根据 MATLAB 按列读取顺序，下面的源代码采取直接计算的办法：

源代码 1.137: 低维索引化解源代码 1.136 中的索引交叉遍历

```
1 >> m=3;Mat=zeros(m+2);
2 >> indX=[2,4];indY=[3,5];
3 >> Mat((m+2)*(indY-1)+indX)=-1
4 Mat =
5      0     0     0     0     0
6      0     0    -1     0     0
7      0     0     0     0     0
8      0     0     0     0    -1
9      0     0     0     0     0
```

sub2ind 也能收到相同效果：

源代码 1.138: sub2ind 对指定索引赋值

```
 1 >> clear;clc;
 2 >> m=3;Mat=zeros(m+2);
 3 >> indX=[2,4];indY=[3,5];
 4 >> Mat(sub2ind([m+2 m+2],indX,indY))=-1
 5 Mat =
 6      0     0     0     0     0
 7      0     0    -1     0     0
 8      0     0     0     0     0
 9      0     0     0     0    -1
10      0     0     0     0     0
```

1.9.2 构造三对角矩阵的连乘方案

三对角矩阵与只有 −1 (仅含雷) 的同维矩阵做左乘和右乘，这是通过矩阵相乘寻找元素间相关性的底层办法。

源代码 1.139: 构造三对角矩阵与含 −1 同维矩阵左乘和右乘,by Martin,size:104

```
1  function y = minehunting(I,J,M,N)
2      b = zeros(M, N);
3      b(M*(J-1) + I) = 1;
4      c = (diag(ones(M, 1)) + diag(ones(M - 1, 1), -1) + diag(ones(M - 1, 1), 1)) * ...
5          b * (diag(ones(N, 1)) + diag(ones(N - 1, 1), -1) + diag(ones(N - 1, 1), 1));
6      c(b == 1) = -1;
7      y = c
8  end
```

不需要考虑矩阵边界和中心元素的区别，但在构造三对角矩阵时需要连续利用 diag 并求和。观察发现三对角矩阵构造的方法类似，可构造匿名函数简化代码，方案如下：

源代码 1.140: 构造三对角矩阵与含 −1 同维矩阵左乘和右乘的改进方案,by bainhome,size:54

```
1  function ans = minehunting(I,J,M,N)
2      b=zeros(M,N);
3      b(sub2ind([M,N],I,J))=1;
4      ans=str2num('@(x)diag(ones(x,1))+diag(ones(x-1,1),-1)+diag(ones(x-1,1),1)');
5      ans(M)*b*ans(N);
6      ans(b==1)=-1;
7  end
```

1.9.3 利用卷积命令 conv2

当从大矩阵中寻找每个元素与相邻元素之间的关联时，卷积命令 (参看 1.6.3 小节) 非常有用：

源代码 1.141: 利用卷积命令 conv2 构造,by bainhome,size:52

```
1  function ans = minehunting(I,J,M,N)
2      ans=zeros(M,N);
3      ind=sub2ind([M N],I,J);
4      ans(ind)=-1;
5      ans=conv2(ans,-ones(3),'same');
6      ans(ind)=-1;
7  end
```

查找每个位置周围值为 −1 元素的数量，关键是构造合适的"响应（滤波）"矩阵，也就是 conv2 第 2 个矩阵参数，不妨用全 −1 矩阵。以 5×5 矩阵为例，设置雷所在位置为 "indX=[2 4];indY=[3 5];"：

源代码 1.142: 利用卷积命令 conv2 构造的解答和分析

```
1  >> Mat=zeros(5);indX=[2 4];indY=[3 5];
2  >> Mat(sub2ind([5 5],indX,indY))=-1
3  Mat =
4       0     0     0     0     0
```

```
 5     0    0   -1    0    0
 6     0    0    0    0    0
 7     0    0    0    0   -1
 8     0    0    0    0    0
 9  >> conv2(Mat,-ones(3),'same')
10  ans =
11     0    1    1    1    0
12     0    1    1    1    0
13     0    1    1    2    1
14     0    0    0    1    1
15     0    0    0    1    1
```

卷积命令 conv2 按全 −1 矩阵运算，值为 2 的元素所在位置为 (3,4)，恰和原矩阵 Mat 两个 −1 相邻，根据卷积逆序对应相乘再相加的原则得该元素周围 −1 的数量为 2，其他类推，最后根据原 −1 所在位置索引再次赋值为 −1 即可。

相比于遍历元素，卷积构造优势显而易见。此外，"全 0 矩阵 + 高维转低维索引"和"元素数量判断"两个步骤甚至还可进一步简化，即前者通过稀疏矩阵创建命令 sparse 完成简化，以源代码 1.134 的算例 1 数据为例：

源代码 1.143: 系数矩阵命令 sparse 构造扫雷初始矩阵

```
 1  >> full(sparse(I,J,-1,M,N))
 2  ans =
 3     0    0    0    0   -1    0    0    0    0
 4    -1    0    0    0    0    0    0   -1    0
 5    -1    0    0   -1    0    0    0   -1    0
 6     0    0    0    0   -1    0    0    0    0
 7     0    0    0   -1    0    0    0    0    0
 8     0    0    0    0    0    0    0    0    0
 9     0    0    0    0    0    0    0    0    0
10     0    0    0    0    0    0    0    0    0
11     0    0    0    0    0   -1    0    0   -1
```

稀疏矩阵除指定元素外，其余默认值为 0，sparse 构造非 0 元素位置，full 将其展开为全形式，省去了高维转低维索引赋值的过程。

后者，也就是元素数量判断则有多种简化思路，例如依然使用全 1 矩阵做卷积，后期通过矩阵运算实现赋值。

源代码 1.144: 卷积命令使用全 1 矩阵的后期处理方法,by Alfonso Nieto-Castanon,size:36

```
1  function y = minehunting(I,J,M,N)
2  x=sparse(I,J,1,M,N);
3  y=convn(full(x),ones(3),'same').*~x-x;
4  end
```

仍以源代码 1.134 的算例 1 数据为例，查看源代码 1.144 的分布运行结果：

源代码 1.145: 源代码 1.144 分步运行结果分析

```
1  >> mine=sparse(I,J,1,M,N);
2  mineFullMat=full(mine)                    % 稀疏矩阵获得布雷逻辑索引
3  mineFullMat =
```

```
 4      0   0   0   0   1   0   0   0
 5      1   0   0   0   0   0   1   0
 6      1   0   0   1   0   0   1   0
 7      0   0   0   0   1   0   0   0
 8      0   0   0   1   0   0   0   0
 9      0   0   0   0   0   0   0   0
10      0   0   0   0   0   0   0   0
11      0   0   0   0   0   0   0   0
12      0   0   0   0   0   1   0   1
13  >> NumMine=conv2(full(mine),str2num('[1 1 1;1 1 1;1 1 1]'),'same')  % 卷积取得所有元素周边雷数量
14  NumMine =
15      1   1   0   1   1   1   1   1
16      2   2   1   2   2   1   2   2   2
17      2   2   1   2   2   1   2   2   2
18      1   1   2   3   3   1   1   1   1
19      0   0   1   2   2   1   0   0   0
20      0   0   1   1   1   0   0   0   0
21      0   0   0   0   0   0   0   0   0
22      0   0   0   0   1   1   1   1   1
23      0   0   0   0   1   1   1   1   1
24  >> DiscardMine=NumMine.*(~mineFullMat)         % 雷索引取反和卷积结果相乘对布雷索引元素值置0
25  DiscardMine =
26      1   1   0   1   0   1   1   1   1
27      0   2   1   2   2   1   2   0   2
28      0   2   1   0   2   1   2   0   2
29      1   1   2   3   0   1   1   1   1
30      0   0   1   0   2   1   0   0   0
31      0   0   1   1   1   0   0   0   0
32      0   0   0   0   0   0   0   0   0
33      0   0   0   0   1   1   1   1   1
34      0   0   0   0   1   0   1   1   0
35  >> DiscardMine-mineFullMat                    % 减去原布雷索引矩阵得到结果
36  ans =
37      1   1   0   1  -1   1   1   1   1
38     -1   2   1   2   2   1   2  -1   2
39     -1   2   1  -1   2   1   2  -1   2
40      1   1   2   3  -1   1   1   1   1
41      0   0   1  -1   2   1   0   0   0
42      0   0   1   1   1   0   0   0   0
43      0   0   0   0   0   0   0   0   0
44      0   0   0   0   1   1   1   1   1
45      0   0   0   0   1  -1   1   1  -1
```

源代码 1.145 四条语句的注释说明点乘和相减运算所起的作用,所有雷所在处的 −1 通过相减得到,避免了重复赋值 −1。

还有一种方法是在构造矩阵时调整,不再用全 −1 矩阵或者全 1 矩阵,重点放在构造更加合理的"扫描"矩阵上:

源代码 1.146: 卷积命令使用全 1 矩阵的后期处理方法,by bainhome,size:36

```
1  function ans = minehunting(I,J,M,N)
2  ans=conv2(full(sparse(I,J,1,M,N)),str2num('1 1 1;1 -9 1;1 1 1'),'same');
```

```
3    ans(ans<0)=-1;
4  end
```

注意到第 2 个矩阵参数中心元素换成了 −9，这个中心元素数值的设置将保证卷积运算时，所有埋雷位置的卷积运算结果均小于 0，其他位置结果是相邻元素中的埋雷数量（多少个相邻元素值为 1）：

源代码 1.147: "扫描"矩阵的构造

```
1  >> t=padarray(ones(3),[1 1]);
2  >> t(3,3)=0
3  t =
4       0    0    0    0    0
5       0    1    1    1    0
6       0    1    0    1    0
7       0    1    1    1    0
8       0    0    0    0    0
9  >> conv2(t,str2num('[1 1 1;1 -9 1;1 1 1]'),'same')
10 ans =
11       1    2    3    2    1
12       2   -7   -5   -7    2
13       3   -5    8   -5    3
14       2   -7   -5   -7    2
15       1    2    3    2    1
```

得到这个结果时，又有两种处理办法：第 1 种是把小于 0 的元素赋值为 −1，比如源代码 1.146；另一种是让结果与 −1 的数值对位比较：

源代码 1.148: conv2+ max 对位比较卷积结果与 −1, by bainhome,size:31

```
1  function ans = minehunting(I,J,M,N)
2  ans=max(conv2(full(sparse(I,J,1,M,N)),str2num('[1 1 1;1 -9 1;1 1 1]'),'same'),-1);
3  end
```

最后再列举一种二维滤波函数 filter2 实现埋雷统计的方案：

源代码 1.149: filter2+ max 对位比较卷积结果与 −1, by LY Cao,size:30

```
1  function ans = minehunting(I,J,M,N)
2  ans=max(filter2(str2num('[1 1 1;1 -9 1;1 1 1]'),full(sparse(I,J,1,M,N))),-1);
```

1.10 数组基础训练：移除向量中的 NaN 及其后两个数字

本节探讨对指定位置元素进行移除的方法。

例 1.12 给定一个整数输入向量，移除每个非数 NaN 及其后紧跟的两个数字，例如：

$$x = \begin{bmatrix} 6 & 10 & 5 & 8 & 9 & \text{NaN} & 23 & 9 & 7 & 3 & 21 & 43 & \text{NaN} & 4 & 6 & 7 & 8 \end{bmatrix}$$

去掉第 6 和 13 两个索引位的非数 NaN，以及两个紧跟其后的数字 ([23 9] 和 [4 6])，输出向量应为

$$y = \begin{bmatrix} 6 & 10 & 5 & 8 & 9 & 7 & 3 & 21 & 43 & 7 & 8 \end{bmatrix}$$

计算中假设输入向量中的非数 NaN 之后总是紧跟至少两个整数。

源代码 1.150: 例 1.12 测试代码

```matlab
1  %% 1
2  x = [6 10 5 8 9 NaN 23 9 7 3 21 43 NaN 4 6 7 8];
3  y_correct = [6 10 5 8 9 7 3 21 43 7 8];
4  assert(isequal(your_fcn_name(x),y_correct))
5  %% 2
6  x = [25 NaN 1 3];
7  y_correct = 25;
8  assert(isequal(your_fcn_name(x),y_correct))
9  %% 3
10 x = [ NaN 15 15 17 ]
11 y_correct = 17;
12 assert(isequal(your_fcn_name(x),y_correct))
```

释义：给定输入向量中查找非数 NaN 的索引位置，连同 NaN 及其后紧跟的两个数字一并删除。为保证删除的有效性，所有测试输入向量中，NaN 后面都至少有 2 个数字。换句话说，之前例子中的赋值或者替换都没有改变向量本身的长度，例 1.12 运行结果则小于原输入维度。

例 1.12 设置了两个障碍：NaN 值索引判断和元素移除，向量中元素移除可通过赋值为空操作：

源代码 1.151: MATLAB 中的元素移除操作

```matlab
1  >> x=1:6
2  x =
3       1    2    3    4    5    6
4  >> x(2:3)=[];
5  >> x
6  x =
7       1    4    5    6
8  >> x=randi(10,3)
9  x =
10      8    1    7
11     10    9    8
12      7   10    8
13 >> x(2,:)=[];
14 >> x
15 x =
16      8    1    7
17      7   10    8
```

因此，只需找到 NaN 在向量中的所有索引位置（函数 isnan），每个索引 i 处以 "i:i+2" 赋为空值即可。

1.10.1 循 环

因 NaN 数量未知，所以想到遍历向量长度索引循环处理：

源代码 1.152: 循环处理 NaN 索引 1,by bainhome,size:47

```matlab
1  function x = your_fcn_name(x)
2  t=find(isnan(x));[];
```

```
3  for i=1:length(t)
4      [ans,t(i):t(i)+2];
5  end
6  x(ans)=[];
7  end
```

或者：

源代码 1.153: 循环处理 NaN 索引 2,by bainhome,size:39

```
1  function x = your_fcn_name(x)
2  ind=find(isnan(x));
3  for t=fliplr(find(ind))
4      ind(t);
5      x(ans:ans+2)=[];
6  end;
7  end
```

源代码 1.152 和源代码 1.153 的区别在于，前者先把所有相关序号检索出来一并赋为空值；后者则在循环中对 NaN 逐一处理，因为赋为空值会使整个向量的索引值发生变化，循环采取倒序。

另外，NaN 数量未知，还可以用不定次数循环 while 流程：

源代码 1.154: while 不定次数循环处理 NaN 索引,by @bmtran,size:29

```
1  function x = your_fcn_name(x)
2    while any(isnan(x))
3      x(find(isnan(x),1)+(0:2)) = [];
4    end
5  end
```

源代码 1.154 的 while 循环体代码说明如下：

① 如向量 x 中没有非数 NaN，则 "any(isnan(x))" 条件不会触发，输出 x 即为其本身；

② 触发 while 判断进入循环体，每次去掉一个 NaN（连同其后两个索引位赋为空值），x 长度逐渐缩短，直至判断条件不再被触发，返回被缩短的向量 x。

1.10.2 矢量化索引操作

1. 枚 举

根据问题描述，尽管输入向量中 NaN 位置数量不定，但每个 NaN 后总会删除两个必定存在的元素。可查找到 NaN 的索引位，再向前扩展两位。

源代码 1.155: isnan 查找非数索引 + 枚举后两位数值,by Richard Zapor,size:29

```
1  function x = your_fcn_name(x)
2  p=find(isnan(x));
3  x([p p+1 p+2])=[];
```

2. cumsum 扩展索引

枚举扩展索引也能通过其他函数替代，例如 cumsum。

源代码 1.156: isnan 查找非数索引 + cumsum 扩展,by bainhome,size:32

```
1  function x = your_fcn_name(x)
2    find(isnan(x));
3    x(cumsum([ans;ones(2,length(ans))]))=[];
4  end
```

cumsum 用于矩阵元素沿某一指定维度的累加，例如：

源代码 1.157: cumsum 函数的调用方式

```
1  >> [randi(10,1,3);ones(2,3)]
2  ans =
3       9    10     2
4       1     1     1
5       1     1     1
6  >> cumsum(ans)
7  ans =
8       9    10     2
9      10    11     3
10     11    12     4
```

很适合构造每个非数向后的索引扩展累加。

3. 利用 bsxfun 扩展索引

单一维扩展命令 bsxfun（见 3.1 节）也可用来扩展索引位置。

源代码 1.158: isnan 查找非数索引 + bsxfun 扩展,by Binbin Qi,size:26

```
1  function x = your_fcn_name(x)
2    x(bsxfun(@plus, find(isnan(x(:))), 0:2)) = [];
3  end
```

4. 利用卷积函数 conv 扩展索引

索引一维卷积命令需要两个向量参数：一个是 isnan 查找 NaN 得到的向量；另一个，也是关键的是第 2 个向量参数的构造。卷积运算要达到如下目的：

① 卷积运算结果全由 0 和 1 构成，维度与原输入向量 x $(1 \times n)$ 相同；

② 卷积运算结果在查找到 NaN 的索引处，以及其后两个结果也应为 1。

仔细观察 isnan 得到的逻辑索引，发现向量内除 $x([1, 2, n-1, n])$ 外，任何一个查找到 NaN 的地方 (其值为 1) 前后均至少有两个 0。原因是其他 NaN 后同样需要 2 个数值位，这个发现给构造向量带来转机。

源代码 1.159: isnan 查找非数索引 + conv 卷积扩展 1, by Venu Lolla,size:29

```
1  function x = your_fcn_name(x)
2    x(logical(conv(double(isnan(x)),[0 0 1 1 1],'same')))=[];
3  end
```

源代码 1.159 中的构造向量"[0 0 1 1 1]"满足之前所有要求。按照分析，除 $i = 1, 2$ 两个位置外，其余 isnan 得到的索引，每一个查找到非数处的 1 前后都具备"[0 0 1 0 0]"特征。构造向量中，后 3 个 1 通过卷积运算，保证之后两个位计算结果为 1；$i = 1, 2$ 这两个点也可

第 1 章 数组操作初步

通过构造向量前面的 2 个 0 形成如"[0 0 1 0 0]"的卷积运算有效位，参数"'same'"确保索引大小和第 1 个向量同维。当然，代码还有简化余地。

源代码 1.160: isnan 查找非数索引 + conv 卷积扩展 2, by Alfonso Nieto-Castanon,size:23

```
1  function x = your_fcn_name(x)
2    x(find(convn(isnan(x),ones(1,3))))=[];
3  end
```

源代码 1.160 甚至省略了后缀参数"'same'"，如果了解卷积运算，则这一点也许令人意外，因为 conv 和 convn 的默认参数"'Full'"形式运算结果的维度是 $1 \times n + 2$，这不是与"卷积结果必须和向量 x（维度 $1 \times n$）同维"相矛盾了吗？

不妨通过例子说明这一问题：

源代码 1.161: conv 卷积"Full"形式采用[1,1,1]构造卷积的结果

```
1  >> x=[NaN 4 5 8 9 NaN 23 9]
2  x =
3     NaN    4    5    8    9   NaN   23    9
4  >> convn(+isnan(x),[1 1 1])
5  ans =
6     1    1    1    0    0    1    1    1    0    0
```

> **评** 虽然 convn 运行结果比向量 x 长度多 2，但多出的元素在结尾处，且由于非数最多只能出现在第 $n-3$ 位（最后两个需要保证是被赋值为空的数字），因此两个尾数都是 0，且尾部 0 元素在卷积运算外层用 find 查找是不起作用的。

源代码 1.160 进一步优化：

源代码 1.162: conv 卷积"same"形式 + 索引逻辑反,by Jan Orwat,size:20

```
1  function ans = your_fcn_name(x)
2    x(~conv(+isnan(x),'00111'-'0','same'));
3  end
```

> **评** 把"赋为空值"的做法改为对卷积结果取反，原来 0、1 元素互换，所需索引自然就留下了。构造这个算法有一定难度，不但要透彻了解卷积函数的用法，还要能在扩展要求中看到使用卷积运算的契机。

当然，滤波函数也同样可构造索引扩展序列。

源代码 1.163: isnan 查找非数索引 + filter 扩展,by Richard Zapor,size:25

```
1  function x = your_fcn_name(x)
2    x(logical(filter([1 1 1],1,isnan(x))))=[]
```

上述两种思路下各自衍生出很多不同的解法，尤其是在矢量化扩维方面更是各显神通。其实这道题还有很多其他算法，但需要用到字符串操作和正则表达式 (详见 4.16.1 小节的介绍)。

1.11 数组基础训练：把 NaN 用左边相邻数字替代

例 1.12 的目标是删除 NaN 及其后两个数字，本节的例 1.13 则要求替换 NaN，需要用 NaN 之前的数字动态替换，换句话说，每个替换 NaN 的数值都可能不同，这取决于原向量本身。

例 1.13 给定一个输入向量，把向量中所有的非数 NaN 用其左侧的邻近元素值替换。如果向量中有几个 NaN 连续出现的情况，则用这段连续 NaN 之前第 1 个非 NaN 元素替换；如果 NaN 出现在向量的第 1 个位置，则默认以 0 替换。例如：

$$x = \begin{bmatrix} \text{NaN} & 1 & 2 & \text{NaN} & \text{NaN} & 17 & 3 & -4 & \text{NaN} \end{bmatrix}$$

其结果应为

$$y = \begin{bmatrix} 0 & 1 & 2 & 2 & 2 & 17 & 3 & -4 & -4 \end{bmatrix}$$

源代码 1.164: 例 1.13 测试代码

```matlab
%% 1
x = [NaN 1 2 NaN 17 3 -4 NaN];
y_correct = [0 1 2 2 17 3 -4 -4];
assert(isequal(replace_nans(x),y_correct))
%% 2
x = [NaN 1 2 NaN NaN 17 3 -4 NaN];
y_correct = [ 0 1 2 2 2 17 3 -4 -4];
assert(isequal(replace_nans(x),y_correct))
%% 3
x = [NaN NaN NaN NaN];
y_correct = [ 0 0 0 0];
assert(isequal(replace_nans(x),y_correct))
%% 4
x = [1:10 NaN];
y_correct = [ 1:10 10];
assert(isequal(replace_nans(x),y_correct))
```

释义：这是 Cody 官方小组最早发布的 96 个题目之一，要求把所有 NaN 用其左侧最近的相邻数字替换，如果左端没有数字则以 0 替换。

1.11.1 循环 + 判断

替换数值取决于 NaN 之前的数字，容易想到对向量元素遍历循环判断：

源代码 1.165: 循环判断方案 1,by Dirk Engel,size:36

```matlab
function x = replace_nans(x)
for i=find(isnan(x))
    if i==1
        x(1) = 0;
    else
        x(i) = x(i-1);
    end
end
end
```

isnan 定位索引位，给定向量不作处理，把首位可能出现的特殊情况用判断"包"进去。

另一种方式是在原向量前加 0，扩维重新组合 $1\times n+1$ 向量做不定次数 while 循环：

源代码 1.166: 循环判断方案 2,by Khaled Hamed,size:29

```
1  function x = replace_nans(x)
2    while any(isnan(x));
3        [0 x];
4        x(isnan(x)) = ans(isnan(x));
5    end
6  end
```

向量 x 和构造变量 $[0,x]$ 索引差 1 位，形成错位赋值。此外，while 循环（用 for 也可）不能省略，如果去掉循环变成按矢量索引赋值，则会在输入向量中连续出现非数时出错：

源代码 1.167: 外层循环不能去掉的原因分析

```
1  >> x=[NaN NaN 2 NaN NaN]
2  x =
3     NaN  NaN   2  NaN  NaN
4  >> t=[0 x];x(isnan(x))=t(isnan(x));
5  >> x
6  x =
7       0  NaN   2   2  NaN
8  >> t=[0 x];x(isnan(x))=t(isnan(x))
9  x =
10      0   0   2   2   2
```

源代码 1.167 中第 1 句向量 x 需经 2 次循环才能彻底去掉 NaN。同样思路适合于定数循环的方式，不过首先要搞清原向量中到底有多少 NaN，以便事先确定循环次数。

源代码 1.168: 循环判断方案 3,by Jon,size:27

```
1  function x = replace_nans(x)
2    for k=find(isnan(x))
3        [0 x];
4        x(k)=ans(k);
5    end
```

或者首先检查向量的首项是否为 NaN，如果是，则将其赋值为 0，再做替换：

源代码 1.169: 循环判断方案 4,by Danila,size:34

```
1  function x = replace_nans(x)
2    x(isnan(x(1)))=0;
3    for i=find(isnan(x))
4        x(i)=x(i-1);
5    end
6  end
```

如果向量 x 的第 1 项的确是 NaN，则很好理解，例如：

源代码 1.170: 向量索引为 0 的测试 1

```
1  >> x=[NaN,1,3]
2  x =
```

```
3     NaN    1    3
4  >> x(isnan(x(1)))=0
5  x =
6     0    1    3
```

此时，isnan 的逻辑判断为"TRUE(1)"，向量的第 1 项就被替换成 0，但如果第 1 项不是 NaN 呢？比如：

源代码 1.171: 向量索引为 0 的测试 2

```
1  >> x=[3,1,3]
2  x =
3     3    1    3
4  >> x(isnan(x(1)))=0
5  x =
6     3    1    3
```

向量索引为逻辑值 0 时并未报错，而维持原向量 x 不变，这是逻辑型和数值型的显著区别。

源代码 1.172: 向量索引为 0 的测试 3

```
1  >> x(0)=1
2  Attempted to access x(0); index must be a positive integer or logical.
3  >> x(logical(0))=1
4  x =
5     3    1    3
```

1.11.2 利用 cumsum 构造符合要求的索引

源代码 1.167 分析了当 NaN 可能连续出现时，必须通过连续运行同样代码方能赋值的情况，该过程可用 cumsum 实现矢量化。

源代码 1.173: cumsum 构造索引, by Ankur Pawar, size:32

```
1  function y = replace_nans(x)
2    i=~isnan(x);
3    x=[0 x(i)];
4    y=x(cumsum(i)+1);
5  end
```

要想理解源代码 1.173，就要了解其中用到的非数和 cumsum 函数，下面就对其进行分析。

1. 关于非数 NaN

NaN 是个非常特殊、甚至是"神秘"的类型，它非但自己不参与四则运算，还擅长搞乱其他数值的运算过程，属于运算中的一个"变数"，比如：

源代码 1.174: NaN 运算的特殊性

```
1  >> nan+1
2  ans =
3     NaN
4  >> min([nan,1,2])
5  ans =
6     1
7  >> mean([nan,1,2])
```

```
8  ans =
9      NaN
```

可以看出：只要是有 NaN 参与的运算，结果都是非数。可是从另一方面来看，作为"数值黑洞"的它在一些情况下又非常实用，例如：绘图时利用它"切除"局部区域（见图 1.6）。

源代码 1.175: NaN 在绘图时的"切除"效果

```
1  >> [X,Y,Z]=peaks(30);
2  >> x=X(1,:);y=Y(:,1);i=find(y>.8&y<1.2);j=find(x>-.6&x<.5);
3  >> Z(i,j)=nan;
4  >> surf(X,Y,Z)
5  >> shading interp;camlight
```

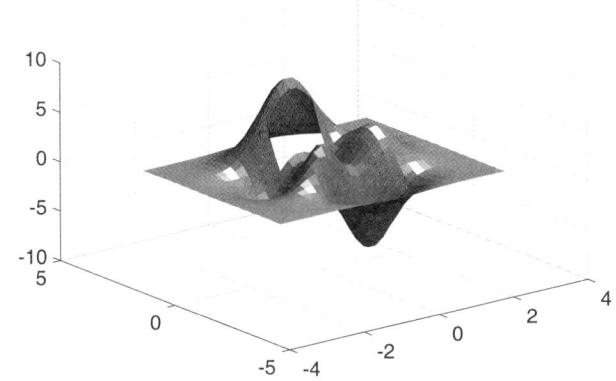

图 1.6　源代码 1.175 运行结果：NaN 绘图时的"切除"功能

要想了解非数的概念，首先应从找到 NaN 的位置开始。围绕索引寻址，有如下几种方式：

① 利用 isnan 命令：

源代码 1.176: 查找 NaN 索引的第 1 种方式——isnan

```
1  >> x=[0 NaN   2    2   NaN];
2  >> isnan(x)
3  ans =
4      0   1   0   0   1
```

② 利用 isfinite 命令：用于查找向量中那些既不是无穷大也不是 NaN 的数值，如果向量 x 中没有无穷大，则它的查找结果与 isnan 正好相反：

源代码 1.177: 查找 NaN 索引的第 2 种方式——isfinite

```
1  >> x=[0 NaN   2    2   NaN  inf];
2  >> isfinite(x)
3  ans =
4      1   0   1   1   0   0
```

③ 利用索引查找：之所以说非数 NaN 比较特殊、甚至充满矛盾，可能是因为它还具有"自我否定"能力：

源代码 1.178: NaN 的自我否定能力

```
1  >> 1==1
```

```
2  ans =
3       1
4  >> inf==inf
5  ans =
6       1
7  >> NaN==NaN
8  ans =
9       0
```

源代码 1.178 表明, 无论是普通数值还是无穷大, 都是自相等的, 唯独 NaN, 甚至自己都不等于自己, 这种"自我否定"的特殊属性可用来查找 NaN 在向量中的位置。

源代码 1.179: 查找 NaN 索引的第 3 种方式——构造逻辑索引

```
1  >> x=[0  NaN   2    2   NaN  inf];
2  >> x==x
3  ans =
4       1    0    1    1    0    1
```

2. 函数 cumsum 特性浅析

cumsum 能一次把查找到的所有 NaN, 尤其是连续的 NaN 赋值为其最近一个数值, 就好像它的累加具备某种"记忆"的特性一样。

源代码 1.180: 利用 cumsum 索引查找连续 NaN 的原理分析

```
1  >> x=[NaN NaN 1 7 NaN NaN 8 3 NaN 4 NaN NaN]
2  x =
3     NaN  NaN   1    7   NaN  NaN   8    3   NaN   4   NaN  NaN
4  >> i=~isnan(x)
5  i =
6       0    0    1    1    0    0    1    1    0    1    0    0
7  >> cumsum(i)
8  ans =
9       0    0    1    2    2    2    3    4    4    5    5    5
10 >> x=[0,x(i)]
11 x =
12      0    1    7    8    3    4
13 >> x(ans+1)
14 ans =
15      0    0    1    7    7    7    8    3    3    4    4    4
```

用于错位赋值的"首位借 0"、NaN 索引查找的方式之前都已分析过, 下面主要讨论 cumsum 在程序中的作用。因函数操作逻辑索引, 其中只有 0 和 1 两个值, 如果自左向右累加遇到的是 0, 则相当于在向量中索引位没有发生变化。

源代码 1.181: 累加矢量索引遇 0 的情况

```
1  >> val=randi(10,1,5)
2  val =
3       9    7    4   10    1
4  >> val([1,2,2,2])
5  ans =
6       9    7    7    7
```

> **评** 源代码 1.181 最后连续的"2"指示源数据索引是在第 2 位停留连续寻址 3 次；如遇 1 则索引值累加，相当于原向量中索引位右移一位，类似于从"1"到"2"的情况。本例中，遇 0 就是原向量中连续遇到 NaN，加 0 等于没加，索引好像"记住了"之前最后一个数值位置一样；遇 1 相当于遇到实际数，索引右移等于记录该索引位。从上述分析可以看出，cumsum 在索引位中起到的是类似"延迟"和"记忆"的作用。

源代码 1.173 还可以简化如下：

源代码 **1.182**: cumsum 函数构造索引简化代码,by Axel,size:27

```
function ans = replace_nans(x)
ans=[0 x(x==x)];
ans(cumsum(x==x)+1);
end
```

或者用 isfinite 函数查找非数索引：

源代码 **1.183**: isfinite 函数构造索引简化代码,by Jon,size:27

```
function ans = replace_nans(x)
ans=[0 x(isfinite(x))]
ans(cumsum(isfinite(x))+1)
end
```

1.12 数组基础训练：涉及类型转换的数据替代

本节探讨在数据类型变换条件下的数据赋值。

例 1.14 给定变量为矩阵 A，其中可能容纳数量不定的 0 元素和非数 NaN，把所有出现的 0 和 NaN 都用字符串 `'error'` 替代。输出结果应该是维度与输入矩阵 A 相同的元胞数组 C。在输出 C 中的与 A 索引对应的元胞中，如果原矩阵在该索引位元素既不是 0 也不是 NaN，则存储 A 中对应元素，否则输出字符串 `'error'`。例如输入"A = [1 0; NaN 1]"，则输出 C 应该写成"C = {1 'error'; 'error' 1}"。

源代码 **1.184**: 例 1.14 测试代码

```
%% 1
A = 1;
assert(isequal({1},replace_zeros_and_NaNs(A)))
%% 2
A = [1 0; NaN 1];
C_correct = {1, 'error'; 'error', 1};
assert(isequal(C_correct, replace_zeros_and_NaNs(A)))
%% 3
A = [];
assert(isequal({}, replace_zeros_and_NaNs(A)))
%% 4
A = magic(5); A([14 3 5 6 7]) = 0; A([1 18 15 20 22]) = NaN;
C_correct = {'error' 'error' 1 8 15; 23 'error' 7 14 'error';'error' 6 13 'error' 22; 10 12 '
    error' 21 3; 'error' 18 'error' 'error' 9};
```

```
14  assert(isequal(C_correct, replace_zeros_and_NaNs(A)))
```

释义：把数组中的 0,NaN 两种元素都替换为字符 'error'，输出要求必须是 cell 类型。

如果替换为数字，则逻辑索引是非常强大的辅助工具，例如把源代码 1.184 的算例 4 中为 0 和 NaN 的元素全部替换为 inf：

源代码 **1.185**: 矩阵数字替换示例

```
1   >> A = magic(5); A([14 3 5 6 7]) = 0; A([1 18 15 20 22]) = NaN;
2   >> A
3   A =
4      NaN     0     1     8    15
5       23     0     7    14   NaN
6        0     6    13   NaN    22
7       10    12     0    21     3
8        0    18   NaN   NaN     9
9   >> A(A==0|isnan(A))=inf
10  A =
11     Inf   Inf     1     8    15
12      23   Inf     7    14   Inf
13     Inf     6    13   Inf    22
14      10    12   Inf    21     3
15     Inf    18   Inf   Inf     9
```

但替换为 'error' 是数值型转换为字符型，输出结果要求放在 cell 数组内，这种类型转换给问题的解决带来了麻烦，毕竟 cell 数组不支持数组逻辑索引直接访问赋值，即：不能用类似 "data{data==...}" 的方式处理 cell 数据。

1.12.1 利用循环判断

先循环遍历元素转换，再将其存储至指定的 cell 数组，这是容易想到的思路。

源代码 **1.186**: 一重循环在低维索引中判断并替换, by Binbin Qi, size:39

```
1   function C = replace_zeros_and_NaNs(A)
2   C = num2cell(A);
3   for i = 1 : numel(A)
4       if A(i) == 0 || isnan(A(i))
5           C{i} = 'error';
6       end
7   end
```

注意：矩阵低维索引可实现元素引用替换，例如下面程序使用高维索引，相当于多一层不必要的循环：

源代码 **1.187**: 二重循环在低维索引中判断并替换, by bainhome, size:52

```
1   function ans = replace_zeros_and_NaNs(A)
2   ans=num2cell(A);
3   for i=1:size(A,1)
4       for j=1:size(A,2)
5           if ans{i,j}==0||isnan(ans{i,j})
6               ans{i,j}='error';
```

```
7        end
8      end
9    end
10  end
```

1.12.2　cellfun 赋值符合条件的索引位元素

还能利用 cellfun 操纵句柄实现索引位判断，不过需要事先提供被操控的 cell 数据。

源代码 1.188: cellfun 操纵逻辑判断产生指定索引,by bainhome,size:31

```
1  function ans = replace_zeros_and_NaNs(A)
2  ans=num2cell(A);
3  ans(cellfun(@(x) isnan(x) || x == 0, ans)) = {'error'};
4  end
```

1.12.3　利用原逻辑索引在 cell 数组中引用赋值

cell 数组不支持借用其内部数据进行逻辑索引构造，具体可以看下面这个例子：

源代码 1.189: 利用内部数据构造逻辑索引的出错提示

```
1  >> num2cell(A);
2  >> ans(isnan(ans)|ans==0)={'error'}
3  Undefined function 'isnan' for input arguments of type 'cell'.
```

但因为输入数组和 cell 数据维度相同，可通过对原数组构造满足要求的索引，再由 cell 数组利用其完成赋值。

源代码 1.190: cellfun 借用数值矩阵索引赋值,by Khaled Hamed,size:26

```
1  function ans = replace_zeros_and_NaNs(A)
2  ans=num2cell(A);
3  ans(isnan(A)|A==0)={'error'};
```

1.12.4　统一逻辑索引以多输出方式赋值

可根据 NaN 的特点，用简单对位除法合并两个逻辑判断：

源代码 1.191: cell 数组中的多输出形式索引直接赋值,by Alfonso Nieto-Castanon,size:25

```
1  function ans = replace_zeros_and_NaNs(A)
2    ans=num2cell(A);
3    [ans{isnan(0./A)}]=deal('error');
4  end
```

程序很短，却包括两个可称为"精致"的函数运用技巧：

① **统一逻辑索引**　利用 NaN 四则运算后还是 NaN、任何数除以 0 得 NaN 两个属性统一逻辑索引：

源代码 1.192: 源代码 1.191 分析 1——合并逻辑索引

```
1  >> A
2  A =
3     NaN    0    1    8   15
4      23    0    7   14  NaN
```

```
5       0    6   13  NaN   22
6      10   12    0   21    3
7       0   18  NaN  NaN    9
8  >> 0./A
9  ans =
10   NaN  NaN    0    0    0
11     0  NaN    0    0  NaN
12   NaN    0    0  NaN    0
13     0    0  NaN    0    0
14   NaN    0  NaN  NaN    0
```

如此一来,矩阵中的 0 和 NaN 都变成 NaN,等于去掉了 0 元素判断,实现逻辑条件简化归并。

② **多输出** cell 数组可借用多输出函数 deal 对符合条件的位置赋值,不妨参照下面的源代码 1.193 中的 deal 函数示例,注意第 3 条语句:"[ans{x>2}]=deal(15)",其左端花括号内的索引还得从原数值矩阵获取,deal 函数对左端多个变量批量赋值:

源代码 1.193: 源代码 1.191 分析 2——多输出函数 deal

```
1  >> x=randi([-10 10],5);x(x<0)=NaN
2  x =
3       6    4  NaN    2    4
4     NaN    5  NaN  NaN    8
5       0  NaN    0    5   10
6     NaN    4   10  NaN    1
7       3    3  NaN    0  NaN
8  >> num2cell(x);
9  >> [ans{x>2}]=deal(15)
10 ans =
11   [ 15]   [ 15]   [NaN]   [  2]   [ 15]
12   [NaN]   [ 15]   [NaN]   [NaN]   [ 15]
13   [  0]   [NaN]   [  0]   [ 15]   [ 15]
14   [NaN]   [ 15]   [ 15]   [NaN]   [  1]
15   [ 15]   [ 15]   [NaN]   [  0]   [NaN]
```

因此,在源代码 1.191 中的语句:"[ans{isnan(0./A)}]=deal('error');"内,左端方括号不能去掉。这种貌似新奇的操作方式,实际上在函数处理输入和输出时经常使用,例如:

源代码 1.194: 自定义函数时的多输入多输出

```
1  function [out1,out2] = FunName (x)
2  out1=x(1);
3  out2=x(2);
```

比较发现,方括号处理+deal 好像是把自定义函数的输入输出部分移植到了命令窗口中。关于 deal 函数在本书后续内容中还要继续介绍,此处先略过不提。

最后,请仔细体会源代码 1.191 中 0 和 NaN 条件的归并,它的逻辑条件设计比较灵活,例如自身对位相除也可达到相同目的。

源代码 1.195: 自身对位相除实现逻辑条件归并,by Khaled Hamed,size:24

```
1  function ans = replace_zeros_and_NaNs(A)
2  ans=num2cell(A);
```

```
3  ans(isnan(A./A))={'error'};
```

1.13 数组基础训练：递归中的输入输出变量交互

例 1.15 考虑如下递归关系：

$$x_n = (x_{n-1} \cdot x_{n-2})^k \tag{1.7}$$

给定起始两项 x_1, x_2 以及常数 k，第 n 项 x_n 可通过上述定义得到。试写一个输入为 x_1, x_2, n 和 k 的函数 get_recurse(x_1, x_2, n, k)，输出第 n 项 x_n 的值。例如：当 $x_1 = e, x_2 = \pi$，$n = 5, k = 4/9$ 时，$R = $ get_recurse(exp(1),pi,5,4/9)=2.311 9。

源代码 1.196: 例 1.15 示例代码

```
1  R = get_recurse(exp(1),pi,5,4/9)
2  R =
3      2.31187497992966
```

考虑到递归中可能产生的累积误差，测试代码中的条件用 eps 给出一个精度阈值。

源代码 1.197: 例 1.15 测试代码

```
1  %% 1
2  assert(abs(get_recurse(exp(1),pi,5,7/9)-20.066097534719034)<100*eps)
3  %% 2
4  assert(abs(get_recurse(1.01,1.02,5,pi)-4.1026063901404743)<100*eps)
5  %% 3
6  assert(abs(get_recurse(3.3,1,5,1/2)-1.5647419554132411)<100*eps)
7  %% 4
8  assert(abs(get_recurse(8,9,35,5/11)-1.3002291773509134)<1000*eps)
9  %% 5
10 assert(abs(get_recurse(2,5,50,10/21)-1.3133198875358512)<1000*eps)
11 %% 6
12 assert(abs(get_recurse(1.5,2,600,1/2)-1.8171205928321394)<1000*eps)
```

问题的题干中提到了递归，所以很自然就写出如下代码：

源代码 1.198: 递归解法

```
1  function ans = get_recurse(x1,x2,n,k)
2  if n
3      if n==1
4          x1;
5      elseif n==2
6          x2;
7      elseif n>=3
8          (get_recurse(x1,x2,n-2,k)*get_recurse(x1,x2,n-1,k))^k;
9      end
10 end
```

源代码 1.198 本身没有问题，不过运行算例时，尤其是运行源代码 1.197 的算例 4、算例 5 和算例 6，所使用的机时将非常漫长，怎么解决这个效率问题呢？

注意到递归流程的最大特征在于第 $i+1$ 次的输入,与第 i 次运行程序的输出之间存在联系,所以可在变量命名时下点功夫:

源代码 1.199: 递归解法输入变量的"再回收",by David Young,size:39

```matlab
function x2 = get_recurse(x1,x2,n,k)
  if n == 1
    x2 = x1;
  else
    for i = 3:n
      [x1, x2] = deal(x2, (x1 * x2) .^ k);
    end
  end
end
```

源代码 1.199 对变量名的使用非常精炼,同时因避免了递归流程,执行效率也提高了。不过仔细分析还是发现了一个问题:需要判断当 $n=1$、$n=2$ 和 $n\geqslant 3$ 时的三种情况,源代码 1.199 只考虑了 $n=1$ 和 $n\geqslant 3$ 两种状态,这样能得到正确结果吗?分析如下:

① $n=1$,输出返回 x_2,只需让 x_2 用 x_1 对其赋值,返回 x_2 得正确结果;

② $n=2$,因输出返回的是 x_2,不需做任何变动;

③ $n\geqslant 3$,用循环条件对 x_1 和 x_2 往复赋值,前一个 x_2 变为当前 x_1 输出,用 $(x_1 \cdot x_2)^k$ 对 x_2 赋新值,直至 $i=n$。

源代码 1.199 中,多输出函数 deal 起到了简化代码、增加程序可读性的作用,这在一些小规模计算程序中,有助于归拢变量。例如在一维搜索的黄金分割程序中,要用区间消去法缩短搜索区间,所以每次 while 循环中都要重新确定新区间的位置,不断对区间变量做类似下面代码的重新赋值:

源代码 1.200: 黄金分割法调用求解

```matlab
function varargout = gold (varargin)
...
while ...
  if ...
    b=y;
    y=x;
    x=a;
  else
    ...
  end
end
```

此时用 deal 函数,就可在一定程度上简化代码:

源代码 1.201: deal 函数在黄金分割法中的应用

```matlab
function varargout = gold(varargin)
clc;
if nargin==3
  t=1e-2;
elseif nargin<3||nargin>4
  error('输入数量不符')
```

```
7   end
8   [f,a,b,t]=varargin{:};
9   x=[a+0.382*(b-a),a+0.618*(b-a)];
10  count=0;
11  while abs(a-b)>t
12      if f(x(1))<f(x(2))
13          [b,x(2)]=deal(x(2),x(1));
14          x(1)=a+0.382*(b-a);
15      else
16          [a,x(1)]=deal(x(1),x(2));
17          x(2)=a+0.618*(b-a);
18      end
19      count=count+1;
20  end
21  if nargout==0
22      varargout={mean(x)};
23  elseif nargout>=1
24      varargout={mean(x),f(mean(x)),count,[a,b]};
25  end
```

1.14 小　结

本章选择了十几个与数组操作有关的例子，列出多种求解思路和程序实现方法，初步介绍了 MATLAB 中怎样综合运用数组操作命令组合来解决实际遇到的代码问题，相信读者对 MATLAB 编程语言所独有的简捷性已经有了更深的理解，尤其需要体会一些看似平凡的函数，在示例代码中它们经常能发挥出并不平凡的作用。这其实已经体现出不同的代码编写者，在函数运用和理解方面所存在的巨大差异。如果想要提高 MATLAB 函数运用的能力，就要不间断地练习和总结，二者缺一不可，不仅要有长时间积累代码的过程，更重要的是，在编写代码过程中，带着思考不断总结，才能越写越快、越写越简捷，最后达到越写越随意的境界。

第 2 章 字符串操作初步

任何语言的基础内容中都要讲解字符串操作，从应用角度来看，它经常出现在以下环境中：

- 利用字符串操作与计算结果相结合，增加程序结果的可读性；
- 匿名函数出现之前的 V6 版本经常在内联函数（inline）使用时，利用字符串构造方式构造动态表达式，传递外部随循环或其他逻辑判断条件变化而变化的参数；
- 作为中间媒介，搭建不同进制的数值转换桥梁；
- 对于某些格式固定的文本，利用操作进行批量查找、修改或替换。

灵活运用字符串，对数值运算也有辅助作用。例如：例 1.12 本来是要求查找非数索引并连同 NaN 及其后续 2 个数字移除的问题，字符串操作也同样可以完成索引的寻址。

源代码 2.1: isfinite 查找数字索引 + strrep 索引赋 0,by Tim,size:22

```
function ans=your_fcn_name(x)
ans=x(strrep(isfinite(x)+'0','011','000')=='1');
end
```

函数 isfinite 做非数否定判断去掉 NaN 和 inf，当没有 inf 时，它相当于 isnan 的逻辑反，加字符 '0' 把逻辑索引转为字符串，把其中的 '011'（即对 NaN, num1, num2 的判断结果）取代为 '000'，剩下的 1 就是所有既不在 NaN 之后 2 位、本身又是数字的元素。这样，一个典型的数组操作问题就通过字符判断化解了。

数组和字符串在各种问题中往往交错出现，数值计算结果用字符形式动态输出，参数以某种固定格式向文本传递等，因此掌握二者运算中相互转换的常用命令非常必要。对初学者，字符串操作综合了数据类型、进制、动态传递参数、正则表达式构造等诸多技巧，掌握起来需要一定的时间和实践的积累。帮助内容多是介绍函数重载参数的背景意义的，如何真正灵活运用的实例相对缺乏，造成各种中文基础教材中对此甚少提及。鉴于此，本章中将通过一些示例，利用 MATLAB 中的数组和字符串函数，分析总结字符串的动态构造思路。

2.1 字符串基础训练：字符取反的七种武器

例 2.1 给定一个输入字符串（例如：s='1001'），返回其翻转，或取反字符串（'0110'）。

源代码 2.2: 例 2.1 测试代码

```
%% 1
s = '1001';
y_correct = '0110';
assert(all(isequal(flipbit(s),y_correct)&ischar(flipbit(s))))
%% 2
s = '11';
y_correct = '00';
```

```
 8  assert(all(isequal(flipbit(s),y_correct)&ischar(flipbit(s))))
 9  %% 3
10  s = '1';
11  y_correct = '0';
12  assert(all(isequal(flipbit(s),y_correct)&ischar(flipbit(s))))
13  %% 4
14  s = '100000001';
15  y_correct = '011111110';
16  assert(all(isequal(flipbit(s),y_correct)&ischar(flipbit(s))))
17  %% 5
18  s = '00001';
19  y_correct = '11110';
20  assert(all(isequal(flipbit(s),y_correct)&ischar(flipbit(s))))
```

释义：Cody 题目给定一个只有 '1' 和 '0' 的字符串，通过函数命令取其反，令其中的 '1' 变 '0'、'0' 变 '1'。

如果输入不是字符串而是布尔值序列，用"not"逻辑操作函数或"~"即可：

源代码 2.3: 数值取反的几种做法

```
 1  a=[true,false,true]
 2  a =
 3       1     0     1
 4  b=not(a)
 5  b =
 6       0     1     0
 7  c=~b
 8  c =
 9       1     0     1
10  >> class([a,b,c])
11  ans =
12  logical
```

最后一条语句说明 a、b、c 三个变量都是布尔型变量。不过 MATLAB 的数据类型转换很灵活，源代码 2.3 中的"~"或"not"一样适合于双精度类型；当然，执行后变量类型又会变成逻辑型，比如：

源代码 2.4: 数值型与逻辑型格式

```
 1  d=randi([0,1],1,3)
 2  ans =
 3       0     0     1
 4  >> ~d
 5  ans =
 6       0     1     0
 7  >> not(d)
 8  ans =
 9       0     1     0
10  >> class(ans)
11  ans =
12  logical
```

能够操作的原因是在取反前，MATLAB 把双精度类型自动换成布尔型，当然习惯了其他语言严格定义变量类型的人，对 MATLAB 这种自由转换会感到有些不习惯。

2.1.1 利用循环 + 判断的传统方式

对字符串内的数字（只有 0 和 1）取反，会想到对字符串内的数字遍历，用 if 流程逐个判断，让 '0' 和 '1' 互换：

源代码 2.5: 普通的循环加判断实现取反,by Paul,size:38

```
1  function y = flipbit(s)
2    y = s;
3    for i = 1:length(y)
4      if y(i) == '1'
5        y(i) = '0';
6      else
7        y(i) = '1';
8      end
9    end
10 end
```

或采用字符串比较函数 strcmp 产生判断条件：

源代码 2.6: 循环 + 函数 strcmp 比较字符串判断取反,by Mehmet OZC,size:39

```
1  function y = flipbit(s)
2    y = s;
3    for idx = 1:length(s)
4      if strcmp(s(idx),'1')
5        y(idx) = '0';
6      else
7        y(idx) = '1';
8      end
9    end
10 end
```

strcmp 命令字面意思是 "strings comparison" ——字符串比较。函数遍历比较 '1' 和输入 s 的每一个字符。strcmp 返回值也是逻辑变量，可把它看成字符串操控中的 "isequal"，该函数和 cell 数组结合，能实现字符串对位比较，例如下面的源代码 2.7 是 strcmp 函数在帮助文件中的例子：

源代码 2.7: strcmp 用法释义

```
1  >> s1 = {'Time','flies','when';
2          'you''re','having','fun.'};
3  >> s2 = {'Time','drags','when';
4          'you''re','anxiously','waiting.'};
5  >> tf = strcmp(s1,s2)
6  tf =
7      1   0   1
8      1   0   0
```

strcmp 函数是大小写敏感的，即：字符串 'Yes' 和 'yes' 是不同的，如果不希望大小写敏感，可以用它的姊妹函数 `strcmpi`：

源代码 2.8: `strcmp` 和 `strcmpi` 的用法比较

```
1  >> s1='Yes';s2='yeS';
2  >> tf = strcmp(s1,s2)
3  tf =
4       0
5  >> tf = strcmpi(s1,s2)
6  tf =
7       1
```

2.1.2 矢量化索引与不同函数组合的替换取反

源代码 2.9: 矢量化的索引寻址方式取反,by Matt,size:22

```
1  function y=flipbit(s)
2    y(s=='1')='0';
3    y(s=='0')='1';
4  end
```

索引过程需要中间变量 y 承载取反结果的变化，或者也可去掉变量 y，转以直接操控输入字符串 s：

源代码 2.10: 正则替换命令 `regexprep` 以中转字符取反,by Grant III,size:30

```
1  function ans=flipbit(s)
2    ans=regexprep(s,'0','2');
3    ans=regexprep(ans,'1','0');
4    ans=regexprep(ans,'2','1');
5  end
```

`regexprep` 函数用于正则替换，用法详见第 4 章。源代码 2.10 中取其默认条件下的静态替换，用中间字符串 '2' 中转输入字符串 s 的变化（否则 0 和 1 间会在替换中混淆）。

另外，还有字符专用替换命令 `strrep`：

源代码 2.11: 字符替换命令 `strrep` 以中转字符取反,by George Berken,size:30

```
1  function y = flipbit(s)
2    y = strrep(s,'0','2');
3    y = strrep(y,'1','0');
4    y = strrep(y,'2','1');
5  end
```

2.1.3 函数 `sprintf`+ 逻辑索引构造

`sprintf` 函数将数据按自定义格式返回为字符串，正好与逻辑索引构造结合在一起：

源代码 2.12: 用 `sprintf` 函数取反,by Jean-Marie SAINTHILLIER,size:15

```
1  function ans=flipbit(s)
2    ans=sprintf('%d',s=='0');
3  end
```

首先要理解 sprintf 函数的用法：sprintf 和 fprintf 有区别，前者"以设定格式把数据写入字符串"，后者则把格式文本写入文件或者命令窗口。sprintf 调用格式为 [str,errmsg]=sprintf(formatSpec,A1,...,An)，自定义格式 formatSpec 将数据列 $A_1, A_2, \cdots, A_n$ 输出返回为字符串 str，如操作不成功则返回错误，例如读取随机 4×4 矩阵前 2 列：

源代码 2.13: sprintf 函数把数据写入字符串示例

```
1  >> a=rand(4);
2  [str,errmsg]=sprintf('%9.3f',a(:,1),a(:,2))
3  str =
4      0.655    0.171    0.706    0.032    0.277    0.046    0.097    0.823
5  errmsg =
6      ''
7  >> str=sprintf('%6.3f',a(:,1),a(:,2))
8  str =
9   0.655 0.171 0.706 0.032 0.277 0.046 0.097 0.823
```

源代码 2.13 中，第 2 条语句设定格式'%9.3f'中的"f"为要求输出按浮点数据格式(float)；"3"代表小数点后保留 3 位；"9"是单个数据域保留的总位数。如果在运行结果中任意数据第 1 个数字前放下光标，以方向键移位到下一数值之前，数一数移动光标次数，或者比较第 2、3 两条语句结果的差别，就能很直观地体会格式设定的意义。

接着需要理解 sprintf 做逻辑取反的原理，其奥妙在于逻辑数组："s=='0'"，比如：

源代码 2.14: 字符串的逻辑判断语句执行结果分析

```
1  >> s='1110100110'
2  s =
3  1110100110
4  >> s==0
5  ans =
6      0   0   0   0   0   0   0   0   0   0
7  >> s=='0'
8  ans =
9      0   0   0   1   0   1   1   0   0   1
```

评 两个逻辑语句内容因类型不同形成截然不同的两种结果，即字符串 '0' 和数值 0，它们属于两种不同的数据格式、两种不同的概念。但逻辑判断的矢量特性对字符串也同样有效：它也能深入字符串内部，遍历每个字符。当输入字符串内限定为 '0' 和 '1' 时，满足"=='0'"的就是逻辑值 1。sprintf 函数是把数据转为字符串的函数，显然它也可以在不加声明的情况下自动转换布尔值为字符串，返回正好就是题意所需的结果。这短短一行代码中包含了逻辑数组向量化寻址和利用 sprintf 函数定义输出形式两种技巧。

还有其他与 sprintf 有关的解法，比如不用逻辑判断，转而通过 ASCII 码值做中介完成类型转换：

第 2 章 字符串操作初步

源代码 2.15: 字符 ASCII 码为媒介的变换思路,by James,size:19

```
1  function ans = flipbit(s)
2    ans=sprintf('%g',1-[s-'0'])
3  end
```

sprintf 函数把数据列转为字符串，可能有人会困惑于"1-[s-'0']"这种表达式为什么把字符串、四则运算符和普通数值混在同一个表达式？说明如下：

源代码 2.16: 字符串与运算符的运行机制解释

```
1  >> char([48:57,65:90,97:122])
2  ans =
3  0123456789ABCDEFGHIJKLMNOPQRSTUVWXYZabcdefghijklmnopqrstuvwxyz
4  >> s='11010011';
5  >> s+'0'
6  ans =
7       97    97    96    97    96    96    97    97
8  >> s+0
9  ans =
10      49    49    48    49    48    48    49    49
11 >> s-'0'
12 ans =
13       1     1     0     1     0     0     1     1
```

字符类型和一般数值类型之间的换算"基准"值是 ASCII 码值。源代码 2.16 的第 1 条语句利用函数 char 把 ASCII 码转换为对应字符，那么第 2、3 条语句就容易解释了，以输入字符 s 首个元素为例（式 (2.1)）：

$$\begin{cases} s(1)+'0' \Rightarrow '1'+'0' \Leftrightarrow 49+48=97 \\ s(1)+0 \Rightarrow '1'+0 \Leftrightarrow 49+0=49 \end{cases} \tag{2.1}$$

评 因为输入 s 中字符元素只包含'0'和'1'，二者 ASCII 码值也相差 1，相减得到的也是 0–1 向量，再被'1'减取反，最后用 sprintf 再次合成字符。不同于源代码 2.12，格式没有设定为无符号整型"'%d'"，而是设定为无多余尾零的浮点数据格式"'%g'"，效果相同。

2.1.4 函数 char+ 逻辑数组 + 四则运算符的多种字符串构造方式

源代码 2.16 用函数 char 把数值按照 ASCII 码值转换为对应的字符，这也是个常用且实用的命令：

源代码 2.17: 函数 char 取反方法 1,by J.R.Menzinger,size:18

```
1  function ans=flipbit(s)
2    ans=char(~(s-'0')+'0');
3  end
```

利用"s-'0'"得到字符串 s 和'0'字符 ASCII 码值之差再取反（0、1 互易），通过加'0'重新获得 ASCII 码的"基准值"48，最后用 char 恢复成字符串。这个思路等价写法很多，比如：

源代码 2.18: 函数 char 取反方法 2,by Yalong Liu,size:18

```
1  function ans = flipbit(s)
2    ans=char(~(s-48)+48);
3  end
```

再如：

源代码 2.19: 函数 char 取反方法 3,by bainhome,size:17

```
1  function ans = flipbit(s)
2    ans=char((s=='0')+'0')
3  end
```

或余弦函数：

源代码 2.20: 函数 char 取反方法 4,by Christopher,size:24

```
1  function ans = flipbit(s)
2    ans=char(cos(pi/2*(s-48))+48);
3  end
```

还有更简化的办法：

源代码 2.21: 函数 char 取反方法 5,by Alfonso Nieto-Castanon,size:14

```
1  function ans = flipbit(s)
2    ans=char('a'-s);
3  end
```

用字符"a"的 ASCII 码值 97 效果一样：

源代码 2.22: 函数 char 取反方法 6,by @bmtran,size:14

```
1  function ans = flipbit(s)
2    ans=char(97-s);
3  end
```

2.1.5 冒号操作做字符格式归并 + ASCII 码值运算转换

从输出角度讲，如下写法也很出彩：

源代码 2.23: 冒号表达式归并 ASCII 码值运算取反输出格式,by David Young,size:14

```
1  function s = flipbit(s)
2    s(:) = 97-s;
3  end
```

评 源代码 2.23 中左端冒号操作是个值得注意的技巧：它会自动完成输出数据向 char 类型的转换，因为"97-s"只能得到一系列 ASCII 码值，"(:)"操作的功能是令输出变量数据类型向输入变量靠近。这个做法通常用于保持输入与输出数据类型一致。

如下语句能够体现出冒号操作这一类型归并的特点：

第 2 章 字符串操作初步

源代码 2.24: 冒号操作的特性分析 1

```
1  >> s='01001';
2  >> s-0
3  ans =
4       48    49    48    48    49
5  >> s(:)=s-0
6  s =
7  01001
8  >> s(:)=s-'0'
9  s =
10
11 >> size(s)
12 ans =
13      1     5
14 >> s-0
15 ans =
16      0     1     0     0     1
```

源代码 2.24 的第 2 条语句，当字符型变量 s 和数值型数据进行混合运算时，处于减数位置的数值型 0 自动转换为 ASCII 码值 (0) 与被减数 s 的 ASCII 码值进行运算，所得结果是 ASCII 码值向量；第 3 条语句右端保持不变，左端输出改为 s(:)，由于 s 本身是字符型，冒号表达式强制其回到原数据类型，等于第 2 条语句计算结果 [48 49 48 48 49] 又做了一次 char 运算，转换回原来的字符型；同样在第 4 条语句中减去的是字符 '0'，看似结果未显示，其实因为 '0' 的 ASCII 码对应值为 48，通过减法得到的 ASCII 码 0 对应空字符 Null, 1 对应标题起始；第 5 条的维度 1×5、第 6 条语句的 ASCII 码值减 0 得到的向量也证明了这一点。除此之外，还有一个例子证明冒号操作也是带有下标矢量索引性质的：

源代码 2.25: 冒号操作的特性分析 2

```
1  >> a=''
2  a =
3     ''
4  >> a(:)=48:57
5  In an assignment A(:) = B, the number of elements in A and B must be the same.
6  >> a='          '
7  a =
8
9  >> a(:)=48:57
10 a =
11 0123456789
```

源代码 2.25 的第 1 条语句给定了变量 a 的格式，但它是个维度 0×0 的空字符串。假如用 "a = 48 : 57" 对其赋值，从数值到类型都会变，但像第 2 条语句一样把输出改为 "a(:)" 就提示出错，意思是 a 这个空字符串内无法放下输入的字符；第 3 条语句重新把 a 变成 1×10（即：只有 10 个空格）的字符串，留下匹配输入端向量长度的空间，输出端变成 "0123456789" 的字符串，即：为匹配其原字符格式，输出时自动对向量 "48 : 57" 做转码处理。

2.1.6 函数 num2str 及其灵活的设定参数

num2str 是另一个把数值类型转换为字符型的函数，可以围绕它完成取反操作：

源代码 2.26: 函数 num2str 转换 + textttarrayfun 循环取反, by Paschalis, size:27

```
1  function ans=flipbit(s)
2  ans=num2str(~arrayfun(@str2double,s));
3  ans(strfind(ans,' '))=[];
```

函数 num2str 用于字符格式变换，里层借助 arrayfun 替代循环，str2double 逐字符将输入字串单字符转成数据。注意用 arrayfun 与否，返回结果区别很大：

源代码 2.27: arrayfun+ textttstr2double 运行结果分析

```
1  >> s='001001110111'
2  s =
3  001001110111
4  >> str2double(s)
5  ans =
6     1.0011e+09
7  >> arrayfun(@str2double,s)
8  ans =
9     0  0  1  0  0  1  1  1  0  1  1  1
```

源代码 2.27 的第 1 条语句是操纵字符串整体转换为数字，第 2 条语句则遍历数字字符实现类型转换。num2str 主要的问题是在类型转换过程中，有效字符之间会出现一系列空格，例如：

源代码 2.28: 函数 num2str 转换字符时额外的空格

```
1  >> s='110110001000'
2  s =
3  110110001000
4  >> num2str('1'-s)
5  ans =
6  0  0  1  0  0  1  1  1  0  1  1  1
7  >> ischar(ans)
8  ans =
9     1
```

评 源代码 2.28 的第 2 条语句表面上似乎通过命令 num2str 得到正确的结果，第 3 条语句就揭示了其类型仍然是字符类型，中间增加了一系列额外空格，因此去掉这些空格成为类型转换的伴生问题。

一种方法是采用连续两次转置去掉空格。

源代码 2.29: 向量转置去空格后用 num2str 变为字符串, size:17

```
1  function ans=flipbit(s)
2  ans=num2str(('1'-s)')';
3  end
```

也可以用 isspace 函数去掉空格。

第 2 章 字符串操作初步

源代码 2.30: 转换后用 isspace 去空格,size:25
```
1  function ans=flipbit(s)
2  ans=num2str(~(s-'0'));
3  ans=ans(~isspace(ans));
```

仔细研究 num2str 调用的后缀参数 "formatSpec" 会发现,如果恰当地指定格式,完全可以过滤类型转换中出现的多余空格,而不需要使用 isspace 函数。

源代码 2.31: 函数 num2str 参数 formatSpec 解决空格删除问题,by Clemens Giegerich,size:17
```
1  function ans = flipbit(s)
2    ans=num2str(~(s-'0'),'%d');
3  end
```

此外,num2str 函数还有一种官方帮助中未曾介绍的"Undocumented"属性,用于字符紧凑排布。

源代码 2.32: 函数 num2str 在帮助中未提及的一种去除空格的用法,by Dariusz,size:18
```
1  function ans=flipbit(s)
2  ans=num2str(~(s-48),-6);
```

空格的 ASCII 码值为 32,还能用逻辑索引把非空格挑选出来:

源代码 2.33: 逻辑索引控制 ASCII 码值去空格,by Bainhome,size:16
```
1  >> s='110110001000';
2  >> t=+num2str('1'-s);
3  >> char(t(t~=32))
4  ans =
5  001001110111
```

2.1.7 构造字符向量以输入做逻辑索引取反

有人想出一些看似难以置信的新奇思路,比如:

源代码 2.34: 构造字符串以输入为索引取反,by Guillaume,size:16
```
1  function ans=flipbit(s)
2  flip='                                                10';
3  ans=flip(s);
4  end
```

采用索引取反,'0' 的 ASCII 码值为 48,字符串 flip 第 48 位 (就是字符串内一连串空格的第 48 个) 恰好是'1'(ASCII 码值为 49),flip 的第 49 位却是'0',通过对字符串 flip 以 s 的 ASCII 码值作为索引完成取反,里面还存在隐性的字符串与 double 类型转化。

> **评** 尽管对字符取反这样一个小问题,用七种思路多种解法全面总结看起来有些小题大做,其实目的是见微知著,把字符串中常用和不常用的函数命令若隐若现地串联组合,其中滋味,恐怕要比大家死啃命令帮助更有意思吧。此外,一些平时不多见的新奇写法,如果通过步骤分解与分析,能看出程序编写者对函数本身调用使用方式有全面深

刻的理解，那么既深挖了问题的直接和间接条件，又充分挖掘了 MATLAB 函数的潜能，在大胆设想构造的基础上，深思熟虑函数的选择，代码自然就显得简单又不落俗套。其实例 2.1 的解法在本节内容中还没有写完，尚有几种涉及正则表达式的解决方案，会在 4.16.2 小节中介绍。

2.2 字符串基础训练：星号排布

很多语言程序教材都会把"*"字符排布成规则几何形状的问题作为编写范例，这几乎成为各种语言应知应会的入门经典，我们不妨在 MATLAB 中也尝试一下。

例 2.2 创建一个由"*"号组成的金字塔。第 1 行一颗星，第 2 行两颗星，以此类推。输出变量 p，这是一个维数为 $n \times n$ 的字符串矩阵，由两种元素组成："*"和空格 (ASCII 码值为 32)，具体见以下测试代码：

源代码 2.35: 例 2.2 测试代码

```matlab
1  %% 1
2  n = 2;
3  p = ['* ';'**'];
4  assert(isequal(pyramid(n),p));
5  %% 2
6  n = 3;
7  p = ['*  ';'** ';'***'];
8  assert(isequal(pyramid(n),p));
9  %% 3
10 n = 4;
11 p = ['*   ';'**  ';'*** ';'****'];
12 assert(isequal(pyramid(n),p));
13 %% 4
14 n = 10;
15 p = ['*         ';
16      '**        ';
17      '***       ';
18      '****      ';
19      '*****     ';
20      '******    ';
21      '*******   ';
22      '********  ';
23      'córdoba córdoba ';
24      '**********'];
25 assert(isequal(pyramid(n),p));
```

释义：各种语言程序选择"*"号排布作为入门练习，一方面是因为结果直观（利用 print 等语句完成输出），另一方面是让程序语言初学者认识到循环的威力。例 2.2 测试代码中的几何形状已经说明结果需要输出什么样的字符矩阵。

2.2.1 循环

例 2.2 要求生成如此规则的几何形状，循环成为多数人的第一选择，本小节介绍几种不同的循环写法。

1. 两种字符直接拼接

让两种字符直接拼接，是最容易想到的，也是最机械的方式。

源代码 2.36: 循环解法 1——字符直接拼接, by Abdullah Caliskan,size:60

```matlab
function G= pyramid(n)
V=[];G=[];
for i=1:n
    V=[V '*']
    H=[];
    for do=1:n-numel(V)
        H=[H '␣'];
    end
    G=[G ;V H];
end
end
```

2. strcat+ blanks

MATLAB 提供了字符串拼接函数 `strcat` 和空格（多个）生成函数 `blanks`，可对循环代码做小幅简化。

源代码 2.37: 循环解法 2——strcat+ blanks, by Konstantinos Sofos,size:48

```matlab
function p = pyramid(n)
x = [];
p = [];
for i = 1 : n
    x = strcat(x,'*');
    y = [x blanks(n-i) ];
    p = [p;y];
end
end
```

3. 矩阵复制函数 repmat

矩阵扩展函数 `repmat` 也可用于字符的扩展——它操作的是字符底层的 ASCII 码值数值矩阵（向量）：

源代码 2.38: 循环解法 3-1——repmat 扩展字符, by @bmtran,size:44

```matlab
function p = pyramid(n)
 p = zeros(n);
 for ii = 1:n
    p(ii,:) = [repmat('*',1,ii) repmat('␣',1,n-ii)];
 end
 p = char(p)
end
```

另一种写法：

源代码 2.39: 循环解法 3-2——repmat 扩展字符, by Pavan Toraty,size:35

```matlab
function y = pyramid(n)
y = '';
for k = 1:n
    y = [ y; repmat('*',1,k) repmat(' ',1,n-k)];
end
end
```

评 源代码 2.38 和源代码 2.39 相差不大,每行"*"号序列都用命令 repmat 扩展。不同之处是,前者先声明和字符矩阵维度相同的全 0 矩阵,然后通过循环逐行替换;后者则对空字符矩阵逐行扩充。前者的"size"略大,但更推荐这种事先声明维度、再扩充的程序流程,计算效率当矩阵更庞大时会更高。

4. 操纵 ASCII 数值向量组合矩阵

"*"和空格对应的 ASCII 码值分别为 42 和 32,可对两个 ASCII 码值的数值矩阵进行循环扩充:

源代码 2.40: 循环解法 4-1——操纵 ASCII 码值做数值循环,by andrea84,size:40

```matlab
function P= pyramid(n)
    for i=1:n
        p(i,:)=[42*ones(1,i),32*ones(1,n-i) ]
    end
    P=char(p)
end
```

替代循环命令 arrayfun 可以打开 'uniformoutput' 开关,生成结果为 cell 的数组,再用 cell2mat 命令转换为字符矩阵:

源代码 2.41: 循环解法 4-2——arrayfun 内句柄操纵构造,by Evan,size:41

```matlab
function ans = pyramid(n)
    ans=cell2mat(arrayfun(@(i)char(['*'*ones(1,i) char(32)*ones(1,n-i)]),1:n,'uni',0)');
end
```

5. 空格字符声明矩阵维度 + "*" 逐行填充

空格字符声明要求维度的矩阵,再填充"*",好处是去掉了两种字符拼接的步骤:

源代码 2.42: 循环解法 5-1——循环填充"*",by J.R.! Menzingerh,size:31

```matlab
function ans = pyramid(n)
ans=char(zeros(n)+' ');
for i = 1:n
    ans(i,1:i) = '*';
end
end
```

或改为 repmat 以复制方式扩展"空格"矩阵:

第 2 章 字符串操作初步

源代码 2.43: 循环解法 5-2——repmat 填充 "*",by Grzegorz Knor,size:29

```
1  function str = pyramid(n)
2   str = repmat(' ',n,n);
3   for k = 1:n
4      str(k,1:k) = '*';
5   end
6  end
```

2.2.2 矢量化构造方式

如果仔细观察测试代码中的矩阵，会发现这是个下三角矩阵，函数 `tril` 可不用循环一步构造出排布矩阵的形态，求解几乎一步到位。

1. 利用逻辑索引

全 1 矩阵的下三角矩阵正好只有 1、0 两种元素，逻辑索引正好合适：

源代码 2.44: 矢量化方式 1——逻辑索引,by Z,size:23

```
1  function A = pyramid(n)
2   A = '*'*tril(ones(n));
3   A(~A) = ' ';
4  end
```

2. 利用 ASCII 码值的矩阵和四则运算试凑

ASCII 码值是数值型，可进行四则运算，用 32 和 10 "凑" 出空格和 "*"。

源代码 2.45: 矢量化方式 2-1——矩阵运算试凑,by bainhome,size:20

```
1  function ans = pyramid(n)
2   ans=char(tril(10*ones(n))+32);
3  end
```

或用 `repmat` 对元素 10 按 $n \times n$ 复制扩展，取代全 1 矩阵命令 `ones`：

源代码 2.46: 矢量化方式 2-2——矩阵运算试凑,by Alfonso Nieto-Castanone,size:17

```
1  function ans = pyramid(n)
2   ans=32+tril(repmat(10,n));
3  end
```

> **评** 在 MATLAB 中，字符操作与数组操作之间联系紧密，二者在操作方式、函数使用、代码编写等很多方面几乎无缝结合；另外，借用 MATLAB 的逻辑索引、特殊矩阵结合基本函数，能够把原本比较冗长的循环浓缩至极其简单的寥寥一两句程序，而且因为使用内置函数，效率也颇为可观。

2.3 字符串基础训练："开心" 的 2013

本节探讨一个依据年份的数字特征所出的小问题。

例 2.3 关于 2013 年，一个有趣的事情是：这是自 1987 年以来，首次年份的 4 个数字出现各自不同的情况。请写一个名为 `diff_digits.m` 的 MATLAB 函数，当输入一个起始和一个结束的年份时，这个函数能计算出这个范围内有多少个年份，出现 4 个数字各自不同的情况。不妨假设所有的年份都有 4 位数，且起始年份的数值小于结束的年份。例如：当 start=1000,finish=1023 时，这个函数的返回值为 1，因此这个范围内，1023 是唯一一个 4 位数字各自不同的年份。

源代码 2.47: 例 2.3 测试代码

```
%% 1
start=1000; finish=1023; y_correct = 1;
assert(isequal(diff_digits(start,finish),y_correct))
%% 2
start=1000; finish=9999; y_correct = 4536;
assert(isequal(diff_digits(start,finish),y_correct))
%% 3
start=1234; finish=5678; y_correct = 2273;
assert(isequal(diff_digits(start,finish),y_correct))
%% 4
assert(isequal(diff_digits(4321,6789),1210))
%% 5
assert(isequal(diff_digits(1988,2012),0))
```

释义：要求计算从输入的起始年份与截止年份二者之间符合年份 4 个数字均不相同的年份的个数，例如 1000 ~ 1023 之间只有 1023 年 4 个数字均不相同。

2.3.1 循环 + 利用函数 unique 判断

既然要求年份数字各不相同，自然想到函数 unique，从起始年份开始逐次循环，每次运行 unique 查看运行结果是否仍然是 4 个数字。

随之而来的问题是：年份作为一个 4 位数，本身是整体，程序则需要 unique 函数按 "个、十、百、千" 4 个数字检查唯一性，为此有人想出利用连续求余取整的办法得到年份的 4 个数字，然后再循环判断唯一性：

源代码 2.48: 求余取整分离数字再循环判断唯一性,by Matt Eicholtz,size:71

```
function count = diff_digits(a,b)
x = (a:b)';
y = floor([x/1000 mod(x,1000)/100 mod(x,100)/10 mod(x,10)]);
count = 0;
for ii=1:size(y,1)
  if length(unique(y(ii,:)))==4
    count = count+1;
  end
end
end
```

2.3.2 循环 + num2str 转化年份为字符串分离数字

源代码 2.48 中的求余取整过程还可以被矢量化：

第 2 章 字符串操作初步

源代码 2.49: 求余取整的矢量化简化
```
1  >> x=2015;
2  >> floor([x/1000,mod(x,10.^flip(1:3))./10.^flip(0:2)])
3  ans =
4       2    0    1    5
```

源代码 2.49 的方法不容易想到。另一种方法是把数字转化为字符串，再按要求减去合适的 ASCII 码值变回到数值向量。

源代码 2.50: 转化为字符串分离位数的方法
```
1  >> num2str(2025)-48
2  ans =
3       2    0    2    5
```

源代码 2.16 已经介绍了字符串 ASCII 码值的运算机制，而代码 2.50 中的 "-48" 就是用字符类型数字和 0 的 ASCII 码值相减的结果。据此，代码 2.48 可由如下方式简化：

源代码 2.51: 利用 num2str 分离数字 + 循环判断唯一性, by eric landiech, size:34
```
1  temp=0;
2  for i_tst=start:finish
3    if numel(unique(num2str(i_tst)))==4
4      temp=temp+1;
5    end
6  end
```

或通过 arrayfun 替代循环写法：

源代码 2.52: 利用 arrayfun 替代循环重写源代码 2.51, by Binbin Qi, size:30
```
1  function ans = diff_digits(start,finish)
2   ans=sum(arrayfun(@(x)length(unique(int2str(x)-'0')) == 4,start:finish));
3  end
```

源代码 2.52 采用与 num2str 功能类似的 int2str，arrayfun 用自定义匿名函数句柄操控数据形成遍历，这与源代码 2.51 中的普通循环方式是等效的。

2.3.3 num2str 分离数字 + 排序做差

源代码 2.51 虽然通过 num2str 获得年份分离的数字，但看完以下代码会发现这种分离的方法仍然没有把函数 num2str 的潜力发挥出来：

源代码 2.53: 支持矢量化操作的 num2str 函数
```
1  >> num2str((2020:2025)')-48
2  ans =
3       2    0    2    0
4       2    0    2    1
5       2    0    2    2
6       2    0    2    3
7       2    0    2    4
8       2    0    2    5
```

源代码 2.53 表明：用 num2str 函数一次就能够完成，而不需要循环逐个处理年份数字。另外，4 个数字各不相同的判断，固然可通过 unique 取得向量中"独一无二"的元素，看处理前后元素数量是否变化，但用 diff 对排序向量做差，差值向量元素如均不为零，同样能说明向量元素的各不相同。

源代码 2.54: num2str 分离数字 + 循环判断唯一性，by bainhome,size:34

```
1  function ans=diff_digits(x,y)
2  ans=sum(all(diff(sort(num2str((x:y)')-48,2),[],2)'~=0));
3  end
```

sort 支持对字符串的排序，源代码 2.54 中把字符串转换为 ASCII 码值也不是必需的步骤，例如：

源代码 2.55: 支持矢量化操作的 num2str 和 sort

```
1  >> num2str((2014:2016)')'
2  ans =
3  222
4  000
5  111
6  456
7  >> sort(ans)
8  ans =
9  000
10 111
11 222
12 456
13 >> diff(ans)
14 ans =
15     1    1    1
16     1    1    1
17     2    3    4
```

源代码 2.55 中参与 sort 排序以及 diff 做差的全是字符串。结合这个技巧，源代码 2.54 可进一步简化：

源代码 2.56: 字符串排序做差的最简解法 1,by Tim,size:26

```
1  function ans=diff_digits(a,b)
2    ans=sum(all(diff(sort(num2str((a:b)')'))));
3  end
```

相同的思路，有人在统计各不相同数字时，采用稀疏矩阵命令 nnz。

源代码 2.57: 字符串排序做差的最简解法 2,by Yaroslav,size:26

```
1  function ans=diff_digits(start,finish)
2    ans=nnz(all(diff(sort(num2str((start:finish)')'))));
3  end
```

顺便引出频数统计的多种方式的探讨，例如：统计从 $n = 1, 2, \cdots, 100$ 这 100 个数字中，一共出现了多少个 1？这个问题如果用数值方式统计非常麻烦，因为"1"这个数字可能出现在 3 位数字的个、十、百位，分情况讨论可能性太多，简便的方法当然是将其转换为字符串。以下是 4 种不同的数量统计方法：

① 利用向量长度函数 length。

源代码 2.58: length 统计

```
1  >> length(strfind(num2str(1:100),'1'))
2  ans =
3      21
```

② ASCII 码值运算凑 1，以逻辑数组求和。

源代码 2.59: sum 统计

```
1  >> sum(num2str(1:100)-48==1)
2  ans =
3      21
```

③ 利用频数统计函数 histcounts。注意：这个函数出现在 2014 年之后的新版本，旧版本 MATLAB 对应的函数是 histc。

源代码 2.60: histcounts 统计

```
1  >> histcounts(num2str(1:100)-48,[0.5 1])
2  ans =
3      21
```

④ 利用非 0 元素数量统计函数 nnz。

源代码 2.61: nnz 统计

```
1  >> nnz(regexp(num2str(1:100),'1'))
2  ans =
3      21
```

2.4 字符串基础训练：寻找"轮转"的子字符串

对 $1\times n$ 的向量，把前 k 个移动到向量末尾，向量长度本身不发生变化，不妨称为"轮转"。下面讨论对字符串中的每个字符进行轮转的问题。

例 2.4 给定两个输入字符串 s_1 和 s_2，判定 s_2 是否包含能由 s_1 "轮转"得到的字符串。例如下面的字符串轮转：

$$'matlabcentral' \to 'atlabcentralm' \to \cdots \to 'centralmatlab' \cdots$$

因此，如果 s1='matlabcentral', s2='thecentralmatlab'，则函数返回的结果应为"true"。

源代码 2.62: 例 2.4 测试代码

```
1  %% 1
2  s1 = 'matlabcentral';
3  s2 = 'thecentralmatlab';
4  y_correct = true;
5  assert(isequal(isRotatedStrPresent(s1,s2),y_correct))
6  %% 2
```

```matlab
7   s1 = 'altabcentralm';
8   s2 = 'thecentralmatlab';
9   y_correct = false;
10  assert(isequal(isRotatedStrPresent(s1,s2),y_correct))
11  %% 3
12  s1 = 'cooldrinks';
13  s2 = 'somecoolerdrinks';
14  y_correct = false;
15  assert(isequal(isRotatedStrPresent(s1,s2),y_correct))
16  %% 4
17  s1 = 'controlsystem';
18  s2 = 'asystemcontrol';
19  y_correct = true;
20  assert(isequal(isRotatedStrPresent(s1,s2),y_correct))
21  %% 5
22  s1 = 'controlsystem';
23  s2 = 'contorlsystem';
24  y_correct = false;
25  assert(isequal(isRotatedStrPresent(s1,s2),y_correct))
```

释义：逐一将首个输入字符串 $s_1(1 \times n)$ 的首字符排至其末尾，如果这些排序后的字符串被包含在第二个输入字符串内就返回"TRUE(1)"；反之返回"FALSE(0)"。注意：对首个输入 s_1 的轮转仅发生 $n-1$ 次，即所有轮转后的字符不包括其本身。

2.4.1 几种不同的循环方式

由于排布方式的轮转规律性，使得循环成为容易想到的第一种方式，不过随常用命令熟悉程度的不同，循环代码也有繁琐简便，甚至优劣高下之分。

1. "万丈高楼平地起"的循环方式

源代码 2.63: 循环 + 判断 1——"移植版"代码,by learner cpp,size:160

```matlab
1   function u = isRotatedStrPresent(s1,s2)
2   s1x = abs(s1);
3   s1cs = sum(s1x);
4   s1len = length(s1x);
5   s2x = abs(s2);
6   s2len = length(s2x);
7   u = 0;
8   if(s2len >= s1len)
9     s2eindex = s2len - s1len + 1;
10    for i = 1:s2eindex
11      s2scs = sum(s2x(i:(i+s1len-1)));
12      if s1cs == s2scs
13        u = isrotated(s1x, s2x(i:(i+s1len-1)));
14        if(u)
15          break;
16        end
17      end
18    end
19  end
```

```
20    end
21  function u = isrotated(sx,sy)
22    yc = find(sy==sx(1));
23    u=0;
24    for index = [yc]
25        sry = [sy(index:end) sy(1:index-1)];
26        if(all(sx == sry))
27            u = 1;
28            break;
29        end
30    end
31  end
```

> **评** 写程序的习惯因人而异，不过既然决心要学习 MATLAB，就要尽可能扬长避短，发挥其优势潜力，简化问题求解。从源代码 2.63 来看，把 MATLAB 程序写成 C++ 移植版，并不是个高明的主意。

2. 利用 strfind 循环查找

strfind 可直接在字符串中查找子字符串，因此只需对 s_1 每次循环用索引换序，strfind 查找 s_2，找到相同的就在循环内用 return 跳出，避免执行循环外的 "FALSE"。

源代码 2.64: 循环 + 判断 2——strfind 循环查找索引变换字符串, by Tim, size:44

```
1  function ok=isRotatedStrPresent(s,S)
2  ok=true;
3  for j=1:numel(s)
4      if strfind(S,s([j:end 1:j-1]));
5          return;
6      end
7  end
8  ok=false;
```

3. 利用 circshift 换序 + strfind 查找

思路与源代码 2.64 类似，索引换序部分采用了 circshift 函数。该函数本身用于对数组首尾次序的轮换，例如:

源代码 2.65: circshift 函数使用说明

```
1  >> t=arrayfun(@(i)circshift(1:4,[0 i]),1:4,'uni',0)
2  t =
3      [1x4 double]  [1x4 double]  [1x4 double]  [1x4 double]
4  >> t{:}
5  ans =
6       4     1     2     3
7  ans =
8       3     4     1     2
9  ans =
10      2     3     4     1
11 ans =
12      1     2     3     4
```

显然，circshift 能通过循环体内的"轮转"构造，解决例 2.4 的问题。

源代码 2.66: 循环 + 判断 3——strfind 循环查找 circshift 变序字符串,by Tim,size:38

```
1  function ans = isRotatedStrPresent(s1,s2)
2  for k=0:numel(s1)
3      ans=isempty(strfind(s2,circshift(s1,k,2)));
4      if ~ans
5          break
6      end
7  end
8  ans=~ans;
9  end
```

> **评** 源代码 2.64 中的 "return" 是从整个程序体内跳出的，即终止程序；源代码 2.66 中的 "break" 是自循环体跳出的。

4. 利用测试矩阵命令 gallery 变序 + strfind 查找

MATLAB 中有很多测试矩阵，在很多问题求解中起重要作用，这些测试矩阵可以用函数 gallery 在不同输入参数的情况下，得到相应的结果，如：

源代码 2.67: 测试矩阵函数 gallery 调用方法简介 1

```
1  >> gallery('clement',5)
2  ans =
3       0     1     0     0     0
4       4     0     2     0     0
5       0     3     0     3     0
6       0     0     2     0     4
7       0     0     0     1     0
8  >> gallery('fiedler',1:5)
9  ans =
10      0     1     2     3     4
11      1     0     1     2     3
12      2     1     0     1     2
13      3     2     1     0     1
14      4     3     2     1     0
```

随 gallery 第一个调用参数的改变，可得到形式不同的诸多特殊测试矩阵，如参数变为 'circul'，即为本例所需的索引轮转矩阵。

源代码 2.68: 测试矩阵函数 gallery 调用方法简介 2

```
1  >> gallery('circul',1:5)
2  ans =
3       1     2     3     4     5
4       5     1     2     3     4
5       4     5     1     2     3
6       3     4     5     1     2
7       2     3     4     5     1
```

矩阵特征正好满足例 2.4 问题中字符串变序的要求：

第 2 章　字符串操作初步

源代码 2.69: 循环 + 判断 4——strfind 循环查找 gallery 测试矩阵变序字符,by Jan Orwat,size:41

```
1  function ans = isRotatedStrPresent(s1,s2)
2    ans='';
3    for k=char(flipud(gallery('circul',+s1)))
4      ans=[ans strfind(s2,k')];
5    end
6    ans=~isempty(ans);
7  end
```

源代码 2.69 是字符与数值的运算转换、控制流程良好结合的典型范例,不妨按分步运行结果对逐个要点做分析:

① 如果中间循环体内未在 s_2 内发现轮转子字符串,则首句空字符串配合最后一句"isempty(ans)"返回"FALSE(0)"。

② 以 s_1='abcde' 为例,说明循环体中利用测试矩阵输入轮转字符串的过程:

源代码 2.70: 源代码 2.69 分析——测试矩阵组合轮转字符串

```
1  >> s1='abcde';
2  >> +s1
3  ans =
4      97  98  99  100  101
5  >> gallery('circul',ans)
6  ans =
7      97  98  99  100  101
8     101  97  98   99  100
9     100 101  97   98   99
10     99 100 101   97   98
11     98  99 100  101   97
12 >> char(ans)
13 ans =
14 abcde
15 eabcd
16 deabc
17 cdeab
18 bcdea
19 >> flipud(ans)
20 ans =
21 bcdea
22 cdeab
23 deabc
24 eabcd
25 abcde
```

用 flipud 翻转字符矩阵是让循环体从轮转第 1 个字符的字串 'bcdea' 开始,而不是其本身 'abcde'。

③ 注意到源代码 2.69 中的循环体上并没有熟悉的"1:...",这是因为 MATLAB 能在不指定循环体长度的情况下对矩阵 (5×5) 自动按列执行,字符串、cell 或者数值类型均具有这个特性。

源代码 2.71: 源代码 2.69 分析——字符串矩阵在循环体内的显示方式

```
1  >> for i=char(flipud(gallery('circul',+'abc'))));i,end
2  i =
3  b
4  c
5  a
6  i =
7  c
8  a
9  b
10 i =
11 a
12 b
13 c
14 >> for i=magic(2);i,end
15 i =
16    1
17    4
18 i =
19    3
20    2
21 >> for i={[1 2],[2;3]};i{:},end
22 ans =
23    1    2
24 ans =
25    2
26    3
```

按列显示，当循环查找子字符串时，函数 `strfind` 中需对 k 转置。

5. 利用 hankel 矩阵

前面介绍了 `gallery` 按参数 `'circul'` 构造测试矩阵形成轮转索引。下面介绍另一个测试矩阵命令 `hankel`，它也可以按照其生成符合要求的索引矩阵。

源代码 2.72: hankel 测试矩阵构造轮转索引,by Freddy,size:41

```
1  function y = isRotatedStrPresent(s1,s2)
2    y = 0;
3    for i = s1(hankel(1:numel(s1),0:numel(s1)))
4      y = y | ~isempty(strfind(s2,i'));
5    end
```

还有用 `arrayfun` 替代循环的方式，类似于源代码 2.52 的编写方法，如下：

源代码 2.73: arrayfun+ strfind + circshift,by Khaled Hamed,size:30

```
1  function ans = isRotatedStrPresent(s1,s2)
2    ans=any(arrayfun(@(n)any(strfind(s2,circshift(s1',n)')),find(s1)));
3  end
```

2.4.2 利用卷积命令 conv2+ 测试矩阵

源代码 2.74: conv2 + gallery 测试矩阵, by Jan Orwat, size:32

```
1  function a = isRotatedStrPresent(s1,s2)
2    conv2(gallery('circul',+s1),fliplr(1./s2))==numel(s1);
3    a=any(ans(:));
4  end
```

二维卷积命令 conv2 使用方法详见第 1.6.3 节，其关键在于如何构造合适的卷积矩阵：

① 字符和 ASCII 码值之间有一一对应关系，对字符的处理可等效为对 ASCII 码值数据矩阵的处理，这是卷积命令使用的依据；

② 构造 s_2 的倒数序列，当该序列在 gallery 生成的"轮转"矩阵上移动并构造卷积运算时，如果卷积相加结果恰好为 s_1 的长度，则说明 s_2 上存在与 s_1 任意相同的"轮转"子字符串（用 fliplr 翻转构造卷积矩阵的原因是卷积运算为首尾乘积之和）。

> **评** 源代码 2.74 要求对二维卷积命令 conv2 从调用参数到返回值结构有透彻了解，尤其难得的是：能从字符串问题的解决中抓住数值变化的规律，进而跳跃到利用卷积构造匹配关系，这是值得学习的。

2.4.3 利用 cellfun+ strfind+ 测试矩阵 gallery

MATLAB 中的 cell 数组是非常灵活的数据类型，可通过矢量化命令 cellfun 结合自定义控制句柄操控：

源代码 2.75: cellfun+ strfind + gallery 测试矩阵, by Jan Orwat, size:31

```
1  function ans = isRotatedStrPresent(s1,s2)
2    ans=any(cellfun(@(S)nnz(strfind(s2,S)),cellstr(char(gallery('circul',+s1)))));
3  end
```

cellfun 专用于通过自定义句柄操控类型为 cell 的数据，功能上与 arrayfun、strucfun 等函数对等。

本例中 cellfun 函数的调用格式如下：

源代码 2.76: 例 2.4 求解中的 cellfun 调用格式

```
1  cellfun(@(cellX)nnz(strfind(inputStr,cellX)),AllRotatedStr);
```

函数体 cellfun 分成两部分：前一部分是自定义句柄，就本例而言，为通过 strfind 函数查找变量 inputStr 中子字符串和 cellX 中是否存在重叠；后一部分则为 cell 类型变量 "AllRotatedStr"，它为自定义句柄中要求的元胞数据 cellX 提供所有轮转字符串，这些字符串分别被存储在独立元胞中，cellfun 会自动逐个从元胞中取出数据，并按句柄执行操作。

函数源代码 2.75 中用到的新函数 cellstr，是字符串与 cell 之间变换的桥梁，功能是把二维字符串矩阵按照行序列方式分别放置在多个子 cell 中，例如：

源代码 2.77: cellstr 函数讲解

```
1  >> char(gallery('circul',+'abc'))
```

```
2  ans =
3  abc
4  cab
5  bca
6  >> cellstr(char(gallery('circul',+'abc')))
7  ans =
8      'abc'
9      'cab'
10     'bca'
```

从表面上看，用不用 `cellstr` 函数处理字符串，似乎区别不大，但仔细分析会发现有很大不同：

源代码 2.78: 是否用 `cellstr` 函数处理字符串的运行结果比较

```
1  >> size(char(gallery('circul',+'abc')))
2  ans =
3       3     3
4  >> class(char(gallery('circul',+'abc')))
5  ans =
6  char
7  >> size(cellstr(char(gallery('circul',+'abc'))))
8  ans =
9       3     1
10 >> class(cellstr(char(gallery('circul',+'abc'))))
11 ans =
12 cell
```

显然，没有用 `cellstr` 处理时，结果为 3×3、类型为 `char` 的字符串矩阵，外面加 `cellstr` 运行后成为维度 3×1、每个 cell 独立存储一行字符串的元胞数组。更重要的是：`cellfun` 只能处理 cell 数组，不接收字符串类型数据。

2.5 字符串基础训练：猜测密码

例 2.4 的特点是字符本身数值不变，只是字符在向量中的位置变化，本节例 2.5 则相反：在向量中索引位置不变，而数值变化，这其实是比较简单的密码问题。

例 2.5 你能猜出下列字符串变换的规律吗？

`'Hello␣World!'` $\longrightarrow$ `'Ifmmp␣Xpsme!'`

`'Can␣I␣help␣you?'` $\longrightarrow$ `'Dbo␣J␣ifmq␣zpv?'`

源代码 2.79: 例 2.5 测试代码

```
1  %% 1
2  x = 'Hello␣World!';
3  y_correct = 'Ifmmp␣Xpsme!';
4  assert(isequal(si(x),y_correct))
5  %% 2
6  x = 'Can␣I␣help␣you?';
7  y_correct = 'Dbo␣J␣ifmq␣zpv?';
8  assert(isequal(si(x),y_correct))
9  %% 3
```

第 2 章 字符串操作初步

```
10    x = 'Mary had a liitle lamb.';
11    y_correct = 'Nbsz ibe b mjjumf mbnc.';
12    assert(isequal(si(x),y_correct))
```

释义：例 2.5 是关于密码编码的问题，所谓密码就是将原字符中的字母按字母表顺序后移一位，如 "A" 变成 "B"、"c" 变成 "d"，但当输入字符中有空格和标点符号时，则不用变化，如："'a B?'" 运行程序后变成 "'b C?'" 其中的字母按前述规律变化，而空格和问号都不变。

2.5.1 循环 + 判断

循环遍历字符判断其是否为标点符号或空格，如果是，则其 ASCII 码值不变；如果是字母，则 ASCII 码值增加 1 转为新字符。

源代码 2.80：利用循环逐个字符判断并移位的简化写法,by Dariusz,size:31

```
1  function x = si(x)
2  for i = 1:length(x)
3      if x(i) > 65
4          x(i) = x(i) + 1;
5      end
6  end
7  end
```

这是最简单的循环方式，特点是利用字符形式和 ASCII 码值无缝转换来简化代码，这样整个程序中没出现任何字符串函数；另外，第 3 行的数字 "65" 是字符 'a' 的 ASCII 码值，题意中的空格、标点符号的 ASCII 码值都比 65 小，用 65 作为阈值可把字母与非字母字符区分开，字符与 ASCII 码值的无缝切换使代码 2.80 看起来像个数值计算的程序，不妨与下面这种较为"传统"的循环比较一下。

源代码 2.81：利用循环逐个字符判断并移位的全格式写法,by Pritesh Shah,size:58

```
1   function ans = si(x)
2   y=double(x);
3   for i=1:length(y)
4       if y(i)<65 || y(i)>122
5           y(i)=y(i);
6       else
7           y(i)=y(i)+1;
8       end
9       ans=char(y);
10  end
```

注意到源代码 2.81 中有些不必要的判断和格式转换命令。

循环可用 arrayfun 替代：

源代码 2.82：arrayfun 逐个字符判断,by Pritesh Shah,size:42

```
1   function ans = si(x)
2   f = @(x)(x >= 'A' && x <='Z') || (x >= 'a' && x <='z')
3   ans=char(x + arrayfun(f,x,'UniformOutput',true));
4   end
```

源代码 2.82 中的 arrayfun 所操控句柄 $f(x)$ 是逻辑索引, 通过执行匿名函数 $f(x)$, 满足要求 (字母) 的索引位为 1, 反之为 0, 再由相加, 把字符串中符合要求的 ASCII 码值增加 1 以实现移位。

2.5.2 矢量化索引方式

对矢量化索引比较熟悉的读者可能已经发现, 2.5.1 小节的思路中通过循环逐个字符查找判断并非必要, 考虑到索引变换的矢量化特性, 修改后的代码将大大简化:

源代码 2.83: 矢量化方式的逻辑索引,by Ben Petschel,size:36

```
1  function x = si(x)
2      idx = (x>='a' & x<='z') | (x>='A' & x<='Z');
3      x(idx)=x(idx)+1;
4  end
```

逻辑索引中, 空格和标点的 ASCII 码值都小于 65, 因此代码 2.83 中的逻辑索引构造式还能进一步简化。

源代码 2.84: 矢量化方式的逻辑索引的改进 1,by Freddy,size:22

```
1  function x = si(x)
2      x(x>'A') = char(x(x>'A')+1)
3  end
```

集合逻辑索引可参与运算的特点, 上述过程不妨一气呵成。

源代码 2.85: 矢量化方式的逻辑索引的改进 2,by Bainhome,size:17

```
1  function ans = si(x)
2      ans=char(x+(x>64));
3  end
```

可用判断是否为字母的函数 isletter 做逻辑判断:

源代码 2.86: 矢量化方式的逻辑索引的改进 3,by James,size:16

```
1  function ans = si(x)
2      ans=char(x+isletter(x))
3  end
```

2.6 字符串基础训练: 用指定数量填充字符

例 2.6 给定两个输入向量, 例如: "x=[5,3,1]" 和 "y=['abc']", 输出一个字符串, 要求把向量 y 中每个字符顺次复制, 复制的次数是 x 中每个对应位置的数字, 对于上面的例子, 得到的结果就是 'aaaaabbbc'。如果输入为非法, 比如出现负数等, 则输出的字符串就是 'ERROR'。

源代码 2.87: 例 2.6 测试代码

```
1  %% 1
2  x = []; y = [];
3  y_correct = 'ERROR';
4  assert(isequal(construct_string(x,y),y_correct))
5  %% 2
6  x = [-1]; y = ['a'];
```

第 2 章 字符串操作初步

```
 7    y_correct = 'ERROR';
 8    assert(isequal(construct_string(x,y),y_correct))
 9    %% 3
10    x = ['a']; y = [5];
11    y_correct = 'ERROR';
12    assert(isequal(construct_string(x,y),y_correct))
13    %% 4
14    r = 10+randi(20); x = [r 1]; y = 'ab';
15    y_correct(1:r) = 'a'; y_correct(r+1) = 'b';
16    assert(isequal(construct_string(x,y),y_correct))
17    %% 5
18    x = [5 4 3 2 1];
19    y = '.#4a5';
20    y_correct = '.....####444aa5';
21    assert(isequal(construct_string(x,y),y_correct))
22    %% 6
23    x1 = [1 1 1 1 1];
24    y = 'banana';
25    assert(isequal(construct_string(x1,y),y))
```

释义：假设在输入正确的情况下，要求给定两个同维向量 x 和 y，x 为一系列正整数，y 为字符串，返回结果是一个字符串，要求用第 2 个向量 y 某位置 i 的字符 $y(i)$，按与第 1 个数值向量 x 相同位置数字为次数填充扩展。例如：x=[3,2,3]、y='ak5'，返回结果："'aaakk555'"，如输入与上述要求任何一条不符，则返回 'ERROR'。

因为限制了填充序列，没有太多取巧余地，只能判断、排除、扩展、拼接……主要是向量的拼接和函数流程结构两方面有不同的实现方法。

2.6.1 循环判断及 repmat 扩展序列

根据题意和测试代码 2.87 中的错误要求，把意外情况排除，循环逐个字符填充序列扩展：

源代码 2.88: 循环 + 判断流程实现, by Yuval Cohen, size:55

```
1  function y = construct_string(N, s)
2  if any(N<0) | ischar(N) | isempty(N)
3      y = 'ERROR';
4  else
5      y = [];
6      for n = 1:length(N)
7          y = [y repmat(s(n),1,N(n))];
8      end
9  end
```

用"isempty(x)|(x<1)|(~isnumeric(x))"依次排除首个数值向量处于"空阵"、非正整数和非数值三种情况（此时输出 'ERROR'），逻辑判断的条件有多种实现方式，不必强求一致，例如"(~isnumeric(x))"就可改写为 ischar(x)，下一步利用 repmat 逐个字母填充并拼接，再用 arrayfun 等效替代循环：

源代码 2.89: arrayfun+ repmat, by Alfonso Nieto-Castanon, size:48

```
1  function y = construct_string(lengths, letters)
```

```
2    if ~ischar(letters)||~all(lengths>0)||isempty(lengths), y='ERROR';
3    else
4      y = cell2mat(arrayfun(@repmat,letters,ones(size(lengths)),lengths,'uni',0));
5    end
6  end
```

2.6.2 利用索引构造扩展

用 repmat 扩维，也可以构造合适长度的索引来实现字符扩展。

源代码 2.90: arrayfun+ 矢量索引构造扩展,by Amro,size:48

```
1  function y = construct_string(lengths, letters)
2    if any(lengths<0) || ~isnumeric(lengths) || isempty(lengths)
3      y = 'ERROR';
4    else
5      y = cell2mat(arrayfun(@(c,k) c(ones(1,k)), letters, lengths, 'Uni',0));
6    end
7  end
```

arrayfun 函数通过自定义句柄形成扩展矢量索引构造，所得到的是多个字符串，各自存储在一个 cell 数组中，外层 cell2mat 把这些字符串自动合成为一个字符串。这给我们一个启示：通过 cell2mat 能够把不同长度的小向量合成为一个大向量。

源代码 2.91: 利用 arrayfun 做向量拼接

```
1  >> x=randi(10,1,4)
2  x =
3       7     1     3     6
4  >> cell2mat(arrayfun(@(i)x(1:i),find(x),'uni',0))
5  ans =
6       7     7     1     7     1     3     7     1     3     6
```

2.6.3 try 流程省略判断 + 函数 strjoin 拼接向量

围绕字符串拼接函数 strjoin，可写出如下代码：

源代码 2.92: 去掉逻辑判断并利用 strjoin 拼接向量,by Jan Orwat,size:33

```
1  function ans = construct_string(x, y)
2    ans='ERROR';
3    try
4      ans=strjoin(arrayfun(@repmat,y,x>0,x,'uni',all(x<0)),'');
5    end
6  end
```

源代码 2.92 中有几个构思堪称巧妙，下面逐段分析：

① **用 try 流程规避逻辑判断** 逻辑流程只是形式上取消，仍须以其他方式体现，于是 try 登场：它未执行前程序暂时给返回变量赋值'ERROR'，运行至 try，等效于"包裹"一个测试代码，如该测试代码运行成功，将冲掉之前的'ERROR'；若出错，则消除 try 流程内的返回值，仍返回原输出'ERROR'，以此省略普通方式中的"非空"、"非数"、"非负整数"三个并列判断。

② **正数判断兼做输出维度约束** 举个例子：

源代码 2.93: 逻辑判断兼做索引输出维度约束的示例代码

```
1  >> len=[3,2,1];str='ak*';
2  >> arrayfun(@repmat,str,len,len,'uni',0)
3  ans =
4      [3x3 char]   [2x2 char]   '*'
5  >> ans{:}
6  ans =
7  aaa
8  aaa
9  aaa
10 ans =
11 kk
12 kk
13 ans =
14 *
```

发现函数 repmat 自动按照变量 len 每轮循环的数值 i，以 $i\times i$ 扩充，显然不是所需结果，解决这个麻烦的办法是，设法将 repmat 的第 2 个参数，即：将基本向量的扩维维度矩阵换成与 x 同维的全 1 向量，如果满足"非负整数"的要求，则"$x>0$"的逻辑运算结果自然就是同维全 1 矩阵。

③ **逻辑判断加入 arrayfun 函数的"统一输出"设置选项** 这是个极具创造力的精妙主意，"统一输出"选项只有 0、1 两个数值，正好作为逻辑真假值，如果直接用 0，则当 x 为全负值，例如：$x=[-3\ -2\ -1]$ 时，前面的代码是无法提示出错的，例如：

源代码 2.94: 逻辑判断兼做整体输出开关的作用释义

```
1  >> x=[-3,-2,-1];strjoin(arrayfun(@repmat,y,x>0,x,'uni',0),'')
2  ans =
3      ''
4  >> x=[-3,-2,-1];strjoin(arrayfun(@repmat,y,x>0,x,'uni',1),'')
5  Error using arrayfun
6  Non-scalar in Uniform output, at index 1, output 1.
7  Set 'UniformOutput' to false.
```

x 全负显然违背题意，按要求需提示出错，但源代码 2.94 第 1 条语句却正常输出空字串，这是统一输出开关处于"关闭"的 FALSE 态所致。用"all(x<0)"作为逻辑判断，圆满解决了这个问题：如 x 全负，则需"try"流程内语句出错（程序外部可返回原来的 'ERROR'），但"all(x<0)=1"，统一输出开关打开（"TRUE"态），因 arrayfun 每次运行返回的结果长度不等，则运行 arrayfun 出错，起到警报作用。

源代码 2.92 可写成如下等效方式：

源代码 2.95: 去掉逻辑判断并利用 strjoin 拼接向量, by Jan Orwat, size:34

```
1  function ans = construct_string(x, y)
2  try
3      ans=strjoin(arrayfun(@repmat,y,x>0,x,'uni',all(x<0)),'');
4  catch
5      ans='ERROR';
```

```
6    end
7 end
```

或者其逻辑数组对维度约束部分可用四则运算形式获得，同时把全负判断放在 strjoin 外。

源代码 2.96: assert 保证非负的 try 流程,by Yaroslav,size:39

```
1 function a = construct_string(x, y)
2 a='ERROR';
3 try
4     assert(x(1)>0);
5     a=strjoin(arrayfun(@repmat,y,x*0+1,x,'Uni',0),'');
6 end
7 end
```

2.6.4 利用 2015a 版本中的新函数 repelem

当 MATLAB 2015a 中引入新函数 repelem 之后，此类填充问题被大大简化了，因为它支持矢量化索引方式：

源代码 2.97: assert 验证 x 非负 + strjoin 拼接,by Yaroslav,size:19

```
1 function a = construct_string(lengths, letters)
2 a='ERROR';
3 try
4     a=repelem(letters,lengths);
5 end
```

2.7 字符串基础训练：带判断条件的字符串替代

本节讨论在数值矩阵中把符合条件的数值用字符串替代。因为数值和替代字符串维度不符，需要用 cell 数组存储结果，所以下面的例子有助于增进对三种不同数据类型的理解。

例 2.7 给定一个正整数向量，返回与之相同维数的字符串单元数组向量，这个输出向量中的元素要满足如下条件：

- 输入向量中的元素如果能被 3 整除，则对应位置输出向量的元素返回 'fizz'；
- 输入向量中的元素如果能被 5 整除，则对应位置输出向量的元素返回 'buzz'；
- 输入向量中的元素如果能被 15 整除，则对应位置输出向量的元素返回 'fizzbuzz'；
- 当不满足以上三个条件时，返回输入向量对应的正整数元素。

源代码 2.98: 例 2.7 测试代码

```
1  %% 1
2  x = 1;
3  y_correct = {'1'};
4  assert(isequal(fizzbuzz(x),y_correct))
5  %% 2
6  x = 3;
7  y_correct = {'fizz'};
8  assert(isequal(fizzbuzz(x),y_correct))
9  %% 3
10 x = 5;
```

```matlab
11  y_correct = {'buzz'};
12  assert(isequal(fizzbuzz(x),y_correct))
13  %% 4
14  x = 15;
15  y_correct = {'fizzbuzz'};
16  assert(isequal(fizzbuzz(x),y_correct))
17  %% 5
18  x = [1 3 5 15 16];
19  y_correct = {'1', 'fizz', 'buzz', 'fizzbuzz','16'};
20  assert(isequal(fizzbuzz(x),y_correct))
21  %% 6
22  x = [];
23  y_correct = {};
24  assert(isequal(fizzbuzz(x),y_correct))
25  %% 7
26  x = 1:100;
27  y_correct = {'1', '2', 'fizz', '4', 'buzz', 'fizz', '7', '8', 'fizz', 'buzz', '11', 'fizz', '13',
        '14', 'fizzbuzz', '16', '17', 'fizz', '19', 'buzz', 'fizz', '22', '23', 'fizz', 'buzz', '26',
        'fizz', '28', '29', 'fizzbuzz', '31', '32', 'fizz', '34', 'buzz', 'fizz', '37', '38', 'fizz'
        , 'buzz', '41', 'fizz', '43', '44', 'fizzbuzz', '46', '47', 'fizz', '49', 'buzz', 'fizz', '52
        ', '53', 'fizz', 'buzz', '56', 'fizz', '58', '59', 'fizzbuzz', '61', '62', 'fizz', '64', '
        buzz', 'fizz', '67', '68', 'fizz', 'buzz', '71', 'fizz', '73', '74', 'fizzbuzz', '76', '77',
        'fizz', '79', 'buzz', 'fizz', '82', '83', 'fizz', 'buzz', '86', 'fizz', '88', '89', 'fizzbuzz
        ', '91', '92', 'fizz', '94', 'buzz', 'fizz', '97', '98', 'fizz', 'buzz'};
28  assert(isequal(fizzbuzz(x),y_correct))
```

释义：把输入数值向量中等于 3 的倍数的数值用字符串 `'fizz'` 代替、等于 5 的倍数的数值用 `'buzz'` 代替、等于 15 的倍数的数值用 `'fizzbuzz'` 代替，最后的结果用 cell 数组存储。

评 问题有三个要求：数值向量每个元素都要转换为单独字符串；按数值依次被 3、5 和 15 整除的分别替换为不同字符串；所有结果被存储在一个 cell 数组内。单独解决这些问题不难：`num2str`、`int2str` 等函数可把数值转化为字符串；被数值整除可调用函数 `mod` 或 `rem`；存储为 cell 数组也有 cell、arrayfun 等多种方式。不过构思合适算法，最大限度地发挥每个函数特性仍有一定挑战性。

2.7.1 循环 + 判断

源代码 2.99：循环中多分支判断替代字符并组合 cell,by Prateep Mukherjee,size:65

```matlab
1   function y = fizzbuzz(x)
2   y = {};
3       for i=x,
4           if ~mod(i,15)
5               y = [y 'fizzbuzz'];
6           elseif ~mod(i,5)
7               y = [y 'buzz'];
8           elseif ~mod(i,3)
9               y = [y 'fizz'];
10          else
```

```
11          y = [y num2str(i)];
12       end
13    end
14 end
```

源代码 2.99 是常规解法，MATLAB 无需声明变量维度，定义 cell 类型空变量 y，循环做多分支判断，求余函数 mod 的构造是数值运算和逻辑判断融合的范例。以第 1 轮 "被 15 整除" 的判断为例：若能被整除，则 mod 求余运算结果为 0，加逻辑取反的结果为 1，恰好触发判断条件执行相应操作，这比 "rem(i, 15)== 0" 更简捷。

判断流程也可采用 switch-case 流程：

源代码 2.100: arrayfun 替代循环 + switch-case 判断, by bkzcnldw,size:73

```
1  function ans = fizzbuzz(x)
2  if isempty(x)
3     {};
4     return;
5  end
6  arrayfun(@f, x, 'uni',0);
7     function ans = f(x)
8        switch ~mod(x,5)*2+~mod(x,3)
9           case 0, ans=num2str(x);
10          case 1, ans='fizz';
11          case 2, ans='buzz';
12          case 3, ans='fizzbuzz';
13       end
14    end
15 end
```

判断流程的触发按键 "key" 的构造比较有趣，是两个逻辑值的和，分析如下：

源代码 2.101: 源代码 2.100 中的整除逻辑判断

```
1  >> Fun=@(x) ~mod(x,5)*2+~mod(x,3);
2  >> Fun([15,35,33,29,13,1,60,99])
3  ans =
4      3   2   1   0   0   0   3   1
```

逻辑判断用被 5 和 3 整除的倍数组合 "消化" 了对 15 的判断，以其中的数值 99 为例：

$$\sim \mathrm{mod}(99,5) \times 2+ \sim \mathrm{mod}(99,3) = 0 \times 2 + 1 = 1$$

如果是 60，则结果是 $1 \times 2 + 1 = 3$。

2.7.2 矢量化索引构造

元胞数组同样支持矢量化索引，也可避免循环直接索引：

源代码 2.102: arrayfun 操控 num2str 逐个转字符串 + mod 整除判断构造索引,by @bmtran,size:52

```
1  function y = fizzbuzz(x)
2     y = arrayfun(@num2str,x,'Uni',0);
3     y(~mod(x,3))={'fizz'};
4     y(~mod(x,5))={'buzz'};
5     y(~mod(x,15))={'fizzbuzz'};
```

```
6   end
```

> **评** 注意源代码 2.102 中并没有像之前几个程序那样事先声明返回结果的 cell 数据类型，它是在什么时候完成类型转换的呢？答案就在 arrayfun 的统一输出（"UniformOutput"）开关上，默认为打开（"TRUE(1)"），如果输出为数字，则结果自动被排列成一个数组（array），"arrayfun"之名由此而来；当输出结果不是数字时，按统一输出格式输出会提示出错，关闭它（设置"UniformOutput"为"False(0)"）自动返回 cell 数组，这个数据类型恰为问题所需。三个逻辑索引构造与之前分析相同，但要注意 cell 变量 y 的逻辑索引外是圆括号，右端赋值部分是 cell 的花括号，次序不能出错。

以循环为主体结构的程序中，还有个初看费解、细想却觉异常精巧的构思：

源代码 2.103: for 循环 + 没有判断语句的判断, by Tim, size:43

```
1   function ans=fizzbuzz(x)
2   ans={};
3   for e=x
4      c={num2str(e),'fizz','buzz','fizzbuzz'};
5      ans=[ans c{sum(~mod(e,'1355'-'0'))}];
6   end
```

通过循环对初始声明 cell 逐次循环，但预期的判断语句却消失了，它怎么选择对不同数的整除并替换呢？

原来每次循环中都构造备选 cell 数组临时变量 c，里面放着原数组和可能被替换的三个字符串，下一句中通过逻辑判断容纳对不同整除条件的替换选择。以几个数字为例，里层求余命令运行结果如下：

源代码 2.104: 源代码 2.103 分析

```
1   >> '1355'-'0'
2   ans =
3        1     3     5     5
4   >> x=13;~mod(x,'1355'-'0')
5   ans =
6        1     0     0     0
7   >> x=72;~mod(x,'1355'-'0')
8   ans =
9        1     1     0     0
10  >> x=25;~mod(x,'1355'-'0')
11  ans =
12       1     0     1     1
13  >> x=75;~mod(x,'1355'-'0')
14  ans =
15       1     1     1     1
```

> **评** 源代码 2.104 第 1 句为节省代码 size，用字符串形式表示除数{'1','3','5','5'}，列入除数"1"的原因是任何数都可以整除 1，运行"~mod(n,1)"结果都是 1，可排除外部变量索引值出现 0 的错误可能性；只能被 1、3 整除的结果求和为 2，意思是此次循环组合的是临时变量 c 中的第 2 个元素'fizz'，余类推。这个构造彻底甩掉 if 或 switch 流程，用一个逻辑索引整合了所有判断，很巧妙。

用 arrayfun 替代循环，可以写成：

源代码 2.105: arrayfun 构造 cell+ 逻辑索引判断,by bkzcnldw,size:55

```
1  function a = fizzbuzz(x)
2    a=[{} arrayfun(@f, x, 'unif',0)];
3    function a = f(x)
4      {num2str(x), 'fizz', 'buzz', 'fizzbuzz'};
5      a=ans{~mod(x,5)*2 + ~mod(x,3)+1};
6    end
7  end
```

原理与之前类似，注意最开始的空 cell，这是考虑空矩阵，也就是源代码 2.98 的算例 6 中出现的 x=[] 情况。结合源代码 2.103 和源代码 2.105，程序还可改为：

源代码 2.106: arrayfun 构造 cell+ 逻辑索引判断程序优化,by bainhome,size:41

```
1  function a = fizzbuzz(x)
2    a=arrayfun(@fun, x, 'uni',0);
3    function a = fun(x)
4      {num2str(x), 'fizz', 'buzz', 'fizzbuzz'};
5      a=ans{sum(~mod(x,'1355'-'0'))};
6    end
7  end
```

仍然利用了 arrayfun 非统一输出可把数据自动转换为 cell 的特性。

2.8 字符串基础训练：抽取指定位数数字组成向量并排序

例 2.8 用升序排列正整数序列，排序要求：抽取序列中每个整数的前 3 位和后 2 位组成新数，按新数从小到大的顺序排列原序列。例如向量 $x = [166552, 12389245, 88234, 74123245]$，如果抽取每个整数的前 3 位和后 2 位组成如下序列：$x_n = [16652, 12345, 88234, 74145]$，因此对原序列返回的排序结果应当是：$y = [12389245, 166552, 74123245, 88234]$。排序结果与中间有多少位数、数字的实际大小无关。

源代码 2.107: 例 2.8 测试代码

```
1  x = [12368933, 12345931, 68221, 533111, 3819999999999];
2  y_correct = [12345931, 12368933, 3819999999999, 533111, 68221];
3  assert(isequal(your_fcn_name(x),y_correct))
```

释义：要求把向量 x 中每个索引上的数值，取出该元素前 3 和后 2 位组成一个新数 y，用新数字构成向量的顺序（从小到大）给原向量 x 排序。所有输入数字为大于或等于 10000 的整数，且数字左端最开始没有 0。

取得原向量前 3 位、后 2 位数字，要将元素位数分拆形成个位数字组成的向量，用数值方式和字符串形式均可。得到构造向量后，最后用 sort 排序取得索引。

2.8.1 floor+log10+mod 组合

数值方式取得数值后 m 位并组成向量，可用求余函数 mod 实现：

源代码 2.108: 用求余函数 mod 获得数组每个元素后 m 位数

```
1  >> m=2;
2  >> t=randi([100 9999],3)
3  t =
4       7537    7020    5517
5       2625    8919    1472
6       5108    9596    1578
7  >> mod(t,10^m)
8  ans =
9         37      20      17
10        25      19      72
11         8      96      78
```

数组前 n 位提取并组成单独数字利用了常用对数的性质，例如下面貌似"极端"的例子：

源代码 2.109: 取得十进制数前 n 位数的原理剖析

```
1  >> log10([10,99,100,999])
2  ans =
3      1.0000    1.9956    2.0000    2.9996
4  >> floor(log10([10,99,100,999]))
5  ans =
6         1       1       2       2
```

取某十进制数字前 n 位数字，用以 10 为底对数的属性比较便利。按其原理自定义匿名函数，得十进制数的前 n 位数字：

源代码 2.110: 取得十进制数前 n 位组成新数组的自定义函数

```
1  f=@(x,n) floor(x./10.^floor(log10(x)-n+1))
2  >> s=randi([1000 999999],3)
3  s =
4       258250    814470    350633
5       840876    244281    197398
6       255027    929334    251832
7  >> f(s,3)
8  ans =
9         258     814     350
10        840     244     197
11        255     929     251
```

根据上述方案，例 2.8 中提取输入数字的前 3 位和后 2 位，并组成新数的办法就清楚了：

源代码 2.111: 数值取整函数组成新数值排序方式 1,by James,size:38

```
1  function y = your_fcn_name(x)
2      [~ ind]=sort(100*floor(x./10.^floor(log10(x)-2))+mod(x,100));
```

```
3    y=x(ind);
4  end
```

同理，向上取整函数 ceil 多减 1 能达到相同目的：

源代码 2.112: 数值取整函数组成新数值排序方式 2,by Gergely Patay,size:40

```
1  function ans = your_fcn_name(x)
2  [~,i]=sort(floor(x./10.^(ceil(log10(x))-3))*100+mod(x,100));
3  ans=x(i);
4  end
```

2.8.2 转换为字符串提取单字符

相对而言，转换字符串提取单字符方式更直观，根据多种字符操作函数，衍生出多种解法，现逐个介绍。

1. 利用 num2str+for 循环遍历

测试算例中给出的前 4 位都没有重复，可以只取这 4 位获取其大小顺序，再用 sortrows 按行排列。

源代码 2.113: 转换字符串 + for 循环遍历 1——针对算例的解法,by Marco Castelli,size:48

```
1  function sortdata = your_fcn_name(x)
2  for i1 = 1:length(x);
3      num2str(x(1,i1));
4      x(2,i1) = str2num(ans(1:4));
5  end
6  sortrows(x',2)';
7  sortdata=ans(1,:);
8  end
```

源代码 2.113 节省了后 2 位提取，这是罗列的测试代码本身有缺陷所致。实际上，获取这两位数字也不困难。

源代码 2.114: 转换字符串 + for 循环遍历 2——更普遍的解法,by Dieter,size:57

```
1  function ans = your_fcn_name(x)
2  for i=1:length(x)
3      xs=num2str(x(i));xn(i)=str2num(xs([1:3,end-1:end]));
4  end
5  [~,ans]=sort(xn);
6  ans=x(ans);
7  end
```

2. 利用 cellfun+ arrayfun 中的自定义句柄操控数据

源代码 2.115: 利用 cellfun+ arrayfun 中的自定义句柄,by Evan,size:50

```
1  function ans = your_fcn_name(x)
2  [~,idx]=sort(str2double(cellfun(@(a)[a(1:3) a(end-1:end)],...
3      arrayfun(@num2str,x,'uni',0),'uni',0)));
4  ans=x(idx);
5  end
```

对源代码 2.115 排序索引建立的分析如下：

① **转换字符串存储至元胞数组** arrayfun 操控 num2str 句柄，逐个转换为字符，关闭 arrayfun 统一输出开关（设置"uniformoutput"为 0），arrayfun 把这些字符串分别存储至单独元胞；

源代码 **2.116**: arrayfun 操控 num2str 句柄转换数字格式并存储为 cell

```
1  >> x=randi([1000,9999999],1,5)
2  x =
3       6557751     358081    8491443    9339998    6787672
4  >> CellData=arrayfun(@num2str,x,'uni',0)
5  CellData =
6      '6557751'   '358081'   '8491443'   '9339998'   '6787672'
7  >> Class=class(ans)
8  Class =
9  cell
10 >> SizeData=size(arrayfun(@num2str,x,'uni',0))
11 SizeData =
12      1     5
```

② **提取元胞数组字符的前 3 位和后 2 位** cellfun 是操控句柄处理元胞数组的矢量化函数，其内自定义提取规定位置字符的句柄，对第 ① 中的数据按前 3 位和后 2 位提取，关闭统一输出开关返回 cell 类型数据；

源代码 **2.117**: cellfun 操控数值提取自定义句柄提取数字

```
1  >> cellfun(@(a)[a(1:3) a(end-1:end)],CellData,'uni',0)
2  ans =
3      '65551'    '35881'    '84943'    '93398'    '67872'
```

③ **cell 数组内的数值类型转换** 把第 ② 步的 cell 数据换成数值以便利用 sort 排序，注意函数 str2double 支持从 cell 数组中逐一提取字符完成类型转换，str2num 则不具备这个功能；

源代码 **2.118**: 对 cell 内的 5 位数转换字符类型并用 sort 排序

```
1  >> [~,idx]=sort(str2double(ans))
2  idx =
3      2     1     5     3     4
```

④ **按索引号重排变量** x 略。

3. 利用 num2str 字符格式对齐的 "Flag" 设置

先看一个例子：

源代码 **2.119**: num2strflag 设置

```
1  >> x=[102359865,2769952,319296,972220,98765]
2  x =
3       102359865    2769952    319296    972220    98765
4  >> num2str(x')
5  ans =
6  102359865
```

```
 7      2769952
 8       319296
 9       972220
10        98765
11  >> num2str(x','%-d')
12  ans =
13  102359865
14  2769952
15  319296
16  972220
17  98765
```

源代码 2.119 的结果说明：当设置对齐"flag"为"−"时，字符 x 按左对齐；不设置为右对齐。根据文本排序优先级，最前面是空格的数字排在最前。

根据这个原理，只要让空格移动到文本型数字最后，函数 sortrows 就可按数字顺序排序，而不管最后到底有多少个空格，例如数字 98765 本来是 x 里最小的数字，但首个字符"9"为最大，所以排序时会被排在最大。

源代码 2.120: 两种参数格式下的排序结果

```
 1  >> c1=sortrows(num2str(x'))
 2  c1 =
 3       98765
 4      319296
 5      972220
 6     2769952
 7   102359865
 8  >> arrayfun(@(i)c1(i,:),1:size(c1,1),'uni',0)
 9  ans =
10    '    98765'    '   319296'    '   972220'    '  2769952'    '102359865'
11  >> c2=sortrows(num2str(x','%-d'))
12  c2 =
13  102359865
14  2769952
15  319296
16  972220
17  98765
18  >> arrayfun(@(i)c2(i,:),1:size(c2,1),'uni',0)
19  ans =
20    '102359865'    '2769952  '    '319296   '    '972220   '    '98765    '
```

按文本排序原理，不关心到底前 3 位或者后 2 位对结果的影响，以"简单暴力"的方式，通过变字符—排序—变数值达到目标。按这一原理，有如下代码：

源代码 2.121: 利用 num2str 的"flag"参数排序，by Alfonso Nieto-Castanon,size:19

```
1  function ans = your_fcn_name(x)
2    ans=str2num(sortrows(num2str(x','%-d')))'
3  end
```

4. 利用轮转函数 circshift

轮转函数 circshift (见例 2.4 的源代码 2.65) 具有数字或字符移位功能，结合 num2str 的参数格式指定，解法如下：

源代码 2.122: 利用 circshift 取得规定位数的数字，by Alfonso Nieto-Castanon, size:39

```
1  function ans = your_fcn_name(x)
2    [~,idx]=sortrows(circshift(max(num2str(x','%-d'),num2str(x','%d')),str2num('0 2')),str2num('3 4
       5 1 2'));
3    ans=x(idx);
4  end
```

自里向外逐层分析如下：

① **按左、右对齐的数值取最大值** 轮转的矢量化操作需要数值维度相同，否则轮转空格字符对问题解决并无帮助。因此对源代码 2.120 产生的类似左右对齐字符串，以 max 函数对位比较数值字符的 ASCII 码值并取得最大值，以剔除空格字符。

源代码 2.123: 源代码 2.122 分析——分左右对齐同一字符型数值对位最大值计算

```
1  >> x=[102359865,2769952,319296,972220,98765]
2  x =
3     102359865    2769952    319296    972220    98765
4  >> max(num2str(x','%-d'),num2str(x','%d'))
5  ans =
6     49   48   50   51   53   57   56   54   53
7     50   55   54   57   57   57   57   53   50
8     51   49   57   51   57   57   50   57   54
9     57   55   50   57   55   50   50   50   48
10    57   56   55   54   57   57   56   54   53
```

这个 ASCII 码值如果转换成字符是如下结果：

源代码 2.124: 源代码 2.122 分析——分左右对齐同一字符型数值对位最大值计算

```
1  >> char(ans)
2  ans =
3     102359865
4     276999952
5     319399296
6     972972220
7     987698765
```

显然，位数最多的数值 (第 1 个) 并未变化，空格填充位 ASCII 码值较小，被对位数值取代，例如最小的 "98765" 前 4 个空格被 "9""8""7""6" 四个数字取代。

② **移位** 把所需数值都集中在字符矩阵第 1 ~ 5 列，便于索引和操作。

源代码 2.125: 源代码 2.122 分析——尾部 2 位数移至最前

```
1  >> circshift(max(num2str(x','%-d'),num2str(x','%d')),str2num('0 2'))
2  ans =
3     54   53   49   48   50   51   53   57   56
4     53   50   50   55   54   57   57   57   57
5     57   54   51   49   57   51   57   57   50
```

```
 6     50    48    57    55    50    57    55    50    50
 7     54    53    57    56    55    54    57    56    55
 8  >> char(ans)
 9  ans =
10  651023598
11  522769999
12  963193992
13  209729722
14  659876987
```

③ **排序** 利用 sortrows 按指定列顺序排序，因第②步把最后两位移动到最前，排序优先级顺序是 "[3 4 5 1 2]"。

可能会发现函数 circshift 并非必需，求得变量 x 中最长数字位数 t，sortrows 排序优先级可改成 [1 2 3 t-1 t]，思路没问题，只多出了求最长数字位数的代码。

源代码 2.126: sortrows 排序优先级用默认位,by bainhome,size:50

```
1  function a = your_fcn_name(x)
2  numel(num2str(max(x)));
3  [~,idx]=sortrows(max(num2str(x','%-d'),num2str(x','%d')),[1:3,ans-1,ans]);
4  a=x(idx);
5  end
```

2.9 字符串基础训练：二进制字符中查找最长的 "1" 序列

例 1.9 提到用 max+diff+find 的组合查找数值向量中最长的连续 1，本节讨论一个字符串中的对应问题。

例 2.9 给定一个字符串序列，例如 s='0111100100000001000101111'，请找出其中最长的连续'1'字符串，比如对前述字符串 s，返回结果应为 4。

源代码 2.127: 例 2.9 测试代码

```
 1  %% 1
 2  x = '0';
 3  y_correct = 0;
 4  assert(isequal(lengthOnes(x),y_correct))
 5  %% 2
 6  x = '1';
 7  y_correct = 1;
 8  assert(isequal(lengthOnes(x),y_correct))
 9  %% 3
10  x = '01';
11  y_correct = 1;
12  assert(isequal(lengthOnes(x),y_correct))
13  %% 4
14  x = '10';
15  y_correct = 1;
16  assert(isequal(lengthOnes(x),y_correct))
17  %% 5
18  x = '00';
19  y_correct = 0;
```

```
20  assert(isequal(lengthOnes(x),y_correct))
21  %% 6
22  x = '11';
23   y_correct = 2;
24  assert(isequal(lengthOnes(x),y_correct))
25  %% 7
26  x = '1111111111';
27  y_correct = 10;
28  assert(isequal(lengthOnes(x),y_correct))
29  %% 8
30  x = '1001010111110100111111';
31  y_correct = 5;
32  assert(isequal(lengthOnes(x),y_correct))
33  %% 9
34  x = '010101010101010101010101';
35  y_correct = 1;
36  assert(isequal(lengthOnes(x),y_correct))
37  %% 10
38  x = '01010101110001011100010111000101000111000100011101010100110110000111';
39  y_correct = 4;
40  assert(isequal(lengthOnes(x),y_correct))
```

释义：Cody 官方小组最早发布的 96 个基础函数训练题目之一，这 96 个问题通常解法众多，属基本函数操作练习最好的学习范本。字符串序列中查找最长的一串连续的"1"。这种题目用循环 + 判断的求解是十分繁琐的，例如：

源代码 2.128: 循环比较字符串,by Jedediah Frey,size:53

```
1   function m = lengthOnes(x)
2   n=0;
3   m=0;
4   for i=x
5       if strcmp(i,'1')
6           n=n+1;
7       else
8           m=max([m n]);
9           n=0;
10      end
11  end
12  m=max([m n]);
```

对这种典型的逐个元素判断循环实现方式，MATLAB 中有多种不错的替代办法。

2.9.1 查找逻辑索引做差

用函数 max+ diff+ find，查找间隔首尾索引做差。因字符和 ASCII 码数值之间的转换对应关系，它也同样是处理字符数组的利器。

1. 数值方法处理数值向量

源代码 2.129: 逻辑索引做差方式 1——化为 ASCII 码值,by Mattias,size:25

```
1  function ans = lengthOnes(x)
2  ans=max(diff(find([1 (x-'1') 1])))-1;
```

```
3    end
```

初看会觉得奇怪额外增加了首尾两个 1，其实此"1"非彼"1"，中间字符串用"-'1'"操作后，原字符串中的字符'1'已全变成 ASCII 码值之差的"0"，例如：

源代码 **2.130**: 首尾增加 1 的原因分析

```
1    >> s1='11101001100111'
2    s1 =
3    11101001100111
4    >> s1-'1'
5    ans =
6       0    0    0   -1    0   -1   -1    0    0   -1   -1    0    0    0
```

> **评** 源代码"-'1'"是 ASCII 码值运算结果，它让"1"变"0"、"0"变"-1"，在此基础上两边所加的 1 成为标识每段连续 1 的起始或者终结的辅助节点。

2. 数值方法处理字符串：利用 strfind

strfind 查找字符 1，省去"从 1 到 0"的步骤。

源代码 **2.131**: 逻辑索引做差方式 2——strfind 处理字符,by li haitao,size:23

```
1    function ans= lengthOnes(x)
2        ans=max(diff(strfind(['0',x,'0'],'0')))-1;
3    end
```

3. 数值方法处理字符串：利用 find 指定检索标识符

实际上利用 find 同样不用"-'1'"操作，但需要进一步指定检索标识符：

源代码 **2.132**: 逻辑索引做差方式 3——find 指定检索标识符 0,by Alfonso Nieto-Castanon,size:24

```
1    function ans = lengthOnes(x)
2        ans=max(diff(find([1,x=='0',1])))-1;
3    end
```

2.9.2 字符匹配方式处理字符串

最直接的办法是甩开索引，在原字符中提取所有连续的 1，这种思路有很多文本操控的高级 (High-level) 函数可以实现。

1. cellfun+ strsplit

strsplit 是按某种特征标识符分裂字符的函数，输入字符中只有 1 和 0，可通过"0"标识每段连续"1"的位置，且省去首尾加 1 的步骤。

源代码 **2.133**: strsplit 调用方式

```
1    >> strsplit(s,'0')
2    ans =
3        ''    '1111'    '1'    '1'    '1'    '111'
4    >> class(ans)
5    ans =
6    cell
```

只因输出可能各自长度不同，必须以 cell 格式返回，外层加 cellfun，操控 length 或 numel 计算每段 "1" 的长度。

源代码 2.134: 字符匹配查找方式 1——strsplit 以 0 为标识分裂原字符串,by bkzcnldw,size:18

```
1  function ans = lengthOnes(x)
2     ans=max(cellfun('length',strsplit(x,'0')));
3  end
```

2. 字符串读取函数 textscan

函数 textscan 可按照指定格式读取字符串特定内容。

源代码 2.135: 字符匹配查找方式 2——textscan 以 0 为标识读取 "1" 字符串,by Yi,size:27

```
1  function ans = lengthOnes(x)
2    ans=textscan(x,'%s','Delimiter','0');
3    ans=max(cellfun(@length,ans{1}));
4  end
```

2.9.3 查找字符替换为空格

把 0 字符替换成空格主要是让字符串中只剩下一种元素 1，再转换为数字，向量就变成位数不定，形为 "11⋯1" 的数值。

源代码 2.136: strrep 替换 0 为空格的分析

```
1  >> strrep('0111100100000001000010111', '0', '␣')
2  ans =
3   1111 1     1  1 111
4  >> t=str2num(ans)
5  t =
6         1111        1        1        1      111
7  >> class(t)
8  ans =
9  double
```

问题转换为求得数值向量中最大数字的位数，有两种办法：用 sprintf 把最大数字再次转换为字符串求长度；或者按 2.8 节的源代码 2.109 所述原理对数字求常用对数判断长度。

1. 构造全 1 的数值向量按 sprintf 排布

源代码 2.137: sprintf 转换全 1 向量最大值求位数,by bainhome,size:23

```
1  function ans = lengthOnes(s)
2  ans=numel(sprintf('%d', max(str2num(strrep(s, '0', '␣')))));
3  end
```

2. 构造全 1 的数值向量用取对数判断位数

源代码 2.138: 常用对数判断全 1 向量个数的位数,by bainhome,size:39

```
1  function ans = lengthOnes(x)
2  ans=ceil(log10(max(str2num(strrep(x,'0','␣')))));
3  if isempty(ans)
4     ans=0;
5  elseif ans==0
```

```
6      ans=1;
7   end
8 end
```

缺点是，如果原字符中没有 1 或最长连续向量只有 1 个 1，则结果要分别判断。

总体而言，本例目前介绍的几种代码还都难言简捷，最方便的办法还是采用正则表达式匹配，这部分内容详见本书第 4 章 4.16.6 小节。

2.10 字符串基础训练：剔除指定数字的序列求和

看标题字面意思，似乎这是个数组操作问题，但在例 2.10 比较简捷的解法中，多数都用到了字符串操作命令。

例 2.10 请写一个函数 no_digit_sum.m，对从 $1\sim n$ 的数字求和，但要求在求和序列中，剔除所有包含个位数 m 的数字，m 是输入中指定的 $0\sim 9$ 的整数。

例如：no_digit_sum(10,1)=44，因为从 $1\sim 10$，剔除包含第 2 个输入整数 1 的数字 1 和 10，剩下的数求和结果为

$$\text{sum}(1:10) - (1+10) = 2+3+\cdots+9 = 44$$

源代码 2.139: 例 2.10 测试代码

```
1  %% 1
2  n = 20;
3  m = 5;
4  total = 190;
5  assert(isequal(no_digit_sum(n,m),total))
6  %% 2
7  n = 10;
8  m = 5;
9  total = 50;
10 assert(isequal(no_digit_sum(n,m),total))
11 %% 3
12 n = 33;
13 m = 3;
14 total = 396;
15 assert(isequal(no_digit_sum(n,m),total))
```

释义：这是 Cody 官方小组 96 道基础训练题目之一：$1\sim n$ 正整数序列 x 中，去掉任意位数上出现不允许出现的指定数 $m, m=0,1,\cdots,9$，对序列 x 其他数求和。例如：$x=1:10$ 求和，如果指定位数 $m=1$，因第 1 个数"1"和第 10 个数"10"中都存在 1，要从求和序列的元素中去掉，求和变成 $2+3+\cdots+9=44$。

2.10.1 利用 log10 或 mod 等函数的数值处理

获得每个位数的数值，如果单用数组操作命令，则势必要用到求余、对数和取整（如：源代码 2.109、源代码 2.138 等），本节先介绍几种求余函数获得位数的代码。

1. 求余循环判断

利用常用对数获得循环次数，例如 $n = 99$，则ceil(log10(n+1))=2；每次循环判断内判断第 k 位数字 digit 上（即个、十、百、千、……），$1 \sim n$ 之间是否有等于 m 的，如果有则原向量 v 中把与 digit 同索引的数字移除。

源代码 2.140: 求余获得位数循环判断移除,by S L,size:58

```
function total = no_digit_sum(n,m)
  v = 1:n;
  for k = 1:ceil(log10(n+1))
    digit = floor(mod(v, 10^k)/10^(k-1));
    v(digit == m) = [];
  end
  total = sum(v);
end
```

除了移除，还可以把符合要求的数字累加：

源代码 2.141: 求余获得位数循环判断累加,by Hao Li,size:48

```
function total = no_digit_sum(n,m)
  total = 0;
  for i = 1:n
    a = floor(i/10);
    b = mod(i,10);
    if a == m || b == m
      continue
    end
    total = total + i;
  end
end
```

2. "暴力"枚举

说它"暴力"，是因为压根儿就没依据原序列 $1:n$ 判断，而是转由 n 的实际位数 k，构造维度 $50000 \times k$ 随机整数矩阵。随机整数矩阵每个数值都在 $0 \sim 9$ 间，由 unique 沿行去重，取得该矩阵中"每行所有元素均不等于数 m"的索引，寻找小于 n 的逻辑索引并按 $1:n$ 完成矩阵相乘得到和值。

源代码 2.142: 索引的"暴力"枚举法 1,by Jada,size:47

```
function s = no_digit_sum(n,m)
  y = all(unique(round(9*rand(10000,floor(log10(n))+1)),'rows')~=m,2);
  s = (1:n)*y(2:n+1)
end
```

里面的取整、随机数命令可用 randi 代替：

源代码 2.143: 索引的"暴力"枚举法 2,by bainhome,size:47

```
function ans = no_digit_sum(n,m)
  ans=all(unique(randi([0 9],50000,floor(log10(n))+1),'rows')~=m,2);
  ans=(1:n)*ans(2:n+1);
end
```

> **评** 枚举法在输入总量 n 比较小的情况下，没有太大问题，但随着数字变大，执行效率迅速下降，因此这种思路不值得提倡。

2.10.2 利用进制转换函数 dec2base

函数 dec2base 用于把十进制数字转换为其他进制，例如十进制整数 $n=6,7,\cdots 10$ 转换为二进制。

源代码 2.144: 函数 dec2base 的使用方法

```
1  >> dec2base(6:10,2)
2  ans =
3    0110
4    0111
5    1000
6    1001
7    1010
8  >> class(ans)
9  ans =
10   char
```

注意到函数返回的是字符串，可用 dec2base 把原数组转换成单字符形式，再转为 ASCII 码做逻辑操作。

源代码 2.145: 利用 dec2base 转成单字符换 ASCII 码值形成逻辑索引,by J-G van der Toorn,size:31

```
1  function ans = no_digit_sum(n,m)
2    ans=1:n;
3    ans=sum(ans(all(dec2base(ans,10)'-'0'-m)));
4  end
```

注意源代码 2.144 逻辑索引构造时的两次减法："-'0'" 和 "-m"，二者各有用途，以 $num = 99:105, m=1$ 为例。

源代码 2.146: 四则运算中的数值——字符类型转换

```
1  >> num=99:105;
2  >> dec2base(num,10)'-'0'
3  ans =
4      0    1    1    1    1    1    1
5      9    0    0    0    0    0    0
6      9    0    1    2    3    4    5
7  >> ans-1
8  ans =
9     -1    0    0    0    0    0    0
10     8   -1   -1   -1   -1   -1   -1
11     8   -1    0    1    2    3    4
12 >> all(ans)
13 ans =
14     1    0    0    0    0    0    0
```

第 1 次减字符'0'是单字符矩阵和字符 0 的 ASCII 码值对应相减,相减结果的类型是"double",第 2 次相减把等于 m 的元素置 0,参与外层函数 all 的逻辑判断。

2.10.3 利用数值转字符函数 num2str 构造逻辑索引

结合源代码 2.143 的向量乘法和源代码 2.145 的字符转换及逻辑索引,能够写出更简捷的代码。

源代码 2.147: 利用 num2str 转单字符形成逻辑索引方式 1,by Jon,size:29

```
1  function ans = no_digit_sum(x,y)
2    ans=1:x;
3    ans=ans*all(num2str(ans')-'0'-y,2);
4  end
```

当然,也可以先把关键数 m 先换成字符再相减,少一次"-'0'"的步骤:

源代码 2.148: 利用 num2str 转单字符形成逻辑索引方式 2,by Jon,size:29

```
1  function ans = no_digit_sum(n,m)
2    ans=sum(find((all(num2str((1:n)')-num2str(m),2))));
3  end
```

"先字符、后数字"另一实现方式:

源代码 2.149: 利用 num2str 转单字符形成逻辑索引方式 3,by Yalong Liu,size:29

```
1  function ans= no_digit_sum(n,m)
2   ans=sum(find(~any(num2str((1:n)')==m+48,2)))
3  end
```

里层最后的"+48"实际上是字符'0'的 ASCII 码值。

如不转换成 ASCII 码值,字符串也能用 ismember 函数构成逻辑索引。

源代码 2.150: 利用 num2str 转单字符形成逻辑索引方式 4,by Jon,size:31

```
1  function ans = no_digit_sum(n,m)
2    ans=1:n;
3    ans=ans*all(~ismember(num2str(ans'),num2str(m)),2);
4  end
```

其中的函数 ismember 用于判断在字符矩阵"num2str(1:n)'"中是否含有字符"num2str(m)",它隶属于"is*"类的函数,返回值是"0–1"逻辑索引。

2.11 字符串基础训练:元胞数组内字符串的合成

字符串处理操作中,不同字符串维度很难统一,一般通过 textscan、arrayfun 等处理成 cell 数组存储。事实上,cell 类型数据和 str 类型数据之间常有配合。本节介绍这样一个例子。

例 2.11 给定字符串单元数组向量和一个字符串分隔符,请写出函数 cellstr_joiner.m,其结果输出一个完整的字符串,它由存储在输入单元数组内多个单独字符串组成,相邻字符串间插入上述字符串分隔符。例如:

源代码 2.151: 例 2.11 示例输入

```
1  in_cell = {'Lorem', 'ipsum', 'dolor', 'sit', 'amet', 'consectetur'};
2  delim = ' ';
```

通过函数 cellstr_joiner.m，可返回源代码 2.152 所示的一个完整字符串。

源代码 2.152: 例 2.11 示例输出

```
1  out_str = 'Lorem ipsum dolor sit amet consectetur';
```

注意：分隔符不一定都是空格，以下测试代码中有相应的例子：

源代码 2.153: 例 2.11 测试代码

```
1  %% 1
2  x = {'hello', 'basic', 'test', 'case'};
3  y_correct = 'hello basic test case';
4  assert(isequal(cellstr_joiner(x, ' '),y_correct))
5  %% 2
6  x = {'this', 'one', '', 'has', ' ', 'some tricky', 'stuff'};
7  y_correct = 'this one  has   some tricky stuff';
8  assert(isequal(cellstr_joiner(x, ' '),y_correct))
9  %% 3
10 x = {'delimiters', 'are', 'not', 'always', 'spaces'};
11 y_correct = 'delimiters?are?not?always?spaces';
12 assert(isequal(cellstr_joiner(x, '?'),y_correct))
```

释义：给定 cell 数组 "input cell" 中，是多个单独存放的字符串，要求用输入指定的分隔字符 "delim" 把元胞内独立的字符连在一起，构成单独字符串，每段原 cell 中的字符串间，用 delim 指定的特定字符隔开。

2.11.1 函数 sprintf

函数 sprintf 把数据按照指定格式输出为字符串返回并显示在屏幕上，输入数据不一定是"数值"。

源代码 2.154: sprintf 指定格式输出示例

```
1  >> sprintf('%d',1:5)                % 向量数值按整数连续输出
2  ans =
3  12345
4  >> sprintf('%d ',1:5)               % 按整数后带一个空格输出
5  ans =
6  1 2 3 4 5
7  >> sprintf(['%d',blanks(4)],1:5)
8  ans =
9  1    2    3    4    5
10 >> sprintf('%d\n',1:5)              % 按整数利用回车符换行输出
11 ans =
12 1
13 2
14 3
15 4
16 5
```

```
17
18  >> sprintf(['%2.2f',blanks(4)],1:5)  % 按浮点两位小数带四个空格输出
19  ans =
20  1.00    2.00    3.00    4.00    5.00
```

当用 sprintf 对输入变量 x 按给定格式实现输出时，存在一个问题：输入变量 x 是 cell 数组，sprintf 却不支持这个格式。

源代码 2.155: sprintf 输入为 cell 数组时提示出错

```
1  >> x = {'hello', 'basic', 'test', 'case'}
2  x =
3      'hello'  'basic'  'test'  'case'
4  >> sprintf(['%s' '␣'],x)
5  Error using sprintf
6  Function is not defined for 'cell' inputs.
```

为把变量 x 的类型转换为 sprintf 能接受的字符格式，需要用到逗号表达式完成多输出字符格式，关于逗号表达式详细内容可参看 6.3 节内容，此处仅给出其运行效果：

源代码 2.156: "逗号表达式"多输出的运行实际效果

```
1  >> [x1,x2,x3,x4]=x{:}
2  x1 =
3  hello
4  x2 =
5  basic
6  x3 =
7  test
8  x4 =
9  case
```

这样就实现了每个单独字符串的分行分隔，本例不需要让 cell 中的字符每个都占一个变量名输出，只需被分开即可，所以只用到源代码 2.156 的右端部分。

源代码 2.157: 利用 sprintf 连接 cell 数组中的字符串,by Gwendolyn Fischer,size:25

```
1  function ans= cellstr_joiner(in_cell, delim)
2  ans=sprintf([delim '%s'],in_cell{:});
3  ans(1)='';
4  end
```

最后一句加个长度为 0 的字符空串，目的是移除格式"[delim,'%s']"构成的字首多余分隔符。

2.11.2 利用向量的列排布变维

有时可用"A(:)'"把矩阵 A 变成向量，这在 cell 数组中也同样有效。

源代码 2.158: 利用矩阵列重排, by Jan Orwat,size:29

```
1  function ans = cellstr_joiner(in_cell, delim)
2      in_cell(2,:)={delim};
3      ans=[in_cell{1:end-1}];
4  end
```

通过以下运行示例能看出源代码 2.158 的思路：

源代码 2.159: 源代码 2.158 分析——向量重排方式在 cell 数组中的运用

```
1  >> x(2,:)={' '}
2  x =
3    'hello'   'basic'   'test'   'case'
4    ' '       ' '       ' '      ' '
5  >> [x{:}]
6  ans =
7  hello basic test case
```

逗号表达式 + 矩阵按列降维重排，对 cell 数组同样有效。同样的函数还有 `strcat`：

源代码 2.160: 利用 strcat 连接 cell 数组字符串,by Sky Sartorius,size:32

```
1  function a= cellstr_joiner(in_cell, delim)
2    (strcat(in_cell,{delim}));
3    [ans{:}];
4    a=ans(1:end-1);
5  end
```

2.11.3 函数 strjoin

新版本函数 `strjoin` 直接操作 cell 数组，让问题变得失去了难度：

源代码 2.161: strjoin 函数拼接 cell 数组字符串 1, by Milind Ranade,size:14

```
1  function ans = cellstr_joiner(in_cell, delim)
2    ans=strjoin(in_cell, delim);
3  end
```

对代码流程再次改进，利用 varargin 合并输入，varargin 具有 cell 数组打包的功能，去掉赋值 delim 的步骤。

源代码 2.162: strjoin 函数拼接 cell 数组字符串 2,by Alfonso Nieto-Castanon,size:14

```
1  function ans = cellstr_joiner(varargin)
2    ans=strjoin(varargin{:});
3  end
```

如果不知道函数 `strjoin` 的作用，则可用 `cellfun`+ `cell2mat` 的组合替代。

源代码 2.163: cellfun+ cell2mat,by Ravi,size:32

```
1  function out_str = cellstr_joiner(in_cell, delim)
2    out_str = cell2mat(cellfun(@(x)([x delim]),in_cell,'Uni',0));
3    out_str(end) = [];
4  end
```

或者通过循环构造也可以，只是比较繁琐：

源代码 2.164: 循环拼接字符向量,by kapil,size:43

```
1  function out_str = cellstr_joiner(in_cell, delim)
2    y=[];
3    y=[y in_cell{1}];
4    for k=2:length(in_cell)
```

```
5      y=[y delim in_cell{k}];
6   end
7   out_str=y;
8  end
```

2.12 小　结

本章是 MATLAB 字符串操作技巧的第一部分，侧重于以 ASCII 码值为媒介，让字符串在字符型和数值型两种数据类型之间切换，再结合函数命令和逻辑数组，对其实现操控。通过阅读本章，读者可能发现：作为以数值计算见长的工具软件，MATLAB 的字符串操控能力也异常出色：一方面，许多函数，诸如 ismember、flip、unique 等，同样也支持字符型；另一方面，通过 ASCII 码值为媒介，字符串与数组操作方式之间的界限其实相当模糊，本章几乎每个问题都有一种或几种解法，涉及字符串 (数组) 用 ASCII 码值作为媒介转换为数组 (字符串) 操作。

第 3 章 数组操作进阶：扩维与构造

通过第 1 章多个问题的讲练，读者对数组操作相关函数的用法应该已经有所了解，本章虽名为"进阶"，但其实难度增幅不大，更多集中在结合矢量化函数对矩阵按规则扩维的构造上。培养结合题意深挖函数特征的基本能力依然是本章主旨之一，也仍然需要，甚至更要用 MATLAB 视角诠释问题条件，利用软件给予的便利，写出简练代码。

言归正传，提到扩维，容易想到很多基本教材中提到的赋值增零扩维、大矩阵程序运行前的维度声明等，比如：

源代码 3.1: 矩阵扩维概念解释

```
1  >> a=zeros(3)        % 维度声明
2  a =
3       0    0    0
4       0    0    0
5       0    0    0
6  >> a(4,4)=1          % 数组扩维
7  a =
8       0    0    0    0
9       0    0    0    0
10      0    0    0    0
11      0    0    0    1
```

所谓构造，这里指在基准矩阵基础上，通过运算得到符合要求的特殊矩阵，基准矩阵可以自行生成，也可以利用 MATLAB 内部自带测试矩阵，例如较常用的 `magic`、`hankel` 等。

源代码 3.2: 常用的测试矩阵

```
1  >> magic(4)
2  ans =
3      16     2     3    13
4       5    11    10     8
5       9     7     6    12
6       4    14    15     1
7  >> hankel(1:4)
8  ans =
9       1     2     3     4
10      2     3     4     0
11      3     4     0     0
12      4     0     0     0
```

本章意在把数组维度扩展、MATLAB 诸多数组操作命令（包括 `bsxfun`、`repmat` 等，以及各种测试矩阵）和问题求解结合在一起，进一步丰富和强化读者利用 MATLAB 函数，灵活地进行数组操作的"武器库"。

3.1 关于矩阵维数扩充的预备知识

因为本章题目很多解法涉及矩阵维数的扩充，虽然这在不少 MATLAB 书籍中也有介绍，但仍有较大的探讨余地和空间，而且它在本书后续内容中经常被用到，所以先用一定篇幅总结矩阵扩维的方法，再通过问题的多种解法思路以及实现代码，熟悉如何综合应用这些技巧。

例 3.1 给定 1×4 数组 $a=[1,2,3,4]$，将其复制为如下形式的矩阵：

$$r_a = \begin{bmatrix} a \\ a \\ a \end{bmatrix}$$

例如：

源代码 3.3: 矩阵扩维

```
1  >> a=1:4
2  a =
3       1     2     3     4
4  mat_a =
5       1     2     3     4
6       1     2     3     4
7       1     2     3     4
```

3.1.1 repmat 函数

MATLAB 函数 repmat 矩阵扩维使用的频率最高，调用方式也很灵活。

源代码 3.4: repmat 函数三种常用的调用方式

```
1  >> a=1:4
2  a =
3       1     2     3     4
4  >> mat_a=repmat(a,[3,1])
5  mat_a =
6       1     2     3     4
7       1     2     3     4
8       1     2     3     4
9  >> mat_a=repmat(a,3,1)
10 mat_a =
11      1     2     3     4
12      1     2     3     4
13      1     2     3     4
14 >> mat_a=repmat(a,3,[])
15 mat_a =
16      1     2     3     4
17      1     2     3     4
18      1     2     3     4
```

3.1.2 索引构造

利用索引做扩维也是矢量化索引的典型体现。

源代码 3.5: 利用索引向量做矩阵扩维

```
1  >> a=1:4
2  a =
3       1    2    3    4
4  >> mat_a=a(ones(3,1),:)
5  mat_a =
6       1    2    3    4
7       1    2    3    4
8       1    2    3    4
9  >> mat_a=a(ones(1,3),:)
10 mat_a =
11      1    2    3    4
12      1    2    3    4
13      1    2    3    4
```

注意到行索引维数无论 $1 \times n$ 或 $n \times 1$ 都不影响最终结果，这是因为所采用的索引维度是其低维索引。例如，源代码 3.6 的两种等价命令形式如下：

源代码 3.6: 两种等效索引扩维

```
1  >> mat_a=a(ones(2,2),:)
2  mat_a =
3       1    2    3    4
4       1    2    3    4
5       1    2    3    4
6       1    2    3    4
7  >> mat_a=a(ones(1,4),:)
8  mat_a =
9       1    2    3    4
10      1    2    3    4
11      1    2    3    4
12      1    2    3    4
```

3.1.3 kron 函数扩维

kron 函数本用于构造 Kronecker 张量积，例如一个 2×3 的矩阵 X 和一个矩阵 Y，与前述示例统一起见，不妨设 $Y = [1, 2, 3, 4]$，则它们的 Kronecker 积可表示为

$$d_{\text{kron}} = \text{kron}(X, Y) = \begin{pmatrix} X(1,1)*Y & X(1,2)*Y & X(1,3)*Y \\ X(2,1)*Y & X(2,2)*Y & X(2,3)*Y \end{pmatrix} \tag{3.1}$$

kron 函数可看做取前一矩阵维数，按每个 X 中元素大小对矩阵 Y 扩展，在 X 为全 1 矩阵的特殊情况下，相当于将矩阵 Y 既不放大也不缩小，按矩阵 X 的维数扩张如下：

源代码 3.7: kron 函数扩维示例

```
1  >> kron(ones(2,3),[1 2 3 4])
2  ans =
3       1    2    3    4    1    2    3    4    1    2    3    4
4       1    2    3    4    1    2    3    4    1    2    3    4
5  >> kron(ones(3,1),[1 2 3 4])
6  ans =
7       1    2    3    4
```

第 3 章 数组操作进阶：扩维与构造

```
8        1    2    3    4
9        1    2    3    4
```

显然，如果维度不再是全 1 矩阵，则会发生更多变化。

源代码 3.8: kron 函数扩维的推广示例

```
1  >> (1:3)'*ones(1,2)
2  ans =
3        1    1
4        2    2
5        3    3
6  >> kron(ans,1:4)
7  ans =
8        1    2    3    4    1    2    3    4
9        2    4    6    8    2    4    6    8
10       3    6    9   12    3    6    9   12
```

需要注意：kron 和 repmat 都可对向量扩维，但二者有一定区别，如：

源代码 3.9: kron 函数扩维与 repmat 函数扩维区别示例

```
1  >> kron(eye(2),ones(1,6))
2  ans =
3        1    1    1    1    1    1    0    0    0    0    0    0
4        0    0    0    0    0    0    1    1    1    1    1    1
5  >> repmat(x,[1 6])
6  ans =
7        1    0    1    0    1    0    1    0    1    0    1    0
8        0    1    0    1    0    1    0    1    0    1    0    1
```

3.1.4 meshgrid 和 ndgrid 函数扩维

函数 meshgrid 是对数据做平面网格布点的函数，比如：给定行、列两个范围定义域，按此定义域内规定的步距分配网格点，这在曲面图、等值线等三维图形绘制时十分有用。

源代码 3.10: meshgrid 函数在曲面图绘制时的网格点布置

```
1  >> [xz,yz]=meshgrid(1:.1:2,2:.1:3);
2  >> surf(xz,yz,sin(exp(xz./yz)))
3  >> shading interp
```

源代码 3.10 运行结果如图 3.1 所示。

有时也可用作他途，比如代码 3.11 中的扩维思路如下：

源代码 3.11: meshgrid 函数扩维示例一

```
1  >> meshgrid([1 2 3 4],ones(3,1))
2  ans =
3        1    2    3    4
4        1    2    3    4
5        1    2    3    4
```

必须注意：

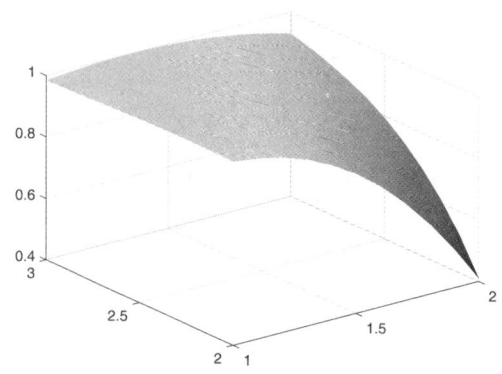

图 3.1 源代码 3.10 运行结果

- meshgrid 和 kron 函数都可用于矩阵扩维，前者扩维相当于网格布列的特例，当单输出时，首个输入被复制为多行；当两个输出时，第 2 个输入被复制为多列。

源代码 3.12: meshgrid 函数扩维示例二

```
1  >> [x{1:2}]=meshgrid(1:3,4:6);
2  >> celldisp(x)
3  x{1} =
4       1     2     3
5       1     2     3
6       1     2     3
7  x{2} =
8       4     4     4
9       5     5     5
10      6     6     6
```

后者扩维是求张量积的一种特例，但更倾向于把首个参数 X 逐元素与第 2 个输入数组相乘按首个参数维度排布。

- meshgrid 函数扩维，例如等值复制扩维，参数不是向量形式，会按低维索引转换，之后再以网格布点形式扩维。例如在源代码 3.13 中，第 1 个输入 $[1,3;2,4]$ 先以其低维索引形态读成行向量 $1:4$，因为第 2 个参数是全 1 矩阵（也被按照低维索引转换为行向量）再布点扩维，复制 $2 \times 2 = 4$ 行。

源代码 3.13: meshgrid 函数数据读取顺序

```
1  >> meshgrid([1,3;2,4],ones(2))
2  ans =
3       1     2     3     4
4       1     2     3     4
5       1     2     3     4
6       1     2     3     4
7  >> meshgrid(1:4,ones(1,4))
8  ans =
9       1     2     3     4
10      1     2     3     4
11      1     2     3     4
12      1     2     3     4
```

显然，只要按照低维索引顺序得到的向量相同，不管其高维索引如何不同，meshgrid

第 3 章 数组操作进阶：扩维与构造

结果是一样的。

类似函数还有 ndgrid，对二维矩阵而言，二者结果正好差个转置，如源代码 3.14 所示：

源代码 3.14: ndgrid 函数矩阵扩维示例一

```
1  >> ndgrid([1 2 3 4],ones(3,1))'
2  ans =
3       1     2     3     4
4       1     2     3     4
5       1     2     3     4
```

二者更本质的区别是：ndgrid 函数支持 N-D 数组网格布点，meshgrid 则仅适合于二维和三维数据。

源代码 3.15: 函数 ndgrid 和 meshgrid 的区别

```
1  >> [x1,y1,z1,f1]=ndgrid(1:3,4:6,7:9,10:12);
2  >> size(x1)
3  ans =
4       3     3     3     3
5  >> [xMesh{:}]=meshgrid(1:3,4:6,7:9)
6  xMesh =
7       [3x3x3 double]    [3x3x3 double]    [3x3x3 double]
8  >> [x2,y2,z2,t2]=meshgrid(1:3,4:6,7:9,10:12);
9  Error using meshgrid
10 Too many input arguments.
```

源代码 3.15 的第 2、3 条语句说明 ndgrid 可以对多维数组实现网格划分，但最后一条语句提示 meshgrid 不支持 4-D 以上数据，即最多只能有 3 个输入。

3.1.5 矩阵外积

矩阵相乘扩维是"数学味道"最浓的做法。

源代码 3.16: 矩阵乘法扩维

```
1  >> ones(3,1)*[1:4]
2  ans =
3       1     2     3     4
4       1     2     3     4
5       1     2     3     4
```

3.1.6 bsxfun 函数矩阵扩维

bsxfun 函数实现单一维度对位操作扩展（element-by-element binary operation to two arrays with singleton expansion enabled）。简言之就是，支持两个序列间对位矢量操作，拥有简捷、执行效率高、支持在内部自定义函数句柄等特点。近年来，bsxfun 函数的使用频率逐渐增高，在很多场合下，可以达到比较实用且普通矩阵操作不易达到的效果，例如 2016a 以及之前的版本。

源代码 3.17: bsxfun 调用示例

```
1  >> a=randi(10,3)
2  a =
```

```
 3     10    3    6
 4      4    8    7
 5      6    3    9
 6  >> mean(a)
 7  ans =
 8      6.6667   4.6667   7.3333
 9  >> a-mean(a)
10  Error using -
11  Matrix dimensions must agree.
12  >> bsxfun(@minus,a,mean(a))
13  ans =
14      3.3333  -1.6667  -1.3333
15     -2.6667   3.3333  -0.3333
16     -0.6667  -1.6667   1.6667
```

源代码 3.17 解释了何谓"元素对元素的单一维度对位操纵"。因矩阵维度的不协调（原矩阵 3×3、列均值 1×3）使第 3 条语句 "a-mean(a)" 提示出错；分析第 4 条语句用 bsxfun 通过的原因是它令列均值中的 3 个元素，分别对位原矩阵 a 的相应列，按照句柄操作 "@minus" 实现相减，这相当于如下代码：

源代码 3.18: ndgrid 函数矩阵扩维示例二

```
 1  >> aMean=mean(a);
 2  >> arrayfun(@(i)a(:,i)-aMean(i),1:size(a,2),'uni',0)
 3  ans =
 4      [3x1 double]  [3x1 double]  [3x1 double]
 5  >> ans{:}
 6  ans =
 7      3.3333
 8     -2.6667
 9     -0.6667
10  ans =
11     -1.6667
12      3.3333
13     -1.6667
14  ans =
15     -1.3333
16     -0.3333
17      1.6667
```

相比于源代码 3.18 采用 arrayfun 或者利用循环的手法，bsxfun 要简捷得多。

bsxfun 函数特别指定了如表 3.1 所列函数可以完成类似源代码 3.17 的操作。关于 bsxfun 函数有两层意义：

① **使用限制**：bsxfun 函数带有对位元素的"智能匹配"特性 (Element-wise)，不过这种"智能"是有限度的：必须两个数组的维度相互匹配，或该维度为 1，此时 bsxfun 会自动在单一维上复制指定句柄操作所需数列。比如平方根函数 hypot 的计算原理如下：

$$c = \text{hypot}(a,b) = \left[\sqrt{a_1^2+b_1^2}\ \sqrt{a_2^2+b_2^2}\ \cdots\ \sqrt{a_n^2+b_n^2}\right] \quad (3.2)$$

式 (3.2) 要求两个向量维度相同才能运行，bsxfun 条件却有所放松。

第 3 章 数组操作进阶：扩维与构造

表 3.1 bsxfun 函数允许进行矢量操作的函数

函 数	矢量操作	函 数	矢量操作	函 数	矢量操作	函 数	矢量操作
@plus	加	@minus	减	@times	数组乘	@rdivide	右除
@ldivide	左除	@power	数组幂	@max	最大值	@min	最小值
@rem	求余	@mod	求余	@atan2	弧度反正切	@atan2d	角度反正切
@hypot	平方根	@eq	等于	@ne	不等于	@lt	小于
@le	小于或等于	@gt	大于	@ge	大于或等于	@and	与
@or	或	@xor	亦或				

源代码 3.19: bsxfun 元素对位操作分析

```
1  >> hypot([3,3],[4 4 4])
2  Error using hypot
3  Matrix dimensions must agree.
4  >> bsxfun(@hypot,[3,3],[4 4 4])  % 两个方向维度数均不等提示出错
5  Error using bsxfun
6  Non-singleton dimensions of the two input arrays must match each other.
7  >> hypot([3,3],[4;4;4])          % 数组维数不等提示出错
8  Error using hypot
9  Matrix dimensions must agree.
10 >> bsxfun(@hypot,[3,3],[4;4;4])  % 单一维度自动复制序列扩展
11 ans =
12      5    5
13      5    5
14      5    5
15 >> max(size([3 3]),size([4;4;4]))
16 ans =
17      3    2
18 >> bsxfun(@hypot,[3,3,3],4*ones(3,1))  % 单一维度自动复制序列扩展
19 ans =
20      5    5    5
21      5    5    5
22      5    5    5
23 >> max(size([3 3 3]),size([4;4;4]))
24 ans =
25      3    3
```

返回变量维度按 "max(size(A),size(B)).*(size(A)>0 & size(B)>0)" 确定，非空条件下，数组最后维度大于零的判断条件可去掉。

② **支持自定义句柄**：表 3.1 里的句柄可通过匿名函数自定义组合构造形式，关于匿名函数详见第 6 章，此处仅例举自定义句柄的用法。

源代码 3.20: bsxfun 支持自定义句柄示例

```
1  >> bsxfun(@(x,y) sqrt(x.^2+y.^2),[3,3,3],4*ones(3,1))
2  ans =
3       5    5    5
4       5    5    5
5       5    5    5
```

构造出合适的句柄函数时，bsxfun 函数可方便地实现矩阵扩维操作：只需让原数组与

维数 $(n,1)$ 的零矩阵相加，或者与维数 $(n,1)$ 的全 1 矩阵做数组乘即可扩维。

源代码 3.21: bsxfun 函数扩维

```
1  >> bsxfun(@plus,1:4,zeros(3,1))
2  ans =
3       1    2    3    4
4       1    2    3    4
5       1    2    3    4
6  >> bsxfun(@times,1:4,ones(3,1))
7  ans =
8       1    2    3    4
9       1    2    3    4
10      1    2    3    4
```

多维矩阵也是同样道理，比如二维矩阵的"层"扩展：

源代码 3.22: 矩阵用 bsxfun 函数实现"层"扩展

```
1  >> randi(10,2,3)
2  ans =
3       6    1    8
4       1    6   10
5  >> bsxfun(@plus,ans,zeros(2,3,2))
6  ans(:,:,1) =
7       6    1    8
8       1    6   10
9  ans(:,:,2) =
10      6    1    8
11      1    6   10
```

两个数组的前两个维度相同、最后一个维度虽然不等但有一个为 1，符合单一维度自动扩展的要求，返回的计算结果维度如下：

$$\max(\text{size}(\text{randi}(10,2,3)),\text{size}(\text{zeros}(2,3,2))) = \max([2,3,1],[2,3,2])$$
$$= [2,3,2] \qquad (3.3)$$

高维数组维度变化比较抽象，Rocwoods 曾写过一段测试代码如下：

源代码 3.23: bsxfun 函数数据结构,by Rocwoods

```
1  a=rand(3,4,10);
2  b=rand(4,3);
3  szb=size(b);
4  c=reshape(b,[1 szb(1) 1 szb(2)]);
5  sac=sum(bsxfun(@times,a,c),2);
6  ab=squeeze(permute(sac,[1 4 2 3]));
```

掌握这段代码中数据顺序变化规则并不十分容易，关键在以下 3 点：

- reshape 函数将 4×3 矩阵 b 以维数 $1\times 4\times 1\times 3$ 重分配为 4-D 数据 c；
- 三维矩阵 a (维数 $3\times 4\times 10$) 和 4-D 矩阵 c (维数 $1\times 4\times 1\times 3$) 在第二维上相等，满足 bsxfun 函数矢量操作的要求,对应相乘并按列求和得到 4-D 矩阵 sac (维数 $3\times 1\times 10\times 3$)，共计 90 个子元素；

- permute 与 squeeze 组合命令将 sac 中的数据移位及压缩为三维矩阵 ab（维数 $3\times 3\times 10$）。

除了扩维外，bsxfun 函数还有更为实际的用法。例如，当绘制二维或者三维图形时，经常会遇到自变量数据不发生变化而只改变某个具体参数的情况，bsxfun 函数就能在效率并不降低且更少代码的前提下，一次提供多组计算数据。

源代码 3.24: 矢量化的参数绘图中应用 bsxfun 之一

```
1 plot(linspace(1,2),bsxfun(@power,linspace(1,2),[.1:.1:.8]'))
```

源代码 3.24 执行的结果如图 3.2 所示。还有另一种写法：前提是大致理解怎样以 bsxfun 函数以及其他命令组合完成对数据操控。

源代码 3.25: 矢量化的参数绘图中应用 bsxfun 之二

```
1 cellfun(@plot,{linspace(0,2*pi),bsxfun(@(r,x) sin(r*x),linspace(0,2*pi)',.1:.1:2)})
```

源代码 3.25 运行的结果如图 3.3 所示。

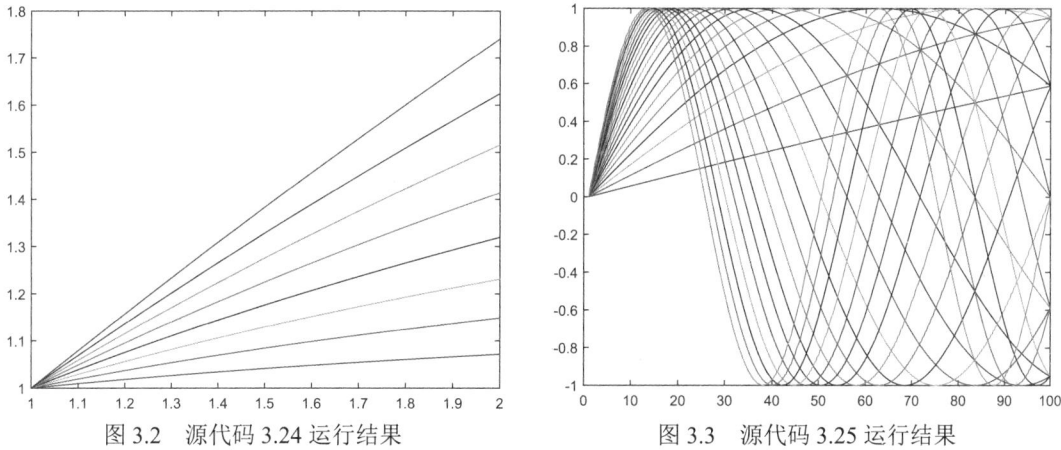

图 3.2　源代码 3.24 运行结果　　　　图 3.3　源代码 3.25 运行结果

进一步扩展到绘制三维图形，比如：给定两已知坐标的定点 x_2 和 x_3，以及若干同样已知的空间点 $x_{1_i}(i=1,2,\cdots)$，由 x_{1_i}、x_2 和 x_3 三点共面，绘制一族共线平面，不妨假定：任意空间点 x_{1_k} 和 x_2、x_3 所确定的平面和余下所有空间点 ($x_{1_n}(n=1,\cdots,k-1,k+1,\cdots)$) 无共面关系。

问题分两步：求得每个 x_{1_i} 和定点 x_2、x_3 的平面方程；划分平面网格数据 (比如 xOy 平面) 并据此解算第三维数据 (z 坐标值)。

三点共面的平面方程根据空间几何知识，可写成：

$$\begin{vmatrix} x-x_1 & y-y_1 & z-z_1 \\ x_2-x_1 & y_2-y_1 & z_2-z_1 \\ x_3-x_1 & y_3-y_1 & z_3-z_1 \end{vmatrix} = 0 \qquad (3.4)$$

式 (3.4) 是平面"三点式方程"的表达形式之一，其中：x,y,z 是平面上任意一点坐标值，$(x_i, y_i, z_i)\, i=1,2,3$ 是平面上已知的 3 个点坐标，平面方程在 MATLAB 中可用如下方法绘制：

源代码 3.26: 平面三点式方程的 MATLAB 实现

```
1  [p1,p2,p3]=deal(randi(10,1,3),randi(10,1,3),randi(10,1,3));
2  C=cross(diff([p1;p2]),diff([p1;p3]));
3  [xt,yt]=meshgrid(-10:2.5:10);
4  surf(xt,yt,(dot(C,p1)-C(1,1)*xt+C(1,2)*yt)./C(1,3))
```

若同时绘制一族经过给定两点和直线的平面，则需要借助矢量化函数和匿名函数。

源代码 3.27: 共线平面绘制的实现之一

```
1  clc;t=10;
2  [p1,p2,p3]=deal(randi(100,t,3),randi(30,1,3),randi(30,1,3));
3  Cr=cross(bsxfun(@minus,p2,p1),bsxfun(@minus,p3,p1));
4  D=-dot(Cr',p1')';
5  [xt,yt]=meshgrid(-100:25:100);
6  c=arrayfun(@(i) (-D(i)-Cr(i,1)*xt+Cr(i,2)*yt)./Cr(i,3),1:t,'uni',0);
7  hold on
8  arrayfun(@(i) surf(xt,yt,c{i}),1:t)
9  view([30 0])
```

绘制多个共线平面和单一平面的不同处在于：源代码 3.27 第 3 行生成平面 $Ax + By + Cz + D = 0$ 的系数 A, B, C 时，按公式 (3.4) 需要用到每个平面已知三个点坐标值的差运算，其中两个点的固定使得运算变成：

$$\{x(y,z)\}\big|_{i=2,3}^{(n)} \; {}^{n=1,2,\cdots,10} - \{x(y,z)\}\big|_{i=1}$$

直接相减提示矩阵维度不匹配的错误(上标代表公共直线之外一共 $n = 10$ 个点需要完成差运算)，解释见源代码 3.19，所以用 bsxfun 避免了循环或把 (x, y, z) 坐标按 $(t, 1)$ 维度扩维再相减的操作；构成 z 坐标则使用 arrayfun，后置参数按非统一维数自动存储为 $1 \times t$ 的 cell 单元数组，绘图时再次使用 arrayfun 函数，利用 "{:}" 操作 cell 子数组遍历绘制三维图。

同一种三点方程，还可以用 bsxfun 与扩维命令 repmat、更改维数命令 reshape 等编写。

源代码 3.28: 共线平面绘制的实现之二

```
1   clc;t=10;
2   x1=randi(100,t,3);
3   x2=randi(10,1,3);
4   x3=randi(10,1,3);
5   hold on
6   p = cellfun(@(t)bsxfun(@minus,t,x1),{x2,x3},'uni',0);
7   Cr=cross(p{:});
8   D=-dot(Cr',x1')';
9   [xt,yt]=meshgrid([-100:25:100,NaN]);
10  s = bsxfun(@ldivide,Cr(:,3),[-D,-Cr(:,1),Cr(:,2)])*[-ones(numel(xt),1),xt(:),yt(:)]';
11  s1 = reshape(s',size(xt,1),[]);
12  xt = repmat(xt,1,t);
13  yt = repmat(yt,1,t);
14  surf(xt,yt,s1);
15  view([30 0])
```

源代码 3.27 和源代码 3.28 的执行结果从图形上看是一致的，都表示相交于一条直线的多个平面，如果打开图形编辑按钮，或对两幅图形分别执行 size(findobj(gca))，则发现二者图形对象数量是不同的：图 3.4 中，每个相交平面是一个单独的图形对象，在 arrayfun 函数体中，要多次执行 surf 命令；图 3.5 中，所有相交平面都是执行一次 surf 的结果，因为每个平面的结束处与另一个平面的开始处之间，都用 NaN 断开了。

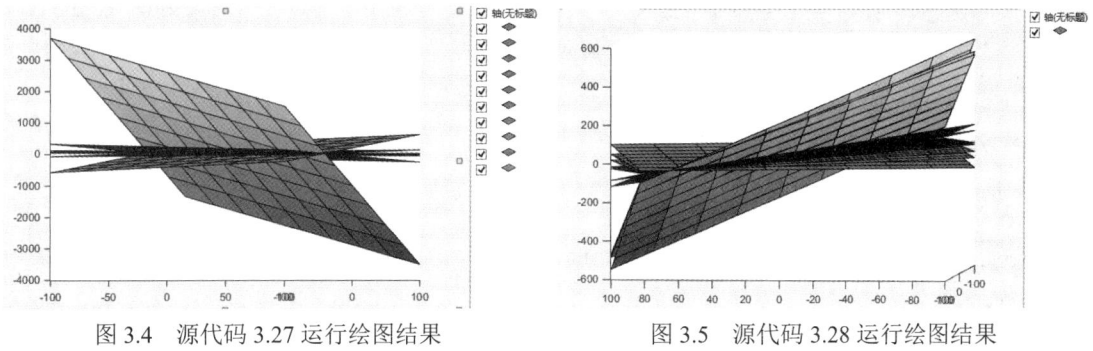

图 3.4　源代码 3.27 运行绘图结果　　　　　图 3.5　源代码 3.28 运行绘图结果

> **评**　源代码 3.28 用 cellfun 一步完成两个减运算、bsxfun 实现矩阵多次左除，这都是值得仔细体会的运用方法。从前述代码可以看出：bsxfun 函数调用时具有很大的伸缩性，在本书后续关于匿名函数章节中，会再结合匿名函数的特点对这类矢量化句柄操控命令做进一步介绍。

3.1.7　其他思路

为保证叙述的完整性，本小节列出一些常规循环求解方法。

1. for 循环写入

源代码 3.29: for 循环扩维

```
1  for i=1:3
2      c(i,:)=[1 2 3 4];
3  end
```

2. while 循环扩维

while 循环扩维其实与上面 for 循环类似。

源代码 3.30: while 循环扩维

```
1  i=0;c=[];
2  while i<3
3      c=[c;1:4];
4      i=i+1;
5  end
```

3.1.8　扩维思路的总结

值得说明的是：从版本 2015a 开始，提供了数列、矩阵扩充的新函数 repelem，基本调用方法如源代码 3.31 所示。

源代码 3.31: 用新函数 repelem 扩维

```
1  >> repelem(randi(10,1,4),1:4)
```

```
2  ans =
3       9    10    10     2     2     2    10    10    10
4  >> repelem(randi(10,2,2),2,3)
5  ans =
6       7     7     7     3     3     3
7       7     7     7     3     3     3
8       1     1     1     6     6     6
9       1     1     1     6     6     6
10 >> a=randi(10,2,2)
11 a =
12      7     9
13      1    10
14 >> a=randi(10,2,3)
15 a =
16      7     8     7
17      8     4     2
18 >> repelem(a,1,1:3)
19 ans =
20      7     8     8     7     7     7
21      8     4     4     2     2     2
```

> **评** 矩阵维数扩展涉及多个数据存取、增删，基本命令如 repmat、reshape、meshgrid 等的灵活运用，求解过程及处理手段多样，初学者如能认真体会，相信对于 MATLAB 数组命令的组合控制方式，会有更深的体会。

3.2 数组训练进阶：向量数值为长度的扩维

例 3.2 这是一个正整数向量，比如：

$$a = [3\ 2\ 4]$$

接着构造一个与向量 a 同样列数的矩阵 b，且矩阵 b 每一列中所有行是按照 $1:a(i)$，i 为矩阵的任意列，如果元素数量不够，则尾部用 0 补齐。对上述向量 a，返回矩阵 b 为

$$b = \begin{bmatrix} 1 & 1 & 1 \\ 2 & 2 & 2 \\ 3 & 0 & 3 \\ 0 & 0 & 4 \end{bmatrix}$$

源代码 3.32: 例 3.2 测试代码

```
1  %% 1
2  a = [ 3 2 4];
3  b = [ 1 1 1
4        2 2 2
5        3 0 3
6        0 0 4];
7  assert(isequal(your_fcn_name(a),b))
8  %% 2
9  a = [ 4 2 4];
```

```
10  b = [ 1  1  1
11        2  2  2
12        3  0  3
13        4  0  4];
14  assert(isequal(your_fcn_name(a),b))
15  %% 3 one value
16  a= 1;
17  assert(isequal(your_fcn_name(a),1))
18  %% 4 empty vector
19  a = [];
20  assert(isequal(your_fcn_name(a),[]))
```

释义：给定输入正整数向量，从每个元素位置起，从 1 开始按步长 1 做列扩展，维度不够补 0。这是一道解法简单却充满弹性的二维矩阵扩维例题，3.1 节中的所有扩维技巧几乎都能用到。

3.2.1 循 环

测试算例每列数据都是 (1:a(i))' ($i = 1, 2, \cdots, n$)，可按向量长度循环扩张：

源代码 3.33: 循环扩维赋值方案一,by shen,size:34

```
1  function ans = your_fcn_name(a)
2  ans=[];
3  for i = 1 : length(a)
4      ans(1:a(i),i) = 1 : a(i);
5  end
6  end
```

循环赋值部分体现了 MATLAB 的弹性扩维优势，即：向量 a 每个数值不同，展开生成的列向量长度也不同，但写代码时并不用特意关注这个问题，每次循环得到向量不同时，MATLAB 会自动在长度不够的向量尾部补 0。

围绕向量序列长度依次扩展的循环，也有不少构思出色的代码，如：

源代码 3.34: 循环扩维赋值方案二,by Takehiko KOBORI,size:31

```
1  function ans = your_fcn_name(a)
2  ans=[];
3    for ii = a
4      ans(1:ii,end+1) = 1:ii;
5    end
6  end
```

源代码 3.34 中的循环没有写成 "$1 : \cdots$" 的形式，因为 MATLAB 默认按整列循环；循环体内的列数扩张，即："end + 1" 体现了弹性扩维的特点。

除弹性扩维方式循环扩展向量外，还有利用逻辑索引实现维度控制的方案：

源代码 3.35: 循环扩维赋值方案三,by Paul Berglund,size:30

```
1  function ans = your_fcn_name(a)
2  ans=[];
3    for x=1:max(a)
4      ans(x,find(a>=x))=x;
```

```
5    end
6  end
```

源代码 3.35 采用逐行扩维, 以 $a = [4, 2, 4]$ 作为输入向量, 循环第 1 次时 $x = 1$, 向量 a 所有值均满足 "find(a>=x)", 返回值第 $x = 1$ 行所有列赋值 1; 第 $x = 3$ 次循环, 只有第 find([4,2,4]>=3)=[1,3] 列满足要求, 本行只有第 1、3 列元素可赋值为 3, 剩余为 0。

源代码 3.36: 源代码 3.35 的循环结果

```
1  >> a = [ 4 2 4 ]
2  a =
3       4    2    4
4  >> x=1;
5  >> t(x,ans)=x
6  t =
7       1    1    1
8  >> x=3;find(a>=x)
9  ans =
10       1    3
11 >> t(x,ans)=x
12 t =
13       1    1    1
14       2    2    2
15       3    0    3
```

3.2.2 利用 arrayfun 扩维

利用 arrayfun 会丧失维度扩展弹性, 每次运算所得向量维度需要相同, 才能以 cell2mat 组合成矩阵。

源代码 3.37: 利用 arrayfun 扩维,by Abdullah Caliskan,size:34

```
1  function ans = your_fcn_name(a)
2    ans=cell2mat(arrayfun(@(x) [(1:x)' ;zeros(max(a)-x,1)], a,'uni',0))
3  end
```

3.2.3 利用 repmat 扩维

源代码 3.38: 利用 repmat 扩维,by Ben Petschel,size:35

```
1  function b = your_fcn_name(a)
2    b = repmat(1:max(a),numel(a),1)';
3    b(b>repmat(a,max(a),1))=0;
4  end
```

源代码 3.38 先用 "numel(a)个" (1:max(a))' 构造返回同维矩阵, 再把大于 $a(i)$ 的数值赋 0。以 "a=[4,2,4]" 为例, 分析如下:

源代码 3.39: 源代码 3.38 运行结果的释义

```
1  >> a1=repmat(1:max(a),numel(a),1)'
2  a1 =
3       1    1    1
4       2    2    2
```

```
 5      3    3    3
 6      4    4    4
 7  >> amax=repmat(a,max(a),1)
 8  amax =
 9      4    2    4
10      4    2    4
11      4    2    4
12      4    2    4
13  >> a1(a1>amax)=0
14  a1 =
15      1    1    1
16      2    2    2
17      3    0    3
18      4    0    4
```

a_1 第 2 列的第 3,4 两个数大于矩阵 amax 的对应元素都被变成 0，其他元素则不发生变化。同样的方法，用索引扩维和 cumsum 也可以实现：

源代码 **3.40**: 利用 cumsum 扩维,by Ned Gulley,size:35

```
1  function b = your_fcn_name(a)
2    maxa = max(a);
3    lena = length(a);
4    x = a(ones(1,maxa),1:lena);
5    y = cumsum(ones(maxa,lena));
6    b = y.*(y<=x);
7  end
```

"x = a(ones(1,maxa),1:lena)" 是索引扩维，等效于源代码 3.39 中的变量 amax；累计求和命令 cumsum 对全 1 矩阵按列累加，与源代码 3.39 中变量 a_1 相同。

3.2.4 利用 meshgrid 和 ndgrid 扩展矩阵索引

从源代码 3.39 中变量 a_1 形态看，适合使用网格点函数 meshgrid 或 ndgrid 扩维，同样是"先扩展、后处理"的流程实现。

1. meshgrid 扩维

源代码 **3.41**: 利用 meshgrid 扩维,by Alfonso Nieto-Castanon,size:28

```
1  function ans = your_fcn_name(a)
2    [j,i]=meshgrid(a,1:max(a));
3    ans=i.*(i<=j);
4  end
```

2. ndgrid 扩维

源代码 **3.42**: 利用 ndgrid 扩维,by Khaled Hamed,size:28

```
1  function ans = your_fcn_name(a)
2  [a,b] =ndgrid(1:max(a),a);
3  ans=a.*(b>=a);
4  end
```

3.2.5 利用 bsxfun 扩维

单一维扩展命令 bsxfun 具有"先扩展、后运算"的集成处理特点。

源代码 3.43: 利用 bsxfun 集成判断与扩维操作,by Jan Orwat,size:28

```
1  function ans = your_fcn_name(a)
2      ans=bsxfun(@(A,B)(A>=B).*B,a',1:max(a))'
3  end
```

刚接触 bsxfun 函数的读者不大容易理解其运算流程,源代码 3.43 恰好提供了说明 bsxfun 函数"扩展后再处理数据"运算特点的一个例子,以 $a = [4,2,4]$ 向量为例,对运算分成"索引扩展"和"运算扩展"两个部分加以分析:

① **逻辑索引扩展**:bsxfun 的单一维扩展是句柄操控两组数据维度要求必须满足的两种情况之一,即:相等或者其中一个等于 1,为 1 的维度自动按另一个的对应维度相应扩展。源代码 3.44 中的两组数据前者 a' 维度 3×1、后者 1:max(a) 的维度 1×4,运算前必须经单一维扩展,首先要生成 3×4 的维度,再通过句柄中的大于或等于实现对位判断,得到是否大于的计算过程。

源代码 3.44: bsxfun 扩展逻辑索引

```
1  >> bsxfun(@(x,y)x>=y,a',1:max(a))
2  ans =
3       1     1     1     1
4       1     1     0     0
5       1     1     1     1
```

源代码 3.44 等效过程如下:

源代码 3.45: bsxfun 扩展逻辑索引的等效代码

```
1  >> bsx1=a'*ones(1,4)
2  bsx1 =
3       4     4     4     4
4       2     2     2     2
5       4     4     4     4
6  >> bsx2=ones(3,1)*(1:max(a))
7  bsx2 =
8       1     2     3     4
9       1     2     3     4
10      1     2     3     4
11 >> bsx1>=bsx2
12 ans =
13      1     1     1     1
14      1     1     0     0
15      1     1     1     1
```

② **运算扩展**:容易困惑之处在于:矩阵点乘要求双方维度相同方可元素对位做乘,源代码 3.43 中,bsxfun 控制句柄却给出看似错误的对位:"(A>=B).*B"。根据第①步运行结果(见源代码 3.44 和源代码 3.45),"A>=B"得到维度 3×4 的逻辑索引,后一个变量 B 由:"1:max(a)"得到 1×4。它们的维度差别如此之大,又怎么能实现点乘操作呢?原来秘密仍然在

bsxfun 的单一维扩展，在点乘运算前 bsxfun 的源程序中，被操控数据维度不协调，且其中之一的维度是 1，运算前自动扩展至与前者对等，这就是"先扩展、后运算"的真正意思：后者先扩展成源代码 3.45 中的变量 bsx2，然后再发生点乘。

如果 bsxfun 只求出维度索引，还可以通过与对角矩阵的矩阵乘法获取结果。

源代码 3.46: 利用 bsxfun 集成判断与扩维操作, by Jan Orwat, size:28

```
1  function ans = your_fcn_name(a)
2  1:max(a);
3  ans=diag(ans)*bsxfun(@le,ans',a);
4  end
```

3.3 数组训练进阶：求和与构造

序言中对求和函数 sum 在不同后置参数的调用效果做了简单介绍，本节继续探讨求和与扩维、构造等函数命令组合的诸多变化。

例 3.3 对输入矩阵的边缘元素求和，假设输入矩阵的行和列维数均大于或等于 3。例如输入矩阵：

$$\mathrm{in} = \begin{bmatrix} 1 & 2 & 3 \\ 4 & 5 & 6 \\ 7 & 8 & 9 \end{bmatrix}$$

则输出应为 out = 1 + 2 + 3 + 6 + 9 + 8 + 7 + 4 = 40。

释义： 这个问题要求对输入矩阵 ($m \times n$, $m, n \geqslant 3$) 边缘所有数据求和。

3.3.1 直接索引法

找到所有满足边缘条件的元素并不困难，比如索引枚举。

源代码 3.47: 索引枚举寻址, by Paschalis, size:39

```
1  function ans = AddMatrixLim(x)
2  ans=sum(sum(x([1 end],:)))+sum(sum(x(2:end-1,[1 end])));
```

源代码 3.47 累加顺序如图 3.6 所示：累加行列次序可互换。

图 3.6 源代码 3.47 求和次序

源代码 3.48: 更换索引求和次序, by Marco Castelli, size:40

```
1  function ans = AddMatrixLim(x)
2  ans=sum(sum([x(:,[1,end]);x([1,end],2:end-1)']));
3  end
```

源代码 3.48 原理如图 3.7 所示，为避免四角元素的重复提取，按两列取也可行；不妨少用一次 sum 命令。

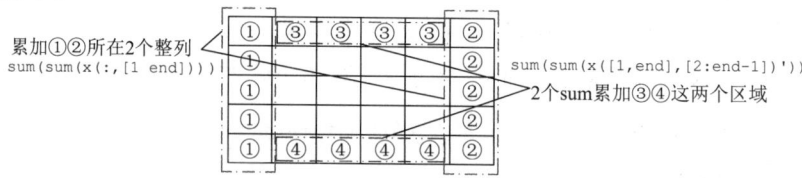

图 3.7　源代码 3.48 求和次序

源代码 3.49: 一次 sum 的索引枚举,by Matt Eicholtz,size:43

```
1  function ans = AddMatrixLim(x)
2    ans=sum([x(1,:),x(end,:),x(2:end-1,1)',x(2:end-1,end)']);
3  end
```

或"绕场一周"：

源代码 3.50: 环绕次序枚举,by Dimitrios,size:54

```
1  function ans = AddMatrixLim(x)
2    ans=sum(x(1,1:end))+sum(x(2:end,end))+sum(x(end,1:end-1))+sum(x(2:end-1,1))
```

源代码 3.50 求和次序如图 3.8 所示。

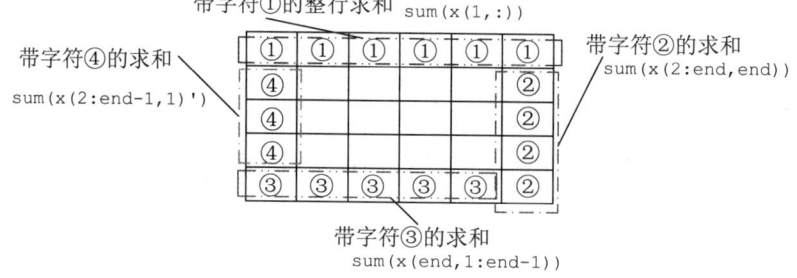

图 3.8　源代码 3.50 求和次序

3.3.2　加法中的减法

1. 总体去掉中间

减法自然是把中间求和值加负号从总体矩阵中挖掉 (见图 3.9)。按图 3.9 容易写出源代码 3.51。

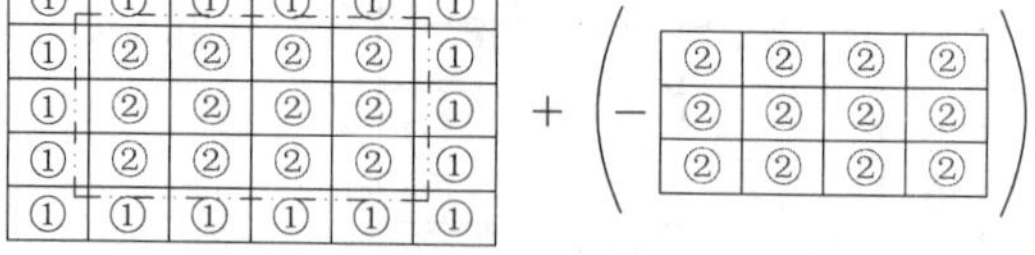

图 3.9　带减法的累加原理

源代码 3.51: "挖去"中间元素数值的枚举次序,by Gergely Patay,size:33

```
1  function ans = AddMatrixLim(x)
2    ans=sum(x(:))-sum(sum(x(2:end-1,2:end-1)));
3  end
```

2. 四边相加去重

四条完整边相加存在对四角元素重复计算的问题，如果在四角的元素累加中取一个权系数(此处显然是 0.5)，就可去掉重复元素。

源代码 3.52: 按四边相加去重之一,by Michael Ryan,size:63

```
1  function ans = AddMatrixLim(x)
2    ans([1 length(x)]) = .5;
3    ans=sum((1-ans).*(x(1:end,1)'+x(1:end,end)'+x(1,1:end)+x(end,1:end)));
4  end
```

另一种比较直观、但思路相同的做法如下：

源代码 3.53: 按四边相加去重之二,by Ahmad Alzahrani,size:79

```
1  function y = AddMatrixLim(x)
2  s=[x(1,:) x(:,1)' x(end,:)  x(:,end)']
3  p=max(size(x));
4  s(1,end)=0;
5  s(1,(2*p+1))=0;
6  s(1,p)=0;
7  s(1,1)=0;
8  y=sum(s)
9  end
```

源代码 3.53 把四边向量归并为一，按顺序置 0 去重，当然这也可用矢量化索引继续简化。

源代码 3.54: 四边相加去重的修改,by Ahmad Alzahrani,size:61

```
1  function ans = AddMatrixLim(x)
2  s=[x(1,:),x(:,1)',x(end,:),x(:,end)'];
3  s([1,max(size(x)),2*max(size(x))+1,end])=0;
4  ans=sum(s);
```

3.3.3 中部元素置零

不做减法运算，而是令中部元素为 0，再对新构造矩阵求和不失为另一种好思路。

源代码 3.55: 对内部元素置 0,by Jan Orwat,size:31

```
1  function ans = AddMatrixLim(x)
2    x(2:end-1,2:end-1)=0;
3    ans=sum(x(:));
4  end
```

3.3.4 测试矩阵构造

MATLAB 中有些测试矩阵，例如各种教材中常常使用的魔方矩阵、Hankel 矩阵等，如果使用得当，也能实现诸如逻辑索引、辅助构型等目的。不管用何种测试矩阵，最终目的都是设法利用其数字特征获得所需的索引矩阵，就例 3.3 而言，就是想办法得到外圈全 1、内部全 0 的同维逻辑索引矩阵。

1. 利用 toeplitz 矩阵构造

toeplitz 矩阵是每条左上到右下对角线元素都相等的矩阵，并不一定是方阵，比如：

源代码 3.56: toeplitz 矩阵释义

```
1  >> toeplitz(2:4,1:5)
2  ans =
3       2    2    3    4    5
4       3    2    2    3    4
5       4    3    2    2    3
6  >> toeplitz(1:4)
7  ans =
8       1    2    3    4
9       2    1    2    3
10      3    2    1    2
11      4    3    2    1
```

基于这个测试矩阵写出边缘元素求和程序。

源代码 3.57: 构造辅助测试矩阵做边缘求和,by Alfonso Nieto-Castanon,size:30

```
1  function s = AddMatrixLim(x)
2  toeplitz(1:length(x));
3  s=sum(x(ans+flipud(ans)>length(x)));
4  end
```

这种方法不要凭空想象,应把步骤分解开逐步分析,以 7×7 随机整数矩阵边缘求和为例:

① 输入随机整数矩阵,目的是形成原始维度,对应程序中的输入矩阵;

源代码 3.58: 源代码 3.57 详解 1

```
1  x=randi(10,7,7)
2  x =
3      10    9    4    2    4    8    6
4       4    6    6    6    6    5   10
5       2    6    1    5    2    1    1
6       3   10    1    1    7    3    5
7       7    3    6    4    3   10    2
8       5    8    8    2    7    2   10
9       4    8   10    8    7    9    1
```

② 以输入矩阵维度构造 toeplitz 矩阵;

源代码 3.59: 源代码 3.57 详解 2

```
1  y=toeplitz(1:length(x))
2  y =
3       1    2    3    4    5    6    7
4       2    1    2    3    4    5    6
5       3    2    1    2    3    4    5
6       4    3    2    1    2    3    4
7       5    4    3    2    1    2    3
8       6    5    4    3    2    1    2
9       7    6    5    4    3    2    1
```

③ **关键步骤**:通过 toeplitz 矩阵和上下翻转操作形成索引矩阵,外圈数值恰好大于输入矩阵维数;

源代码 3.60: 源代码 3.57 详解 3

```
1  z=y+flipud(y)
2  z =
3     8  8  8  8  8  8  8
4     8  6  6  6  6  6  8
5     8  6  4  4  4  6  8
6     8  6  4  2  4  6  8
7     8  6  4  4  4  6  8
8     8  6  6  6  6  6  8
9     8  8  8  8  8  8  8
```

④ 通过逻辑判断完成索引操作矩阵构造；

源代码 3.61: 源代码 3.57 详解 4

```
1  indT=z>length(x)
2  indT =
3     1  1  1  1  1  1  1
4     1  0  0  0  0  0  1
5     1  0  0  0  0  0  1
6     1  0  0  0  0  0  1
7     1  0  0  0  0  0  1
8     1  0  0  0  0  0  1
9     1  1  1  1  1  1  1
```

⑤ 按构造索引值对原输入矩阵求和，逻辑值为 1 的输入矩阵数据才会在求和中取到。

源代码 3.62: 源代码 3.57 详解 5

```
1  sum(x(indT))
2  ans =
3     139
```

评 采用 toeplitz 矩阵构造索引在 Cody 讨论中已很普遍，本书后续问题 (如例 3.10 的对角矩阵构造、例 3.12 的 bullseye 矩阵专题等) 还会用它构造符合要求的逻辑索引矩阵。测试矩阵的善加利用需要出色的想象力及对命令用法的透彻理解，才能改得简单，改得巧妙。

2. 利用 spiral 矩阵构造

受前一种思路启发，利用测试矩阵 spiral 构造索引，所谓 spiral 矩阵是从矩阵中心点处向外，数据以顺时针递增"旋转"如下：

源代码 3.63: spiral 矩阵的说明

```
1  spiral(7)
2  ans =
3     43  44  45  46  47  48  49
4     42  21  22  23  24  25  26
5     41  20   7   8   9  10  27
6     40  19   6   1   2  11  28
7     39  18   5   4   3  12  29
```

8	38	17	16	15	14	13	30
9	37	36	35	34	33	32	31

以 spiral 矩阵构造索引的方法如下：

源代码 3.64: 利用 spiral 矩阵构造索引, by Binbin Qi, size:39

```
1  function y = AddMatrixLim(x)
2    n = length(x);
3    c = (n * n - spiral(n) < n * 4 - 4).*x;
4    y = sum(c(:));
5  end
```

用 7 阶随机整数方阵逐句解释源代码 3.64 作用：

① 生成随机整数 7×7 输入矩阵 x。

源代码 3.65: 源代码 3.64 分解 1——构建初始输入矩阵

```
1  x=randi(10,7,7)
2  x =
3       9    6    9    1    7    9    8
4      10   10    2    9    2    7    8
5       2   10    5   10    8    4    2
6      10    2   10    7    1   10    5
7       7   10    8    8    3    1    5
8       1   10   10    8    1    5    5
9       3    5    7    4    1    4    8
```

② 构造 spiral 矩阵，用矩阵维数平方与之做差，在矩阵边缘构造便于归类的规则数列。观察源代码 3.66 的运行结果发现，构造矩阵外缘是 $0:23$ 共计 24 个数逆时针递增，很有规律。

源代码 3.66: 源代码 3.64 分解 2——索引初步

```
1  n*n-spiral(n)
2  ans =
3       6    5    4    3    2    1    0
4       7   28   27   26   25   24   23
5       8   29   42   41   40   39   22
6       9   30   43   48   47   38   21
7      10   31   44   45   46   37   20
8      11   32   33   34   35   36   19
9      12   13   14   15   16   17   18
```

③ 构造关联矩阵维数的判断函数 $f(n)$，此处 $f(n) = 4n - 4$。

源代码 3.67: 源代码 3.64 分解 3——构造逻辑索引

```
1  n*n-spiral(n)<n*4-4
2  ans =
3       1    1    1    1    1    1    1
4       1    0    0    0    0    0    1
5       1    0    0    0    0    0    1
6       1    0    0    0    0    0    1
7       1    0    0    0    0    0    1
```

8	1	0	0	0	0	1
9	1	1	1	1	1	1

④ 源代码 3.67 构造出的索引矩阵与原输入矩阵 x 做点乘,使内部元素置 0。

源代码 3.68: 源代码 3.64 分解 4——按索引生成满足要求的矩阵

```
1  c=(n*n-spiral(n)<n*4-4).*x;
2  c =
3      9    6    9    1    7    9    8
4     10    0    0    0    0    0    8
5      2    0    0    0    0    0    2
6     10    0    0    0    0    0    5
7      7    0    0    0    0    0    5
8      1    0    0    0    0    0    7
9      3    5    7    4    1    4    8
```

⑤ 对矩阵 c 求和,略。

> **评** 无论是 toeplitz 还是 spiral 矩阵,目的都是"凸显"外圈边缘数据的索引,或者查找不是边缘的元素索引,再置 0 求和。两种思路都属于"试凑"。

3.3.5 卷积和滤波命令

卷积和滤波命令介绍详见 1.6.3 小节,本小节讨论利用这些命令组合做边缘元素求和。

1. 利用 conv2 函数构造四边索引

源代码 3.69: 利用卷积命令 conv2 构造边缘索引特征矩阵,by Jon,size:34

```
1  function ans = AddMatrixLim(x)
2      sum(x(~conv2(ones(size(x)-2),[0 0 0;0 1 0;0 0 0])));
3  end
```

逐行分析如下:

① **构造代替输入的 7 阶随机整数方阵。**

源代码 3.70: 源代码 3.69 分解 1——输入矩阵

```
1  >> x=randi(10,7)
2  x =
3      5   10    8    4    2    7    6
4     10    7    1   10    5    7    3
5      8    8    3    1    5    2    8
6     10    8    1    5    7    2    3
7      7    4    1    4    8    5    6
8      1    7    9    8   10    7    7
9      9    2    7    8    3    4    9
```

② **卷积命令 conv2 两个参数释义**:conv2 第 1 个参数是比输入矩阵维度减 2 的全 1 矩阵,后者是仅有中间为 1、其余元素全部为 0 的 3×3 方阵。

源代码 3.71: 源代码 3.69 分解 2——卷积构造索引矩阵

```
1 >> conv2(ones(size(x)-2),[0 0 0;0 1 0;0 0 0])
2 ans =
3      0     0     0     0     0     0     0
4      0     1     1     1     1     1     0
5      0     1     1     1     1     1     0
6      0     1     1     1     1     1     0
7      0     1     1     1     1     1     0
8      0     1     1     1     1     1     0
9      0     0     0     0     0     0     0
```

源代码 3.71 的运行结果可用 1.6.3 小节中的图 1.2 解释：相当于让后一个 3×3 矩阵在前一个全 1 矩阵上逐格移动，对应元素相乘求和。因为小矩阵只有中心元素为 1，因此仅当中心元素移动到前一个 5×5 全 1 矩阵的核心元素上时，乘积之和结果才是 1（只有中心元素乘积不为 0），根据 conv2 返回值维度为两个输入参数维度相加并减 1（$5+3-1=7$），正好构造出与输入矩阵同维度，外部全为 0、内部全 1 逻辑索引方阵。

③ **逻辑索引矩阵取反**：逻辑取反让元素的 0 和 1 翻转。

源代码 3.72: 源代码 3.69 分解 3——索引取反

```
1 >> ~ans
2 ans =
3      1     1     1     1     1     1     1
4      1     0     0     0     0     0     1
5      1     0     0     0     0     0     1
6      1     0     0     0     0     0     1
7      1     0     0     0     0     0     1
8      1     0     0     0     0     0     1
9      1     1     1     1     1     1     1
```

④ **按索引取得数据求和**：略。

> **评** 通过逐步分析读者应能看出：卷积命令在矩阵索引构造方面相当强大灵活，但如何快速构想出合适的卷积矩阵参数，要有一个熟悉和代码累积的过程。

2. 利用 filter2 函数构造索引

filter2 函数原本应该用于 2-D 数据滤波，它与卷积命令在数学形式上十分类似，实际上它对数据的处理也是卷积运算。下面简单介绍其调用形式：

源代码 3.73: filter2 函数调用基本方式

```
1 Y=filter2(h,X)
```

源代码 3.73 中 h 为滤波器，X 为将要进行滤波的 2-D 数据，而 2-D 数据本身的互相关则通过邻域数据的累加来考虑。形象地说，就是把 h 放在数据 X 上逐步移动做模板滤波（与二维卷积相同道理），为方便后面讲解思路，不妨让二维卷积命令 conv2 和滤波命令 filter2 运行同样的参数比较结果。

第 3 章 数组操作进阶：扩维与构造

源代码 3.74: filter2 函数运算方式讲解

```
1  >> h=ones(4);X=ones(3);
2  >> filter2(h,X)
3  ans =
4       9    9    6
5       9    9    6
6       6    6    4
7  >> conv2(h,X)
8  ans =
9       1    2    3    3    2    1
10      2    4    6    6    4    2
11      3    6    9    9    6    3
12      3    6    9    9    6    3
13      2    4    6    6    4    2
14      1    2    3    3    2    1
```

可以看出，二维滤波计算结果是卷积运算从相关性最大的元素起（含这个元素所在位置），向左下方向移动数据 X 的维度，从结果上看，它是卷积运算结果的一部分。滤波数据 Y 中每一个值都与邻域数据互相关，例如：

$$\begin{cases} Y(1,1) = 4 \times 1 + 2 \times 3 + 5 \times 2 + 3 \times 6 = 38 \\ Y(1,2) = 4 \times 3 + 2 \times 2 + 5 \times 6 + 3 \times 3 = 55 \\ Y(i,j) = \cdots \\ Y(3,2) = 4 \times 5 + 2 \times 6 = 32 \\ Y(3,3) = 4 \times 6 = 24 \end{cases} \tag{3.5}$$

filter2 也可用于构造矩阵逻辑索引：

源代码 3.75: 滤波函数用作逻辑索引构造,by Alfonso Nieto-Castanon,size:21

```
1  function ans = AddMatrixLim(x)
2  sum(x(filter2(ones(3),1|x)<9));
3  end
```

① 由式 (3.5) 可知：用 3×3 全 1 矩阵做滤波器，中心逐次遍历与输入数据 x 同维全 1 矩阵，得到对角元素为 4、其余边缘元素为 6、中心其他所有元素均为 9 的矩阵。

源代码 3.76: 源代码 3.75 分解 1——filter2 逻辑索引构造分析

```
1  t=filter2(ones(3),1|x)
2  t =
3       4    6    6    6    6    4
4       6    9    9    9    9    6
5       6    9    9    9    9    6
6       6    9    9    9    9    6
7       6    9    9    9    9    6
8       6    9    9    9    9    6
9       4    6    6    6    6    4
```

② 索引矩阵外边缘元素数值全部小于内部元素 9，用 ele < 9 做阈值进行逻辑判断，可过滤所有边缘元素索引并求和。

源代码 3.77: 源代码 3.75 分解 2——求和

```
1  sum(x(t<9))
2  ans =
3     138
```

为了使代码更加简练,采用比较罕见的全 1 矩阵构造方式:"1|x"而不是熟悉的 ones()。

3. 利用 convn 函数构造索引

高维数组卷积命令 convn 完成构造时所采用的逻辑索引构造方式与滤波函数相同。

源代码 3.78: 用 convn 函数辅助构造逻辑索引,by Alfonso Nieto-Castanon,size:24

```
1  function ans = AddMatrixLim(x)
2  ans=sum(x(convn(1|x, ones(3),'same')<9));
3  end
```

3.4 数组训练进阶:"行程长度编码"序列构造

例 3.4 给定一个计数序列向量,请写一个函数 RevCountSeq.m,针对输入的计数序列,构造出其实际序列。比如计数序列

$$x = [2\ 5\ 1\ 2\ 4\ 1\ 1\ 3]$$

结果应构造出一个由 2 个 5、1 个 2、4 个 1 和 1 个 3 组成的序列:$y = [5\ 5\ 2\ 1\ 1\ 1\ 1\ 3]$。

源代码 3.79: 例 3.4 测试代码

```
1   %% 1
2   x = [2 5 1 2 4 1 1 3];
3   correct = [5 5 2 1 1 1 1 3];
4   assert(isequal(correct, RevCountSeq(x)));
5   %% 2
6   x = [1 9];
7   correct = [9];
8   assert(isequal(correct, RevCountSeq(x)));
9   %% 3
10  x = [9 1];
11  correct = ones(1,9);
12  assert(isequal(correct, RevCountSeq(x)));
13  %% 4
14  x = [1 1 1 2 1 3 1 4 1 5 1 6 1 7 1 8 1 9];
15  correct = 1:9;
16  assert(isequal(correct, RevCountSeq(x)));
```

释义: 所谓的"行程长度编码"(run-length encoding)可被看做"计数序列",在输入向量 x 中的第 i 项 ($i = 1, 3, \cdots$) 为重复排布次数、第 $i+1$ 项为所需重复的数字本身,例如:$x = [2\ 9\ 3\ 7]$,相当于要求构造一个序列 $y = [9\ 9\ 7\ 7\ 7]$。

因每次构造扩展都是针对数字 $x(i)$,列方向扩展 $x(i+1)$ 次,即乘以"ones(1,x(i+1))",所以前面介绍的不同扩维函数"repmat"、"kron"、"bsxfun"等都比较适合。

3.4.1 利用循环拼接 repmat 扩展矩阵

按循环 $\frac{n}{2}$ 次得到的向量依次拼接。

源代码 3.80: kron+ 循环扩展拼接,by bainhome,size:40

```
1  function a = RevCountSeq(x)
2   a=[];
3   for i = 1:2:numel(x)
4      a=[a,kron(x(i+1),ones(1,x(i)))];
5   end
6  end
```

3.4.2 索引扩维、arrayfun 扩展和 cell2mat 拼接

循环结合 repmat、bsxfun 或矩阵数乘都可实现扩维。另外，对不定长度向量拼接，"arrayfun+cell2mat"是不错的函数组合，扩展则采用 3.1 节讲到的矩阵索引扩维方式。

源代码 3.81: 索引扩展 + arrayfun + cell2mat 拼接,by @bmtran,size:38

```
1  function ans = RevCountSeq(x)
2   ans=cell2mat(arrayfun(@(i)x(i*ones(1,x(i-1))),2:2:numel(x),'uni',0));
```

3.4.3 按 reshape 变维向量循环处理

前述讲了循环中提取输入 x 的相应数值，其本身维数不变，下面再介绍 reshape 转变 x 为 $2 \times \frac{n}{2}$ 矩阵再接循环的思路。

源代码 3.82: 索引扩展 + reshape 变维 + 循环拼接,by Jan Orwat,size:38

```
1  function a = RevCountSeq(x)
2   a=[];
3   for k=reshape(x,2,numel(x)/2),
4      a(end+[1:k])=k(2);
5   end
6  end
```

源代码 3.82 看似是个很简单的循环程序，其实写出这个程序要求对 MATLAB 有相当深入的理解，分析如下：

① **循环次数不带"1:"** MATLAB 默认的循环方式是按整列，这在例 3.2 的讲解中也曾提到，但源代码 3.82 中整列循环体现得更加突出。下面的源代码 3.83 就恰当地表达了整列数据传入循环体的含义。

源代码 3.83: MATLAB 的循环方式剖析

```
1  >> LoopM=randi(10,2,4)
2  LoopM =
3       9    2    7    3
4      10   10    1    6
5  0;
6  for i=LoopM;
7   disp(['第',num2str(ans+1),'次循环的变量i值: ']);
8   disp(i);
9   ans+1;
```

```
10  end
11  第1次循环的变量i值:
12      9
13      10
14  第2次循环的变量i值:
15      2
16      10
17  第3次循环的变量i值:
18      7
19      1
20  第4次循环的变量i值:
21      3
22      6
```

② 弹性扩展行序列　用 ans(end+[1:k]) 扩展行向量，其意为源代码 3.81 刚用到的索引扩维，因为每次循环体内的 k 是 1×2 的列向量，在不加诸如"1:k(i)"的索引号指定时，"[1:k]"默认为"1:k(1)"。

这个题目的写法能帮助我们很好地理解 MATLAB 循环机制，当然如果想缩短长度可以在循环体内变为类似"[ans,repmat(...)]"的形式。或者采用 MATLAB 2015a 版本之后才有的函数 repelem。

源代码 3.84: 索引扩展 + arrayfun+ cell2mat 拼接,by bainhome,size:34

```
1  function a = RevCountSeq(x)
2    a=[];
3    for i = reshape(x,2,[])
4      a=[a repelem(i(2),i(1))];
5    end
6  end
```

同样的思路在拼接扩展向量时还可以再做变化：利用逻辑索引在循环体内先声明待扩展向量的维度，再通过四则运算合成所需向量。

源代码 3.85: 索引扩展 + arrayfun+ cell2mat 拼接,by Jan Orwat,size:33

```
1  function a = RevCountSeq(x)
2    a='';
3    for k=reshape(x,2,''),
4      a=[a ~(1:k)+k(2)];
5    end
6  end
```

源代码 3.85 中，因 $k\geqslant 1$，"~(1:k)"永远是全 0 逻辑索引向量，但它却提供了扩展向量的维度，这也是逻辑索引的特殊使用方法。

3.4.4 递归

输入 x 的维度如果是 $1\times n$，循环次数固定在 $\dfrac{n}{2}$ 次，考虑采用 try-catch 构造递归流程。

源代码 3.86: "try"流程"包裹"的递归流程 1,by @bmtran,size:29

```
1  function x = RevCountSeq(x)
2    try
```

第 3 章 数组操作进阶：扩维与构造

```
3    x = [repmat(x(2),1,x(1)), RevCountSeq(x(3:end))];
4  end
5 end
```

递归流程之外必须要加一层"try"，因为运行到最里层时，如果没有外层测试流程包裹，将因没有停止运行的保证而提示超过矩阵维度的错误。

此外，扩维也可改成新版本中的扩维函数 repelem。

源代码 3.87: "try" 流程"包裹"的递归流程 2, by bainhome, size:28

```
1 function x = RevCountSeq(x)
2   try
3     x = [repelem(x(2),x(1)), RevCountSeq(x(3:end))];
4   end
5 end
```

3.4.5 直接调用函数 repelem

源代码 3.87 是用函数 repelem 替换源代码 3.86 中的 repmat，但函数 repelem 本身支持矢量索引，故可用最简单的办法直接调用。

源代码 3.88: 直接调用函数 repelem, by Alfonso Nieto-Castanon, size:27

```
1 function ans = RevCountSeq(x)
2     ans=repelem(x(2:2:end),x(1:2:end));
3 end
```

3.5　数组训练进阶："行程长度编码"的反问题

例 3.5 你能看出如下序列的规律吗？

$$[0]$$
$$[1\ 0]$$
$$[1\ 1\ 1\ 0]$$
$$[3\ 1\ 1\ 0]$$
$$[1\ 3\ 2\ 1\ 1\ 0]$$

这就是著名的 Morris 序列，又称为"Look and Say"序列，每次新迭代都需要观察前次生成序列，并把观察到的序列"说"出来，比如上述序列第 3 行，自左至右，共计有 3 个"1"和 1 个"0"，所以第 4 行就变成 $[3, 1, 1, 0]$，以此类推。请创建一个函数，给定一个输入向量，返回该向量下一次迭代结果。

源代码 3.89: 例 3.5 测试代码

```
1 %% 1
2 assert(isequal(look_and_say([1]),[1 1]))
3 %% 2
4 assert(isequal(look_and_say([1 1 1 1]),[5 1]))
5 %% 3
6 assert(isequal(look_and_say([1 3 3 1 5 2 2]),[1 1 2 3 1 1 1 5 2 2]))
7 %% 4
```

```
8   assert(isequal(look_and_say([8 6 7 5 3 0 9]),[1 8 1 6 1 7 1 5 1 3 1 0 1 9]))
```

释义：3.4节探讨了"行程长度编码"问题的一种情况，由统计序列数量"解压缩"序列，本节的例3.5则讨论它的反问题：已知完整的序列，统计每个连续相同部分的数字个数及元素值，正如题目名称"Look and Say Sequence"，不妨就译为"所见即所得序列"。例如 [2 2 2 3 3 1]，返回的数字统计矩阵好像是把原矩阵按自左至右顺序读出来一样"（3个2，2个3和1个1）"，因此结果是 [3 2 2 3 1]。

3.5.1 循环拼接向量

运行长度向量生成，首要问题是每次预备拼接的向量长度都可能不同，以循环为主体思路的代码，其主要工作是寻找拼接向量端点及判断向量长度。

源代码 3.90: 循环拼接,by bainhome,size:44

```
1   function a = look_and_say(x)
2   a=[];
3   temp = 0;
4   for i=[find(diff(x)) length(x)]
5       a=[a i-temp x(i)];
6       temp=i;
7   end
```

源代码3.90的循环体控制部分用矢量化寻址方式，找到每段向量的末端点位置（`[find(diff(x)) length(x)]`），使循环体内部的待拼接向量，即长度值计算和向量元素查找部分（`i-temp x(i)`）变得容易。如果抓不住这个要点，仅用 `while` 循环判断下个元素与本元素是否相同，其代码十分烦琐。

源代码 3.91: 循环+`while`判断拼接向量长度,by Freddy,size:72

```
1   function y = look_and_say(x)
2       i = 1;
3       leX = length(x);
4       y = [];
5       while (i <= leX)
6           n = 0;
7           itm = x(i);
8           while(i <= leX && isequal(x(i),itm))
9               n = n+1;
10              i = i+1;
11          end
12          y = [y n x(i-1)];
13      end
14  end
```

或者也可逆向思考这个问题，从向量中逐步删除已取部分。

源代码 3.92: `while`循环逐步取消已拼接向量,by Richard Zapor,size:63

```
1   function nv = look_and_say(v)
2   nv=[];
3   while ~isempty(v)
```

```
4    count=find(v~=v(1),1);
5    if isempty(count),count=length(v)+1;end
6    nv=[nv count-1 v(1)];
7    v(1:count-1)=[];
8  end
9  end
```

3.5.2 利用矢量化多次寻址构造序列

前面说过，关于形成长度编码，关键在于多段序列的始末端点位置确定，向量长度与两相邻索引位置之差密切相关。

源代码 3.93: 多段向量始末端点索引位置确定办法

```
1  >> x=[1 1 1 2 2 2 1 1 3 3 1];
2  >> StartPt=find(diff([inf x]))
3  StartPt =
4       1    4    7    9   11
5  >> EndPt=find(diff([x NaN]))
6  EndPt =
7       3    6    8   10   11
```

> **评** 源代码 3.93 确定始末端点时，刻意用 inf 和 NaN 辅助边界值，说明这两个特殊符号仅仅是索引编号占位符，并不参与实际索引的计算。

始末端点索引向量，只需知道其中之一：在其之前加个零重新做差即得每段长度。

源代码 3.94: 多段向量长度确定办法

```
1  >> LenArray=diff([0 EndPt])
2  LenArray =
3       3    3    2    2    1
```

综合上述，按"StartPt"和"EndPt"任意一个索引向量在原向量中查找得元素值，搭配源代码 3.94 中的同维长度向量"LenArray"，利用 `reshape` 重组向量可得行程长度编码的典型代码。

源代码 3.95: 矢量化多次寻址构造解答的经典方案,by bainhome,size:33

```
1  function a = look_and_say(x)
2  find(diff([x NaN]));
3  a=reshape([diff([0 ans]); x(ans)],1,'');
```

> **评** 行程长度编码也非常适合利用动态正则表达式求解，在第 4 章还要以正则思路来重解例 3.5。

3.6 数组训练进阶：孤岛测距

本节继续讨论行程长度编码问题的另一个变体：孤岛测距问题，这实际上是测量向量中每个 1 距离最近 0 之间的索引距离。

例 3.6 假设在一个 0-1 序列中，1 是安全位置，0 是危险位置。请写一个函数，输入任意这样的 0-1 序列，返回一个向量，其上每个元素是原输入序列对应元素距离下一个危险位置还有多远的长度，不妨假设输入的 0-1 序列之外全部都是 0，也就是危险位置。例如给定如下输入序列：

$$\text{tfs} = \begin{bmatrix} 1 & 1 & 1 & 0 & 0 & 1 & 1 & 0 & 1 & 1 & 1 & 1 & 1 & 1 & 1 \end{bmatrix}$$

得到的距离向量应该是这样的：

$$\text{distancesFromHoles} = \begin{bmatrix} 1 & 2 & 1 & 0 & 0 & 1 & 1 & 0 & 1 & 2 & 3 & 4 & 3 & 2 & 1 \end{bmatrix}$$

源代码 3.96: 例 3.6 测试代码

```
1  %% 1
2  x = [0 0 1 1 1 0];
3  y_correct = [0 0 1 2 1 0];
4  assert(isequal(distancesFromHoles(x),y_correct))
5  %% 2
6  x = [1 1 1 0 0 1 1 0 1 1 1 1 1 1 1];
7  y_correct = [1 2 1 0 0 1 1 0 1 2 3 4 3 2 1];
8  assert(isequal(distancesFromHoles(x),y_correct))
```

释义：对仅包含元素 1 和 0 的一维向量，把 0 所在位置视为危险，1 所在位置视为安全，测量每个 1 所在位置与最近危险区域之间的距离。序列外部也被记为危险区域，相当于"0"区域。

3.6.1 序列 1, 0 元素索引位相减取最小值

可以寻找每个 1, 0 元素的索引位相减取最小值。

源代码 3.97: 序列 1, 0 元素索引位相减取最小值方案 1, by igor tubis, size:96

```
1  function ans=distancesFromHoles(v)
2   a = oneDirHistory(v);
3   a_ud = flip(oneDirHistory(flip(v)));
4   ans=min(a, a_ud);
5  end
6
7  function ans = oneDirHistory(v)
8   d = diff([0 v]);
9   ls = find(d==1);le = find(d==-1);
10  if v(end)==1
11     ls(end) = [];
12  end
13  ns = le-ls;
14  v(le) = -ns;
15  ans=cumsum(v);
16 end
```

还有一种办法：仍是前后补 0 位查找所有 0、1 索引位并让每个 1 的索引位和 0 索引位遍历相减取最小值，但把过程放在 arrayfun 中；另外，前后位分别补 0，利用索引条件赋值，去掉累积求和命令 cumsum。

源代码 3.98: 序列 1, 0 元素索引位相减取最小值方案 2,by James,size:65

```
1  function a = distancesFromHoles(tfs)
2  a=0*tfs;
3  x=[0 tfs 0];
4  tfs_zeros=find(x==0);
5  tfs_ones=find(x~=0);
6  j=arrayfun(@(x) min(abs(tfs_ones(x)-tfs_zeros)),1:numel(tfs_ones))
7  a(tfs_ones-1)=j
8  end
```

序列边缘补 0 相当于把外部区域看做危险区。显然，源代码 3.97 和源代码 3.98 都相当于对问题思路的"直译"。

3.6.2 直接处理每段"安全"区域

每一段连续的"1"元素 (设为变量 t) 距离边缘的距离都很有规律：对向朝自身区域最中心位递增 1，可考虑构造新的 1:length(t) 向量，令向量与其翻转向量对位比较取得最小值，即为每段 1 的危险测量距离。

源代码 3.99: 结果元素生成原理

```
1  >> t=ones(1,8)
2  t =
3       1    1    1    1    1    1    1    1
4  >> min(1:length(t),fliplr(1:length(t)))
5  ans =
6       1    2    3    4    4    3    2    1
```

按此规则，要找到每段 1 的起始和结束索引位置，问题 3.5 的源代码 3.93 正好有所启发：查找连续相同元素时，利用 diff 相邻元素做差，这一段元素相同的向量相减后，左、右端点与其他元素做差不为 0、中间元素全部为 0，依据这个特征，对只有 1 和 0 元素的向量按 diff 做差，连续一段全 1 向量左端点处值为 1，右端点处值为 −1，函数 find 可查找到所有端点索引。

源代码 3.100: 查找每段安全区域（全 1 向量）始末点索引位的方法

```
1  >> data=randi([0 1],1,12)
2  data =
3       1    1    1    0    1    1    1    1    1    0    1    0
4  >> IndStart=find(diff([0 data])==1)
5  IndStart =
6       1    5    11
7  >> IndEnd=find(diff([data 0])==-1)
8  IndEnd =
9       3    9    11
```

结合源代码 3.99 和源代码 3.100 及相关分析，不难写出如下解法：

源代码 3.101: 利用端点索引构造距离向量,by bainhome,size:66

```matlab
1  function x = distancesFromHoles(x)
2  EndPt=find(diff([x 0])==-1);
3  StartPt=find(diff([0 x])==1);
4  t=EndPt-StartPt+1;
5  for i=1:numel(StartPt)
6    x(StartPt(i):EndPt(i))=min(1:t(i),fliplr(1:t(i)));
7  end
```

3.6.3 利用相邻项数值的构造和比较

一般来说,行程编码如果逐元素循环对边缘测距,需对前后元素的数值进行判断。不过,利用相邻两个元素的数值,通过简单四则运算和大小比较,两次循环也能构造出正确结果:

源代码 3.102: 利用相邻项数值的构造和比较,by Jan Orwat,size:74

```matlab
1  function x = distancesFromHoles(x)
2  for k = 2:length(x)
3    x(k)= x(k)*(x(k-1)+1);
4  end
5  x(end) = min(x(end),1);
6  for k = length(x)-1:-1:1
7    x(k) = min(x(k),x(k+1)+1);
8  end
9  end
```

第 1 次循环逐次将向量第 k 项和前项加 1 相乘,因第 k 次循环中的 $x(k)$ 只能为 0 或者 1,与 "$x(k-1)+1$" 的乘积只能递增 1 或者重新置 0,所以能把每段全 1 序列变成 "$1:n_i$" 形式的增序列,以源代码 3.96 的算例 2 中的序列为例。

源代码 3.103: 源代码 3.102 第 1 次循环运行结果

```matlab
1  >> x = [1 1 1 0 0 1 1 0 1 1 1 1 1 1 1]
2  x =
3     1  1  1  0  0  1  1  0  1  1  1  1  1  1  1
4  >> for k = 2:length(x),x(k)= x(k)*(x(k-1)+1);end
5  >> x
6  x =
7     1  2  3  0  0  1  2  0  1  2  3  4  5  6  7
```

评 源代码 3.103 是用源代码 3.102 求解示例代码 3.96 中第 2 个算例,得到的第 1 次循环结果。其返回的数组从形式上看,就是每个用 0 分割开的全 1 序列累积求和。当然,这个步骤也能用 cumsum 函数外加判断来完成,只是源代码 3.103 中仅仅用循环、四则运算和最小值函数这几个为人熟知的要素组合起来就达到了目的。

3.6.4 利用滤波函数 `filter2`

本小节讨论用滤波与卷积函数解决行程长度编码问题。

第 3 章 数组操作进阶：扩维与构造

源代码 3.104: 利用二维滤波函数 filter2,by Alfonso Nieto-Castanon,size:34

```
1  function ans = distancesFromHoles(ans)
2  for i=ans
3      ans=~~ans.*(min(filter2(str2num('[1 0 0]'),ans),filter2(str2num('[0 0 1]'),ans))+1);
4  end
```

数组操作方面，使用滤波和卷积函数有一定的互通性，比如 filter2 及卷积命令 conv 调用的运行结果比较如下：

源代码 3.105: filter2 和卷积命令 conv

```
1  >> X=4:10;h=[1 2 3];
2  >> conv(X,fliplr(h),'same')
3  ans =
4      23    32    38    44    50    56    29
5  >> filter2(h,X)
6  ans =
7      23    32    38    44    50    56    29
```

如果暂停忽略命令背后的数学意义，仅比较卷积与滤波命令在数组操作中的区别，发现至少有三处不同，以源代码 3.105 中的一维向量 X 为例：

- **参数位置** 卷积命令中，滤波器数据 h 在后，数据 X 在前；而滤波函数则正好相反，滤波器 h 在前，被滤波数据 X 在后；
- **参数形态** 滤波函数 filter2 的计算结果相当于在线性滤波操作中，把滤波器数据 h 翻转 $180°$；
- **后置默认参数** 卷积命令默认返回卷积结果的"'full'"形态，其维度应为 $numel(x) + numel(h) - 1$，而滤波函数默认返回滤波数据的维度 ('same')，即 $numel(X)$。

基本理解数组操作中滤波和卷积命令的区别后，尝试再用 conv 解决孤岛检测问题。

源代码 3.106: 利用卷积命令 conv 解例 3.6,by bainhome,size:36

```
1  function ans = distancesFromHoles(ans)
2  for i=ans
3      ans=~~ans.*(min(conv(ans,str2num('[0 0 1]'),'same'),conv(ans,str2num('[1 0 0]'),'same'))+1);
4  end
```

为便于理解，把源代码 3.106 改为如下形式：

源代码 3.107: 利用卷积命令 conv 解例 3.6——分解运行模式

```
1  function x = distancesFromHoles(x)
2  clc;k=1;
3  for i=x
4      LoopNum=sprintf('This is Loop Time: %d',k)
5      x
6      t1=conv(x,str2num('[0 0 1]'),'same')
7      t2=conv(x,str2num('[1 0 0]'),'same')
8      x=~~x.*(min(t1,t2)+1);
9      k=k+1;
10 end
```

源代码 3.107 运行问题中第 1 组数据 $x = [0\ 0\ 1\ 1\ 1\ 0]$，前 3 次循环结果如下：

源代码 3.108：源代码 3.107 三次循环结果

```
1  LoopNum =
2  This is Loop Time: 1
3  x =
4       0     0     1     1     1     0
5  t1 =
6       0     0     0     1     1     1
7  t2 =
8       0     1     1     1     0     0
9  x =
10      0     0     1     2     1     0
11 LoopNum =
12 This is Loop Time: 2
13 x =
14      0     0     1     2     1     0
15 t1 =
16      0     0     0     1     2     1
17 t2 =
18      0     1     2     1     0     0
19 x =
20      0     0     1     2     1     0
21 LoopNum =
22 This is Loop Time: 3
23 x =
24      0     0     1     2     1     0
25 t1 =
26      0     0     0     1     2     1
27 t2 =
28      0     1     2     1     0     0
29 x =
30      0     0     1     2     1     0
```

其中，t_1 和 t_2 这两个卷积运算从每次循环的效果上看，代表数据向前和向后两次整体平移，最后一步对位比较取得相应最小值并加 1 试凑出向量基本形态，最后与非 0 元素逻辑索引点乘获得结果；循环次数取决于输入数据中最长的全 1 向量段长度，循环节取到遍历所有输入元素是保险的做法；另一个值得一提的是非 0 元素的判断操作，即 "0-1" 逻辑索引的取得，通过 "~~" 两次对原矩阵取逻辑反得到。

总之，源代码 3.104 循环体内仅有一行代码，却体现出深厚的数学功底以及良好的模型构造能力，这是例 3.6 几种解法（包括第 4 章还要介绍其正则表达式求解方法）中最为出色的一个。

3.7 数组训练进阶：生成索引数自扩展序列

例 3.7 写一个函数，生成下面这种形式的序列：

$$[1\ 2\ 2\ 3\ 3\ 3\ \underbrace{4\ 4\ 4\ 4}_{4\uparrow 4}\ \cdots\ \underbrace{n\ \cdots\ n}_{n\uparrow n}]$$

第 3 章 数组操作进阶：扩维与构造

因此，如果输入 $n=3$，则函数返回 [1 2 2 3 3 3]，以此类推。

源代码 3.109: 例 3.7 测试代码

```
1  %% 1
2  x = 2;
3  y_correct = [1 2 2];
4  assert(isequal(your_fcn_name(x),y_correct))
5  %% 2
6  x = 5;
7  y_correct = [1 2 2 3 3 3 4 4 4 4 5 5 5 5 5];
8  assert(isequal(your_fcn_name(x),y_correct))
```

释义：按照自然数序列完成自扩展，把 1 个 1、2 个 2、…、n 个 n 并为一个大的向量。

3.7.1 循环拼接

既然原始数据、扩展长度都非常清楚，循环拼接就很容易了：每次循环把此次循环次数 i 和维度 $1 \times i$ 全 1 向量拼接，循环结束即为所求。

源代码 3.110: 循环拼接全 1 序列方式 1,by Christopher,size:31

```
1  function ans = your_fcn_name(n)
2  ans=[];
3  for i = 1:n
4      ans=[ans i*ones([1 i])];
5  end
```

基于本例的情况，中间循环变量 i 也可用 n 自身替代。

源代码 3.111: 循环拼接全 1 序列方式 2,by Michael C.,size:28

```
1  function ans = your_fcn_name(n)
2  ans=1;
3  for n = 2:n
4      ans=[ans n*ones(1, n)];
5  end
```

或者用矩阵复制函数 repmat。

源代码 3.112: 循环拼接 repmat 扩展结果,by Vitaly Lavrukhin,size:28

```
1  function ans = your_fcn_name(n)
2  ans=[];
3  for i = 1:n
4      ans=[ans repmat(i,1,i)];
5  end
```

arrayfun + cell2mat 组合在序列拼接问题中很适合于替代循环流程。

源代码 3.113: arrayfun 拼接 repmat 扩展结果 1,by James,size:26

```
1  function ans = your_fcn_name(n)
2      ans=cell2mat(arrayfun(@(x) repmat(x,1,x),1:n,'Uni',0));
3  end
```

受控匿名函数用全 1 矩阵和输入序列每个元素的乘法或者加全 0 矩阵，可得到相同结果：

源代码 3.114: arrayfun 拼接 repmat 扩展结果 2,by Yuan,size:26
```
1 function ans = your_fcn_name(n)
2  ans=cell2mat(arrayfun(@(x) x+zeros(1, x), 1:n, 'uni', 0));
3 end
```

3.7.2 利用测试矩阵 hankel

本小节讨论用构造方式得到结果序列，从结构上看，hankel 矩阵与所需构造的扩展序列之间有颇多类似之处，以 $n=5$ 为例：

源代码 3.115: hankel 矩阵示例
```
1 >> hankel(1:5)
2 ans =
3     1    2    3    4    5
4     2    3    4    5    0
5     3    4    5    0    0
6     4    5    0    0    0
7     5    0    0    0    0
```

发现每条反对角线上的元素正好是所需序列的一部分。剩下的问题只是剔除 0 元素再让它们按所需排列。

源代码 3.116: 利用 hankel 矩阵构造序列,by Grzegorz Knor,size:19
```
1 function ans = your_fcn_name(n)
2     ans=sort(nonzeros(hankel(1:n)))';
3 end
```

3.7.3 利用上三角矩阵函数 triu+meshgrid 构造

没有 hankel 矩阵也没关系，利用 triu + meshgrid 构造也可达到同样的效果。

源代码 3.117: 利用 triu+ meshgrid 获得序列元素的原理
```
1  >> meshgrid(1:5)
2  ans =
3     1    2    3    4    5
4     1    2    3    4    5
5     1    2    3    4    5
6     1    2    3    4    5
7     1    2    3    4    5
8  >> triu(ans)
9  ans =
10    1    2    3    4    5
11    0    2    3    4    5
12    0    0    3    4    5
13    0    0    0    4    5
14    0    0    0    0    5
```

可以看出，其上三角矩阵元素恰好与原问题要求一致，甚至元素的顺序都与要求一致，取得非 0 元素时可省去升序排序工作。

源代码 3.118: 利用 triu+ meshgrid 构造序列,by @bmtran,size:19

```
1  function ans = your_fcn_name(n)
2    ans=nonzeros(triu(meshgrid(1:n))).';
3  end
```

> **评** 在几种构造序列元素的方法中：按复制序列的循环中规中矩，利用测试矩阵或其他特殊矩阵的形态恰当组合要求一定的构造能力，从更高维度的数组中看到低维序列元素，这是一种具有启发性的思维方式。

当然，上述讨论的目的是提高 MATLAB 程序编写能力，并非为解决问题而解决问题，因为例 3.7 最简单的办法是用新版本函数 repelem。这从侧面提示我们：MATLAB 也在不停地进步和进化。

源代码 3.119: 利用 repelem 构造序列,by LY Cao,size:17

```
1  function ans = your_fcn_name(n)
2    ans=repelem(1:n,1:n);
```

另外，第 4 章中还会用动态正则表达式重解例 3.7（见源代码 4.239）。

3.8 数组训练进阶：指定子向量长度求均值

本节讨论向量中指定长度逐段求均值的问题。

例 3.8 在不使用 2016a 版本的 movmean 函数前提下，写一个函数 moving_avg.m，计算输入向量 x 的 "移动均值"。移动部分称为 "核 (kernel)"，核的长度 $\text{kernel}_{\text{length}}$ 为输入变量，比如当 $x = 1:10$, $\text{kernel}_{\text{length}} = 2$ 时，函数的返回结果应为两两均值：$[1.5:9.5]$；当 $x = 1:10$, $\text{kernel}_{\text{length}} = 3$ 时，返回结果是每三个相邻元素的均值：$[2:9]$。

源代码 3.120: 例 3.8 测试代码

```
1   %% 1
2   x = 1:10;
3   kernel_length=4
4   y_correct = [ 2.5000 3.5000 4.5000 5.5000 6.5000 7.5000 8.5000];
5   assert(isequal(moving_avg(x,kernel_length),y_correct))
6   %% 2
7   x = 10:20;
8   kernel_length=5
9   y_correct = [ 12.0000 13.0000 14.0000 15.0000 16.0000 17.0000 18.0000];
10  assert(isequal(moving_avg(x,kernel_length),y_correct))
11  %% 3
12  x = ones(1,10);
13  kernel_length=5
14  y_correct = ones(1,6);
15  assert(isequal(moving_avg(x,kernel_length),y_correct))
```

释义：给定行向量 x 和输入长度 $k(k \leqslant \text{length}(x))$，在行向量 x 上从第 1 个元素起，按长度 k 逐个元素右移，并求每段长度为 k 的子向量均值。例如：指定 $x = [1\ 2\ 3\ 4\ 5]$，指定

长度 $k=3$，所以在向量 x 上按长度 k 每段的均值如下：

$$\begin{cases} X_{\text{Mean}_k}(1) = \dfrac{x(1)+x(2)+x(3)}{k} = \dfrac{1+2+3}{3} = 2 \\ X_{\text{Mean}_k}(2) = \dfrac{x(2)+x(3)+x(4)}{k} = \dfrac{2+3+4}{3} = 3 \\ X_{\text{Mean}_k}(3) = \dfrac{x(3)+x(4)+x(5)}{k} = \dfrac{3+4+5}{3} = 4 \end{cases} \quad (3.6)$$

3.8.1 循环逐段求均值

因向量长度固定，循环逐段求均值是容易想到的办法。

源代码 3.121: 循环逐段求均值之一,by Khaled Hamed,size:37

```matlab
function ans = moving_avg(x,n)
  ans=[];
  for i=n:length(x)
    ans=[ans mean(x(i-n+1:i))];
  end;
end
```

或者改变均值向量长度的等效方式：

源代码 3.122: 循环逐段求均值之二,by Matt Eicholtz,size:35

```matlab
function y = moving_avg(x,k)
  for ii=1:length(x)-k+1
    y(ii) = mean(x(ii:ii+k-1));
  end
end
```

可用 arrayfun 等效替代循环：

源代码 3.123: 函数 arrayfun 替代循环,by bainhome,size:34

```matlab
function ans = moving_avg(x,k)
  ans=arrayfun(@(i)mean(x(i:i+k-1)),1:length(x)-k+1);
end
```

3.8.2 利用频数累加函数 accumarray

例 1.3 的求解中介绍了分组频数累加函数 accumarray 的用法（1.3.5 小节），这个函数用法非常灵活，甚至能利用自定义句柄操作分组数据，比如：

源代码 3.124: accumarray 调用格式

```matlab
accumarray(subs,vals,[],@mean)
```

其中，subs 为基底组索引向量，一次求均值的 k 数据在 subs 内对应的数值相同，subs 与 vals 同维（每个子索引下都要对应一个数据）；vals 为每个基底索引下分配的数据，在本例中是连续 k 个数据为 1 组，共计 $\text{length}(x)-k+1$ 组，故 vals 维度为 $k(\text{length}(x)-k+1) \times 1$；"[]" 为指定维度，按默认即可；"@mean" 是求均值的自定义句柄。

按调用参变量意义，有：

第 3 章　数组操作进阶：扩维与构造

源代码 3.125: accumarray 对分组数据求均值,by bainhome,size:60

```
1  function a = moving_avg(x,k)
2  bsxfun(@plus,(1:k)',0:(length(x)-k));
3  a=accumarray(sort(repmat(1:(length(x)-k+1),[1 k]))',x(ans(:))',[],@mean)';
4  end
```

以 $x = 1:10, k = 4$ 为例，分步运行程序结果及分析如下：

① **索引向量下的对应数据 vals**: 维度 $k(\text{length}(x) - k + 1) \times 1$;

源代码 3.126: 源代码 3.125 分析——vals 数据生成方式 1

```
1  x=1:10;k=4;
2  >> vals=x(bsxfun(@plus,(1:k)',0:(length(x)-k)))
3  vals =
4       1     2     3     4     5     6     7
5       2     3     4     5     6     7     8
6       3     4     5     6     7     8     9
7       4     5     6     7     8     9    10
```

利用 bsxfun 对原始向量完成累加扩张，结果正好是原输入向量按 $k = 4$ 分组求均值的索引值，可直接通过原始向量 x 引用，因 accumarray 需要维度 $k(\text{length}(x) - k + 1) \times 1$，做一次"ans(:)"变化即可。向量扩张累加也可通过其他多种方式实现，如：函数 cumsum。

源代码 3.127: 源代码 3.125 分析——vals 数据生成方式 2

```
1  >> vals=x(cumsum([1:k;ones(length(x)-k,k)])')
2  vals =
3       1     2     3     4     5     6     7
4       2     3     4     5     6     7     8
5       3     4     5     6     7     8     9
6       4     5     6     7     8     9    10
```

② **索引向量 subs**: 第①步的 vals 分组对应索引值应一样，排布方式如下：

$$\text{subs} = [\underbrace{1, \cdots, 1}_{k}, \underbrace{i, \cdots, i}_{k}, \cdots]' \tag{3.7}$$

生成这样的序列也有多种方式，repmat 是其中一种。

源代码 3.128: 源代码 3.125 分析——subs 数据生成方式 1

```
1  >> subs=sort(repmat(1:(length(x)-k+1),[1 k]))
2  subs =
3    Columns 1 through 12
4       1     1     1     1     2     2     2     2     3     3     3     3
5    Columns 13 through 24
6       4     4     4     4     5     5     5     5     6     6     6     6
7    Columns 25 through 28
8       7     7     7     7
```

或者用向量积函数 kron 一步到位扩展。

源代码 3.129: 源代码 3.125 分析——subs 数据生成方式 2

```
1  >> subs=kron(1:(length(x)-k+1),ones(1,k))
```

```
2  subs =
3      Columns 1 through 12
4         1    1    1    1    2    2    2    2    3    3    3    3
5      Columns 13 through 24
6         4    4    4    4    5    5    5    5    6    6    6    6
7      Columns 25 through 28
8         7    7    7    7
```

③ **分组统计均值**：第①、②步任意方式得到参数 subs 和 vals，代入 accumarray 求均值。

源代码 3.130: 源代码 3.125 分析——函数 accumarray 分段均值

```
1  >> accumarray(subs(:),vals(:),[],@mean)'
2  ans =
3      2.5000    3.5000    4.5000    5.5000    6.5000    7.5000    8.5000
```

评 利用 accumarray 统计均值，在子索引分组扩维部分开销较大，并不非常适合于解决例 3.8，因为扩维函数得到分组数据，已经可以用 mean 求均值。讲解源代码 3.125 的目的是了解 accumarray、其输入参数 subs、vals 构造思路及熟悉扩维函数 bsxfun、repmat、kron 等命令。

源代码 3.131: 利用数据索引分组直接求均值方式 1,by bainhome,size:29

```
1  function ans = moving_avg(x,k)
2      ans=mean(bsxfun(@plus,(1:k)',0:(length(x)-k)));
3  end
```

或者：

源代码 3.132: 利用数据索引分组直接求均值方式 2,by bainhome,size:31

```
1  function ans = moving_avg(x,k)
2      ans=mean(x(cumsum([1:k;ones(length(x)-k,k)])'));
3  end
```

3.8.3 利用测试矩阵 hankel

分段求均值问题重点是各段子向量索引构造，分段索引是很有规律的矩阵，如式 (3.8)：

$$\begin{pmatrix} 1 & 2 & \cdots & i & \cdots & n-k+1 \\ 2 & 3 & \cdots & i+1 & \cdots & \cdots \\ \vdots & \vdots & \vdots & \vdots & \vdots & \vdots \\ k & k+1 & \cdots & k+i & \cdots & n \end{pmatrix} \quad (3.8)$$

矩阵形式与测试矩阵 hankel 非常像，可通过维度构造直接生成索引求解问题。

源代码 3.133: 利用 hankel 矩阵构造索引,by Alfonso Nieto-Castanon,size:24

```
1  function ans = moving_avg(x,k)
2      ans=mean(x(hankel(1:k,k:numel(x))));
3  end
```

3.8.4 利用卷积系列命令

在固定长度约束下分段求均值可看做分段求和并除以该固定长度，卷积命令对分段求和非常适合。

源代码 3.134: 利用卷积命令求均值方式 1,by Binbin Qi,size:23

```
1  function ans = moving_avg(x,k)
2    ans=roundn(conv(x,ones(1,k)/k,'valid'),-2);
3  end
```

源代码 3.134 把均值求解放在卷积命令内部，因此外部需要圆整一下。或者把均值求解放在卷积求和之外：

源代码 3.135: 利用卷积命令求均值方式 2,by @bmtran,size:20

```
1  function ans = moving_avg(x,k)
2    ans=conv(x,ones(1,k),'valid')/k;
3  end
```

多维数组卷积命令向低维兼容，故：

源代码 3.136: 利用卷积命令求均值方式 3,by Alfonso Nieto-Castanon,size:20

```
1  function ans = moving_avg(x,k)
2    ans=convn(x,ones(1,k),'valid')/k;
3  end
```

滤波命令代码：

源代码 3.137: 利用滤波命令 `filter2` 求均值,by J.R.! Menzinger,size:18

```
1  function ans = moving_avg(x,k)
2    filter2(ones(1,k),x,'valid')/k
3  end
```

3.9 数组训练进阶：统计群组数量

本节探讨的群组数量统计问题，可以帮助熟悉集合函数如 `ismember`、`unique` 等，也算行程长度编码的一种变化。

例 3.9 这是关于群组数量统计的问题，例如输入 x 为

$$x = \begin{bmatrix} 0.8 & 0.8 & 0.8 & 0.3 & 0.3 & 0.4 & 0.5 & 0.6 & 0.6 & 0.9 \end{bmatrix}$$

所有最开始、值为 0.8 的，以统计顺序"1"返回至输出向量对应索引位，紧接着第 2 组全是 0.3 的，以统计顺序"2"返回对应索引位，以此类推，第 i 组元素，返回结果向量中对应索引位上的值都是 i。所以输出结果应为

$$y = \begin{bmatrix} 1 & 1 & 1 & 2 & 2 & 3 & 4 & 5 & 5 & 6 \end{bmatrix}$$

源代码 3.138: 例 3.9 测试代码

```
1  %% 1
2  x = [0.8 0.8 0.8 0.3 0.3 0.4 0.5 0.6 0.6 0.9];
```

```matlab
3   y_correct = [1 1 1 2 2 3 4 5 5 6];
4   assert(isequal(GroupSort(x),y_correct))
5   %% 2
6   x = [2 2 2 5 5 1 1 9 9 8 6 3 3];
7   y_correct = [1 1 1 2 2 3 3 4 4 5 6 7 7];
8   assert(isequal(GroupSort(x),y_correct))
9   %% 3
10  x = [1 2 3];
11  y_correct = [1 2 3];
12  assert(isequal(GroupSort(x),y_correct))
```

释义：给出输入向量 x，按自左至右的顺序，逐段统计相同元素，返回同维向量，第 i 段相同的元素，在结果向量中每个元素的值都是 i，以此类推。

3.9.1 循环拼接向量

未定次数循环流程 while 和给定数循环的 for 流程都能达到求解目的。

1. 未定次数循环

初值设为空矩阵，依次判断拼接即可。

源代码 3.139: 利用未定次数循环 while 流程,by James,size:55

```matlab
1   function j = GroupSort(x)
2   j=1;
3   while length(x)>1
4       if x(1)==x(2)
5           j=[j j(end)];
6       else
7           j=[j j(end)+1];
8       end
9       x(1)=[];
10  end
11  end
```

2. 给定次数循环

源代码 3.140: 利用给定次数循环 for 流程,by Grzegorz Knor,size:47

```matlab
1   function y = GroupSort(x)
2   y(1) = 1;
3   idx = 1;
4   for k=2:numel(x)
5       if x(k)~=x(k-1)
6           idx = idx+1;
7       end
8       y(k) = idx;
9   end
10  end
```

源代码 3.139 和源代码 3.140 的特点是循环流程十分清楚，程序比较好懂。

3.9.2 涉及排重命令 unique 的几种解法

函数 unique 用于提取向量或者矩阵中的非重复元素或者非重复行,属于集合类函数中使用频率最高的,围绕这个函数有多种解法。

1. 循环提取索引并叠加

用函数 unique 提取向量中所有非重复元素。

源代码 **3.141**: 索引向量叠加,by Yalong Liu,size:45

```
1  function a = GroupSort(x)
2  t=unique(x,'stable');
3  [];
4  for i=1:length(t)
5      [ans; (x==t(i))*i];
6  end
7  a=sum(ans);
8  end
```

评 源代码 3.141 把逻辑判断嵌入循环体运算,每次循环生成一行(注意循环体内拼接时"ans"和后面的序号向量之间是分号),"(x==t(i))"是逻辑索引,按等于遍历 unique 生成的非重复元素,与循环节相乘形成连续序号序列,由于每个行向量中生成的连续序号不重复,按列相加得非重元素编号向量。

2. 循环 histc 逐元素频数统计

连续序号相当于相同元素数量统计,容易想到频数统计命令 histc(详见 1.3.5 小节)。

源代码 **3.142**: 利用函数 histc 逐段构造序列,by Yalong Liu,size:45

```
1  function ans = GroupSort(x)
2  t=unique(x,'stable')
3  ans=[];
4  for i=1:length(t)
5      ans=[ans ones(1,histc(x,t(i)))*i];
6  end
7  end
```

评 每次循环用 histc 统计变量 x 中等于 $t(i)$ 的元素数量,构造全 1 向量与 i 相乘,逐步扩展拼接,这样不再需要为了一个向量,先构造一个维度为"[numel(t)numel(x)]"的大矩阵再求和。

3. 充分利用 unique 的输出设置参数

还能再进一步更充分地利用 unique 函数的输出参数简化求解,例如:

源代码 **3.143**: 函数 unique 用法介绍

```
1  >> x=[5 7 7 7 7 12 12 10 10 10 13 13];
2  >> [C,ia,ic]=unique(x);
3  >> C,ia',ic'
```

```
 4  C =
 5       5     7    10    12    13
 6  ans =
 7       1     2     8     6    11
 8  ans =
 9       1     2     2     2     2     4     4     3     3     3     5     5
10  >> x(ic)
11  ans =
12       5     7     7     7     7     7     7     7     7     7
13  >> C(ic)
14  ans =
15       5     7     7     7     7    12    12    10    10    10    13    13
```

源代码 3.143 中用到 unique 的第 3 个参数 ic，发现其输出结果和问题答案仅相差一个转置步！由此可见理解函数调用方式的重要性。那么，参数 ic 究竟是什么意思呢？最后一条语句"C(ic)"说明 ic 是所有非重元素重新转换为输入向量的扩展索引。

据此改造问题，代码思路就变得比较清晰：

源代码 3.144: 利用 unique 的第 3 个后置参数，by bainhome, size:21

```
1  function a = GroupSort(x)
2  [~,~,ans]=unique(x,'stable');
3  a=ans';
4  end
```

两个波浪号省略不需要的前两个输出，unique 输入中的后置参数 "'stable'" 代表不改变非重元素的检索顺序。

令人惊奇的是：源代码 3.144 还可以进一步简化，关键是输入和输出参数形式的统一表述。

源代码 3.145: 利用统一输出形式简化代码，by Alfonso Nieto-Castanon, size:18

```
1  function x = GroupSort(x)
2  [~,~,x(:)]=unique(x,'stable');
3  end
```

左端输出写成 "x(:)"，这是向输入的维度形式靠拢，因为输入的是行向量，输出为向其维度靠拢，强迫输出为"行"形式，自动省略源代码 3.144 中的转置步骤。

4. unique+ ismember

函数 unique 能与 ismember 组合，借助后者的索引排布输出形成另一种方案：

源代码 3.146: 利用 unique 与 ismember 的函数组合，by Alfonso Nieto-Castanon, size:18

```
1  function y = GroupSort(x)
2  [~,y]=ismember(x,unique(x,'stable'));
3  end
```

函数 ismember 调用形式为 "[Lia,Locb] = ismember(A,B)"，用于判定 A 中每个元素是否同样存在于 B 中，第 1 个输出代表逻辑索引，0 指该元素不存在于 B 中，1 指存在于 B 中，第 2 个输出 "Locb" 代表二者共有元素在向量 B 首次出现的索引位，例如：

第 3 章 数组操作进阶：扩维与构造 181

源代码 3.147: 函数 ismember 调用示例
```
1  >> A=randi(10,1,3)
2  A =
3       3     4     6
4  >> B=randi(10,1,6)
5  B =
6       3     8     3     6     7     9
7  >> [Lia,Locb]=ismember(A,B)
8  Lia =
9       1     0     1
10 Locb =
11      1     0     4
```

A 中的第 1 个元素 3 在 B 中第 1 次出现在 $B(1)$ 中，$A(2)$ 在 B 中没有出现，故两个输出参数均为 0，$A(3)$ 出现在 B 的第 4 个位置。源代码 3.146 恰利用 ismember 输出变量这一特性，对原向量每个元素在 "unique(x,'stable')" 中查找首次出现的索引位，如遇连续序列，首次索引值重复出现，问题得解。

5. unique+find

逻辑索引一定要提到元素查找最常用的函数 find，可以用 unique 提取向量非重元素，再通过 find 查找其在原向量中的第 1 个索引位。

源代码 3.148: 利用 unique 和 find 函数组合,by Jan Orwat, size:22
```
1  function ans = GroupSort(x)
2    ans=arrayfun(@(N)find(N==unique(x,'stable')),x);
3  end
```

以 arrayfun 替代循环，程序更简捷一些。

3.9.3 利用累积求和函数 cumsum 与 diff

函数 diff 和 cumsum 是两个默契的混搭函数，在连续相同数字索引的相关问题中常有出色的组合表现。

源代码 3.149: 利用 cumsum 和 diff 函数组合,by Tim, size:19
```
1  function ans=GroupSort(x)
2    ans=cumsum([1 ~~diff(x)]);
3  end
```

本章前例已经介绍过连续两个波浪符号能够把向量或者矩阵直接转换为 "0-1" 型数组（详见源代码 3.104），这种 "从元素值到逻辑索引实现变换" 的操作比较实用：通过 "~~diff(x)"，非 0 元素全部变成 1，通过相邻元素相减，其他相同元素值已经变成 0，当 cumsum 累加时，相同数字不会变化，这就构成了一段相同的连续序号。

3.10 数组训练进阶：对角矩阵构造

例 3.10 生成如下测试代码所示的反对角对称矩阵。

源代码 3.150: 例 3.10 测试代码

```
1  n = 2;
2  out = [-4 -3 -2 -1  0
3        -3 -2 -1  0  1
4        -2 -1  0  1  2
5        -1  0  1  2  3
6         0  1  2  3  4];
7  n = 5;
8  out = [ -10 -9 -8 -7 -6 -5 -4 -3 -2 -1  0
9          -9 -8 -7 -6 -5 -4 -3 -2 -1  0  1
10         -8 -7 -6 -5 -4 -3 -2 -1  0  1  2
11         -7 -6 -5 -4 -3 -2 -1  0  1  2  3
12         -6 -5 -4 -3 -2 -1  0  1  2  3  4
13         -5 -4 -3 -2 -1  0  1  2  3  4  5
14         -4 -3 -2 -1  0  1  2  3  4  5  6
15         -3 -2 -1  0  1  2  3  4  5  6  7
16         -2 -1  0  1  2  3  4  5  6  7  8
17         -1  0  1  2  3  4  5  6  7  8  9
18          0  1  2  3  4  5  6  7  8  9 10];
```

释义：生成 $(2n+1) \times (2n+1)$ 阶反对角对称矩阵，元素以 $-2n:0$ 为起始依次加 1。

3.10.1 矩阵叠加

测试算例 (源代码 3.150) 显示：构造矩阵的维数为 $2n+1 \times 2n+1$，如下：

$$\text{out} = \begin{pmatrix} -2n & -(2n-1) & \cdots & -1 & 0 \\ -(2n-1) & -(2n-2) & \cdots & 0 & 1 \\ \vdots & \vdots & & \vdots & \vdots \\ -1 & 0 & \cdots & 2n-2 & 2n-1 \\ 0 & 1 & \cdots & 2n-1 & 2n \end{pmatrix} \quad (3.9)$$

矩阵第 $(1,1)$ 个元素 $2n$ 是偶数，所以思路之一是拆分矩阵，变为多个容易构造的矩阵相加，以 $n=2$ 为例，如下：

$$\text{out} = \begin{pmatrix} -4 & -3 & -2 & -1 & 0 \\ -3 & -2 & -1 & 0 & 1 \\ -2 & -1 & 0 & 1 & 2 \\ -1 & 0 & 1 & 2 & 3 \\ 0 & 1 & 2 & 3 & 4 \end{pmatrix}$$

$$= \begin{pmatrix} -2 & -1 & 0 & 1 & 2 \\ -2 & -1 & 0 & 1 & 2 \\ -2 & -1 & 0 & 1 & 2 \\ -2 & -1 & 0 & 1 & 2 \\ -2 & -1 & 0 & 1 & 2 \end{pmatrix} + \begin{pmatrix} -2 & -2 & -2 & -2 & -2 \\ -1 & -1 & -1 & -1 & -1 \\ 0 & 0 & 0 & 0 & 0 \\ 1 & 1 & 1 & 1 & 1 \\ 2 & 2 & 2 & 2 & 2 \end{pmatrix}$$

第 3 章 数组操作进阶：扩维与构造

$$
\begin{aligned}
&= \begin{bmatrix} \begin{pmatrix} -2 & -1 & 0 & 1 & 2 \\ -2 & -1 & 0 & 1 & 2 \\ -2 & -1 & 0 & 1 & 2 \\ -2 & -1 & 0 & 1 & 2 \\ -2 & -1 & 0 & 1 & 2 \end{pmatrix} - 2 \end{bmatrix} + \begin{bmatrix} \begin{pmatrix} -2 & -2 & -2 & -2 & -2 \\ -1 & -1 & -1 & -1 & -1 \\ 0 & 0 & 0 & 0 & 0 \\ 1 & 1 & 1 & 1 & 1 \\ 2 & 2 & 2 & 2 & 2 \end{pmatrix} + 2 \end{bmatrix}\\
&= \begin{pmatrix} -4 & -3 & -2 & -1 & 0 \\ -4 & -3 & -2 & -1 & 0 \\ -4 & -3 & -2 & -1 & 0 \\ -4 & -3 & -2 & -1 & 0 \\ -4 & -3 & -2 & -1 & 0 \end{pmatrix} + \begin{pmatrix} 0 & 0 & 0 & 0 & 0 \\ 1 & 1 & 1 & 1 & 1 \\ 2 & 2 & 2 & 2 & 2 \\ 3 & 3 & 3 & 3 & 3 \\ 4 & 4 & 4 & 4 & 4 \end{pmatrix}
\end{aligned} \quad (3.10)
$$

由式 (3.10) 结合 3.1 节诸多矩阵扩维方法，可构思多种方案。

1. 利用 repmat 构造

repmat 优点是直观、支持高维数组扩维，程序需要扩展和复制矩阵时的首选命令，按式 (3.10) 包含的多种扩维方案，例 3.10 所需结果可由某个规律数列复制扩展得到的矩阵相加构成，以最后一种为例：

源代码 3.151: 扩维函数 repmat 构造叠加矩阵,by Crapoo Crapoo,size:39

```
1 function ans = your_fcn_name(n)
2   ans=repmat(-2*n:0,2*n+1,1)+repmat((0:2*n)',1,2*n+1);
3 end
```

2. 以函数 cumsum 构造

观察源代码 3.150 的几个测试结果，发现结果矩阵的每个元素与相邻元素之间相差都是 1，因此想到利用函数 cumsum 试凑，累加方向可由后缀参数 dim 确定。

源代码 3.152: 用 cumsum 累加函数试凑构造

```
1  >> cumsum(ones(3))
2  ans =
3       1    1    1
4       2    2    2
5       3    3    3
6  >> dim=2;
7  >> cumsum(ones(3),dim)
8  ans =
9       1    2    3
10      1    2    3
11      1    2    3
```

按源代码 3.152 原理，通过累加全 1 矩阵实现构造。

源代码 3.153: 利用 cumsum 对全 1 矩阵累加构造,by James,size:33

```
1 function a = your_fcn_name(n)
2 b=2*n+1;
3 cumsum(ones(b));
4 a=ans+ans'-b-1;
```

```
5   end
```

3. bsxfun 函数的妙用

bsxfun 函数所具有的单一维扩展能力，对于规则矩阵构造相当方便。

源代码 3.154: bsxfun 函数的向量扩维构造, by J-G van der Toorn, size:26

```
1   function a=ex18(n)
2   0:2*n;
3   a=rot90(bsxfun(@minus,ans',ans));
4   end
```

源代码 3.154 是先让 $(2n+1,1)$ 和 $(1,2n+1)$ 的两个互为转置的向量做单一维扩展再相减。仍以 $n=2$ 为例，bsxfun 函数的计算过程等价于如下扩维再相减：

源代码 3.155: bsxfun 函数求解思路分析

```
1   >> (0:4)'*ones(1,5)
2   ans =
3        0    0    0    0    0
4        1    1    1    1    1
5        2    2    2    2    2
6        3    3    3    3    3
7        4    4    4    4    4
8   >> ones(5,1)*(0:4)
9   ans =
10       0    1    2    3    4
11       0    1    2    3    4
12       0    1    2    3    4
13       0    1    2    3    4
14       0    1    2    3    4
15  >> (0:4)'*ones(1,5)-ones(5,1)*(0:4)
16  ans =
17       0   -1   -2   -3   -4
18       1    0   -1   -2   -3
19       2    1    0   -1   -2
20       3    2    1    0   -1
21       4    3    2    1    0
22  bsxfun(@minus,[0:4]',0:4)
23  ans =
24       0   -1   -2   -3   -4
25       1    0   -1   -2   -3
26       2    1    0   -1   -2
27       3    2    1    0   -1
28       4    3    2    1    0
```

数学表述如式 (3.11):

第 3 章 数组操作进阶：扩维与构造

$$\text{ans} = \begin{bmatrix} \begin{pmatrix} 0 \\ 1 \\ 2 \\ 3 \\ 4 \end{pmatrix} - 0, & \begin{pmatrix} 0 \\ 1 \\ 2 \\ 3 \\ 4 \end{pmatrix} - 1, & \begin{pmatrix} 0 \\ 1 \\ 2 \\ 3 \\ 4 \end{pmatrix} - 2, & \begin{pmatrix} 0 \\ 1 \\ 2 \\ 3 \\ 4 \end{pmatrix} - 3, & \begin{pmatrix} 0 \\ 1 \\ 2 \\ 3 \\ 4 \end{pmatrix} - 4, \end{bmatrix} \quad (3.11)$$

然后，再用 rot90 翻转得到所求。函数 rot90 默认逆时针旋转 90°，"rot90(x)"相当于"flipud(x')"。

4. ndgrid 函数与 meshgrid 函数

函数 meshgrid 和 ndgrid 作向量的扩维方法已在 3.1 节介绍，围绕这两个函数形成以下几种解法。

源代码 3.156: 利用 meshgrid 函数扩维构造,by Paul Berglund,size:29

```
1  function ans = your_fcn_name(n)
2      [X1,X2] = meshgrid(1:2*n+1);
3      ans=rot90(X1 - X2,3);
4  end
```

源代码 3.156 利用 meshgrid 在平面纵、横两个维度上的扩展矩阵，旋转 $3 \times 90°$ 得到结果。函数 rot90 有一个后置的参数"3"，它代表把矩阵 $x_1 - x_2$ 逆时针旋转 $3 \times 90° = 270°$。

网格点的步距、起始位置设置可做如下变化：

源代码 3.157: 变更网格点范围利用 meshgrid 构造,by bainhome,size:23

```
1  function ans = your_fcn_name(n)
2      [x1,x2]=meshgrid(-n:n);
3      ans=x1+x2;
4  end
```

源代码 3.157 中，从 $1:2n+1$ 转为从 $-n:n$ 扩维，去掉了 rot90 的旋转。

因为扩维的规则性，ndgrid 函数与 meshgrid 函数在例 3.10 中求解方法类似。

源代码 3.158: 利用 ndgrid 函数构造叠加矩阵,by Mehmet OZC,size:27

```
1  function y = your_fcn_name(n)
2      [X1,X2] = ndgrid(-n:n, -n:n);
3      y = X1 + X2;
4  end
```

总结：几种代码虽然使用了不同的扩维方式，其实核心都是用扩充后的构造矩阵叠加。

3.10.2 借助特殊矩阵构造

借助特殊矩阵构造的思路灵活多变，最能考验编程者思维的跳跃性。下面介绍比较有代表性的几种。

1. 利用 toeplitz 矩阵构造

例 3.3 中已经介绍了 toeplitz 这种常数对角线矩阵 (diagonal-constant matrix) 在 MATLAB 中提供了生成 toeplitz 矩阵的函数是 toeplitz。

对例 3.10，toeplitz 矩阵的结构与其最终所要求的结构形式已十分近似，剩下的只是选取合适对角行列及转置。

源代码 3.159: 利用 toeplitz 矩阵构造,by Sean de Woiski,size:33

```matlab
function y = your_fcn_name(n)
    y = fliplr(toeplitz(0:n*2).*(triu(zeros(n*2+1)-2)+1));
end
```

源代码 3.159 采用上三角矩阵函数 triu 构造符合条件的正负号是个不错的主意，仍以 $n=2$ 为例分析如下：

① toeplitz 矩阵构造矩阵数值：

源代码 3.160: 利用 toeplitz 函数构造矩阵数值

```
>> t1=toeplitz(0:4)
t1 =
     0     1     2     3     4
     1     0     1     2     3
     2     1     0     1     2
     3     2     1     0     1
     4     3     2     1     0
```

② 上三角矩阵函数 triu 构造矩阵符号：根据题意，矩阵反对角线上部的符号为负，因此考虑利用 triu 凑形。

源代码 3.161: 利用 triu 函数构造正负号的代码分析

```
>> triu(zeros(2*2+1)-2)
ans =
    -2    -2    -2    -2    -2
     0    -2    -2    -2    -2
     0     0    -2    -2    -2
     0     0     0    -2    -2
     0     0     0     0    -2
>> t2=ans+1
t2 =
    -1    -1    -1    -1    -1
     1    -1    -1    -1    -1
     1     1    -1    -1    -1
     1     1     1    -1    -1
     1     1     1     1    -1
```

③ fliplr 翻转：上述两矩阵做对位点乘后做翻转，即 fliplr(t1.*t2)。

2. 利用 hankel 矩阵构造

所需矩阵与 hankel 矩阵的数字特征非常类似，可设置合适参数一步获得结果。

源代码 3.162: 利用 hankel 矩阵直接构造,by Tohomas Vanaret,size:22

```matlab
function ans = your_fcn_name(n)
    ans=hankel(-2*n:0,0:2*n)
end
```

由于 hankel 矩阵天然的反对角线矩阵属性，源代码 3.162 可省掉转置过程。

3.10.3 循环处理构造思路

源代码 3.163: 利用循环构造,by John Joy Kurian,size:36

```
1  function ans = your_fcn_name(n)
2    for i = 1:2*n+1
3      ans(i,:) = [(-2*n-1 + i ): (i-1) ];
4    end
5  end
```

> **评** 矩阵构造解法大体分三类：叠加、构造和逐元素循环，无论哪一种都需要对所生成矩阵的形态、特征有所了解，有些"凑"矩阵的方案看似漫不经心，有的甚至"强词夺理"，但实际上它们都包含了对问题本身的深入分析，而分析问题数字关联的重要性，要放在各种代码书写或者"有多简捷"的讨论之上。

3.11 数组训练进阶：在时间序列中插入 0 元素

例 3.11 请写出用于延迟离散时间信号的函数。也就是对第 1 输入向量 x，按第 2 输入 n 指定的时间间隔，向原向量中每两个相邻元素之间插入 0 元素。

源代码 3.164: 例 3.11 测试代码

```
1  %% 1
2  n=4;x=[2 1 2 3 4 5 -3 4 -1 2 2 2];
3  y_correct = [2 0 0 0 1 0 0 0 2 0 0 0 3 0 0 0 4 0 0 0 5 0 0 0 -3 0 0 0 4 0 0 0 -1 0 0 0 2 0 0 0 2 0
       0 0 2];
4  assert(isequal(time_expansion(x,n),y_correct))
5  %% 2
6  n=1;x=[2 1 2 3 4 5 -3 4 -1 2 2 2];
7  y_correct=x;
8  assert(isequal(time_expansion(x,n),y_correct))
9  %% 3
10 n=5;x=[2 1 2 3 4];
11 y_correct=[2 0 0 0 0 1 0 0 0 0 2 0 0 0 0 3 0 0 0 0 4];
12 assert(isequal(time_expansion(x,n),y_correct))
```

释义：例 3.11 是让离散时间信号数据的发生周期延长，数学上就是对矩阵按间隔要求插入规定数量的 0 元素。例如原始信号 x 为

$$x = [1\ 2\ 3\ -1\ -2\ -5\ -4]$$

使该信号周期被延长原来的 $n=3$ 倍，输出信号 y 应为

$$y = [1\ 0\ 0\ 2\ 0\ 0\ 3\ 0\ 0\ -1\ 0\ 0\ -2\ 0\ 0\ -5\ 0\ 0\ -4]$$

3.11.1 指定位置赋值

思路：先生成规定长度全 0 向量，在指定位置用具体数据替换，例如：

源代码 3.165: 指定位置替换具体数据 (改进),by Ziko,size:34

```
1  function k= time_expansion(x,n)
```

```
2  y=zeros(1,n*(length(x)-1)+1);
3  y(1:n:end)=x;
4  end
```

MATLAB 可对矩阵在未事先声明的维度上扩维，因此源代码 3.165 进一步改进方案。

源代码 3.166: 指定位置替换具体数据 (再优化),by J.R.! Menzinger,size:25

```
1  function ans = time_expansion(x,n)
2  ans=0;
3  ans(1:n:length(x)*n)=x;
4  end
```

源代码 3.166 弹性扩维方式在 MATLAB 编程中比较常用。所谓弹性扩维是指当创建、使用某个变量之前无需事先声明其维度，而是随着赋值所在维度的增加，向量中未赋值的索引位上自动充 0。本例中用它实现 0 元素赋值。同时可在指定向量位置完成依序赋值，例如下面的代码中，变量 a 尚未赋值，可令不存在的变量第 2 行第 3 列元素为 1，其他元素会自动以 0 扩充。

源代码 3.167: MATLAB 中的维数扩维

```
1  >> a(2,3)=1
2  a =
3      0    0    0
4      0    0    1
```

还有一种貌似简单，而实际上并不简单的写法如下：

源代码 3.168: 指定元素赋值的 0 元素自动填充,by Jan Orwat,size:33

```
1  function ans = time_expansion(x,n)
2  if n-1
3      x(n,end)=0;
4  end
5  ans=x(1:end-n+1);
```

这段代码寥寥几句，细看玄机不少，以例 3.11 中的 x(维数 1×7) 生成 y 向量为例 (显然此时 $n = 3$，信号数据间隔 2 个 0)，断点逐行运行分析如下：

- **没有逻辑判断的逻辑判断**："if n-1"令人产生疑问：通常语句 if 后跟逻辑语句做真假判断，源代码 3.168 却只有"$n-1$"的代数运算。这是因为题意中的矩阵行数必是 $n \geqslant 1$ 的整数，如果 $n = 1$，则 $n - 1 = 0$ 构成逻辑 FALSE；若 $n > 1$，即隐含满足 $n - 1 > 0$ 的条件，则生成逻辑 TRUE。
- **无需扩充的扩充**：与源代码 3.166 类似，对 x 向下扩充 $n-1$ 行 0 元素，如使用诸如 [x;zeros(n-1,size(x,2))] 就显得画蛇添足。
- **不用变维的变维**：因为矩阵数据的按列读取，所以有：

源代码 3.169: MATLAB 矩阵元素读取顺序说明

```
1  >> data=randi(10,[4,4])
2  data =
3      3    2    6    6
```

```
4       7     5     3     7
5       7    10     8     9
6       2     4     3    10
7  >> data(2:6)
8  ans =
9       7     7     2     2     5
```

源代码 3.169 说明,当 4×4 的矩阵 x 不写列号,以 $x(2:6)$ 读取其中元素时,是按照列方向依次选取的,故源代码 3.168 中通过 "x(n,end)=0" 扩维,采用列读取方式展开成维数为 $1 \times m$ 阶,而不用 reshape 函数专门变维。本例中需去掉最后两个 0,通过源代码 3.170 更简便的变维操作实现。

源代码 3.170: MATLAB 矩阵元素变维

```
1  >> x(3,end)=0
2  x =
3       1     2     3    -1    -2    -5    -4
4       0     0     0     0     0     0     0
5       0     0     0     0     0     0     0
6  >> x(1:end-3+1)
7  ans =
8     Columns 1 through 11
9       1     0     0     2     0     0     3     0     0    -1     0
10    Columns 12 through 19
11      0    -2     0     0    -5     0     0    -4
```

由于信号向量包含大量 0 元素,因此考虑利用稀疏矩阵函数 sparse 构造序列。

源代码 3.171: 稀疏矩阵构造函数 sparse 构造序列,by Tim,size:23

```
1  function ans=time_expansion(x,n)
2  ans=sparse(1,1:n:n*numel(x),x);
```

> **评** 注意:源代码 3.171 中 sparse 执行结果为压缩了 0 元素的稀疏矩阵,如果想看到全貌,可以通过 full 函数实现。

3.11.2 增加 0 元素用 reshape 变维

reshape 函数以列方式改变矩阵数据的排布顺序,可在输入序列 x 下方增加 $(n-1) \times m$ 的 0 矩阵,通过 reshape 函数或其他方式按列优先原则变维。

源代码 3.172: 利用列读取顺序构造矩阵扩 0,by Marco Castelli,size:48

```
1  function x = time_expansion(x,n)
2  if n>1
3      x(n,end)=0;
4      x=reshape(x,1,length(x)*n);
5      x((end-n+2):end)=[];
6  end
7  end
```

源代码 3.172 设定输出依然为 x，用 if 语句进行判断时，不用考虑 $n=1$，即没有 0 元素加入的情况，因为此时会直接跳过判断到程序最后，返回不做任何变化的原矩阵 x。

甚至还能不用 reshape 函数重组矩阵，而利用索引扩维构造全维度矩阵，再按低维索引方式转为向量。

源代码 3.173: 利用索引扩维构造全维度矩阵,by José Ramón Menzinger,size:29

```matlab
function ans = time_expansion(ans,n)
ans(2:n,1) = 0;
ans=ans(1:end-n+1);
```

3.11.3 循 环

源代码 3.174: 利用循环扩维,by Kehinde OROLU,size:40

```matlab
function y = time_expansion(ans,n)
y=x(1);
for i=1:length(x)-1
    y=[y zeros(1,n-1) x(i+1)];
end
end
```

或在矩阵重组时采用诸如 horzcat 函数对元素实现水平排布：

源代码 3.175: 利用 horzcat 水平排布元素,by Marco,size:36

```matlab
function ans = time_expansion(x,n)
ans=x(1);
for i=2:length(x)
    ans=horzcat(ans,zeros(1,n-1),x(i));
end
end
```

3.11.4 利用 kron 函数扩展矩阵

kron 函数介绍见 3.1.3 小节，它也是扩展矩阵的有效方法之一：

源代码 3.176: 利用 kron 函数扩维,by Tim,size:24

```matlab
function a = time_expansion(x,n)
kron(x,eye(n));
a=ans(n,n:end);
end
```

源代码 3.176 的思路是特殊矩阵构造的一种，利用 kron 函数把序列 x 沿 n 阶单位矩阵的主对角线扩展生成类似如下矩阵，仍以 $n=3$ 为例：

$$\begin{pmatrix} x(1) & 0 & 0 & x(2) & 0 & 0 & \cdots & x(\text{end}) & 0 & 0 \\ 0 & x(1) & 0 & 0 & x(2) & 0 & 0 & \cdots & x(\text{end}) & 0 \\ 0 & 0 & x(1) & 0 & 0 & x(2) & 0 & 0 & \cdots & x(\text{end}) \end{pmatrix} \quad (3.12)$$

然后取尾行去掉前面 $n-1$ 个 0 即得所求。

第 3 章 数组操作进阶：扩维与构造

源代码 3.176，也就是式 (3.12) 这种扩维方法的缺点在于会生成不必要的冗余行，可以想办法更精确地利用 kron 避免这一问题：从式 (3.12) 注意到，每一行均可作为本例的解决方案，只是去掉 0 的位置不同，以首行为例，需要令 kron 按 [1,0,0] 的方式扩展。

源代码 3.177: kron 扩维构造向量,by Alfonso Nieto-Castanon,size:29

```
1  function a=time_expansion(x,n)
2  kron(x,1:n==1);
3  a=ans(1:end-n+1);
4  end
```

源代码 3.177 中的逻辑命令 "1:n==1" 值得注意，以 $n=3$ 为例，数组 [1:3] 仅首个元素为 1，产生逻辑值恰好为 [1 0 0]，也可选取尾行实现同样功能，读者不妨一试。

3.11.5 正则替换

源代码 3.178: 正则替换,by Phillip,size:30

```
1  function ans=time_expansion(x,n)
2  ans=str2num(regexprep(num2str(x),'\s+',[' ' num2str(zeros(1,n-1)) ' ']));
3  end
```

源代码 3.178 通过正则替换命令 regexprep，先将数据 x 转换为字符串，然后把数据间隔的空格替换为字符串形式的 $n-1$ 个 0 及首尾 2 个空格。正则表达式的介绍详见第 4 章。

3.12 数组训练进阶：Bullseye 矩阵构造

Bullseye 矩阵又叫红心阵，其构造比较有意思，本节和后续几节将对这种矩阵的几个典型的扩展问题做介绍。

例 3.12 给定一个奇数正整数 n，返回一个 n 阶方阵，其中心元素为 1，自内向外，每圈元素值增加 1，直至最外圈元素值为 $(n+1)/2$。

源代码 3.179: 例 3.12 测试代码

```
1   Input n = 3
2   Output a is [ 2 2 2
3                 2 1 2
4                 2 2 2 ]
5   Input n = 5
6   Output a is [ 3 3 3 3 3
7                 3 2 2 2 3
8                 3 2 1 2 3
9                 3 2 2 2 3
10                3 3 3 3 3 ]
```

释义：给出一个最小为 1 的奇数，返回以 1 为中心值、1 为步长向外环状递增，直至最外围元素的数值为 $\frac{n+1}{2}$。例如：当 $n=3$ 时，最外圈元素为 $\frac{n+1}{2}=\frac{3+1}{2}=2$，程序应输出矩阵形为

$$\text{output} = \begin{pmatrix} 2 & 2 & 2 \\ 2 & 1 & 2 \\ 2 & 2 & 2 \end{pmatrix}$$

当 $n=5$ 时，最外圈元素为 $\dfrac{n+1}{2} = \dfrac{5+1}{2} = 3$，程序应输出矩阵形为

$$\text{output} = \begin{pmatrix} 3 & 3 & 3 & 3 & 3 \\ 3 & 2 & 2 & 2 & 3 \\ 3 & 2 & 1 & 2 & 3 \\ 3 & 2 & 2 & 2 & 3 \\ 3 & 3 & 3 & 3 & 3 \end{pmatrix}$$

以此类推。

Bullseye 矩阵的构造，能用来测试数形结合、矢量化编程以及各种基本函数的熟悉掌握程度。思路大体分为工具箱特殊函数求解、内置特殊矩阵构造、基本数列构造并矢量化扩维以及递归循环四大类。

3.12.1 工具箱特殊函数

1. 距离变换系列函数

例如图像处理工具箱中自带用于二值图像测地线[*] 最短距离 (Geodesic Distance) 变换的函数 bwdistgeodesic。该函数可利用输入参数凑出 Bullseye 矩阵。

源代码 3.180: 工具箱函数应用 1——bwdistgeodesic,by nwcwww,size:25

```
1  function ans = bullseye(n)
2  ans=bwdistgeodesic(true(n,n),(n^2+1)/2)+1;
3  end
```

还有用于距离变换的 bwdist 函数也可用来构造 Bullseye 矩阵。

源代码 3.181: 工具箱函数应用 2——bwdist,by bainhome,size:36

```
1  function a = bullseye(n)
2  zeros(n);
3  ans((n+1)/2,(n+1)/2)=1;
4  a=bwdist(ans,'chessboard')+1;
5  end
```

或者利用灰度图中的灰色权重距离变换函数 graydist 来构造 Bullseye 矩阵。

源代码 3.182: 工具箱函数应用 3——graydist,by bainhome,size:26

```
1  function a = bullseye(n)
2  (n+1)/2;
3  a=graydist(ones(n),ans,ans,'chess')+1;
4  end
```

---

[*]测地线又称大地线或短程线，定义为空间两点的局域最短或最长路径 (维基百科)。测地线 (Geodesic) 的名字来自于针对地球尺寸与形状的大地测量学 (Geodesy)。

官方工具箱提供了不少距离变换函数,例如神经网络工具箱中用于函数插值和非线性回归的向量距离计算函数 boxdist,也能用于构造 Bullseye 矩阵。

源代码 3.183: 工具箱函数应用 4——boxdist,by Kuifeng,size:38

```
1  function a = bullseye(n)
2  diag([(n+1)/2:-1:1 2:(n+1)/2]);
3  a=boxdist(ans)+ans;
4  end
```

其他还有 Manhatton 权重矩阵构造命令 mandist:

源代码 3.184: 工具箱函数应用 5——mandist,by sdf,size:27

```
1  function ans = bullseye(n)
2    ans=0.5*(mandist(1:n)+flipud(mandist(1:n)))+1;
3  end
```

对于利用工具箱中各种特殊函数完成 Bullseye 矩阵构造有以下两点需要说明:

① bwdistgeodesic、graydist 以及下面将用到的 padarray 都属于工具箱函数,在 Mathworks 服务器端 MATLAB 软件上没有提供,源代码 3.180～3.182 虽然可在本地机器的 MATLAB 软件中运行,但无法作为答案提交到 Cody。

② 利用工具箱函数虽然可以拓宽对函数的了解,但对编程水平的提高并无帮助,还是推荐使用基本函数结合测试矩阵等方式来构造 Bullseye 矩阵。

2. 利用 padarray 函数

图像处理工具箱中的 padarray 函数,其原本目的是向数列或图像指定位置填充数据,依据后置参数的不同,结果也有所区别。

源代码 3.185: padarray 函数的调用方法

```
1  >> padarray(1:3,[1;3],'symmetric')
2  ans =
3       3     2     1     1     2     3     3     2     1
4       3     2     1     1     2     3     3     2     1
5       3     2     1     1     2     3     3     2     1
6  >> padarray(1:3,[1;3],'replicate')
7  ans =
8       1     1     1     1     2     3     3     3     3
9       1     1     1     1     2     3     3     3     3
10      1     1     1     1     2     3     3     3     3
11 >> padarray(1:3,[1;3])
12 ans =
13      0     0     0     0     0     0     0     0     0
14      0     0     0     1     2     3     0     0     0
15      0     0     0     0     0     0     0     0     0
```

利用逐圈扩充,即"'circular'"的默认方式,循环构造 Bullseye 矩阵。

源代码 3.186: 利用 padarray 函数构造,by Alan Tan,size:30

```
1  function a = bullseye(n)
2  1;
```

```
3   for k = 2:(n+1)/2
4       a=padarray(ans,[1 1],k);
5   end
6   end
```

源代码 3.186 中，关键是对 padarray 函数的输入参数设计，第 1 个参数 "ans" 代表初始值 1，第 2 个参数 "[1 1]" 是以 ans=1 为中心，向该值第 1 维度 (行) 和第 2 维度 (列) 添加数据值 value = k，最后还有一个参数 "'Directions'" 没有写，默认向该维度的左右各添加相同的值，以本代码为例：第 1 次循环 $k = 2$，所以向中心点 1 的上下左右各添加一个数据 2，第 1 次循环结束得到的结果矩阵如下：

$$\text{output}_{\text{loop1}} = \begin{pmatrix} 2 & 2 & 2 \\ 2 & 1 & 2 \\ 2 & 2 & 2 \end{pmatrix}$$

3.12.2 利用特殊矩阵构造

通过 3.3.4 小节和 3.10.2 小节的介绍，读者对特殊矩阵构造应该有所熟悉：在具备某种规律的矩阵构造中，采用测试矩阵如 toeplitz、spiral 等，结合逻辑索引判断和矢量操作确实有事半功倍的效果。

1. 利用 toeplitz 矩阵构造

通过 toeplitz 矩阵为底、用翻转命令 fliplr、旋转命令 rot90 等，以矢量四则运算实现求解。

源代码 3.187: 利用 toeplitz 矩阵构造 1,by Matt Fig,size:24

```
1   function a = bullseye(n)
2   toeplitz(.5:.5:n/2);
3   a=ans+fliplr(ans);
4   end
```

由于 toeplitz 矩阵本身的对称性，源代码 3.187 中的 fliplr 命令可用 rot90 替代。而当采用 toeplitz 矩阵的构造方式不同时，可衍生出另一种方案。

源代码 3.188: 利用 toeplitz 矩阵构造 2,by @bmtran,size:27

```
1   function ans = bullseye(n)
2   ans=mean(cat(3,toeplitz(1:n),fliplr(toeplitz(1:n))),3);
3   end
```

2. 利用 spiral 矩阵构造

利用 spiral 测试矩阵相对不容易 "试凑" 出所需的结构形式。

源代码 3.189: 利用 spiral 函数构造,by Roy Mathew,size:20

```
1   function ans = bullseye(n)
2   ans=ceil(sqrt(spiral(n))/2+0.5);
3   end
```

以 $n = 5$ 为例，源代码 3.189 的运行结果分解见以下代码：

第 3 章 数组操作进阶：扩维与构造

源代码 3.190: Spiral 矩阵构造 Bullseye 的流程分析

```
1  c=spiral(5)
2  c =
3     21    22    23    24    25
4     20     7     8     9    10
5     19     6     1     2    11
6     18     5     4     3    12
7     17    16    15    14    13
8  c=sqrt(c)
9  c =
10    4.5826  4.6904  4.7958  4.8990  5.0000
11    4.4721  2.6458  2.8284  3.0000  3.1623
12    4.3589  2.4495  1.0000  1.4142  3.3166
13    4.2426  2.2361  2.0000  1.7321  3.4641
14    4.1231  4.0000  3.8730  3.7417  3.6056
15 c=0.5+0.5*c
16 c =
17    2.7913  2.8452  2.8979  2.9495  3.0000
18    2.7361  1.8229  1.9142  2.0000  2.0811
19    2.6794  1.7247  1.0000  1.2071  2.1583
20    2.6213  1.6180  1.5000  1.3660  2.2321
21    2.5616  2.5000  2.4365  2.3708  2.3028
22 c=ceil(c)
23 c =
24     3     3     3     3     3
25     3     2     2     2     3
26     3     2     1     2     3
27     3     2     2     2     3
28     3     3     3     3     3
```

以 spiral 矩阵为底通过运算"试凑"结果，再做根号向上取整部分的过程，比较考验观察能力。

3.12.3 基本数列构造并矢量化扩维

3.1 节介绍了使用 meshgrid 和 repmat 进行扩维的操作，本小节讨论用其实现 Bullseye 矩阵构造的方法。

1. 利用 meshgrid 函数

meshgrid 函数的等步距网格点布列方式构造 Bullseye 矩阵很方便。

源代码 3.191: 利用 meshgrid 函数构造,by Joseph Allen,size:30

```
1  function a = bullseye(n)
2  abs(meshgrid(1:n)-ceil(n/2))+1;
3  a=max(ans, ans');
4  end
```

以 $n = 5$ 为例说明源代码 3.191 的分部运行结果。

① 用 meshgrid 生成初始网格点：

源代码 3.192: 源代码 3.191 运行结果分解步骤 1

```
1  c=meshgrid(1:n)
2  c =
3       1    2    3    4    5
4       1    2    3    4    5
5       1    2    3    4    5
6       1    2    3    4    5
7       1    2    3    4    5
```

② 生成左右对称矩阵：

源代码 3.193: 源代码 3.191 运行结果分解步骤 2

```
1   c=c-(n+1)/2
2   c =
3       -2   -1    0    1    2
4       -2   -1    0    1    2
5       -2   -1    0    1    2
6       -2   -1    0    1    2
7       -2   -1    0    1    2
8   c=abs(c)
9   c =
10       2    1    0    1    2
11       2    1    0    1    2
12       2    1    0    1    2
13       2    1    0    1    2
14       2    1    0    1    2
```

③ 利用 max 函数的对位比较，返回矩阵 c 和其转置在每个对应位置上的最大值矩阵：

源代码 3.194: 源代码 3.191 运行结果分解步骤 3

```
1  c=max(c,c')
2  c =
3       2    2    2    2    2
4       2    1    1    1    2
5       2    1    0    1    2
6       2    1    1    1    2
7       2    2    2    2    2
```

④ 加 1 得到最终结果。

顺便谈谈源代码 3.191 中对 max 的使用，一般 max 可从某向量或矩阵中取得最大值。

源代码 3.195: 函数 max 的调用方法

```
1  >> a=randi(10,1,5)
2  a =
3       4    6    3    8    3
4  >> b=randi(10,5)
5  b =
6       6    2    9    6    6
7       7    2    3    7    6
8       9    3   10    5   10
9      10    9    4    4    3
```

第 3 章 数组操作进阶：扩维与构造　　　　　　　　　　　　　　　　　　　　　　　197

```
10        6    3    2    9    8
11 >> max(a)                    % 向量最大值
12 ans =
13        8
14 >> max(b)                    % 默认求矩阵的每列最大值
15 ans =
16       10    9   10    9   10
17 >> max(b,[],2)               % 第三个参数代表求矩阵的每行最大值
18 ans =
19        9
20        7
21       10
22       10
23        9
```

函数 max 的前两个参数可以有所变化，比如让其中一个与确定数字做对位比较替换。

源代码 3.196: 函数 max 的另外几种调用方法

```
1 >> max(5,a)
2 ans =
3        5    6    5    8    5
4 >> max(b,5)
5 ans =
6        6    5    9    5    6
7        7    5    5    7    6
8        9    5   10    5   10
9       10    9    5    5    5
10       6    5    5    9    8
```

源代码 3.196 中两种函数 max 的调用方法是对比数字 5 和向量或矩阵中的每个元素，返回二者的最大值。同理，当两个参数同维时，自动对位比较同维两元素最大值。

源代码 3.197: 函数 max 的另外几种调用方法

```
1 >> c=randi(10,5)
2 c =
3        3   10    1    4    2
4       10    1    8    3    3
5        2    5    9    9    2
6        9    2    9    5    2
7        6   10    1   10    9
8 >> max(b,c)
9 ans =
10       6   10    9    4    6
11      10    2    8    7    6
12       9    5   10    9   10
13      10    9    5   10    5
14       6   10    2   10    9
```

显然，max 或者最小值函数 min 都具有"一对多"比较数据的功能，正好可用于构造 Bullseye 矩阵。

言归正传，meshgrid 函数在低维数组的处理中类似于 ndgrid 函数，后者更多用在多维

数据（三维以上）布点，可以把 ndgrid 看成 meshgrid 函数向更高维度的泛化（见 3.1 节），以 $n=5$ 为例，ndgrid 构造 Bullseye 矩阵方法如下：

源代码 3.198: ndgrid 函数实现 Bullseye 矩阵构造,by bainhome,size:35

```
1  function ans = bullseye(n)
2  [a,b] = ndgrid(abs((1:n)-(n+1)/2)+1);
3  ans=max(a,b);
4  end
```

2. 利用 repmat 函数

根据前面的分析，构造出合适的"基"数列，比如：$\left[-\dfrac{n-1}{2}:\dfrac{n-1}{2}\right]$ 是关键，3.1 节介绍的多种扩维方式，比如 repmat 函数，就可用于 Bullseye 矩阵构造。

源代码 3.199: repmat 函数扩维构造 Bullseye 矩阵,by Niels,size:35

```
1  function a = bullseye(n)
2  floor(n/2);
3  abs(-ans:ans)+1;
4  repmat(ans,n,1);
5  a=max(ans,ans');
6  end
```

3. 利用 bsxfun 函数

同理，用函数 bsxfun 的单一维扩展代替 repmat。

源代码 3.200: 减均值构造基础数列中用 bsxfun 函数扩维,by avancer,size:31

```
1  function a = bullseye(n)
2  abs((1:n)-mean(1:n))+1;
3  a=bsxfun(@max,ans,ans');
4  end
```

与源代码 3.199 相比，源代码 3.200 有以下两处不同：

① 对向量扩维，bsxfun 函数的优势除了高效，还把扩维和逻辑取较大值的步骤放在了同一函数中，"bsxfun(@max,ans,ans')" 不同于 "max(ans,ans')"：前者数据 ans 是 $1\times n$ 向量，后者则是 $n\times n$ 矩阵。

② 构造扩展"基"数列 $\left[-\dfrac{n-1}{2}:\dfrac{n-1}{2}\right]$ 采用数列与其均值相减的办法。

4. 矩阵乘法

矩阵乘法扩维采用与全 1 矩阵做乘，以及与源代码 3.191 相同的 max 函数"对位取大"的运算思路。

源代码 3.201: 减均值构造基础数列中用矩阵乘法扩维,by bainhome

```
1  ones(n,1)*[abs((1:n)-mean(1:n))+1]
2  ans =
3     3   2   1   2   3
4     3   2   1   2   3
5     3   2   1   2   3
6     3   2   1   2   3
```

```
 7       3    2    1    2    3
 8  >> max(ans,ans')
 9  ans =
10       3    3    3    3    3
11       3    2    2    2    3
12       3    2    1    2    3
13       3    2    2    2    3
14       3    3    3    3    3
```

5. 利用 cumsum 函数

例 3.10 曾用 cumsum 函数沿某一维度累加的属性构造递增序列，本例中构造 "基" 数列也是合适的，同时省去了扩维。

源代码 3.202: 用 cumsum 函数构造 Bullseye 矩阵,by avancer,size:30

```
1  function a = bullseye(n)
2  abs(mean(1:n)-cumsum(ones(n)))+1;
3  a=max(ans,ans');
4  end
```

3.12.4 递归、判断与循环

1. 利用递归或判断

递归的思路是把主体函数写成同值矩阵，然后从最外圈起逐层向内递减赋值。

源代码 3.203: 递归构造,by Wolfgang Schwanghart,size:39

```
1  function a = bullseye(n)
2  try
3      a = (n+ones(n))/2;
4      a(2:end-1,2:end-1) = bullseye(n-2);
5  end
```

源代码 3.203 主体函数中的全 1 矩阵与 ceil($n/2$) 相乘得到所有数据均为 $\dfrac{n+1}{2}$ 的 n 阶矩阵，再调用自身向内逐层赋值。外层 try 流程用于当 n 不再满足构造矩阵的条件时，跳出并返回。也可以用 if 把不同可能情况考虑清楚。

源代码 3.204: 利用 if 判断完成递归构造,by James,size:43

```
1  function a = bullseye(n)
2    a = (n+1)*ones(n)/2;
3    if n>1
4        a(2:n-1,2:n-1)=bullseye(n-2);
5    end
6  end
```

2. 循　环

源代码 3.205: 利用 for 逐元素赋值构造,by Martijn,size:38

```
1  function a = bullseye(n)
2  for i=0:n/2
3      j=i+1:n-i;
```

```
4     a(j,j)=(n+1)/2-i;
5   end
```

源代码 3.205 是循环求解方案中比较理想的一个，优点在于它找到了内外层循环 i 和 j 之间明确的关联规律。

3.13 数组训练进阶：Bullseye 矩阵构造扩展之一

本节讨论的例 3.13 是 3.12 节（例 3.12）的扩展。

例 3.13　仍然给定一个奇数正整数 n，并返回 n 阶方阵，自外向内，每圈的元素值以 1、0、1… 的顺序交替变化。

源代码 3.206: 例 3.13 测试代码

```
1   Input n = 3
2   Output a is [ 1 1 1
3                 1 0 1
4                 1 1 1 ]
5   Input n = 5
6   Output a is [ 1 1 1 1 1
7                 1 0 0 0 1
8                 1 0 1 0 1
9                 1 0 0 0 1
10                1 1 1 1 1]
```

释义：给出一个最小为 1 的奇数，从外围向矩阵中心点逐圈以 $1,0,1,\cdots$ 的规律波动。例如：当 $n=3$ 时，程序应输出矩阵形为

$$\text{output} = \begin{pmatrix} 1 & 1 & 1 \\ 1 & 0 & 1 \\ 1 & 1 & 1 \end{pmatrix}$$

当 $n=5$ 时，程序应输出矩阵形为

$$\text{output} = \begin{pmatrix} 1 & 1 & 1 & 1 & 1 \\ 1 & 0 & 0 & 0 & 1 \\ 1 & 0 & 1 & 0 & 1 \\ 1 & 0 & 0 & 0 & 1 \\ 1 & 1 & 1 & 1 & 1 \end{pmatrix}$$

以此类推。需要注意：由于从外围向内部推，中心点数据不再一定是 1，而是依矩阵维数的变化，可能是 1 或者 0。

形式上与例 3.12 有所不同，但方法类似，结合运算的扩维、构造仍然是例 3.13 的主要方法，不过因为每圈数值的变化，使得扩维受到限制。

3.13.1　利用求余命令 mod 或 rem 获得矩阵数值

首先，矩阵 1 和 0 能通过逻辑判断获得，但更直观的方法是通过除以 2 求余。这给了逐圈收缩构造时，自动获得本圈数值的机会，最后可通过前例各种结合运算的扩维思路写出不同方案。

1. 利用 padarray 函数

隶属于图像处理工具箱的 padarray 函数再次派上用场。

源代码 3.207: 利用 padarray 函数逐圈构造,by bainhome,size:54

```
1  function a = bullseye2(n)
2  t=mod(fliplr(ceil(n/2):n),2);
3  a=t(end);
4  for i=fliplr(1:numel(t)-1)
5      a=padarray(a,[1;1],t(i));
6  end
```

2. 利用 spiral 测试矩阵构造

生搬硬套 3.12 节用 spiral 构造基矩阵的思路，看似颇有些"刻舟求剑"的意思。

源代码 3.208: 函数 mod+ 测试矩阵 spiral 构造,by bainhome,size:57

```
1  function ans = bullseye2(n)
2  t=mod((n+1)/2,2);s=mod(ceil(sqrt(spiral(n))/2+0.5),2);
3  ans=(t==1).*(s==1)+(t==0).*(s==0);
4  end
```

如果深入开掘题意，更改部分流程，则代码可以大大简化。

源代码 3.209: 利用测试矩阵 spiral 的另一种思路,by James,size:33

```
1  function ans = bullseye2(n)
2  ans=abs((mod(n,4)==3)-mod(ceil(sqrt(spiral(n))/2+.5),2));
3  end
```

这段代码主要是对判断条件的挖掘与利用，逐层分析如下：

① 设 $n=5$，即 $n=4k+1,(k=1,2,\cdots)$，后半句运行结果如以下代码所示：

源代码 3.210: $n=4k+1$ 产生的运行结果

```
1  >> n=5;mod(ceil(sqrt(spiral(n))/2+.5),2)
2  ans =
3      1   1   1   1   1
4      1   0   0   0   1
5      1   0   1   0   1
6      1   0   0   0   1
7      1   1   1   1   1
```

当 $n=5$ 时，上述返回矩阵恰好是问题答案，源代码 3.209 中的 "(mod(n,4)==3)" 得到的逻辑值显然为 0，它减去源代码 3.210 的运行结果，可用外层绝对值命令 abs 恢复原状。

② 如果 $n=7$，即 $n=4k+3,(k=1,2,\cdots)$，运行结果如以下代码所示：

源代码 3.211: $n=4k+3$ 产生的运行结果

```
1  >> n=7;mod(ceil(sqrt(spiral(n))/2+.5),2)
2  ans =
3      0   0   0   0   0   0   0
4      0   1   1   1   1   1   0
5      0   1   0   0   0   1   0
6      0   1   0   1   0   1   0
```

7	0	1	0	0	0	1	0
8	0	1	1	1	1	1	0
9	0	0	0	0	0	0	0

此时前半段的"[mod(n,4)==3]"条件返回"True(1)",用 1 减去源代码 3.211 的运行结果得结果矩阵。

源代码 3.209 利用输入 n 的数字特征,借助已知函数构造逻辑判断条件完成求解。实际上用 spiral 构造矩阵还可以采取下面这种办法:

源代码 3.212: 利用 spiral 构造的最优方案,by Jan Orwat,size:25

```
1  function ans = bullseye2(n)
2    ans=mod(ceil(0.5*n+0.5*sqrt(spiral(n))),2);
3  end
```

思路类似例 3.13 源代码 3.189,也是矢量化运算范例,以 $n=5$ 逐层运行,试凑结果如下:

源代码 3.213: 源代码 3.212 逐层运行结果

```
1  >> n=5;0.5*sqrt(spiral(n))
2  >> ans =
3      2.2913   2.3452   2.3979   2.4495   2.5000
4      2.2361   1.3229   1.4142   1.5000   1.5811
5      2.1794   1.2247   0.5000   0.7071   1.6583
6      2.1213   1.1180   1.0000   0.8660   1.7321
7      2.0616   2.0000   1.9365   1.8708   1.8028
8  >> 0.5*n+0.5*sqrt(spiral(n))
9  >> ans =
10     4.7913   4.8452   4.8979   4.9495   5.0000
11     4.7361   3.8229   3.9142   4.0000   4.0811
12     4.6794   3.7247   3.0000   3.2071   4.1583
13     4.6213   3.6180   3.5000   3.3660   4.2321
14     4.5616   4.5000   4.4365   4.3708   4.3028
15 >> ceil(0.5*n+0.5*sqrt(spiral(n)))
16 >> ans =
17     5   5   5   5   5
18     5   4   4   4   5
19     5   4   3   4   5
20     5   4   4   4   5
21     5   5   5   5   5
22 >> mod(ceil(0.5*n+0.5*sqrt(spiral(n))),2)
23 >> ans =
24     1   1   1   1   1
25     1   0   0   0   1
26     1   0   1   0   1
27     1   0   0   0   1
28     1   1   1   1   1
```

> **评** 用这种方式去"凑"数据,看起来强词夺理或者生硬,其实这都是建立在了解构造矩阵、熟悉基本函数命令以及充分挖掘题意条件内涵三个条件之上的。

第 3 章 数组操作进阶：扩维与构造

3. 利用 ndgrid 函数构造

下面是用 ndgrid 做基础矩阵，再以 max、rem 等函数凑形的构造方案。

源代码 3.214: 以 N-D 分布点函数 ndgrid 为基础的构造, by Alfonso Nieto-Castanon, size:53

```
1  function a = bullseye(n)
2  [i,j]=ndgrid(1:n);
3  a=rem(max(abs(i-n/2-.5),abs(j-n/2-.5)),2);
4  if ~a(1)
5      a=~a;
6  end
7  end
```

源代码 3.214 有以下两点需要注意：

① 用 max 函数对同维矩阵各个对位元素进行最大值比较，但 ndgrid 函数同时生成两个比较矩阵是个非常不错的构思；

② 结尾处的 if 流程耐人寻味，以 $n=5$ 为例运行这段判断语句：

源代码 3.215: 源代码 3.214 判断流程意义分析

```
1  n=5;[i,j]=ndgrid(1:n);
2  rem(max(abs(i-n/2-.5),abs(j-n/2-.5)),2)
3  ans =
4       0     0     0     0     0
5       0     1     1     1     0
6       0     1     0     1     0
7       0     1     1     1     0
8       0     0     0     0     0
```

注意到源代码 3.215 运行结果并非最终结果，此时所有元素的结果均恰好与实际结果相反，而以 $n=7$ 运行源代码 3.215，结果却是正确的，无论输入 n 取何值，其运行结果要么为所求，要么为所需结果的逻辑反。当然就需要判断来解决：判断语句~a(1) 含义是如 a(1) 元素结果为 "FALSE(0)"，整个由 1、0 这两个元素组成的矩阵取反；如果~a(1) 为 "TRUE(1)"，即结果为 1，则输出前两句代码运行结果。

3.13.2 利用循环逐元素赋值

如果找到索引位与元素值之间的对应联系，则用循环就能便捷地解决问题。

源代码 3.216: 利用循环逐个元素赋值 1, by Qi Binbin, size:53

```
1  function c = bullseye2(n)
2  c = ones(n);
3  t = 0;
4  for i = 2 : (n+1)/2
5      c(i : end- i + 1,i : end- i + 1) = t;
6      t = ~t;
7  end
```

源代码 3.217: 利用循环逐个元素赋值 2, by Jean-Marie SAINTHILLIER, size:42

```
1  function ans = bullseye(n)
2  ans=ones(n);
```

```
3  for i=2:n
4      ans(i:end-i+1,i:end-i+1)=mod(i,2);
5  end
6  end
```

3.14 数组训练进阶：Bullseye 矩阵构造扩展之二

例 3.14 接例 3.13 再次给定一个奇数正整数 n，返回 n 阶方阵，自内向外，中心元素恒为 0，每圈的元素值以 0、69、0⋯的顺序交替变化。

源代码 3.218: 例 3.14 测试代码

```
1  %% 1
2  n = 5;
3  a = [0   0   0   0   0;
4       0  69  69  69   0;
5       0  69   0  69   0;
6       0  69  69  69   0;
7       0   0   0   0   0];
8  assert(isequal(bullseye3(n),a));
9  %% 2
10 n = 7;
11 a =[69  69  69  69  69  69  69
12    69   0   0   0   0   0  69
13    69   0  69  69  69   0  69
14    69   0  69   0  69   0  69
15    69   0  69  69  69   0  69
16    69   0   0   0   0   0  69
17    69  69  69  69  69  69  69];
18 assert(isequal(bullseye3(n),a));
```

释义：继续之前的讨论，按给定输入 n，生成类似源代码 3.218 所示矩阵，与前例不同在于无论输入 n 等于几（奇数），中心元素恒为 0。

3.14.1 ndgrid 对"基"序列扩维

源代码 3.219: 利用 ndgrid 扩维构造，by Alfonso Nieto-Castanon, size:44

```
1  function ans = bullseye3(n)
2  [i,j]=ndgrid(1:n);
3  ans=69*rem(max(abs(i-n/2-.5),abs(j-n/2-.5)),2);
4  end
```

源代码 3.219 利用 ndgrid 构造基础扩维序列，再通过运算"凑"。

3.14.2 利用测试矩阵 spiral 试凑

源代码 3.220: 利用 spiral 试凑构造，by James, size:28

```
1  function ans = bullseye3(n)
2  ans=69*(1-mod(ceil(sqrt(spiral(n))/2+.5),2));
3  end
```

对逐圈数值相同的 Bullseye 矩阵，用 spiral 做基准试凑非常适合。

3.15 数组训练进阶：Bullseye 矩阵构造扩展之三

例 3.15 在 Bulleye 矩阵最初的问题，也就是例 3.12 中，需要以如下形式返回一个 n 阶方阵：

$$\begin{pmatrix} 3 & 3 & 3 & 3 & 3 \\ 3 & 2 & 2 & 2 & 3 \\ 3 & 2 & 1 & 2 & 3 \\ 3 & 2 & 2 & 2 & 3 \\ 3 & 3 & 3 & 3 & 3 \end{pmatrix}$$

如果进一步，要求返回如下形式的矩阵：

$$\begin{pmatrix} 5 & 4 & 3 & 4 & 5 \\ 4 & 3 & 2 & 3 & 4 \\ 3 & 2 & 1 & 2 & 3 \\ 4 & 3 & 2 & 3 & 4 \\ 5 & 4 & 3 & 4 & 5 \end{pmatrix}$$

其他条件与原 Bulleye 矩阵类似，即给定奇数正整数 n，返回 n 阶方阵，中心元素恒为 1。

源代码 3.221: 例 3.15 测试代码

```
1  %% 1
2  x = 1;
3  y_correct = 1;
4  assert(isequal(bullseye(x),y_correct))
5  %% 2
6  x = 3;
7  y_correct = 
8       3     2     3
9       2     1     2
10      3     2     3
11 assert(isequal(bullseye(x),y_correct))
12 %% 3
13 x = 5;
14 y_correct = 
15      5     4     3     4     5
16      4     3     2     3     4
17      3     2     1     2     3
18      4     3     2     3     4
19      5     4     3     4     5
20 assert(isequal(bullseye(x),y_correct))
```

释义：从形式上看，例 3.15 中要求矩阵形式与之前的 Bullseye 矩阵有一定区别，主要是每圈元素值不相同，但求解函数变化不大。

3.15.1 构造"基"序列扩维

矩阵叠加是另一种容易想到的思路,仍以 $n = 5$ 为例,结果矩阵可以看成三个矩阵的叠加:

$$\begin{pmatrix} 5 & 4 & 3 & 4 & 5 \\ 4 & 3 & 2 & 3 & 4 \\ 3 & 2 & 1 & 2 & 3 \\ 4 & 3 & 2 & 3 & 4 \\ 5 & 4 & 3 & 4 & 5 \end{pmatrix} = \begin{pmatrix} 2 & 1 & 0 & 1 & 2 \\ 2 & 1 & 0 & 1 & 2 \\ 2 & 1 & 0 & 1 & 2 \\ 2 & 1 & 0 & 1 & 2 \\ 2 & 1 & 0 & 1 & 2 \end{pmatrix} + \begin{pmatrix} 2 & 2 & 2 & 2 & 2 \\ 1 & 1 & 1 & 1 & 1 \\ 0 & 0 & 0 & 0 & 0 \\ 1 & 1 & 1 & 1 & 1 \\ 2 & 2 & 2 & 2 & 2 \end{pmatrix} + 1$$

所以问题简化成:想法构造序列 [2 1 0 1 2] 并实现扩维与转置。这个序列的构造方法比较多,介绍如下:

1. detrend+ 网格布点函数 meshgrid、ndgrid 构造

函数 detrend 移除矩阵或向量中的均值或线性趋势,多用于快速傅里叶变换(FFT)。不妨先谈谈这个函数,为方便说明问题,采用等距(步距 1)时间序列采样:

① **从数据点中去除均值分量**:给定信号序列数据,函数 detrend 带后缀参数 "constant" 意味着去除均值分量。

源代码 3.222: detrend 运行结果分析——信号数据中去除均值分量

```
1  >> data=randi(10,1,7)              % 生成信号数据
2  data =
3       8    8    4    7    2    8    1
4  >> dataMean=mean(data)             % 求信号数据均值
5  dataMean =
6      5.4286
7  >> data-dataMean                   % 从数据点减去均值
8  ans =
9      2.5714  2.5714 -1.4286  1.5714 -3.4286  2.5714 -4.4286
10 >> dataTrend=detrend(data,'constant') % 函数去均值计算结果
11 dataTrend =
12     2.5714  2.5714 -1.4286  1.5714 -3.4286  2.5714 -4.4286
```

② **去除数据点线性分量**:继续使用源代码 3.222 中的信号数据 "data"。

源代码 3.223: detrend 运行结果分析——信号数据中去除最小二乘线性分量

```
1  >> dataPoly=polyfit(1:length(data),data,1) % 对数据做最小二乘拟合得到直线方程系数
2  dataPoly =
3     -0.8214   8.7143
4  >> polyval(dataPoly,1:length(data))    % 按时间序列以直线方程求值
5  ans =
6      7.8929  7.0714  6.2500  5.4286  4.6071  3.7857  2.9643
7  >> data-ans
8  ans =
9      0.1071  0.9286 -2.2500  1.5714 -2.6071  4.2143 -1.9643
10 >> dataLinTrend=detrend(data,'linear')
11 dataLinTrend =
12     0.1071  0.9286 -2.2500  1.5714 -2.6071  4.2143 -1.9643
```

源代码 3.223 中，第 1 条语句利用 polyfit 对信号数据按时间点拟合直线方程,方程系数为"[-0.8214,8.7143]"；第 2 条语句对时间点按多项式求值（被减线性分量）；第 3、4 条语句可以看出源数据减去线性分量的结果与函数 detrend 相同。

用参数 "'constant'" 重载时，只要构造合适序列，函数 detrend 能形成 y 轴对称数据。

源代码 3.224: detrend 构造关于 y 轴对称序列

```
1 >> detrend(1:5,'constant')
2 ans =
3    -2   -1    0    1    2
```

其他构造可采用 meshgrid。

源代码 3.225: detrend 构造"基"序列 + meshgrid 扩维,by Alfonso Nieto-Castanon,size:28

```
1 function a = bullseye(n)
2   meshgrid(abs(detrend(1:n,'constant')));
3   a=1+ans+ans';
4 end
```

或 ndgrid：

源代码 3.226: detrend 构造"基"序列 + ndgrid 扩维,by Alfonso Nieto-Castanon,size:29

```
1 function ans = bullseye(n)
2   [i,j]=ndgrid(abs(detrend(1:n,'constant')));
3   ans=1+i+j;
4 end
```

2. 向量组合 + bsxfun 函数扩维

注意到虽然每圈数据不是常数，相邻行 (列) 数据仍具有以中心行 (列) 向外以 1 为步长增加的规律，以 $n=5$ 为例，中心行为第 $\frac{n+1}{2}=3$ 行，向上或者向下每行均比对应元素增加 1，可考虑构造原始行 (列)，以增 1 序列向上下 (或左右) 扩维，想到了利用 bsxfun 函数：

源代码 3.227: 利用 bsxfun 函数扩维"基"序列构造,by bainhome,size:40

```
1 function a = bullseye(n)
2   (n+1)/2;
3   [fliplr(1:ans),2:ans];
4   a=bsxfun(@plus,ans,ans'-1);
5 end
```

函数用运算符 "@plus" 做 "+" 运算，加数为序列 "k" $(1\times n)$ 和 $k'-1(n\times 1)$，bsxfun 对应维度相等或其中之一等于 1，可对序列进行单一维扩展，即行向量 k 与列向量 $k'-1$ 的第 $(i,1)$ 个元素相加形成结果矩阵的第 $(i,:)$ 行，如以下源代码所示：

源代码 3.228: bsxfun 函数矩阵扩维思路分析

```
1 n=5;
2 >> k=[(n+1)/2:-1:1,2:(n+1)/2]
3 k =
4    3    2    1    2    3
5 >> k'-1
6 ans =
```

```
7    2
8    1
9    0
10   1
11   2
```

3. 取整函数 + bsxfun(repmat) 扩维

构造诸如 [2 1 0 1 2] 这样的序列也有简单办法：

源代码 3.229: 对称序列的构造技巧

```
1  n=5;
2  >> k=abs(-fix(n/2):n/2)
3  k =
4       2    1    0    1    2
```

`fix` 函数向 0 方向取整后，因步距为 1，序列最后一个数据是 $[n/2]$，也就是小于或等于 $n/2$ 的最大整数。

源代码 3.230: `fix` 构造对称"基"序列 + `bsxfun` 扩维构造, by Yaroslav, size:33

```
1  function s = bullseye(x)
2  abs(-fix(x/2):x/2);
3  s=bsxfun(@plus,ans'+1,ans);
4  end
```

由 `fix` 联想到另一个取整函数 `floor`，结合 `repmat` 得如下代码：

源代码 3.231: `floor` 构造序列 + 扩维函数 `repmat`, by Boris Huart, size:40

```
1  function ans = bullseye(n)
2  ans=abs(-floor(n/2):floor(n/2));
3  ans=repmat(1+ans',1,n)+repmat(ans,n,1);
4  end
```

或者换成向上取整函数 `ceil`，结合 `bsxfun` 的单一维扩展生成矩阵。

源代码 3.232: `ceil` 构造序列 + 扩维函数 `bsxfun`, by Binbin Qi, size:42

```
1  function a = bullseye(n)
2  m = ceil(n/2);
3  p = [n:-1:m,m+1:n];
4  a = bsxfun(@plus,p,p')-n;
5  end
```

4. "基"序列 + 矩阵乘法扩维

恰当的矩阵相乘也可实现扩展。

源代码 3.233: `ceil` 构造序列 + 扩维函数 `bsxfun`, by Marcel, size:43

```
1  function a = bullseye(n)
2  2:ceil(n/2);
3  [fliplr(ans) 1 ans];
4  ones(n,1)*ans;
5  a=ans+ans'-1;
```

3.15.2 特殊矩阵构造

延续 3.15.1 小节思路，用最大值函数 max 结合测试矩阵 toeplitz 通过运算试凑。

源代码 3.234: 函数 max 结合 toeplitz 试凑构造,by Khaled Hamed,size:23

```
1  function a = bullseye(n)
2  toeplitz(1:n);
3  a=max(ans,flipud(ans));
4  end
```

仍以 $n=5$ 为例，分部运行结果如下：

源代码 3.235: 源代码 3.234 分析

```
1  >> toeplitz(1:n)
2  ans =
3       1    2    3    4    5
4       2    1    2    3    4
5       3    2    1    2    3
6       4    3    2    1    2
7       5    4    3    2    1
8  >> flipud(ans)
9  ans =
10      5    4    3    2    1
11      4    3    2    1    2
12      3    2    1    2    3
13      2    1    2    3    4
14      1    2    3    4    5
```

显然，对位元素比较大小后，最大值所形成的矩阵恰好是所求。另外，由于矩阵的对称形式，源代码 3.234 中的 flipud 函数亦可替换成 rot90。

3.15.3 递归与循环

1. 递 归

递归思路同前，仍是从中心处向外逐步按某种规则逐列遍历、组合、叠加。

源代码 3.236: 递归解法,by AMITAVA BISWAS,size:59

```
1  function n = bullseye(n)
2  if n>1
3      b=bullseye(n-2)
4      n=[b(:,1)+1 b b(:,end)+1]
5      n=[n(1,:)+1; n; n(end,:)+1]
6  end
7  end
```

2. 循 环

循环与递归思路类似，但过程正好相反。

源代码 3.237: 逐个元素循环求解,by the cyclist,size:49

```matlab
1  function a = bullseye(n)
2  c = ceil(n/2);
3  for i=1:n
4      for j=1:n
5          a(i,j)=abs(i-c)+abs(j-c);
6      end
7  end
8  a = a+1;
9  end
```

3.16 数组训练进阶：Bullseye 矩阵构造扩展之四

3.12 节的例 3.12 中的 Bullseye 矩阵是以元素 1 为矩阵中心向外逐圈增 1 扩散，直至矩阵维数为 $n \times n$，外圈元素大小为 $\frac{n+1}{2}$。如果让原来的持续增大趋势变成 "锯齿式" 的起伏呢？

例 3.16 在 Bulleye 矩阵基础上再次变化，给定正整数 n，例如 $n = 2$，注意这里不再特别要求 n 为奇数，要求返回如下的矩阵形式：

$$\begin{pmatrix} 1 & 1 & 1 & 1 & 1 \\ 1 & 2 & 2 & 2 & 1 \\ 1 & 2 & 1 & 2 & 1 \\ 1 & 2 & 2 & 2 & 1 \\ 1 & 1 & 1 & 1 & 1 \end{pmatrix}$$

这个矩阵自里向外或者自外向里的数值，都始于 1，以 1 为步长向外 (内) 递增到最大值，再以 1 为步长向内 (外) 递减，直至该圈元素值再次变为 1 结束，呈 "波浪" 或 "锯齿" 状起伏。

源代码 3.238: 例 3.16 测试代码

```
1  %% 1
2  x = 2;
3  y_correct =
4      1   1   1   1   1
5      1   2   2   2   1
6      1   2   1   2   1
7      1   2   2   2   1
8      1   1   1   1   1
9  assert(isequal(your_fcn_name(x),y_correct))
10 %% 2
11 x = 3;
12 y_correct =
13     1   1   1   1   1   1   1
14     1   2   2   2   2   2   1
15     1   2   3   3   3   2   1
16     1   2   3   2   3   2   1
17     1   2   3   3   3   2   1
18     1   2   2   2   2   2   1
19     1   2   3   3   3   2   1
```

第 3 章　数组操作进阶：扩维与构造

```
20      1   2   2   2   2   2   2   1
21      1   1   1   1   1   1   1   1
22   assert(isequal(your_fcn_name(x),y_correct))
23   %% 3
24   x = 1;
25   y_correct = [1];
26   assert(isequal(your_fcn_name(x),y_correct))
```

释义：如何构造外圈元素增加到 $\dfrac{n+1}{2}$，再向外逐圈以 -1 为步距，重新减小至 1 的矩阵？例如当 $n=3$ 时，所需构造的矩阵变为 9×9：

$$\text{output} = \begin{pmatrix} 1 & 1 & 1 & 1 & 1 & 1 & 1 & 1 & 1 \\ 1 & 2 & 2 & 2 & 2 & 2 & 2 & 2 & 1 \\ 1 & 2 & 3 & 3 & 3 & 3 & 3 & 2 & 1 \\ 1 & 2 & 3 & 2 & 2 & 2 & 3 & 2 & 1 \\ 1 & 2 & 3 & 2 & 1 & 2 & 3 & 2 & 1 \\ 1 & 2 & 3 & 2 & 2 & 2 & 3 & 2 & 1 \\ 1 & 2 & 3 & 3 & 3 & 3 & 3 & 2 & 1 \\ 1 & 2 & 2 & 2 & 2 & 2 & 2 & 2 & 1 \\ 1 & 1 & 1 & 1 & 1 & 1 & 1 & 1 & 1 \end{pmatrix}$$

这个矩阵称为"火山矩阵" (Volcano (or Atoll) martix)，也是 Bullseye 矩阵的一种变化形式，Volcano 矩阵的外形 (见图 3.10) 也的确符合"火山"之意。

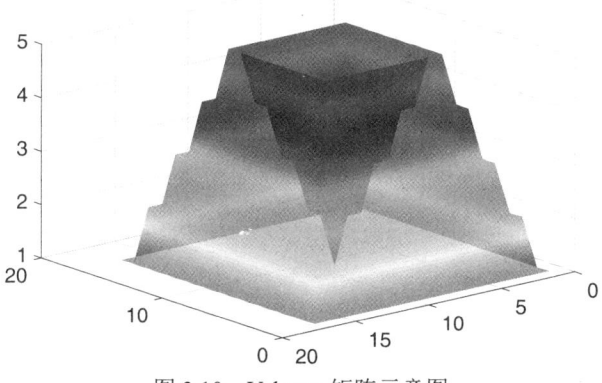

图 3.10　Volcano 矩阵示意图

3.16.1　循　环

对角线元素变化指示了 Volcano 矩阵外形，据此特征先构造基向量：

$$\text{base} = [1, 2, \cdots, n, n-1, n-2, \cdots, 1]$$

再按圈数逐层循环赋值。

源代码 3.239: 组合特征向量并逐圈元素循环赋值,by Claudio Gelmi,size:55

```
1  function ans = your_fcn_name(x)
2  n=[1:x,x-1:-1:1];
```

```
3   for i=1:numel(n)
4      ans(i:2*numel(n)-i,i:2*numel(n)-i)=n(i);
5   end
6   end
```

另一种循环构造元素值的方法如下：

源代码 3.240: 组合特征向量并逐圈元素循环赋值,by Gergely Patay,size:45

```
1   function ans = your_fcn_name(n)
2   for j=1:2*n-1
3      ans(j:4*n-2-j, j:4*n-2-j) = n-abs(n-j);
4   end
5   end
```

源代码 3.240 明确了每圈元素索引值和元素值二者的关系,自外圈向内圈,但它不是"逐圈赋值",而是按以下规律：以 $n=3$ 为例,$j=1$,全矩阵为 9 阶 ($4\times n-2-j=4\times 3-2-1=9$) 方阵,方阵所有元素值在第 1 次循环均为 $n-|(n-j)|=3-(3-1)=1$；第 $j=2$ 次,方阵中的第 $(j:4\times n-2-j, j:4\times n-2-j)$,也就是 $(2:8,2:8)$ 内的全部元素赋值为 $n-|(n-j)|=3-(3-2)=2$；同理,$j=3$,9 阶方阵内部第 [3:7,3:7] 索引位元素值被改为 $n-|(n-j)|=3-(3-3)=3$,此时矩阵形式为

$$\text{output} = \begin{pmatrix} 1 & 1 & 1 & 1 & 1 & 1 & 1 & 1 & 1 \\ 1 & 2 & 2 & 2 & 2 & 2 & 2 & 2 & 1 \\ 1 & 2 & 3 & 3 & 3 & 3 & 3 & 2 & 1 \\ 1 & 2 & 3 & 3 & 3 & 3 & 3 & 2 & 1 \\ 1 & 2 & 3 & 3 & 3 & 3 & 3 & 2 & 1 \\ 1 & 2 & 3 & 3 & 3 & 3 & 3 & 2 & 1 \\ 1 & 2 & 3 & 3 & 3 & 3 & 3 & 2 & 1 \\ 1 & 2 & 2 & 2 & 2 & 2 & 2 & 2 & 1 \\ 1 & 1 & 1 & 1 & 1 & 1 & 1 & 1 & 1 \end{pmatrix}$$

自 $j=4$ 起,随循环次数增加,相减数值无论是索引位还是元素值均开始由大变小,行、列赋值范围变成：$(4:4\times 3-2-4, 4:4\times 3-2-4)=(4:6,4:6)$,方阵中 4:6 行、4:6 列元素值应被赋值为：$n-|(n-j)|=3-(3-4)=2$,由此规律逐圈向内推进,循环到第 $2\times n-1=5$ 次得到结果。

3.16.2 向量组合 + meshgrid 函数构造

例 3.12 介绍了 max 函数的用法 (详见源代码 3.195 和 3.196),函数 max 和 min 的对位元素比较功能也非常适合 Volcano 矩阵的起伏变化特性。

源代码 3.241: 对位元素比较构造基序列 + meshgrid 函数扩维,by @bmtran,size:51

```
1   function a = your_fcn_name(n)
2      [x,y]=meshgrid(-(n-1)*2:(n-1)*2);
3      max(abs(x),abs(y))+1;
4      a=min(ans,2*n-ans);
5   end
```

第 3 章　数组操作进阶：扩维与构造　　213

源代码 3.241 的前两句写法与 3.12.3 小节的源代码 3.191 相同，通过对位取最大值构造自里向外逐圈增大的矩阵，以 $n=3$ 为例：

① 利用网格点函数 meshgrid 形成对称序列，再用最大值函数对位比较元素构造例 3.12 的 Bullseye 矩阵。

源代码 3.242: 源代码 3.241 分析 1

```
1  >> n=2;[x,y]=meshgrid(-(n-1)*2:(n-1)*2)
2  x =
3      -2    -1     0     1     2
4      -2    -1     0     1     2
5      -2    -1     0     1     2
6      -2    -1     0     1     2
7      -2    -1     0     1     2
8  y =
9      -2    -2    -2    -2    -2
10     -1    -1    -1    -1    -1
11      0     0     0     0     0
12      1     1     1     1     1
13      2     2     2     2     2
14 >> max(abs(x),abs(y))+1
15 ans =
16      3     3     3     3     3
17      3     2     2     2     3
18      3     2     1     2     3
19      3     2     2     2     3
20      3     3     3     3     3
```

② 构造数值上具有起伏特征的矩阵，最好的办法是用最小值函数 min 对元素相同，但排布方向相反的数组对位比较，以获得所需的起伏向量。

源代码 3.243: 源代码 3.241 分析 2

```
1  >> a=1:5
2  a =
3       1     2     3     4     5
4  >> b=flip(a)
5  b =
6       5     4     3     2     1
7  >> min(a,b)
8  ans =
9       1     2     3     2     1
```

按源代码 3.242，矩阵无法用向量翻转命令 flip，改为减法构造反序矩阵。

源代码 3.244: 源代码 3.241 分析 3

```
1  >> 2*n-ans
2  ans =
3       1     1     1     1     1
4       1     2     2     2     1
5       1     2     3     2     1
6       1     2     2     2     1
7       1     1     1     1     1
```

```
8  >> min(ans,2*n-ans)
9  ans =
10     1   1   1   1   1
11     1   2   2   2   1
12     1   2   1   2   1
13     1   2   2   2   1
14     1   1   1   1   1
```

同理，也能用 ndgrid 函数构造 Volcano 矩阵。

源代码 3.245: 对位元素比较构造基序列 + ndgrid 函数扩维, by Alfonso Nieto-Castanon, size:56

```
1  function ans = your_fcn_name(x)
2  [i,j]=ndgrid(1:4*x-3);
3  ans=1+max(abs(i-2*x+1),abs(j-2*x+1));
4  ans=min(ans,2*x-ans);
5  end
```

3.16.3 bsxfun 扩维

本小节探讨通过 bsxfun 把单一维扩展与对位比较两个操作糅合在一起，构造数值上具有"起伏"特征的序列。

源代码 3.246: 对位元素比较构造基序列 + bsxfun 函数扩维, by Binbin Qi, size:55

```
1  function ans = your_fcn_name(n)
2  ans=[2*n-1:-1:1, 2:2*n-1];
3  ans=min(bsxfun(@min,2*n-ans,2*n-ans'),bsxfun(@max,ans,ans'));
```

也可把一部分 bsxfun 的扩维工作，转给普通运算，利用"试凑"先形成对角元素上的特征对称序列，最大值函数句柄操作 bsxfun 使单一维扩展为矩阵，最后运算得到所求。

源代码 3.247: bsxfun 函数扩维 + 运算试凑, by Yaroslav, size:41

```
1  function a = your_fcn_name(n)
2  2*n-2;
3  abs(-ans:ans);
4  a=n-abs(bsxfun(@max,ans',ans)-n+1);
5  end
```

评 min 或 max 函数自定义句柄，通过 bsxfun 做元素的单一维扩展，扩展和运算一次完成，这个特色使程序被简化了。

3.16.4 测试矩阵 spiral 试凑

同圈数值接近的矩阵，根据之前的分析用测试矩阵 spiral 试凑会简化"凑数"的工序。

源代码 3.248: 逻辑数组构造 + spiral 试凑, by Yuan, size:44

```
1  function ans = your_fcn_name(n)
2  ans=2*n-ceil(0.5*sqrt(spiral(4*n-3))+0.5);
3  ans(ans>n) = 2*n-ans(ans>n);
4  end
```

在源代码 3.248 的函数体内，第 2 条语句通过逻辑索引判断完成各圈数值的变化，与源代码 3.246 中的 min 函数功能等效，当然，也能用 min 做对位比较取值。

源代码 3.249: min 对位比较 + spiral 试凑,by Jan Orwat,size:35

```
1  function ans = your_fcn_name(n)
2    ans=ceil(0.5+0.5*sqrt(spiral(4*n-3)));
3    ans=min(ans,2*n-ans);
4  end
```

3.17 数组基础训练：最小值替换为行均值

本节借一个问题的讨论，汇总"矩阵部分元素替换"的常见技巧。

例 3.17 写一个函数，给定输入为矩阵 A，并将 A 中每一行元素的最小值，用该行的均值代替。

源代码 3.250: 例 3.17 测试代码

```
1  %% 1
2  A = 0;
3  B_correct = 0;
4  assert(isequal(min_by_mean(A),B_correct))
5  %% 2
6  A = 1;
7  B_correct = 1;
8  assert(isequal(min_by_mean(A),B_correct))
9  %% 3
10 A = [1,2,3,4;
11     2,3,4,5];
12 B_correct = [2.5000,2.0000,3.0000,4.0000;
13              3.5000,3.0000,4.0000,5.0000];
14 assert(isequal(min_by_mean(A),B_correct))
15 %% 4
16 A = [1,2,3,4,2,3,4,5];
17 B_correct = [3,2,3,4,2,3,4,5];
18 assert(isequal(min_by_mean(A),B_correct))
19 %% 5
20 A = [2,1,3,4;
21     3,2,4,5];
22 B_correct = [2.0000,2.5000,3.0000,4.0000;
23              3.0000,3.5000,4.0000,5.0000];
24 assert(isequal(min_by_mean(A),B_correct))
```

释义：取输入矩阵 A 每行的最小值，用行均值替代。例如，源代码 3.250 的第 3 个例子，矩阵 A 行均值为 [2.5 3.5]，最小值在矩阵中的索引位分别为 (r_1, c_1) 和 (r_2, c_2)，用两个行均值分别替换 A 中原位置的两个数值得到输出结果。需要声明，类似"try,A(:,A(1))= mean(A,2); end"的语句，能满足所有验证代码，但这种钻测试代码空子的行为，显然偏离了探讨问题的真正目标，并不可取。

3.17.1 循环与矢量化函数二者的结合

一般来说，循环流程代码相对比较冗长和按部就班，也显得有些乏味，不过，透彻理解函数矢量化操作，需要长时间的总结累积，不能一蹴而就。短时间达不到这种要求（很多问题中可能也并不需要），可以在二者之间寻找某种平衡，这往往是按问题实现的意图，最快写出程序的方式，比如下面两段带有循环的代码：

源代码 3.251: 循环思路 1,by bainhome,size:41

```
1  function A = min_by_mean(A)
2  [~,ind]=min(A,[],2);
3  mean(A,2);
4  for i=1:numel(ind)
5      A(i,ind(i))=ans(i);
6  end
```

源代码 3.252: 循环思路 2,by Gergely Patay,size:38

```
1  function A = min_by_mean(A)
2  for j=1:size(A,1)
3      [~,i]=min(A(j,:));
4      A(j,i)=mean(A(j,:));
5  end
6  end
```

> **评** 源代码 3.251 是索引寻址部分采用 min 函数的矢量化特性一并找好，替换元素值的部分被放进循环体；而源代码 3.252 则在每次循环内逐行查找并替换。

此外，还可以用循环拼接向量。

源代码 3.253: 循环思路 3,by Alfonso Nieto-Castanon,size:42

```
1  function ans = min_by_mean(A)
2  ans=[];
3  for i=A'
4      ans=[ans; i'+(i'==min(i))*(mean(i)-min(i))];
5  end
```

事实上，在源代码 3.253 中用循环拼接矩阵的构造非常好，比之矢量化函数操作代码，无论是难度和巧妙程度都一点不差，分析如下：

① **循环节** 循环节 "i=A'" 以配合列读取顺序，按需要应对原矩阵行向量取最小值，转置完成提取原矩阵行的意图；

② **逻辑索引与运算的结合** 一次循环内，i 是一个整列，也就是转置前输入矩阵一行，"i'==min(i)" 的维度是 $\text{size}(A(i,:))$，即 $1\times n$，获得最小值所在位置逻辑索引（最小值位置为 1，其他为 0），注意 "(mean(i)-min(i))" 中的 i 未转置，按列求均值和最小值，结果均为一个数字，这个数字是均值和最小值的差值，二者相乘得到：

$$[0,\cdots,0,\bar{i}-\min(i),0,\cdots,0]$$

与原向量相加，正好在最小值位置将其补成均值。

3.17.2 利用高低维索引转换函数 sub2ind

用最小值函数查找索引位，再通过 sub2ind 换成低维索引减少一重循环。

源代码 3.254: 高低维索引转换函数 sub2ind,by Jan Orwat,size:32

```
1  function A = min_by_mean(A)
2    [~,idx]=min(A');
3    A(sub2ind(size(A),find(idx),idx))=mean(A');
4  end
```

3.17.3 利用稀疏矩阵构造指定位置索引

直接引用两个同维向量做矩阵索引会被 MATLAB 交叉遍历生成多余位置，例如：

源代码 3.255: 矩阵指定索引位置赋值的分析

```
1  >> A=zeros(2,4)
2  A =
3       0    0    0    0
4       0    0    0    0
5  >> A(1:2,[1,3])=2
6  A =
7       2    0    2    0
8       2    0    2    0
```

源代码 3.255 本意是令 (1,1) 和 (2,3) 赋值为 2，因索引遍历，对 (1,3)、(2,1) 两个错误的位置也赋值。

为避免这种情况的出现，需要精确到地址的索引方式，稀疏矩阵命令正好派上用场，例如源代码 3.255 的问题改成如下构造即可解决。

源代码 3.256: 稀疏矩阵构造索引阵对矩阵指定索引位置赋值

```
1  >> A=zeros(2,4)
2  A =
3       0    0    0    0
4       0    0    0    0
5  >> A(sparse(1:2,[1,3],1)>0)=2
6  A =
7       2    0    0    0
8       0    0    2    0
```

源代码 3.256 中第 2 句的含义是把指定位置的数据在 sparse 中赋为 1，构成精确的"0-1"索引矩阵，根据这个思路，例 3.17 中的索引问题就可迎刃而解。

源代码 3.257: 利用稀疏矩阵构造索引矩阵,by Alfonso Nieto-Castanon,size:32

```
1  function A = min_by_mean(A)
2    [~,i]=min(A');
3    A(sparse(find(i),i,1)>0)=mean(A');
4  end
```

3.17.4 bsxfun 单一维扩展构造索引

bsxfun 已介绍多次，结合句柄操控，很多场合下不愧其"函数魔方"的美誉。

源代码 3.258: 利用 bsxfun 构造索引阵,by Alfonso Nieto-Castanon,size:29

```matlab
function a = min_by_mean(A)
A';
ans(bsxfun(@eq,ans,min(ans)))=mean(ans);
a=ans';
end
```

源代码 3.258 通过 bsxfun 对位扩展维度为 1×2 的"min(A')",利用"@eq"对位比较相等构造最小值索引位,最后对相应索引位完成赋值。

更合理利用 min 和 mean 的方向参数,源代码 3.258 还能去掉两次转置:

源代码 3.259: 利用 bsxfun 构造索引阵改进方案,by bainhome,size:25

```matlab
function A = min_by_mean(A)
A(bsxfun(@eq,A,min(A,[],2)))=mean(A,2);
end
```

进一步地,利用 bsxfun 重写源代码 3.253,即"最小值上补均值差"的思路。

源代码 3.260: 利用 bsxfun 对源代码 3.253 差补均值的改进方案,by Paul Berglund,size:32

```matlab
function ans = min_by_mean(A)
  ans=A+bsxfun(@eq,min(A,[],2),A).*bsxfun(@minus,mean(A,2),A);
end
```

3.17.5 累积最值函数 cummin

函数 cummin、cummax 出现于 2014b 版本,用于求累积最小(大)值,例如:

源代码 3.261: cummin 和 cummax 调用示例

```matlab
>> randi(10,1,10)
ans =
    10    5    5    4   10    4    2    8    4    3
>> cummin(ans)
ans =
    10    5    5    4    4    4    2    2    2    2
>> randi(10,1,10)
ans =
     1    1    7    8    7    5    6    3    6    8
>> cummax(ans)
ans =
     1    1    2    7    8    8    8    8    8    8
>> t=randi(10,3)
t =
     9   10    3
    10    7    6
     2    1   10
>> cummin(t)
ans =
     9   10    3
     9    7    3
     2    1    3
>> cummin(t,2)
```

第 3 章 数组操作进阶：扩维与构造　　　　　　　　　　　　　　　　　　　　　　　　219

```
24  ans =
25       9    9    3
26      10    7    6
27       2    1    1
```

可以看出：调用方法基本与 min、max 相同，同样能按行、列求累积最小（大）值也能用于解决例 3.17 的问题。

源代码 3.262: 利用 cummin 构造最小值逻辑索引,by LY Cao,size:23

```
1  function A = min_by_mean(A)
2    A(A==cummin(sort(A,2),2)) = mean(A,2);
3  end
```

源代码 3.262 的奥妙在于 sort 和 cummin 两个函数分别按列的排序及累积求最小值，显然，升序行排列在后，最小值在最前，累积求最小值，势必变成与矩阵 A 同维、且每行都是相同的该行最小值的矩阵，以源代码 3.250 的第 5 个测试数据为例，输入矩阵 A 维度是 2×4，原矩阵 $A = [2,1,3,4;3,2,4,5]$ 变成：

$$\begin{pmatrix} 1 & 1 & 1 & 1 \\ 2 & 2 & 2 & 2 \end{pmatrix}$$

与原矩阵 A 做对位逻辑"等"比较，即构成最小值所在位置为 1、其他位置为 0 的逻辑索引矩阵。

> **评**　函数 cummin 出现在 MATLAB 2014b 中，其不同问题中的使用方法，尤其是与其他函数合适典型的搭配方式，仍留待 MATLAB 兴趣爱好者进一步探讨。

3.18　数组训练进阶：矩阵元素分隔——"内向"的矩阵

例 3.18　给定一个由正整数元素组成的输入矩阵 A，在 A 中的每个元素都十分"内向"，不能与矩阵中其他元素直接相邻，请写一个函数 introverts.m，返回一个矩阵，能保证 A 中每个元素四周都被元素 0 包围，而不与其他元素直接相邻。例如输入矩阵为 3 阶魔方方阵：

$$A = \begin{pmatrix} 8 & 1 & 6 \\ 3 & 5 & 7 \\ 4 & 9 & 2 \end{pmatrix}$$

返回矩阵要让 A 中每个元素都被元素 0 包围，实现与 A 中其他元素间的"隔绝"，因此输出矩阵如下：

$$\begin{pmatrix} 0 & 0 & 0 & 0 & 0 & 0 & 0 \\ 0 & 8 & 0 & 1 & 0 & 6 & 0 \\ 0 & 0 & 0 & 0 & 0 & 0 & 0 \\ 0 & 3 & 0 & 5 & 0 & 7 & 0 \\ 0 & 0 & 0 & 0 & 0 & 0 & 0 \\ 0 & 4 & 0 & 9 & 0 & 2 & 0 \\ 0 & 0 & 0 & 0 & 0 & 0 & 0 \end{pmatrix}$$

源代码 3.263: 例 3.18 测试代码

```matlab
%% 1
x = magic(3);
y_correct = [0 0 0 0 0 0 0
    0 8 0 1 0 6 0
    0 0 0 0 0 0 0
    0 3 0 5 0 7 0
    0 0 0 0 0 0 0
    0 4 0 9 0 2 0
    0 0 0 0 0 0 0];
assert(isequal(introverts(x),y_correct))
%% 2
x=1;
y_correct=[0 0 0 ; 0 1 0 ; 0 0 0];
assert(isequal(introverts(x),y_correct))
%% 3
x=[1 2 3 ; 4 5 6];
y_correct=[0 0 0 0 0 0 0
    0 1 0 2 0 3 0
    0 0 0 0 0 0 0
    0 4 0 5 0 6 0
    0 0 0 0 0 0 0];
assert(isequal(introverts(x),y_correct))
%% 4
x=[1:6]';
y_correct=[ 0 0 0
    0 1 0
    0 0 0
    0 2 0
    0 0 0
    0 3 0
    0 0 0
    0 4 0
    0 0 0
    0 5 0
    0 0 0
    0 6 0
    0 0 0];
assert(isequal(introverts(x),y_correct));
%% 5
x=zeros(12);
y_correct=zeros(25);
assert(isequal(introverts(x),y_correct))
```

释义：问题名为"内向"的矩阵 (A matrix of introverts)，意思是每个矩阵元素之间不能见面，好像都很"害羞"，需要把原矩阵所有元素都用 0 元素分隔开，使之不再相邻。

3.18.1 循环 + 判断

元素索引很规律，高维索引值都比在原矩阵中加倍，例如第 $(1,1)$ 个元素 8，在新矩阵中的行列索引变成 $(2,2)$，可尝试用循环和判断得到结果。

1. 二重循环

源代码 3.264: 利用二重循环逐个元素赋值,by GrantIII,size:55

```
1  function y = introverts(x)
2    [m,n] = size(x);
3    y = zeros(2*m+1,2*n+1);
4    for i = 1:m
5      for j = 1:n
6        y(2*i,2*j) = x(i,j);
7      end
8    end
9  end
```

2. 一重循环

MATLAB 的优势之一是矢量化寻址,即对索引批量查找和批量赋值,往往把其他语言需要多个步骤才能完成的工作用一个或者几个简单函数操作合成起来。例如本小节问题中的原矩阵为 $(m \times n)$,生成矩阵维数就是 $(2m+1, 2n+1)$,全 0 行(列)总是间隔出现,这给降低循环重数提供了可能。

源代码 3.265: 利用一重循环逐行元素赋值,by Guillaume,size:44

```
1  function ans = introverts(x)
2    ans=zeros(size(x)*2+1);
3    for col = 1:size(x, 2)
4      ans(2:2:end, col*2) = x(:, col);
5    end
6  end
```

> **评** 先构造 $(2m+1, 2n+1)$ 全 0 矩阵,再循环对非 0 元素行赋值,由于非 0 元素是隔行隔列出现的,当循环体内赋值时,两边行列元素索引恰好是 1 倍的关系。

3.18.2 利用函数 kron 扩维

利用函数 kron 可对矩阵元素实现多维扩展,例如让原矩阵所有元素都变成 2×2 的"块",再组合成一个更大的矩阵。

源代码 3.266: 函数 kron 的矩阵"块"扩展 1

```
1  >> kron(magic(3),ones(2))
2  ans =
3       8     8     1     1     6     6
4       8     8     1     1     6     6
5       3     3     5     5     7     7
6       3     3     5     5     7     7
7       4     4     9     9     2     2
8       4     4     9     9     2     2
```

2×2 全 1 矩阵与 magic 的每个元素都对应相乘能得到源代码 3.266 所示的 8×8 矩阵,因此想到用同样方式改变构造矩阵元素问题的解矩阵。

源代码 3.267: 函数 kron 的矩阵"块"扩展 2

```
1  >> kron(magic(3),[0 0;0 1])
2  ans =
3     0  0  0  0  0  0
4     0  8  0  1  0  6
5     0  0  0  0  0  0
6     0  3  0  5  0  7
7     0  0  0  0  0  0
8     0  4  0  9  0  2
```

令自定义构造矩阵前 3 个元素为 0,最后一个是 1,得到分隔效果,最后给源代码 3.267 的结果右侧和底部加一圈 0。

源代码 3.268: 利用函数 kron 扩展原矩阵,by Thomas Vanaret,size:32

```
1  function ans = introverts(x)
2    ans=kron(x,[0 0;0 1]);
3    ans(end+1, end+1) = 0;
4  end
```

可以看出,函数 kron 非常灵活。其灵活之处在于第 2 个参数的构造,例如把它从"[0 0;0 1]"改为"[1 0;0 0]",整个题目代码会完全不同!因为矩阵没有第 0 行和第 0 列,需要在生成扩展矩阵的左侧和上部加 0,而加这个 0 时要注意,仍以"magic(3)"为例:

源代码 3.269: 函数 kron 扩展结果左侧和上方填充 0 的步骤

```
1  >> y=kron(magic(3),str2num('[1 0;0 0]'))
2  y =
3     8  0  1  0  6  0
4     0  0  0  0  0  0
5     3  0  5  0  7  0
6     0  0  0  0  0  0
7     4  0  9  0  2  0
8     0  0  0  0  0  0
```

源代码 3.269 给扩维填充 0 制造了不大不小的麻烦:因为 MATLAB 中不存在 $y(0,0) = 1$,不可能以"$y(end +1, end + 1) = 0$"的方式扩维,看起来似乎只能用矩阵拼接,或者先构造一个更大的全 0 矩阵,然后令其中某部分等于 y 来赋值。

源代码 3.270: 函数 kron 扩展结果左侧和上方填充 0 的方法 1——拼接

```
1  >> [zeros(1,size(y,2)+1);zeros(size(y,1),1),y]
2  ans =
3     0  0  0  0  0  0  0
4     0  8  0  1  0  6  0
5     0  0  0  0  0  0  0
6     0  3  0  5  0  7  0
7     0  0  0  0  0  0  0
8     0  4  0  9  0  2  0
9     0  0  0  0  0  0  0
```

或者:

第 3 章 数组操作进阶：扩维与构造

源代码 3.271：函数 kron 扩展结果左侧和上方填充 0 的方法 2——构造更大的全 0 阵赋值

```
1  >> zeros(2*size(x)+1)
2  ans =
3       0    0    0    0    0    0    0
4       0    0    0    0    0    0    0
5       0    0    0    0    0    0    0
6       0    0    0    0    0    0    0
7       0    0    0    0    0    0    0
8       0    0    0    0    0    0    0
9       0    0    0    0    0    0    0
10 >> ans(2:end,2:end)=y
11 ans =
12      0    0    0    0    0    0    0
13      0    8    0    1    0    6    0
14      0    0    0    0    0    0    0
15      0    3    0    5    0    7    0
16      0    0    0    0    0    0    0
17      0    4    0    9    0    2    0
18      0    0    0    0    0    0    0
```

以上两种方法显然都有点麻烦，还有没有其他办法呢？再次想到卷积。

源代码 3.272：函数 kron 扩展结果左侧和上方填充 0 的方法 3——二维卷积

```
1  >> conv2(kron(magic(3),str2num('[1 0;0 0]')),str2num('[0 0;0 1]'))
2  ans =
3       0    0    0    0    0    0
4       0    8    0    1    0    6
5       0    0    0    0    0    0
6       0    3    0    5    0    7
7       0    0    0    0    0    0
8       0    4    0    9    0    2
9       0    0    0    0    0    0
```

此方法能一步到位，但对输入矩阵的构造要比较熟练。

3.18.3 利用索引构造变换对新矩阵赋值

矢量化索引变换能否让整个矩阵的指定元素被一次全部赋值？不妨从简单问题开始，比如对给定行向量 "x=[12 14 16 18]"，想让其中第 1、4 两个元素位置互换，变成 "x=[18 14 16 12]"，一般的处理方式如下：

源代码 3.273：元素互换的普通做法

```
1  >> x=[12 14 16 18]
2  x =
3      12    14    16    18
4  >> temp=x(1);
5  >> x(1)=x(end);
6  >> x(end)=temp;
7  >> x
8  x =
9      18    14    16    12
```

相信很多人都会像源代码 3.273 这样，用中间变量 "temp" 中转，其实还能写成以下代码的形式：

源代码 3.274: 数组索引互换的技巧写法

```
1  >> x([4 1])=x([1 4])
2  x =
3       18    14    16    12
```

是不是更简单呢？这个技巧会简化很多涉及数组元素索引变换的代码，例如经典 TSP 遗传算法中的 3 个核心算子：反序、交互和滑动。

源代码 3.275: 经典 TSP 遗传算法反序、交互和滑动算子的构造

```
1  >> x(4:7)=x(fliplr(4:7))         % 第4~7个元素反序
2  x =
3       12    14    16    24    22    20    18
4  >> x=12:2:24
5  x =
6       12    14    16    18    20    22    24
7  >> x([4 7])=x([7 4])             % 第4~7个元素位置互换
8  x =
9       12    14    16    24    20    22    18
10 >> x=12:2:24
11 x =
12      12    14    16    18    20    22    24
13 >> x(1:3)=x([2:3 1])             % 第1个元素向后滑动两位
14 x =
15      14    16    12    18    20    22    24
```

了解了索引变换的技巧，能很方便地推广到对矩阵的赋值，以例 3.18 为例：

源代码 3.276: 利用矩阵索引变换赋值的技巧求解例 3.18,by Tim,size:33

```
1  function ans=introverts(x)
2  zeros(2*size(x)+1);
3  ans(2:2:end,2:2:end)=x;
4  end
```

这种索引变换不禁让人想起一道字符串错序重排的题目。

例 3.19 这是一个关于文本抄录的问题，例如输入字符串是：s1='I␣love␣to␣learn␣some␣MATLAB␣Coding␣Skill'，则输出文本要求变为s2 ='IALTOLVAEBTCOOLDEIANRGNSSKOIMLELM'。

规律是：把字符串从中间位置分割成两半，按自左至右的顺序，从分割开的字符串中，交替取得字符再次拼接成一个没有空格和标点符号，且全部大写的字符串。例如字符串 s_1，中间位置在 "MATLAB" 第 1 和第 2 个字母 "M" 和 "A" 间，两个切割出的字符串分别是 s11='IlovetolearnsomeM' 和 s12='ATLABCodingSkill'，去掉空格自左至右依次从 s_{11} 和 s_{12} 中提取单个字符，最后组成字符串 s_2。

要解决这个问题，首先想到的是字符串内英文字符数量要分奇偶数判断。的确，按奇偶数分情况讨论是能够解决问题的，但代码会很繁琐，例如：

第 3 章 数组操作进阶：扩维与构造

源代码 3.277: 分奇偶数情况分隔字符串交替取得字母,by bainhome,size:70

```
1  function ans = transposition(s1)
2  t=upper(s1(isletter(s1)));
3  x=numel(t)/2;
4  ans=[t(1:floor(x));t(ceil(x+1):numel(t))];
5  ans=ans(:)';
6  try
7      ans=[ans(:)',t(x+.5)];
8  end
```

深入了解索引变换方式，字符数量并不一定非要分奇偶判断。

源代码 3.278: 利用矩阵索引变换交替取得字母,by Jan Orwat,size:35

```
1  function ans = transposition(s1)
2    ans=upper(s1(s1~=' '));
3    ans([1:2:end 2:2:end])=ans;
4  end
```

用以下示例代码可直观显示思路：

源代码 3.279: 利用矩阵索引变换交替取得数值的示例分析

```
1  >> x=12:2:24
2  x =
3      12    14    16    18    20    22    24
4  >> x([1:2:end , 2:2:end])=x
5  x =
6      12    20    14    22    16    24    18
7  >> data=[1:7;12:2:24;1:2:7,2:2:7;x]
8  data =
9       1     2     3     4     5     6     7
10     12    14    16    18    20    22    24
11      1     3     5     7     2     4     6
12     12    20    14    22    16    24    18
```

向量 x 一共 7 个元素，索引变换前按 2 等距由 12 增加至 24，变换后第 1 个元素位置没变，但原向量中第 5 个元素 20 被移至第 2、第 2 个元素被移至第 3、第 6 个元素被移至第 4……看起来似乎没有规律，但实际上，根据元素赋值对位相等原则，设赋值后向量从 x 变为 $y = \text{data}(\text{end},:)$，则：$y(1) = x(1) = 12, y(3) = x(2) = 14, y(5) = x(3) = 16, y(7) = x(4) = 18, \cdots$

3.18.4 利用稀疏矩阵命令 sparse 构造

结果矩阵中，非 0 元素数量远少于 0 元素，想到用稀疏矩阵构造命令 sparse 实现矩阵零分隔。

源代码 3.280: 利用稀疏矩阵函数 sparse 构造,by bainhome,size:46

```
1  function ans = introverts(x)
2  [i,j]=find(x>=0);
3  ans=sparse(2*i,2*j,x(:),2*i(end)+1,2*j(end)+1);
4  end
```

稀疏矩阵命令 sparse 相当实用，它往往在索引构造时充当"救火队员"，规避矩阵索引形成"自动交叉遍历"的麻烦，对元素高维索引做"外科手术"式的精准定位。

3.18.5 利用累积求和命令 accumarray

关于 accumarray 函数的用法已在 1.3.5 小节做了介绍，下面用其求解例 3.18，这是另一个堪称经典的函数使用案例：

源代码 3.281: 利用累积求和函数 accumarray 构造,by Alfonso Nieto-Castanon,size:34

```
1  function ans = introverts(x)
2  [i,j,v]=find(x);
3  ans=accumarray(2*[i j],v,2*size(x)+1);
4  end
```

源代码 3.281 的特点是基本上把 3 个函数 find、accumarray 和 size 之间的组合做到了极致，分析如下：

① **关于 find**　首先谈谈 find 和 accumarray 之间的衔接：

- 注意到 find 函数用到第 3 个输出参数 v，代表在原矩阵或者数组中查找出符合要求的索引后，其对应的矩阵元素值。因下一行函数 accumarray 中第 2 个参数将用到索引对应函数值（详见 accumarray 用法示例）。
- find 函数的 3 个返回值，前两个是矩阵元素索引，由于右端未加任何逻辑判断，默认返回原矩阵非 0 元素索引 i, j，索引值返回均为列形式 ($n \times 1$)，函数 accumarray 第 1 个参数索引向量 Subs 和第 2 个参数向量数值 Values 恰恰都必须是列形式，find 的输出与 accmuarray 的输入顺利衔接。

② **关于 accumarray**　accumarray 调用形式："accumarray(Subs,Values,[m n])"，索引值 Subs 既可以是低维索引，也可以是元素高维索引，这里使用原矩阵二维行列索引："[i j]"。精彩的是第 3 参数：返回值维度指定为 $2 \times i+1, 2 \times j+1$。说它精彩的原因是在这个指定维度矩阵中，除 Subs 索引位上数据值被定为 Values 的累计分组求和，其他全部为 0，又一次"顺路"契合原题要求。指定维度返回矩阵另一妙处在于：它包容了函数 find 可能存在的隐患，因为采用诸如"[i,j,v]=find(x)"的调用形式，只能返回非 0 元素索引位 $[i,j]$ 和对应的数值 v，如果输入矩阵是全 0 元素，i, j, v 全部为空矩阵，则此时 accumarray 无法执行分组累积求和功能，但由于指定了返回矩阵维度，即使不统计，也会返回指定维度全 0 矩阵，这正是所需的正确结果！

③ **关于 size**　"size(x)"返回的是矩阵维度，因此 accumarray 的指定返回矩阵写成"2*size(x)+1"，而不是 $[2 \times i+1, 2 \times j+1]$，代码被进一步简化。

> **评**　源代码 3.281 对函数调用方法以及衔接组合方面具有较好的洞察能力，也印证了优秀代码的特质，它不是炫耀使用了多少生僻函数，而是把人人觉得熟悉的普通函数，利用已知条件，用出了完全不同的意境和味道。

3.19　数组训练进阶：矩阵分块均值——"外向"的矩阵

与例 3.18 相反，本节讨论一个"外向"的矩阵 (A matrix of extroverts)。

例 3.20　与例 3.18 中探讨的问题类似，只是输入矩阵中的元素现在都变得比较"外向活泼"，很容易与相邻的外界"打成一片"，即：输出矩阵中的每个元素都是原矩阵中紧邻的 4 个元素求得的均值。例如还是 3 阶魔方方阵：

$$A = \begin{pmatrix} 8 & 1 & 6 \\ 3 & 5 & 7 \\ 4 & 9 & 2 \end{pmatrix}$$

输出结果应该是：

$$\begin{pmatrix} 4.2500 & 4.7500 \\ 5.2500 & 5.7500 \end{pmatrix}$$

第 (1,1) 个元素 4.25 是 [8 1 ; 3 5] 所有元素的均值；第 (2,1) 个元素 5.25 是 [3 5 ; 4 9] 元素的均值；……设原矩阵维数至少是 2×2。

源代码 3.282: 例 3.20 测试代码

```
1  %% 1
2  x = magic(3);
3  y = extroverts(x);
4  y_c = [4.2500 4.7500 ; 5.2500 5.7500];
5  assert(max(max(abs(y-y_c)))<1e-9);
6  %% 2
7  x = [1 2 3 ; 4 5 6];
8  y = extroverts(x);
9  y_c = [3 4];
10 assert(max(max(abs(y-y_c)))<1e-9);
11 %% 3
12 x=[magic(4) -magic(4)];
13 y = extroverts(x);
14 y_c=[8.5 6.5 8.5 0 -8.5 -6.5 -8.5
15     8   8.5 9 1.5 -8  -8.5 -9
16     8.5 10.5 8.5 0 -8.5 -10.5 -8.5];
17 assert(max(max(abs(y-y_c)))<1e-9);
18 %% 4
19 x = ones(20);
20 y = extroverts(x);
21 y_c = ones(19);
22 assert(max(max(abs(y-y_c)))<1e-9);
```

释义: 例 3.20 要求取得每 4 个相邻元素的均值。显然，若原矩阵维度为 $m \times n$，最终生成的结果矩阵是 $(m-1) \times (n-1)$。

3.19.1　循环逐个元素查找相邻索引号

在每次循环中寻找该元素的相邻高维索引号，由于相邻，行、列数仅差 1。

源代码 3.283: 循环查找元素相差为 1 的索引编号 1,by Shen,size:62

```matlab
1  function y = extroverts(x)
2  for i = 1 : size(x,1) - 1
3      for j = 1 : size(x,2) - 1
4          y(i,j) = mean( [ x(i,j) x(i+1,j) x(i,j+1) x(i+1,j+1) ] );
5      end
6  end
7  end
```

或者把相邻元素编号全部放进输入变量 x,在循环内统一索引。

源代码 3.284: 循环查找元素相差为 1 的索引编号 2,by Ziko,size:50

```matlab
1  function y = extroverts(x)
2  for i=1:size(x,1)-1
3      for j=1:size(x,2)-1
4          y(i,j)=mean(mean(x(i:i+1,j:j+1)));
5      end
6  end
7  end
```

3.19.2 利用 circshift 函数换序叠加

解决本小节问题前,需要先介绍函数 circshift 的作用。

源代码 3.285: 函数 circshift 的作用

```matlab
 1  >> x=magic(4)
 2  x =
 3      16     2     3    13
 4       5    11    10     8
 5       9     7     6    12
 6       4    14    15     1
 7  >> x01=circshift(x,[0 1])
 8  x01 =
 9      13    16     2     3
10       8     5    11    10
11      12     9     7     6
12       1     4    14    15
13  >> x10=circshift(x,[1 0])
14  x10 =
15       4    14    15     1
16      16     2     3    13
17       5    11    10     8
18       9     7     6    12
19  >> x11=circshift(x,[1 1])
20  x11 =
21       1     4    14    15
22      13    16     2     3
23       8     5    11    10
24      12     9     7     6
```

第 3 章 数组操作进阶：扩维与构造

比较原矩阵 "magic(4)" 和行、列三种轮换的结果会发现：自第 2 行第 2 列起，每个元素的相邻元素轮流出现在相同位置上，所以 "x(2:end,2:end)+x01(2:end,2:end)+x10(2:end,2:end)+x11(2:end,2:end)"，结果矩阵每个元素就是原矩阵相邻 4 个元素之和。

源代码 3.286: 利用函数 circshift 轮转元素求均值,by Paul Berglund,size:49

```
1  function ans = extroverts(x)
2    ans=x+circshift(x,[0 1])+circshift(x,[1 0])+circshift(x,[1 1]);
3    ans=ans(2:end,2:end)/4;
4  end
```

3.19.3 利用二维卷积和滤波函数

类似这种矩阵中寻找矩阵类型的问题，卷积和滤波函数都非常合适。

1. 利用二维卷积函数 conv2

卷积命令的介绍详见 1.6.3 小节，既然是求每 4 个相邻元素的均值，不妨构造 2×2 全 1 矩阵，对输入矩阵做二维卷积之后再除以 4 求均值，或者直接构造矩阵：

$$v = \begin{pmatrix} 0.25 & 0.25 \\ 0.25 & 0.25 \end{pmatrix}$$

卷积结果即为均值。据此写出利用二维卷积命令 conv2 求均值的程序：

源代码 3.287: 利用函数 conv2 求均值,by Binbin Qi,size:18

```
1  function ans = extroverts(x)
2    ans=conv2(x,ones(2),'valid')/4;
3  end
```

或利用滤波函数：

源代码 3.288: 利用函数 filter2 求均值,by J.R.! Menzinger,size:16

```
1  function ans = extroverts(x)
2    ans=filter2(str2num('ones(2)*0.25'),x , 'valid')
3  end
```

3.20 小 结

通过数组扩展问题的介绍，相信读者对 bsxfun、repmat、meshgrid 等函数结合逻辑索引构造、自定义句柄在矩阵运算中的各种技巧有了更深的理解，同样看到矢量化操作的方式对于相同算法的简化是极其有效的。

矩阵扩展与构造虽说是数组的"进阶"，实际上在难易程度上比较第 1 章并未有阶梯式增加，主要是内容中增加或加强了扩维构造、测试矩阵的多变应用、自定义句柄操控数据、逻辑索引等，它们能让数组操控变得更加灵活多变，也更强大。同时，本章也是后面多维数组、匿名函数等内容的基础，很多技巧在后面的章节中还会更进一步深入探讨。

当然，我们也必须看到：MATLAB 随着版本的更替，一些函数的功能也在悄然变化，或者是进化，例如之前版本中令人推崇备至的 bsxfun 函数，其数组元素的对应维匹配功能，也就是"Element-wise"，已经与基本数组运算功能合并；同时，一些新函数如 repelem，movmean，cumsum，cummax 等的出现，已经大大简化了很多具体问题的运算过程。需要重申的是：本书通过数组操作命令组合来提高代码，尤其是 MATLAB 代码的编写能力的初衷，与这些新出现的函数并不矛盾，甚至是相辅相成的。

第 4 章 字符操作进阶：正则表达式

许多语言中，正则表达式都占有重要地位，它在文本操控、文本和数据的动态交互、大文本内所需关键词的搜索提取方面，有着令人惊讶的强大威力。但同时，也不能忽视正则表达式抽象晦涩、状如天书和不易查看调试中间结果的问题。以往的经验证明：单纯通过阅读命令帮助来理解正则命令的使用方法，掌握语法应用精髓，无疑要耗费惊人的时间和精力，因而很多人半途而废，实在令人遗憾惋惜。本章对命令帮助中正则语法的分步示例解析，并不断通过正则表达式求解不同的代码示例，佐以解题途径的评述比较，可加深读者对正则表达式应用的直观理解，进而能够略窥正则表达式基本使用技巧的门径。

4.1 闲话正则

正则表达式 (Regular Expression) 又称正规表示法、常规表示法，其他一些程序语言中也常简写为 regex、regexp 或 RE。正则表达式源于数学家 Stephen Kleene 在一篇名叫《神经网络事件的表示法》的论文中，用"正则集合"的数学符号描述模型，术语"正则表达式"由此得名。

后来人们发现正则表达式作用不止于此，Ken Thompson (Unix 主要发明人) 把这一成果应用于计算搜索算法的一些早期研究。于是，正则表达式逐渐从模糊而深奥的数学概念，发展成为在计算机各类工具和软件包应用中的主要功能，被广泛应用于各种 Unix 工具中，如大家熟知的 Perl。Perl 的正则表达式源自于 Henry Spencer 编写的 regex，之后演化成 PCRE[*]。正则表达式第一个实用应用程序即为 Unix 中的 QED 编辑器。此后，许多程序设计语言都支持利用正则表达式进行字符串操作，例如：Perl 内建的正则表达式引擎。在视窗阵营，正则表达式的思想和应用也在大部分开发者工具包中得到支持和嵌入应用。现在，如果是一位接触计算机语言编程的工作者，会在主流操作系统、开发语言 (PHP、C#、Java、C++、VB、Javascript、Ruby 以及 python 等)、数以亿万计的各种应用软件中，用正则表达式检索、匹配、替换符合某个句法规则，或者某种模式特征的字符串。

本章要讲述的主要内容，正是采用 MATLAB 中的正则语法，构造对字符串进行检索匹配的表达式，即：用事先定义好的特定字符及组合，组成"规则字符串"表达，对字符串实现提取和过滤。当给定一个正则表达式和另一个字符串时，可实现：

✎ 给定字符串是否符合正则表达式的过滤逻辑（称作"匹配"）的判断；

✎ 可通过正则表达式，从字符串中捕获提取特定部分。

正则表达式的特点：

☞ 灵活、严谨、功能强大；

☞ 可迅速地用简单方式达到字符串的复杂控制；

---

[*]PCRE 是由 Philip Hazel 开发的、为很多现代工具所使用的库。

☞ 语法相对而言比较晦涩难懂。

正则表达式主要应用对象是文本，因此在各种文本编辑器都有内嵌的正则搜索引擎，如：EditPlus、notepad++、vim、Microsoft Word、Visual Studio 等，都具备使用正则表达式实现文本内容特征提取的功能。

MATLAB 中正则命令的命名规则源于其英文名称：

① `regexp`：大小写敏感的字符串查找命令。

② `regexpi`：大小写不敏感的字符串查找命令。

③ `regexprep`：字符串查找并替换命令。

4.2 灵活的正则语法

构造合适的正则表达式，前提是熟悉正则表达式基本语法。为此，本节翻译和罗列帮助文件中一些常用常见的正则语法规则，并在一些不大容易理解的地方用示例加以说明。

4.2.1 元字符

元字符 (metacharacters) 是一些具有特殊含义的特殊字符，相当于对诸多单字符按照某种特征进行基本归类。

① `'.'`：匹配任意单个字符，其中包括空格。元字符 "`.`" 可连续使用，例如搜索字符 `'ain'` 及其前面两个单个字符 (含空格)。

源代码 4.1: 元字符应用示例 1

```
1  >> regexp('spain remain contain  aint retain','..ain','match')
2  ans =
3     'spain'  'emain'  'ntain'  '  ain'  'etain'
```

② `'[c1c2c3]'`：匹配方括号内枚举的任意单字符，需要指出：特殊字符 `'$'`、`'|'`、`'.'`、`'*'`、`'+'`、`'?'` 和 `'-'` 不需要加转义字符 `'\'`，直接按字面理解，`'-'` 优先按范围解释。

源代码 4.2: 元字符应用示例 2

```
1  >> regexp('spain remain contain aint ret.ain','[mt.]ain')
2  ans =
3      9    17    30
4  >> regexp('test.| *  + - ?','[|.*+-?]','match')
5  ans =
6     '.'  '|'  '*'  '+'  '-'  '?'
```

第 1 条语句代表 `'main'`、`'tain'` 和 `'.ain'` 在原字符串中的起始索引位置。

③ `'[^c1c2c3]'`：不匹配括号中枚举的任意单个字符，相当于规则 ② 的字符串补集。

源代码 4.3: 元字符应用示例 3

```
1  >> regexp('spain remain contain aint ret.ain','[^mt.]ain')
2  ans =
3      2    21
4  >> regexp('spain remain contain aint ret.ain','[^mt.]ain','match')
5  ans =
6     'pain'  ' ain'
```

④ `'[c1-c2]'`：任何 c1 和 c2 之间的单个字符，包括 c1 和 c2，例如：`'[A-G]'` 能匹配 `'ABCDEFG'` 中的任意单个字符。

⑤ `'\w'`：匹配任何单个数字、字母或者下画线，等价于：`'[a-zA-Z_0-9]'`，在字符搜索中往往需要匹配任意多个连续字符，此时可用 `'\w*'`。

源代码 4.4: 元字符应用示例 4

```
1  >> regexp('spain remain contain aint ret.ain','\w*','match')
2  ans =
3      'spain'  'remain'  'contain'  'aint'  'ret'  'ain'
```

如果要指定搜索字符串的长度可用 "`'\w{N}'`"，其中的 "`N`" 是一个数字，代表指定匹配的字符串长度，例如匹配字符串中连续长度为 5 的字符串。

源代码 4.5: 元字符应用示例 5

```
1  >> regexp('spain remain contain aint ret.ain','\w{5}','match')
2  ans =
3      'spain'  'remai'  'conta'
```

⑥ `'\W'`：任意非数字、字母和下画线的单个字符，也就是规则⑤的补集，等价于 `'[^a-zA-Z_0-9]'`。连续不定长度字符和指定长度字符串匹配同规则⑤，即：`'\W*'` 和 `'\W{N}'`。

⑦ `'\s'`：任意空白字符，等价于 `'[ \f\n\r\t\v]'`，例如下面这个例子中的表达式 `'\w*n\s'`，匹配字符串应当以字母 n 结尾，并紧跟一个空白字符。

源代码 4.6: 元字符应用示例 6

```
1  >> regexp('spain remain contain aint ret.ain','\w*n\s','match')
2  ans =
3      'spain '  'remain '  'contain '
```

⑧ `'\S'`：任何非空白字符，等价于 `'[^ \f\n\r\t\v]'`。例如下面示例中的正则表达式 `'\d\S'` 匹配一个数字后面紧跟一个非空白字符。

源代码 4.7: 元字符应用示例 7

```
1  >> regexp('Tommy Emmanuel2015New Album4me?','\d\S','match')
2  ans =
3      '20'  '15'  '4m'
```

⑨ `'\d'`：匹配任意单个数字，等价于 `'[0-9]'`，与规则⑤类似，表达式 `'\d*'` 匹配全是数字的组合。

源代码 4.8: 元字符应用示例 8

```
1  >> regexp('Tommy Emmanuel2015New Album4me?','\d*','match')
2  ans =
3      '2015'  '4'
```

⑩ `'\D'`：匹配任意单个非数字字符，等价于 `'[^0-9]'`，例如 `'\w*\D>'` 匹配不以数字结尾的词。

源代码 4.9: 元字符应用示例 9

```
1  >> regexp('Tommy Emmanuel2015New Album4 me?','\w*\D\>','match')
2  ans =
3      'Tommy'    'Emmanuel2015New'    'me?'
```

⑪ '\oN' 或 '\o{N}'：匹配八进制的数值 N，例如：'\o{40}' 匹配空格，因为 $40(8) = 32(10)$，括号内数字代表进制，本书之前已经多次介绍：十进制中的数值 32 就是空格的 ASCII 码。

源代码 4.10: 元字符应用示例 10

```
1  >> regexp('Tommy Emmanuel2015New Album4 me?','\o{40}')
2  ans =
3       6    22    29
```

⑫ '\xN' 或 '\x{N}'：匹配十六进制的数值 N，例如：'\x2C' 匹配逗号，逗号的 ASCII 码值是 $44(10) = 2C(16)$。

源代码 4.11: 元字符应用示例 11

```
1  >> regexp('Tommy Emmanuel 2015 New Album, 4 me?','\x2C','match')
2  ans =
3      ','
```

4.2.2 转义字符

有些字符在显示时无法看出区别，例如命令窗口执行 char(7:13)，结果似乎就是一连串没有意义的空格，实际上并非如此，因此正则表达式在匹配时定义了一些特殊的转义字符 (Character Representation) 进行匹配，例如最为大家所熟悉的换行符 '\n' 就等价匹配 ASCII 码值 10 的字符。

源代码 4.12: 转义字符示例

```
1  >> ['some',char(10),'text']
2  ans =
3  some
4  text
5  >> regexp(ans,'\n')
6  ans =
7       5
```

> **评** 从上述两条语句能明显看出：char(10) 对一段字符串起到换行的作用，而正则表达式中的转义字符 '\n' 可以从这段字符串中把这个换行符匹配出来。

转义字符及正则匹配的描述如表 4.1 所列。

4.2.3 匹配次数

在前面一些示例中也已经提到怎样控制对同一表达式进行多次匹配的问题，例如源代码 4.4、4.5 等。那么，如何实现对一个正则表达式，实现精确次数 (Quantifier) 的匹配控制呢？下面就讨论这个问题：

第 4 章 字符操作进阶：正则表达式

表 4.1 MATLAB 正则表达式中的转义字符匹配方式

转义字符	描 述	示 例
'\a'	警告	char(7)
'\b'	退格	char(8)
'\f'	换页符	char(12)
'\n'	换行符	char(10)
'\r'	回车	char(13)
'\t'	水平制表符	char(9)
'\v'	垂直制表符	char(11)
'\char'	任意特殊字符，如需其字面含义加 "'\'"	反斜杠表示为 "'\\'"

① 'expr*'：匹配 0 次或者连续多次，例如 '\w*' 匹配任何长度的单词。当然，"匹配 0 次"就是不匹配或者匹配失败的意思，例如运行：regexp('␣.##?␣.','\w*','match')，得到的结果就是匹配 0 次，即所得结果为空 cell 字串 "{}"。

② 'expr?'：匹配 0 次或者 1 次，这种匹配属于非"贪婪"模式，意思是："只要能匹配到就停止当前搜索，进行下一次搜索匹配"。

源代码 4.13: 匹配次数的比较

```
1  >> regexp('Regular␣Expr␣Rocks!','\w?','match')
2  ans =
3    Columns 1 through 10
4     'R'  'e'  'g'  'u'  'l'  'a'  'r'  'E'  'x'  'p'
5    Columns 11 through 16
6     'r'  'R'  'o'  'c'  'k'  's'
7  >> regexp('Regular␣Expr␣Rocks!','\w*','match')
8  ans =
9    'Regular'  'Expr'  'Rocks'
```

③ 'expr+'：匹配 1 次或者连续多次，示例见下方规则 ⑤。

④ 'expr{m,n}'：匹配最少 m 次，最多不超过 n 次，如果 '{0,1}' 则等价于 "'?'"。

源代码 4.14: 范围型匹配次数示例

```
1  >> regexp('Regular␣Expr␣Rocks!','\w{3,5}','match')
2  ans =
3    'Regul'  'Expr'  'Rocks'
```

⑤ 'expr{m,}'：匹配最少 m 次，上限不定个连续字符。显然，'{0,}' 等价于 "'*'"，'{1,}' 等价于 "'+'"。可能有读者对 '*' 和 '+' 的区别还有疑问，比如二者有时搜索匹配结果是一模一样的。

源代码 4.15: "+" 和 "*" 的区别示例 1

```
1  >> regexp('Regular␣Expr␣Rocks!','\w+','match')
2  ans =
3    'Regular'  'Expr'  'Rocks'
4  >> regexp('Regular␣Expr␣Rocks!','\w*','match')
5  ans =
6    'Regular'  'Expr'  'Rocks'
```

其实二者的区别在于，当"'\w*'"或"'\w+'"是某个表达式的一部分时，就容易看出来了，也就是说：用其他字符"映衬"一下。

源代码4.16："+"和"*"的区别示例2

```
1  >> regexp('ss.gif,.gif','\w*\.gif','match')
2  ans =
3     'ss.gif'   '.gif'
4  >> regexp('ss.gif,.gif','\w+\.gif','match')
5  ans =
6     'ss.gif'
```

这样是不是清楚多了？当用"'\w*.gif'"搜索时，只要某段连续字符中包含".gif"，哪怕是"'.gif'"本身，其前完全为空也算匹配成功；而当用"'\w+.gif'"时，"'.gif'"之前至少有一个字符。

⑥ 'expr{n}'：连续 n 次，等价于 '{n,n}'，示例见源代码4.5。

4.2.4 模 式

"模式"(Mode) 就相当于正则表达式搜索文本。这是一个"搜索文本时，发现不同段长度的文本有多种情况都符合表达式时，匹配哪一个或匹配哪一类"的问题。这道选择题，MATLAB 给出3个待选项："贪婪"模式(Greedy Expression)、"懒惰"模式(Lazy Expression) 和"占据"模式(Possessive expression)。其含义分析如下：

① "贪婪"模式：MATLAB 默认正则表达式匹配模式，意为尽可能多地匹配，也就是能匹配多少就匹配多少，中间那些符合条件的"收尾"特征字符也一并被"吃"掉，例如：

源代码4.17："贪婪"模式示例

```
1  >> regexp('1word2words3words','\d\w*','match')
2  ans =
3     '1word2words3words'
```

按照正则表达式 '\d\w*'，正向搜索时"'1wor'"、"'2wo'"和"'3w'"等多种情况都符合该条件。不过按"贪婪"模式，一次匹配会尽可能"吃"掉最多的字符，于是表达式中的"'\d'"匹配文本第1个数字字符"'1'"；"'\w*'"在匹配时，在符合要求的文本被选择了最长的一个，即"'word2words3words'"作为匹配结果显示，也就是当匹配到一个可以结尾的地方时，只要文本后面还有符合要求的部分，当前搜索就不停止，持续向后搜索。

② "懒惰"模式：只要匹配就立即停止当前搜索，进行下一次匹配，如：

源代码4.18："懒惰"模式示例

```
1  >> regexp('1word2words3words','\d\w?','match')
2  ans =
3     '1w'    '2w'    '3w'
```

③ "占据"模式：仍以"贪婪"为基调，区别在于：当前搜索匹配到尽可能长的文本后，会占据后面的字符，让下一次搜索无法满足条件，不妨举下面的例子来说明。

源代码4.19："占据"模式示例1

```
1  >> regexp('xxxxxxx␣x','x.*x','match') % 贪婪模式
```

第 4 章 字符操作进阶：正则表达式

```
2   ans =
3       'xxxxxxx x'
4   >> regexp('xxxxxxx x','x.*?x','match')  % 懒惰模式
5   ans =
6       'xx'    'xx'    'xx'    'x x'
7   >> regexp('xxxxxxx x','x.*+x','match')  % 占据模式
8   ans =
9       {}
```

源代码 4.19 列出三种模式对同一字符串的匹配结果，分析如下：

① "贪婪"模式下，字符串 'xxxxxxx x' 被分成三个部分，首字符 "'x'"、末字符 "'x'"，中间所有部分一律由表达式中间的 "'.*'" 匹配。

② "懒惰"模式下，字符串从左端开始，先搜索到首字符 "'x'"，因 '.*?' 等价于 '.*{0,}'，所以即使什么都没有匹配到，也就是匹配 0 次也同样算匹配成功，因此再匹配到紧邻的全字符串第 2 个字符 "'x'"，当前搜索就算匹配成功，第 1 次匹配结束；同理，第 2、3 次匹配都得到 'xx'，最后一次则用 '.*?' 匹配到第 7 与第 8 个 'x' 中间的空格，一次匹配也同样成功。

③ "占据"模式下，字符串从左端开始，按照"贪婪"模式往下搜索，完全不顾当前搜索还需要一个尾字符 'x'，也就是第 8 个 'x' 才能匹配成功的问题，把第 8 个 'x' 也划在了中间表达式 "'.*?'" 的匹配内容中，当没有了尾部的 'x'，整个搜索自然匹配失败。如下代码罗列了"占据"模式进行搜索的细节，可能有助于理解这一模式的机理。

源代码 4.20: "占据"模式示例 2

```
1   >> regexp('xxxxxxx x','(x.*+)(?@disp($1))x','match')
2   xxxxxxx x
3   xxxxxx x
4   xxxxx x
5   xxxx x
6   xxx x
7   xx x
8   x x
9   x
10  ans =
11      {}
```

所以说"占据"模式在实际文本搜索中，用得比前两种模式要更少些，而且源代码 4.20 也同时说明："贪婪"模式是从后往前、从多往少进行搜索，而"懒惰"模式则恰好相反。

4.2.5 分组运算

有时文本的特征需要通过整体表达式中的一部分来提取，此时就需要用到正则表达式的分组运算功能 (grouping operators)，分析如下：

① '(expr)'：表达式 expr 同前述，但注意其外面的圆括号，它把表达式 expr 从正则表达式其他部分中独立出来，匹配内容可在后置 'tokens' 参数中捕获出来。

源代码 4.21: 分组表达式示例 1

```
1   >> regexp('Jon snow,Johnny Winters, John McLean','Joh.*?\s(\w*)','tokens')
2   ans =
```

```
3       {1x1 cell}    {1x1 cell}
4  >> [ans{:}]
5  ans =
6      'Winters'    'McLean'
```

② '(?:expr)'：表达式仍用圆括号分组，但匹配的相应内容不被后置 'tokens' 参数捕获。

源代码 4.22: 分组表达式示例 2

```
1  >> regexp('Jon snow,Johnny Winters, John McLean','Joh.*?\s(?:\w*)','tokens')
2  ans =
3      {1x0 cell}    {1x0 cell}
4  >> [ans{:}]
5  ans =
6      Empty cell array: 1-by-0
```

③ '(?>expr)'：自动分组，它有点儿类似前面的"占据"模式，也就是说不会回头完成匹配，不被后置 'tokens' 参数所捕获。

源代码 4.23: 分组表达式示例 3

```
1  >> [Match,Tokens]=regexp('A sentence end with Z','A(.*)Z','match','tokens')
2  Match =
3      'A sentence end with Z'
4  Tokens =
5      {1x1 cell}
6  >> [Tokens{:}]
7  ans =
8      ' sentence end with '
9  >> [Match,Tokens]=regexp('A sentence end with Z','A(?>.*)Z','match','tokens')
10 Match =
11     {}
12 Tokens =
13     {}
```

④ '(expr1|expr2)'：匹配表达式 expr1 或表达式 expr2，但优先执行前者，也就是说：文本如匹配了 expr1，表达式 expr2 即被忽略。可使用 '?:' 和 '?>' 不让 'tokens' 捕获和自动分组。

源代码 4.24: 分组表达式示例 4

```
1  >> [Match,Tokens]=regexp('letter tells that telepathy not working yet.','(let|tel)\w+','match','
       tokens')
2  Match =
3      'letter'    'tells'    'telepathy'
4  Tokens =
5      {1x1 cell}    {1x1 cell}    {1x1 cell}
6  >> [Tokens{:}]
7  ans =
8      'let'    'tel'    'tel'
9  >> [Match,Tokens]=regexp('letter tells that telepathy not working yet.','(?:let|tel)\w+','match','
       tokens')
10 Match =
11     'letter'    'tells'    'telepathy'
```

```
12 Tokens =
13    {1x0 cell}  {1x0 cell}  {1x0 cell}
14 >> [Match,Tokens]=regexp('letter tells that telepathy not working yet.','(?>let|tel)\w+','match','tokens')
15 Match =
16    'letter'  'tells'  'telepathy'
17 Tokens =
18    {1x0 cell}  {1x0 cell}  {1x0 cell}
```

4.2.6 关于锚点

一段待搜索文本的起始和结尾是两个特殊位置，正则表达式中对这两个位置用标识——锚点 (Anchors) 描述。

① '^expr'：代表输入字符串的起始，例如 '^M\w*' 匹配一段字符串中以 M 为起始字母的单词。

源代码 4.25: 字符串的起始边界定义

```
1 >> regexp('MATLAB Rocks!','^M\w*','match')
2 ans =
3    'MATLAB'
4 >> regexp('Viva! MATLAB!','^M\w*','match')
5 ans =
6    {}
```

② 'expr$'：代表输入字符串的结束，例如 '\w*m$' 用于匹配字符串最后一个以字母 m 结尾的单词，读者有兴趣可按照源代码 4.25 的样式自行举例。

③ '\<expr'：代表一个单词的开始，例如 '\<M\w*' 匹配任意以字母 M 开头的单词。

源代码 4.26: 字符串中单词的起始边界定义示例

```
1 >> regexp('MATLAB Rocks!','\<M\w*','match')
2 ans =
3    'MATLAB'
4 >> regexp('Viva! MATLAB!','\<M\w*','match')
5 ans =
6    'MATLAB'
```

④ 'expr\>'：代表一个单词的结束，读者可自行举例。

4.2.7 左顾右盼

左顾右盼 (lookaround assertion) 顾名思义，搜索区域大于匹配内容区域，然后才决定对文本的搜索匹配方向。

① 'expr(?=test)'：如满足 'test'，匹配其前面的表达式 expr，例如 '\w*(?=ing)' 匹配以 'ing' 结尾的字符串。

源代码 4.27: 左顾右盼示例 1

```
1 >> regexp('Flying,not falling','\w*(?=ing)','match')
2 ans =
3    'Fly'  'fall'
```

② `'expr(?!test)'`：如果不满足 `'test'`，则匹配其前面的表达式 expr，例如 `'i(?!ng)'` 匹配不以 `'ng'` 结尾的字符 `'i'`。

源代码 4.28: 左顾右盼示例 2

```
1  >> regexp('Flying,im not falling','i(?!ng)','match')
2  ans =
3      'i'
```

源代码 4.28 中的结果字符 `'i'` 来自单词 `'im'`，因为只有这个单词不是以 `'ng'` 结尾，且含有字符 `"i"`。

③ `'(?<=test)expr'`：如果满足 `'test'`，则匹配其后跟的表达式 expr。例如：`'(?<=re)\w*'` 能匹配前面是 re 的字符串。

源代码 4.29: 左顾右盼示例 3

```
1  >> regexp('renew,reuse,recycle','(?<=re)\w*','match')
2  ans =
3      'new'    'use'    'cycle'
```

④ `'(?<!test)expr'`：如果不满足 `'test'`，则匹配其后跟的表达式 expr。例如 `'(?<!\d)(\d)(?!\d)'` 在其前后都不是数字的情况下，匹配单个数字。

源代码 4.30: 左顾右盼示例 4

```
1  >> regexp('a35dx,4v,tt2k','(?<!\d)(\d)(?!\d)','match')
2  ans =
3      '4'    '2'
```

⑤ `'(?=test)expr'`：同时满足 `'test'` 和 expr 两个搜索条件，相当于二者的交集。例如 `'(?=[a-z])(^aeiou)'` 匹配辅音字母，前一个条件 `'(?=[a-z])'` 要求当前搜索字符是小写字母，后一个条件 `'[^aeiou]'` 要求当前搜索字符不是元音字母。

源代码 4.31: 左顾右盼示例 5

```
1  >> regexp('amazing time!','(?=[a-z])[^aeiou]','match')
2  ans =
3      'm'    'z'    'n'    'g'    't'    'm'
```

⑥ `'(?!test)expr'`：当不满足 `'test'`，但满足表达式 expr 时，匹配 expr，相当于二者差集。例如 `'(?![aeiou])[a-z]'` 也匹配辅音字母。

源代码 4.32: 左顾右盼示例 6

```
1  >> regexp('amazing time!','(?![aeiou])[a-z]','match')
2  ans =
3      'm'    'z'    'n'    'g'    't'    'm'
```

4.2.8 逻辑与条件运算

逻辑与条件运算 (logical and conditional operators) 是复杂正则表达式构造时不可或缺的部分。

① `'expr1|expr2'`：解释同 4.2.5 小节。

② '(?(cond)expr)': 如果条件 cond 为 "TRUE"，则匹配 expr。例如在 Window 平台上运行时，表达式 '(?(?@ispc)[A-Z]:\\)' 匹配磁盘盘符。

源代码 4.33: 逻辑与条件运算示例 1

```
1  >> regexp('C:\Program Files','(?(?@ispc)[A-Z]:\\)','match')
2  ans =
3    'C:\'
```

③ '(?(cond)expr1|expr2)': 如果条件 cond 为 "TRUE"，则匹配 expr1，否则匹配 expr2。例如 'Mr(s?)\..*?(?(1)her|his) \w*'，当字符串以 "'Mrs'" 开头时，匹配 'her'；以 "'Mr'" 开头时，匹配 'his'。

源代码 4.34: 逻辑与条件运算示例 2

```
1  >> Match=regexp('Mr.Smith is his name','Mr(s?)\..*?(?(1)her|his) \w*','match')
2  Match =
3    'Mr.Smith is his name'
4  >> Match=regexp('Mr.Smith is her name','Mr(s?)\..*?(?(1)her|his) \w*','match')
5  Match =
6    {}
```

4.2.9 标记操作

标记操作 (token operators) 经常与分组运算前后呼应，是指代自定义封闭在圆括号内的分组正则表达式所匹配的那部分文本。标记默认按数字顺序指向一般分组，也可以通过一些可读性或者可维护性更好的名称分组。实际上从 4.2.5 小节开始，已经提到了标记 (token) 的操作方法，下面对其做更详细的描述。

1. Token 的一般分组

① '(expr)': 解释同 4.2.5 小节。

② '\N': 匹配第 N 个分组内容。例如在 html 语言中，可以用 '<(\w+).*>.*</\1>' 来捕获尖括号内的文本内容。

源代码 4.35: Token 一般分组运算操作示例 1

```
1  >> regexp('<body>some html language</body>','<(\w+).*>.*</\1>','match')
2  ans =
3    '<body>some html language</body>'
4  >> regexp('<body>some html language</body>','<(\w+).*>.*</\1>','tokens')
5  ans =
6    {1x1 cell}
7  >> [ans{:}]
8  ans =
9    'body'
```

③ '(?(N)expr1|expr2)': 如果第 N 个分组搜索成功，则匹配 expr1；否则匹配 expr2。例如继续用 'Mr(s?)\..*?(?(1)her|his) \w*' 举例，当字符串以 "'Mrs'" 开头时，匹配 "'her'"；以 "'Mr'" 开头时，匹配 "'his'"。

源代码 4.36: Token 一般分组运算操作示例 2

```
1  >> [~,Tokens]=regexp('Mr.Smith is his name','Mr(s?)\..*?(?(1)her|his) \w*','match','tokens')
2  Tokens =
3      {1x2 cell}
4  >> [Tokens{:}]
5  ans =
6      ''    'his'
7  >> [~,Tokens]=regexp('Mr.Smith is her name','Mr(s?)\..*?(?(1)her|his) \w*','match','tokens')
8  Tokens =
9      {}
```

2. Token 的命名分组

① '(?<name>expr)': 'tokens' 将捕获 expr 匹配内容，并且给该分组命名为"name"，例如 '(?<month>\d+)-(?<day>\d+)-(?<yr>\d+)' 在 mm-dd-yy 的输入日期中，创建了月、日和年的命名分组。

源代码 4.37: Token 命名分组运算操作示例 1

```
1  >> [~,Tokens]=regexp('2015-02-25','(?<month>\d+)-(?<day>\d+)-(?<yr>\d+)','match','tokens')
2  Tokens =
3      {1x3 cell}
4  >> [Tokens{:}]
5  ans =
6      '2015'    '02'    '25'
```

② '(\k<name>)': 匹配由"name"命名的分组。例如 '<?<tag>\w+>.*</\k<tag>>' 用于捕获 html 的标签。

源代码 4.38: Token 命名分组运算操作示例 2

```
1  >> [Match,Tokens]=regexp('<body>some html language</body>','<(?<tag>\w+).*>.*</\k<tag>>','match','
       tokens')
2  Match =
3      '<body>some html language</body>'
4  Tokens =
5      {1x1 cell}
6  >> [Tokens{:}]
7  ans =
8      'body'
```

③ '(?(name)expr1|expr2)': 如果命名分组被发现，则匹配 expr1 的搜索内容；否则匹配 expr2 的搜索内容。'Mr(?<sex>s?)\..*?(?(sex)her|his) \w*'，当字符串以"Mrs"开头时，匹配"her"；以"Mr"开头时，匹配"his"。

源代码 4.39: Token 命名分组运算操作示例 3

```
1  >> [~,Tokens]=regexp('Mr.Smith is his name','Mr(?<sex>s?)\..*?(?(sex)her|his) \w*','match','tokens
       ')
2  Tokens =
3      {1x2 cell}
4  >> [Tokens{:}]
5  ans =
```

第 4 章 字符操作进阶：正则表达式

```
6        ''         'his'
7  >> [~,Tokens]=regexp('Mrs.Smith is his name','Mr(?<sex>s?)\..*?(?(sex)her|his) \w*','match','
   tokens')
8  Tokens =
9      {}
```

4.2.10 动态正则表达式

动态正则表达式 (dynamic regular expressions) 是 MATLAB 正则语法的亮点，尤其是它通过圆括号独立分组标识，把 MATLAB 函数相对封闭地嵌入正则表达式，实现文本内容的动态匹配，这往往给问题的解决带来意想不到的方便，本小节列出 MATLAB 中有关动态正则表达式的基本使用规则。

① '(??expr)'：解析 expr，把结果包含在表达式中。解析时，expr 必须是一个完整有效的正则表达式。当动态表达式想用 "\" 转义时，要用 2 个 "\\"。例如表达式 '^(\d+)(??\\w{$1})' 表示匹配的字符个数由文本最前面读入的数字来决定。

源代码 4.40: 标记捕获动态正则表达式匹配内容 1

```
1  >> [Match,Tokens]=regexp('3Words just fine.','^(\d+)((??\\w{$1}))','match','tokens')
2  Match =
3      '3Wor'
4  Tokens =
5      {1x2 cell}
6  >> [Tokens{:}]
7  ans =
8      '3'     'Wor'
9  >> [Match,Tokens]=regexp('5letter maybe too much.','^(\d+)((??\\w{$1}))','match','tokens')
10 Match =
11     '5lette'
12 Tokens =
13     {1x2 cell}
14 >> [Tokens{:}]
15 ans =
16     '5'     'lette'
```

动态表达式用圆括号封闭，匹配内容可由 'tokens' 分别捕获。例如：匹配 '5letter', 'tokens' 依次捕获 '(\d+)' 匹配到的内容 "5"，以及 '(??\\w{$1})' 匹配到的 "lette"。后者就是所谓的动态正则，其意图是把第 1 个表达式捕获匹配的数字 N 传递到 "\w{N}" 的花括号内，达到动态长度匹配的目的。明白了这一点，就能看出：数字 N 用 "'$1'" 来指代和从外部传递。表达式起始处的 "'^'" 代表整个字符串的开头，如果去掉它，则匹配整个字符串内所有类似 "'5XXXXXXXX'" 的内容。

源代码 4.41: 标记捕获动态正则表达式匹配内容 2

```
1  >> [Match,Tokens]=regexp('3Words just 2short!','(\d+)((??\\w{$1}))','match','tokens')
2  Match =
3      '3Wor'     '2sh'
4  Tokens =
5      {1x2 cell}   {1x2 cell}
```

② '(??@cmd)'：执行 MATLAB 表达式 cmd，返回结果包含在表达式中，这意味着用 MATLAB 表达式执行得到的结果也参与匹配。例如表达式 '(.{2,}).?(??@fliplr($1))' 匹配至少包含 4 个字符的回文字符串。

源代码 4.42: 动态正则表达式匹配回文字符

```
1  >> [Match,Tokens]=regexp('12321,zyxyz,testing','(.{2,}).?(??@fliplr($1))','match','tokens')
2  Match =
3      '12321  ',zyxyz,'
4  Tokens =
5      {1x1 cell}  {1x1 cell}
6  >> [Tokens{:}]
7  ans =
8      '12'    ',zy'
```

表达式分 3 部分，计两类独立分组，第 1 部分 '(.{2,})' 就是第 1 个独立分组，作用是正向搜索两个以上连续的任何字符（含空格、标点符号等）；为便于描述问题，暂时跳过第 2 部分 '.?'，先说说第 3 部分，也就是第 2 个独立分组 '(??@fliplr($1))'，它用翻转命令 fliplr 把第 1 个独立分组得到的匹配内容左右掉换，更形象的比喻是它"镜像"了第 1 部分匹配的 2 个以上连续字符（如图 4.1 所示）。但我们知道，"镜像"需要分界，这时，第 2 部分 '.?' 就起作用了，这个表达式对不识正则的人而言，就是两个放错了位置的标点符号，但在正则语法中就大有玄机："."匹配包括空格在内的任何单个字符，"?"代表懒惰模式，所以中轴字符（图 4.1 中的虚线框）可被匹配 0 次或者 1 次，也就是说无论是否匹配到中轴字符都算匹配成功，自动避免对整个回文字符的奇偶长度判断，可以说是个相当精妙的动态正则表达式构造。在本章后续内容中，还有一个与之类似的问题，将对此继续进行探讨。

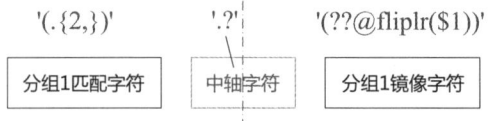

图 4.1 构造回文字符的动态正则表达式图解

③ '(?@cmd)'：执行 MATLAB 表达式，但结果不包含在表达式中，而显示在命令窗口，用于调试正则表达式。例如 "\w*?(\w)(?@disp($1))\1\w*" 匹配存在连续两次出现字符的单词，并显示中间结果。

源代码 4.43: 动态正则表达式匹配内容示例

```
1  >> [Match,Tokens]=regexp('look! tommy','\w*?(\w)(?@disp($1))\1\w*','match','tokens')
2  l
3  o
4  t
5  o
6  m
7  Match =
8      'look'   'tommy'
9  Tokens =
10     {1x1 cell}  {1x1 cell}
11 >> [Tokens{:}]
```

```
12  ans =
13      'o'    'm'
```

命令窗口显示的单个字母是 `'?@disp($1)'` 执行的结果,"`$1`"传入第 1 组分组运算"`(\w)`"的匹配内容,注意:"`'?@disp($1)'`"的结果并没有包含在表达式中,即:最终执行结果中,无论匹配变量"Match",或者标记变量"Tokens"内的结果均与动态正则执行结果无关,真正匹配成功靠的是其左右紧邻的"`(\w)`"和"`\1`"。

注意到上述例子中,替代字符有其特别的约定方式,下面介绍 MATLAB 正则表达式中的指代字符串操作 (replacement string operator) 规则。

① `'$0'` 或 `'$&'`:当前匹配部分。

源代码 4.44: 指代或替代内容的标记示例 1

```
1  >> regexp('www111sss','\d+(?@disp($0))');
2  111
3  >> regexp('www111sss','\d+(?@disp($&))');
4  111
```

注意:两条语句最后的分号意味着在命令窗口中,不显示 regexp 最终输出结果。那么,屏幕上的 `'111'`,就只能是动态正则表达式:`'\d+(?@disp($0))'` 或 `'\d+(?@disp($&))'` 的执行结果,按本小节动态正则表达式的规则③:所"disp"的恰为通过 `'\d+'` 匹配的一串连续数字。可能有人已经意识到:采用动态正则执行 MATLAB 的屏幕显示函数 disp,具有显示正则匹配中间结果的功能,这对正则表达式代码调试是很有实际意义的。

② `` '$`' ``:当前匹配内容中,前面的部分。

源代码 4.45: 指代或替代内容的标记示例 2

```
1  >> regexp('www111sss','\d+(?@disp($`))');
2  www
```

源代码 4.45 中显示的内容是在当前匹配内容"`'111'`"之前未被正则表达式匹配的那一部分,即 `'www'`。

③ `"$'"`:当前匹配内容中,后面的部分。同理,源代码 4.45 中,函数 disp 输入内容如果换成 `"$'"`,屏幕显示结果是当前匹配内容"`'111'`"之后的 `'sss'`。正则表达式中单引号有其特定意义,故写成:"`regexp('str','\d+(?@disp($''))');`"的形式,即正则表达式内两个单引号 `''` 表示 `"$'"` 中"`$`"后的一个单引号。

④ `'$N'`:第 N 个分组的匹配内容。这是当正则表达式比较复杂,独立分组比较多时,为完成精确指代采取的办法。

源代码 4.46: 指代或替代内容的标记示例 3

```
1  >> regexp('abc123sss','(?:\d)(\d)(\d)(?@disp($2))');
2  3
```

虽然正则表达式中圆括号所封闭的 3 个独立分组"`'(?:\d)(\d)(\d)'`"都代表单个数字,针对源代码 4.46 分别就是数字 1,2 和 3,但 3 个分组中的第 1 个却有点儿不同,它匹配的内容不被 `'tokens'` 参数所捕获 (见 4.2.5 小节"分组运算"的规则②),因此 `'?@disp($2)'` 捕获结果相应不再是 2，而递推到圆括号封闭的第 3 个分组的结果，也就是 3。

⑤ '$<name>'：命名分组，关于标记的命名详见 4.2.9 小节。

源代码 4.47: 指代或替代内容的标记示例 4

```
1  >> regexp('abc123sss','(?:\d)(?<digital>\d)(\d)(?@disp($<digital>))');
2  2
3  >> regexp('abc123sss','(?:\d)(?<digital>\d)(\d)(?@disp($2))');
4  3
```

注意到正则表达式共计 "'(?:\d)'"、"'(?<digital>\d)'" 和 "'(\d)'" 3 个独立分组，分别是不被 'tokens' 捕获、命名和可被 'tokens' 捕获，源代码 4.47 运行结果说明：第 2 个命名为 "digital" 的分组也同样可被 'tokens' 捕获，在本例中等价于 "$1"，于是第 2 条语句执行 '$2'，才能捕获第 3 个独立分组中的匹配结果为 3。

⑥ '${cmd}'：返回 MATLAB 的执行结果。

源代码 4.48: 指代或替代内容的标记示例 5

```
1  >> regexprep('123','\d+','${fliplr($0)}')
2  ans =
3     321
```

正则替代函数第 1 个输入参数 '123' 为字符串，第 2 个输入参数 '\d+' 为匹配表达式，第 3 个参数 '${fliplr($0)}' 是对第 2 个参数匹配内容的替换表达式，本例中是把匹配到的一串连续数字左右翻转，并作为函数 regexprep 的最终输出。

4.2.11 注释与搜索标识

1. 注　释

注释 (comment) 与其他编程语言一样，正则表达式中插入的注释文本将在表达式本身匹配过程中自动忽略。语法格式：'(?#comment)'。例如 '(?#␣Initial␣a␣digital)\<dw+' 在整个正则表达式有效匹配部分之前插入注释 "Initial a digital"，注明本次匹配是以数字开始的单词，输出结果中不显示该注释内容。

源代码 4.49: 正则表达式中的注释

```
1  >> regexp('abc␣123sss␣x43d␣357t','(?#␣Initial␣a␣digital)\<\d\w+','match')
2  ans =
3     '123sss'    '357t'
```

2. 搜索标识

搜索标识 (search flags) 相当于正则语法搜索中，为满足不同需要所提供的后置参数选项，它相当于在本次搜索匹配操作中的特别声明或者特殊约定。

① '(?-i)'：大小写敏感，这是 MATLAB 搜索的默认条件，也就是加或不加这个搜索标识，匹配结果相同。

源代码 4.50: 搜索标识示例代码 1

```
1  >> regexp('AaBb','(?-i)[a-z]','match')
2  ans =
```

```
3      'a'    'b'
4 >> isequal(regexp('AaBb','[a-z]','match'),ans)
5 ans =
6     1
```

② '(?i)'：大小写不敏感，用'(?i)'对本次匹配的默认规则进行更改，例如在这个搜索标识约定下，再对文本'AaBb'做搜索匹配，结果就大为不同。

源代码 4.51: 搜索标识示例代码 2

```
1 >> regexp('AaBb','(?i)[a-z]','match')
2 ans =
3     'A'    'a'    'B'    'b'
```

③ '(?s)'：将'.'匹配任何单个字符，这也是默认搜索标识。

源代码 4.52: 搜索标识示例代码 3

```
1 >> regexp(sprintf('12\n34'),'.')
2 ans =
3     1    2    3    4    5
4 >> isequal(regexp(sprintf('12\n34'),'(?s).'),ans)
5 ans =
6     1
```

④ '(?-s)'：将'.'匹配除了换行符之外的其他任何单个字符。仍对字符串 sprintf('12\n34') 做正则搜索，但更改搜索标识为'(?-s)'，发现处于第 3 个索引位的换行符没有被匹配到。

源代码 4.53: 搜索标识示例代码 4

```
1 >> regexp(sprintf('12\n34'),'(?-s).')
2 ans =
3     1    2    4    5
```

⑤ '(?-m)'：将'^'和'$'匹配某字符串的开始和结束。例如源代码 4.54 对整个字符串匹配，所以分别处于两行的子字符串：'12'和'34'及中间换行符三部分都是隶属于原字符串整体的一部分。

源代码 4.54: 搜索标识示例代码 5

```
1 >> sprintf('12\n34')
2 ans =
3 12
4 34
5 >> regexp(sprintf('12\n34'),'(?-m)^.*?$','match')
6 ans =
7     [1x5 char]
8 >> dataSize=size(ans)
9 dataSize =
10    1    1
```

输出结果是容纳 1×5 char 型字符的 {1,1} cell 数组，意思是该 cell 数组只存储了一个匹配结果。

⑥ '(?m)'：将 '^' 和 '$' 匹配某一行的开始和结束。接源代码 4.54，更改标识为 '(?m)'，则结果发生变化。

源代码 4.55: 搜索标识示例代码 6

```
1  >> regexp(sprintf('12\n34'),'(?m)^.*?$','match')
2  ans =
3     '12'    '34'
4  >> dataSize=size(ans)
5  dataSize =
6       1     2
```

源代码 4.55 显示：更改搜索标识为按行匹配后，换行符在匹配结果中消失，得到两组独立匹配结果 " '12' " 和 " '34' "，分组存储在输出 {1,2} cell 数组两个子单元内。

⑦ '(?-x)'：让搜索中包含空格和 " '#' "。
⑧ '(?x)'：让搜索中不包含空格和 " '#' "，用转义的 " '\␣' " 和 " '\#' " 匹配空格和 " '#' "。

源代码 4.56: 搜索标识示例代码 7

```
1  >> regexp(sprintf('12␣3#4'),'(?-x)#')
2  ans =
3       5
4  >> regexp(sprintf('12␣3#4'),'(?x)\#')
5  ans =
6       5
```

> **评** 本节所有正则语法的解释取自 MATLAB 的 `regexp`、`regexprep` 命令帮助，为方便初学者自学，特别是对部分讲述语法规则的例子做了丰富和扩展。同时，去掉个别晦涩难懂的 html 文本搜索的示例，代之以自编示例代码。
>
> 需要说明的是：MATLAB 正则语法在构造动态正则表达式 (dynamic regular expressions)，或利用一般数组操作函数增强字符动态匹配方面，做得非常出色，关于动态正则方面的内容，还会在本章后续内容，针对具体问题的求解做进一步的综合分析。
>
> 由于正则表达式牵扯知识点很广，试图通过一两个问题窥得正则表达式的全貌，几乎是不可能完成。为方便读者迅速熟悉具体文本中的正则匹配方法，4.3 节将通过 Cody 题目，由浅入深、逐步介绍正则搜索和替代表达式构造的综合技巧，每个题目中都可能有正则表达式的某种技巧或某个后置参数使用方法，结合本节对正则语法参数基础内容的解析，相信能对正则表达式的理解更加深入。本章最后的 4.16 节针对书中前几章的部分问题，用正则表达式构造的思路重新求解，有前面多种解法作为参照，正则解法在某些场合下的简捷与高效，或它到底在何种情况下能最大限度地发挥特长，应该能令初识正则的读者，获得仅看帮助无法取得的经验和感触。

4.3 正则表达式基础：元音字母计数

必须说明的是：虽然本章讨论正则表达式，但其中很多仍可通过数值或字符串函数求解，专门作为主题探讨的原因是：有些问题用正则求解具有优势，或正则表达式学习过程中某个典型技巧，能通过特定的问题得到展示。通读全书后，最终仍然希望能回到："想用什么就用什么"、"想写什么就写什么"的自由状态。为此，一些非正则方式的求解思路统一放在本章各节中的"其他解法"小节中，其目的是希望仍然从问题解决角度出发，思考问题不囿于某种特定技巧，在比较不同思路的优劣特点过程中，继续保持开阔视野和活跃思维的初衷。

例 4.1 数一数，字符串中有多少个元音字母？比如：$x=$ 'string the MaTLaBiAn'，结果输出为 6；而 $x=$ 'coUnt the vowEl'，答案则是 5。

源代码 4.57: 例 4.1 测试代码

```matlab
%% 1
x='coUnt the vowEl';
y_correct = 5;
assert(isequal(vowel_counter(x),y_correct))
%% 2
x='coUnt the vowEl counter';
y_correct = 8;
assert(isequal(vowel_counter(x),y_correct))
%% 3
x='The fox was the jackle';
y_correct = 6;
assert(isequal(vowel_counter(x),y_correct))
%% 4
x='Education';
y_correct = 5;
assert(isequal(vowel_counter(x),y_correct))
%% 5
x='We are the MaTLaBiAns';
y_correct = 8;
assert(isequal(vowel_counter(x),y_correct))
```

释义：输入字符串，统计该字符串当中有多少元音字母。

4.3.1 其他解法

1. 循环 + 判断

以输入字符串长度作循环次数，函数 ismember 判断当前字母是否属于元音字母序列，大小写元音字母共 10 个，可以用枚举的笨办法。

源代码 4.58: ismember 逐元素循环判断,by Jeevan Thomas,size:48

```matlab
function y = vowel_counter(x)
y = 0;
lst = {'a','e','i','o','u','A','E','I','O','U'};
for i=1:length(x)
    if(ismember(x(i),lst))
        y = y+1;
    end
end
end
```

2. 枚举构造逻辑索引

根据第 2 章的字符串知识,每个字母(包括元音字母)都有一一对应的 ASCII 码值,可转 ASCII 码值枚举逻辑索引个数。

源代码 **4.59**: 枚举 + 构造逻辑索引,by bainhome,size:36

```
1  function a = vowel_counter(x)
2  lower(x);
3   a=sum(ans==97|ans==101|ans==105|ans==111|ans==117);
4  end
```

> **评** 用 `lower` 把字符串中所有可能存在的大写字母都转换为小写,减少逻辑判断"或"的数量。因为是逻辑数组,求和命令可换成矩阵非 0 元素统计函数 `nnz`。

发现用逻辑"或"做判断显得啰唆,想到用 `bsxfun` 形成单一维扩展简化代码。

源代码 **4.60**: 利用 `bsxfun` 扩展单一维比较,by bainhome,size:22

```
1  function ans = vowel_counter(x)
2   ans=nnz(bsxfun(@eq,lower(x),['aeiou']'))
3  end
```

> **评** `bsxfun` 函数操控句柄"@eq"对向量之间的单一维扩展比较,很好体现了矢量化索引构造的特点。最外层用 `nnz` 统计非 0 元素个数。此外,"@eq"比较的内容可换成元音字母的 ASCII 码值: `nnz(bsxfun(@eq,lower(x),[97 101 105 111 117]'))`

3. 函数 `ismember` 的矢量化索引方式

还有一种办法可以简化元音字母比较部分的逻辑判断。

源代码 **4.61**: 利用集合成员判断函数 `ismember`,by Claudio Gelmi,size:15

```
1  function ans = vowel_counter(x)
2    ans=sum(ismember(x,'aeiouAEIOU'));
3  end
```

函数 `ismember` 判断输入 x 中,每个字符是否包含于字符串 `'aeiouAEIOU'`,显然 `ismember` 支持矢量化操作,不用把 x 拆开逐个字母遍历。

4. 一维卷积函数 `conv`

判断某个元素存在次数的问题,可用卷积函数实现(见源代码 2.74 分析部分)。实际上,只要是在矩阵中查找某部分子元素或者部分元素的某种数字特征,卷积都是值得考虑的。

源代码 **4.62**: 利用一维卷积函数 `conv`,by Jan Orwat,size:21

```
1  function ans = vowel_counter(x)
2    ans=nnz(conv2(+x',1./'aeiouAEIOU')==1);
3  end
```

第 4 章 字符操作进阶：正则表达式

> **评** 读过本书之前卷积内容的读者，无需运行代码就明白：倒数向量和原向量相乘相加时，会产生一定数量的 "1"；不过，卷积命令的计算需要额外产生大量不必要的数据，执行效率也偏低。

4.3.2 正则解法

1. 大小写不敏感的 regexpi

用命令 regexpi 越过大小写转换。

源代码 4.63：大小写不敏感的正则命令 regexpi，by Yuan，size:15

```
1  function ans = vowel_counter(x)
2    ans=numel(regexpi(x, '[aeiou]'));
3  end
```

> **评** 元音字母放在方括号内，代表只须匹配其中任何一个当前匹配就成功，函数 regexpi 自动省去 "lower" 或 "upper" 统一元音字母的过程，外层用 numel 统计非 0 逻辑值个数。

2. 利用正则替代函数 regexprep 做空串替代相减

反向思考问题，也就是去掉无须统计的辅音字母数量：regexprep 把源字符串中的元音字母用空集（代码最后的空字符串''）替换掉，再用字符串本身长度减去替换后字符串的长度值。

源代码 4.64：regexprep 做空串替代相减，by Yalong Liu，size:22

```
1  function ans = vowel_counter(x)
2    ans=numel(x)-numel(regexprep(lower(x),'[aeiou]',''));
3  end
```

或者更进一步，省去外部相减的减运算统计辅音字母，直接在正则表达式中完成遴选。

源代码 4.65：regexprep 剔除辅音字母，by andrea84，size:16

```
1  function ans= vowel_counter(x)
2    ans=numel(regexprep(x,'[^aeiouAEIOU]',''));
3  end
```

3. 正则搜索函数 regexp

元音字母数量共 10 个，正则表达式可实现枚举，而且更加方便。

源代码 4.66：regexp 直接搜索大小写元音字母，by Guillaume，size:15

```
1  function ans = vowel_counter(x)
2    ans=numel(regexp(x, '[aeiouAEIOU]'));
3  end
```

> **评** `regexp` 对字符串 x 按正则表达式 `'[aeiouAEIOU]'` 的要求，逐字符判断是否属于表达式方括号内所有字符之一，如满足则返回其在原字符串中的索引位，`numel` 统计这些索引位的数量。

4.4 正则表达式基础：所有的字母都是大写吗？

例 4.2 字符串中所有输入字符都是大写字母吗？例如："MNOP"返回的答案是 TRUE(1)，而"MN0P"返回的结果则是 FALSE(0)，因为第 3 个字符"0"甚至不是一个字母！

源代码 4.67: 例 4.2 测试代码

```
1  %% 1
2  x = 'MNOP';
3  y_correct = 1;
4  assert(isequal(your_fcn_name(x),y_correct))
5  %% 2
6  x = 'MN0P';
7  y_correct = 0;
8  assert(isequal(your_fcn_name(x),y_correct))
9  %% 3
10 x = 'INOUT1NOUT';
11 y_correct = 0;
12 assert(isequal(your_fcn_name(x),y_correct))
13 %% 4
14 x = 'UPANDDOWN';
15 y_correct = 1;
16 assert(isequal(your_fcn_name(x),y_correct))
17 %% 5
18 x = 'RUaMATLABPRO';
19 y_correct = 0;
20 assert(isequal(your_fcn_name(x),y_correct))
```

释义：输入字符串必须全部由大写字母构成，与 4.3 节不同，这次的字符串必须大小写敏感，任何小写字母或数字出现在字符串内都返回"FALSE(0)"，反之则为"TRUE(1)"。

4.4.1 其他解法

1. 利用字符属性函数 `isstrprop`

函数 `isstrprop` 用于逐字符判断字符串的属性，例如是否是字母的"`'alpha'`"属性、是否是数组的"`'digit'`"属性、是否是空格或 `'\v'` 或者 `'\t'` 制表符等，输出返回字符串同长度的逻辑值。这里用的是"`'digit'`"属性，判断输入字符串是否全部是大写字母，如果是则返回全 1 逻辑向量。

源代码 4.68: 利用 `isstrprop` 函数判断是否大写,by Yuval Cohen,size:15

```
1  function y = your_fcn_name(x)
2  y = all(isstrprop(x,'upper'));
3  end
```

2. 利用 ASCII 码值构造逻辑索引

大写字母的 ASCII 码值范围是 [65, 90]，据此用逻辑索引判断。

源代码 4.69: 利用 ASCII 码值范围构造索引判断 1,by Yuval Cohen,size:18

```matlab
1  function y = your_fcn_name(x)
2    y = all(x>64 & x<91)
3  end
```

实际上并不需要知道大写字母的 ASCII 码值，MATLAB 中当变量格式不符时会自动转换。

源代码 4.70: 利用 ASCII 码值范围构造索引判断 2,by Yuval Cohen,size:18

```matlab
1  function y = your_fcn_name(x)
2    y = all(x>='A' & x<='Z')
3  end
```

3. 枚 举

可以枚举 26 个大写字母。

源代码 4.71: 枚举判断,by LY Cao,size:15

```matlab
1  function ans = your_fcn_name(x)
2    ans=all(ismember(x,'ABCDEFGHIJKLMNOPQRSTUVWXYZ'))
3  end
```

4. 五花八门的逻辑判断

基于对大写字母的判断，不同解法可谓八仙过海各显神通，解法之多令人眼花缭乱。充分证明这是一道开放式题目。比如让所有小写字母与本身之间对位判断相等条件。

源代码 4.72: 逻辑判断 1,by Jonathan Sullivan,size:16

```matlab
1  function y = your_fcn_name(x)
2    y = all(lower(x) ~= x);
3  end
```

或者判断 ASCII 码值在 [65, 90] 之间的字符数量与向量长度是否相等。

源代码 4.73: 逻辑判断 2,by Spencer Kellis,size:22

```matlab
1  function y = your_fcn_name(x)
2    y = nnz(x>='A'&x<='Z')==length(x);
3  end
```

或者设法构造大小写判断逻辑向量相乘。

源代码 4.74: 逻辑判断 3,by Koteswar Rao Jerripothula,size:18

```matlab
1  function ans = your_fcn_name(x)
2    ans=logical(prod(x-lower(x)));
3  end
```

甚至构造点乘 "躲避" 逻辑判断。

源代码 4.75: 逻辑判断 4,by bkzcnldw,size:19

```
1  function ans = your_fcn_name(x)
2      ans=isequal(isletter(x).*upper(x),x);
3  end
```

或者不"躲避"。

源代码 4.76: 逻辑判断 5,by Noah,size:21

```
1  function ans = your_fcn_name(x)
2    ans=all(isletter(x)) && isequal(upper(x),x);
3  end
```

4.4.2 正则解法

例 4.2 的正则表达式求解方案多样，适合作为初学者练手的基础题目。

1. 索引长度比较

正向搜索大写字母，每次匹配成功 1 次就返回 1 个索引，可计算出大写字母个数和字符串个数。如果二者相等则全是大写字符，否则不是。

源代码 4.77: 正则匹配索引长度与向量长度比较,by Gareth Lee,size:19

```
1  function ans = your_fcn_name(x)
2    ans=length(regexp(x,'[A-Z]'))==length(x);
3  end
```

源代码 4.77 利用函数 regexp 仅当匹配成功时才返回索引的特点，只有符合输入向量全部是大写字母，返回索引长度才能和原向量同长。

2. 取 反

逆向思维是计算字符串 x 对"非 A-Z 字符"匹配次数为 0，则判断全为大写。

源代码 4.78: 判断"非"大写字母是否组成空字符串,by Gergely Patay,size:15

```
1  function ans = your_fcn_name(x)
2    ans=isempty(regexp(x,'[^A-Z]'));
3  end
```

注意取"非"某段字符的表述方式：`'[^A-Z]'`，如果匹配"非 1-5"的数字，正则表达式可写成"`'[^1-5]'`"或"`'[^12345]'`"。

源代码 4.79: "非"所选字符正则匹配示例

```
1  >> data=num2str(randi([0,9],1,10),-6)
2  data =
3  9110418005
4  >> regexp(data,'[^1-5]','match')
5  ans =
6      '9'    '0'    '8'    '0'    '0'
7  >> regexp(data,'[^12345]','match')
8  ans =
9      '9'    '0'    '8'    '0'    '0'
```

判断字符向量中非大写字母组成的新向量是否为空字符串，也可用 regexprep，把所有大写字母替换为空串，看所余部分是否仍为空串。

源代码 4.80: 利用 regexprep 判断,by Mattias,size:16

```
1  function ans = your_fcn_name(x)
2  ans=isempty(regexprep(x,'[A-Z]',''));
3  end
```

4.5 正则表达式基础：移除字符串中的辅音字母

例 4.1 介绍了关于元音字母的正则表达式构造，本节讨论其"反问题"：给定字符串，移除且**仅移除**辅音字母。

例 4.3 移除给定字符串中的所有辅音字母。

源代码 4.81: 例 4.3 测试代码

```
1  %% 1
2  s1 = 'Jack and Jill went up the hill';
3  s2 = 'a a i e u e i';
4  assert(isequal(s2,refcn(s1)))
5  %% 2
6  s1 = 'I don''t want to work. I just want to bang on the drum all day.';
7  s2 = 'I o'' a o o. I u a o a o e u a a.';
8  assert(isequal(s2,refcn(s1)))
```

释义：剔除字符串中所有的辅音字母。

从表面上看例 4.3 并不难，即：可按前例构造"'[^aeiou]'"，并通过 regexprep 把匹配成功的部分用空串替代。不过，测试代码 4.81 的第 2 个算例中含有单引号及标点符号，因此再按源代码 4.80 的方法，即利用 regexprep 函数来处理这个算例 2 的输入字符串 s_1，结果就会出现错误。

源代码 4.82: 直接构造非元音字母的算例 2 运行结果

```
1  >> s1 = 'I don''t want to work. I just want to bang on the drum all day.';
2  >> regexprep(s1,'[^AEIOUaeiou]','')
3  ans =
4  IoaooIuaoaoeuaa
5  >> s2 = 'I o'' a o o. I u a o a o e u a a.'
6  s2 =
7  I o' a o o. I u a o a o e u a a.
```

由以上代码可以看出，原题中的空格、标点符号以及单引号，写代码时需要做些处理，去掉这些可能导致测试不通过的潜在障碍。

4.5.1 其他解法

1. 循环 + 判断

源代码 4.83: 逐元素利用 ASCII 码值判断索引,by Jean-Marie SAINTHILLIER,size:51

```
1  function s2 = refcn(s1)
```

```matlab
2  con=98:122;
3  con([4 8 14 20])=[];
4  for i=1:length(con)
5      s1(int8(lower(s1))==con(i))=[];
6  end
7  s2=s1;
```

也可用 `strcmpi` 比较字符串来作判断。

源代码 4.84: 利用 `strcmpi` 比较字符串判断索引,by Abderrahmane,size:64

```matlab
1  function s2 = refcn(s1)
2  s2=s1;
3  cons='bcdfghjklmnpqrstvwxyz';
4  for j = 1:length(s2)
5      for i=1:length(cons)
6          if strcmpi(cons(i), s2(j))
7              lett=s2(j);
8              ind=find(s1==lett);
9              s1(ind)='';
10         end
11     end
12 end
13 s2=s1;
14 end
```

判断字符串的相等,经常用函数 `strcmp` 和 `strcmpi`,前者对大小写敏感,即"A"和"a"是两个不同字符,后者则对大小写不敏感。

源代码 4.85: 利用 `strcmpi` 和 `strcmp` 函数

```matlab
1  >> strcmp('aBcD','AbCd')
2  ans =
3       0
4  >> strcmpi('aBcD','AbCd')
5  ans =
6       1
```

利用 `strfind`、`findstr` 等函数也有类似功能。

源代码 4.86: 利用 `strfind` 逐字查找判断,by Lucy,size:39

```matlab
1  function s1 = refcn(s1)
2  c='bcdfghjklmnpqrstvwxyzBCDFGHJKLMNPQRSTVWXYZ'
3  for i=length(s1):-1:1
4      if size(strfind(c,s1(i)))>0
5          s1(i)=''
6      end
7  end
8  end
```

把枚举与循环结合起来。

源代码 4.87: 枚举 + 循环判断,by Tim,size:39

```matlab
1  function s=refcn(s)
```

第 4 章 字符操作进阶：正则表达式

```
2    i=1;
3    while i<=numel(s)
4        if any(s(i)=='BCDFGHJKLMNPQRSTVWXYZbcdfghjklmnpqrstvwxyz')
5            s(i)=[];
6        else
7            i=i+1;
8        end
9    end
```

2. 逻辑条件构造

如果对矢量化操作不熟悉，很可能就会写成如下这种死板的枚举方式：

源代码 4.88: 逻辑索引枚举条件,by Omer,size:48

```
1    function s2 = refcn(s1)
2        s2 = s1(s1 == 'a' | s1 == 'e' | s1 == 'i' | s1=='I' | s1=='o' | s1=='u' | s1==' ' | s1==char(39)
           | s1=='.')
3    end
```

3. 利用 dec2bin 构造辅音字母索引

先通过一个大数转二进制字符串，由逻辑判断再构造辅音字母 ASCII 码值的索引，bsxfun 中操纵 "@eq" 句柄对位比较二次构造输入 s_1 中满足题意要求的逻辑索引。

源代码 4.89: 利用函数 dec2bin 和 ASCII 码值构造辅音字母索引,by Vincent,size:50

```
1    function x = refcn(x)
2        a=(66:90)';
3        b=dec2bin(31324127)==49;
4        b=[a(b); a(b)+32];
5        x(any(bsxfun(@eq,x,b)))=[];
6    end
```

4. 利用 ismember

收录源代码 4.89 是因为把二进制字符转为数字 0-1 数组的方法有一定新意，其实辅音字母提取构造序列的方式更简单直接，比如集合成员判断函数 ismember。

源代码 4.90: 利用函数 ismember 和 ASCII 码值构造辅音字母索引,by bainhome,size:42

```
1    function x = refcn(x)
2        char([65:90,97:122]);
3        ans(~ismember(ans,'aeiouAEIOU'));
4        x(any(bsxfun(@eq,x,ans')))=[];
5    end
```

由于辅音字母并不多，因此单刀直入完成枚举。

源代码 4.91: 枚举辅音字母 +bsxfun 索引构造,by bainhome,size:24

```
1    function s1 = refcn(s1)
2        'BCDFGHJKLMNPQRSTVWXYZbcdfghjklmnpqrstvwxyz';
3        s1(any(bsxfun(@eq,s1,ans')))=[];
4    end
```

这个问题处理的是一维向量，`bsxfun` 并非特别合适，比如：不反向剔除，转而保留大小写元音字母、空格和句号，可省去辅音字符的枚举。

源代码 4.92: 利用函数 `ismember` 判断保留元音字母,by Pedro Villena,size:14

```
1  function ans = refcn(s)
2  ans=s(ismember(s,'aeiou''AEIUO.␣'));
3  end
```

集合函数在元素的包含、共有、交并集的逻辑判断中十分便利，例如 `ismember` 和 `setdiff` 的搭配来判断。

源代码 4.93: 利用函数 `ismember+setdiff` 判断保留元音字母,by Torf,size:25

```
1  function s2 = refcn(s1)
2    s2 = s1(~ismember(lower(s1), setdiff(char(97 : 122), 'aeiou')));
3  end
```

4.5.2 正则解法

正则解法和其他解法不同之处在于：比较重视用正则语法反映所匹配字符的特征。

1. 枚举剔除字符

需要保留的字符种类较少，想到了取"非"做排除。

源代码 4.94: 字符剔除的正则思路 1,by bainhome,size:12

```
1  function ans = refcn(s1)
2    regexprep(s1,'[^AEIOUaeiou\s\''.]','');
3  end
```

顺便谈谈小数点的转义问题，先比较下面三条语句的执行结果：

源代码 4.95: 字符剔除的正则思路 2,by bainhome,size:12

```
1  >> regexp('pi:3.14159.','[.]','match')
2  ans =
3      '.'    '.'
4  >> regexp('pi:3.14159.','.','match')
5  ans =
6      'p'  'i'  ':'  '3'  '.'  '1'  '4'  '1'  '5'  '9'  '.'
7  >> regexp('pi:3.14159.','\.','match')
8  ans =
9      '.'    '.'
```

> **评** 根据 4.2.1 小节，规则②的说明：小数点外带方括号时，即 "`[.]`"，不需要加转义符号直接搜索字符串内的所有小数点，等价于 "`\.`"；如果不加方括号，小数点意义就变成：搜索字符串内包括空格在内的所有单个字符。

取"非"要求字符的剔除，还可写成：

源代码 4.96: 字符剔除的正则思路 3,by Yalong Liu,size:14

```
1  function ans= refcn(s1)
```

```
2  ans=regexprep(s1,'(?i)[^aeiou\W]','');
3  end
```

下面介绍源代码 4.96 中的正则表达式 '(?i)[^aeiou\W]'。它初看比较抽象，实际与源代码 4.94 类似：

① "'[^aeiou]'"：除小写元音字母外的其他所有字母。

源代码 4.97: 剔除小写元音字母

```
1  s = 'abcD␣jL␣M''n0.';
2  regexp(s,'[^aeiou]','match')
3  ans =
4    'b'  'c'  'D'  '␣'  'j'  'L'  '␣'  'M'  ''''␣␣␣'n'  '0'  '.'
```

② "'[^aeiou\W]'" 中的 "'\W'" 用于选择其他标点符号，"'\W'" 本意按照 4.2.1 小节的规则⑥，等价于："'[^a-zA-Z0-9_]'"，即：除 $a-z, A-Z, 0-9$ 和一个下画线之外的其他所有字符，"'\W'" 相当于 "'\w'" 的补集，这同时把包括空格、引号在内的特殊字符都涵盖了。

源代码 4.98: 进一步剔除其他特殊符号

```
1  regexp(s,'[^aeiou\W]','match')
2  ans =
3    'b'  'c'  'D'  'j'  'L'  'M'  'n'  '0'
```

注意到按正则语法规则：大写元音字母隶属于 "'\w'"，仍没被剔除。

③ "'(?i)[^aeiou\W]'" 中的 "'(?i)'" 按 4.2.11 小节关于搜索标识的说明，代表"大小写不敏感搜索标识"(search flag)。

源代码 4.99: 完全正则表达式的代码

```
1  regexp(s,'(?i)[^aeiou\W]','match')
2  ans =
3    'b'  'c'  'D'  'j'  'L'  'M'  'n'
```

这样，对大小写敏感的正则搜索函数 regexp 就完成了 regexpi 才能完成的工作。

注意到上述代码列举了所有辅音字母，由于要剔除辅音字符，regexp 无需后跟 "'match'" 参数，去掉它后，regexp 返回辅音字符在原字符向量中的索引：regexp 函数后不跟参数得到的就是符合正则表达式的字符位置。可直接对字符串中符合正则条件的对应位置（本例中即为辅音字母所在位置）赋值为空。

源代码 4.100: 函数 regexp 中字符赋"空"剔除,by bainhome,size:15

```
1  function s1 = refcn(s1)
2  s1(regexp(s1,'(?i)[^aeiou\W]'))='';
3  end
```

2. 抹掉大小写特征的正面列举

前面介绍的取"非"剔除，按正面枚举也能写出正则表达式。

源代码 4.101: regexprep 中列举剔除字符用空串取代,by Qi Binbin,size:14

```
1  function ans = refcn(s1)
```

```
2   ans=regexprep(s1,'(?i)[b-df-hj-np-tv-z]','');
3   end
```

还可以设置 regexprep 的大小写不敏感参数 "'ignorecase'"，去掉正则表达式中大小写不敏感参数 "'(?i)'"。

源代码 4.102: regexprep 中的大小写不敏感参数 'ignorecase',by bainhome,size:15

```
1   function ans = refcn(s1)
2   ans=regexprep(s1,'[b-df-hj-np-tv-z]','','ignorecase');
3   end
```

3. 正则表达式中的"与"操作

在正则表达式中，经常要求满足两个条件方能匹配；而正则语法中也有对应的逻辑"与"操作。

源代码 4.103: 用正则表达式中的"与"操作,by Yuan,size:14

```
1   function ans = refcn(s1)
2   ans=regexprep(s1,'(?=\w)[^AEIOUaeiou]','');
3   end
```

> **评** 根据 4.2.7 小节规则⑤，"'(?=expr1)[expr2]'"相当于 'expr1' 和 'expr2' 两表达式的交集，即同时满足才算匹配成功。以源代码 4.103 中的正则表达式 "'(?=\w)[^aeiouAEIOU]'"为例，需要"既属于 '\w' 范围、还得不是元音字母"，当前匹配才成功。

4.6 正则表达式基础：首尾元音字母字符串的查找

关于元音字母、辅音字母的查找已经讲了不少，本节再尝试匹配首尾两个元音字母。

例 4.4 给定一个字符串 str，其中容纳几个句子，比如：

str='I played piano. John played football. Anita went home. Are you safe?'

输出所有开头和结尾都是元音字母的句子。注意：只有 AEIOU 和 aeiou 属于元音字母，半元音不计入，此外，标点符号不作统计。上面的 str 中满足要求的单独句子为

{'I played piano.' 'Anita went home.' 'Are you safe?'}

源代码 4.104: 例 4.4 测试代码

```
1   %% 1
2   x = 'I played piano. John played football. Anita went home. Are you safe?';
3   y = {'I played piano.' 'Anita went home.' 'Are you safe?'};
4   assert(isequal(lazy(x),y))
5   %% 2
6   x = 'Are you okay? Who are you? Olga will call you. Sam saw me.';
7   y = {'Olga will call you.'};
8   assert(isequal(lazy(x),y))
```

释义：匹配句子首尾（"首尾"仅指字母，标点符号不计入判断）是两个元音字母的字符串。特别注明：半元音不算元音字母。

4.6.1 其他解法

1. 根据尾部标点分段字符循环判断

难点在于如何判断出返回结果每段字符串的分隔索引。想到函数 strfind，以测试代码 4.104 第 2 个算例为例，strfind 函数寻找结尾标点顺序索引代码如下：

源代码 4.105: strfind 查找标点分隔符索引

```
1  >> x = 'Are you okay? Who are you? Olga will call you. Sam saw me.';
2  >> Ind=sort([strfind(x,'.'),strfind(x,'?')])
3  Ind =
4      13    26    46    58
```

故有如下代码：

源代码 4.106: strfind 查找标点分隔符索引循环判断首尾元音,by James,size:121

```
1  function y = lazy(x)
2  ptr=sort([strfind(x,'.'),strfind(x,'?')]);
3  y={};
4  if ismember(upper(x(1)),'AEIOU')
5      if ismember(upper(x(ptr(1)-1)),'AEIOU')
6          y{1}=x(1:ptr(1));
7      end
8  end
9  for i=2:length(ptr)
10     if ismember(upper(x(ptr(i-1)+2)),'AEIOU')
11         if ismember(upper(x(ptr(i)-1)),'AEIOU')
12             y{end+1}=x(ptr(i-1)+2:ptr(i));
13         end
14     end
15 end
16 end
```

> **评** 用标点索引做分隔符逐段循环，以 ismember 函数判断首尾是否为元音字母。因两次首字母循环节判断方式不同，还要被分成两次做判断，因此源代码 4.106 略显繁琐。

2. find+ismember 判断标点分隔符索引位

源代码 4.106 所用函数 ismember 在判断分隔符位置时很有用，它支持矢量化操作，能一次判断出所有标点在原字符串中的位置，例如：

源代码 4.107: 函数 ismember 的返回值

```
1  >> t1=randi(9,1,10),t2=randi(9,1,3)
2  t1 =
3      6    2    2    5    9    4    6    3    7    3
4  t2 =
5      5    7    9
```

显然，ismember 的返回值是向量元素 t_2 在 t_1 中的逻辑索引，将其作为 find 的输入，查找所有 t_2 在 t_1 中的实际索引位。可避免多次判断标点位置及拼接升序的繁琐步骤。以测试代码 case1 为例：

源代码 4.108: 用 ismember 查找标点符号索引位

```
1  >> find(ismember(x,'.?'))
2  ans =
3      15    37    54    68
4  >> [1 ans(1:end-1)+1;ans]
5  ans =
6       1    16    38    55
7      15    37    54    68
```

源代码 4.108 中第 1 条语句寻找所有标点索引位，第 2 条语句则用此索引推演所有字符串始末位置是 "1~15, 16~37, 38~54, 55~68"，再结合 ismember 得：

源代码 4.109: 用 ismember 查找标点符号索引位和元音字符判断 by Ben Petschel,size:70

```
1  function y = lazy(x)
2    ind = find(ismember(x,'.?'));
3    y = arrayfun(@(i,j)strtrim(x(i:j)),[1,ind(1:end-1)+1],ind,'uni',0);
4    y = y(cellfun(@(x)all(ismember(x([1,end-1]),'AEIOUaeiou')),y));
5  end
```

利用 arrayfun+cellfun 的组合在一定程度上简化了代码。

4.6.2 正则解法

如果不用正则表达式，则有两个地方处理起来很麻烦，即分隔符索引位判断和构造分隔部分索引向量之后的首尾元音字符判断。它们在正则表达式中都不是问题。

1. regexp 的 "'tokens'" 参数

关于标记操作 'token' 详见 4.2.9 小节的介绍，在正则表达式中，经常用它撷取匹配成功字符中最具特征的部分。例 4.4 求解就可用 "'tokens'" 参数获取所需字符串。

源代码 4.110: "'tokens'" 提取首尾元音的字符串,by bainhome,size:20

```
1  function ans = lazy(x)
2    ans=regexp(x,' ?([AEIOU][^\.\?]*[aeiou][\.\?])','tokens');
3    [ans{:}];
```

再比较一下正则表达式最前方设置匹配 0~1 次空格（"' '?"），如果首元音字符之前有空格，"'match'" 参数也匹配该空格，"'tokens'" 则不会理会这个空格，只提取满足圆括号内正则表达式的匹配字符。

2. regexp 的 "'match'" 参数

出于加深理解 "'tokens'" 参数意义的目的，上面"量身定做"了含有后置 "'tokens'" 参数的解法，事实上，单用 "'match'" 参数，可使代码更简练。

源代码 4.111: regexp 后置参数 "'match'",by Binbin Qi,size:14

```
1  function ans = lazy(x)
2  ans=regexp(x,'[AEIOU][\w\s]*[aeiou][.?]','match');
3  end
```

4.7 正则表达式基础：提取文本数字求和

很多文本操作中，都有在文本内提取部分规则数字的要求，本节就通过 Cody 问题，对各种文本中数字提取技巧做个总结。

例 4.5   一段文本中既有文字又有整数，请提取所有数字并求和。

源代码 4.112: 例 4.5 测试代码

```
1  %% 1
2  str = '4 and 20 blackbirds baked in a pie';
3  total = 24;
4  %% 2
5  str = '2 4 6 8 who do we appreciate?';
6  total = 20;
7  %% 3
8  str = 'He worked at the 7-11 for $10 an hour';
9  total = 28;
10 %% 4
11 str = 'that is 6 of one and a half dozen of the other';
12 total = 6;
13 assert(isequal(number_sum(str),total))
```

释义：从输入的一段文本中，提取所有数字并相加。当单个数字连续出现时，认为它们是同一个数字的不同位数，如果在两个单一数字之间有其他任何字符，则按两个不同数字分别提取。

4.7.1 其他解法

解决这种文本和数值混合的问题，有正向搜索数值和反向剔除非数字两大思路。

1. strrep 剔除非数字部分

char 用 ASCII 码值构造非数字字符串，对原数组通过函数 strrep 将输入文本和非数字字符向量的共同部分以空格替代再转数值求和。

源代码 4.113: strrep 实现空格替代非数字内容,by Richard Moore,size:47

```
1  function total = number_sum(str)
2  for x = [1:31 33:47 58:128]
3      str = strrep(str,char(x),' ');
4  end
5  total = sum(str2num(str));
6  if isempty(total)
```

```
7    total = 0;
8  end
9 end
```

2. 逻辑索引

对原向量转 ASCII 码,查找非数字部分赋值空格,通过文本读取命令 textscan 读取剩余数值并求和,因为这个函数可带 '%d' 参数,具备读取数值的能力(实际上这也是正则语法)。

源代码 4.114: 逻辑索引 +textscan 读取数值求和,by Chad Gilbert,size:45

```
1  function total = number_sum(str)
2    a = double(str);
3    ind = (a > 47 & a < 58);
4    str(~ind) = ' ';
5    b = textscan(str,'%d');
6    total = sum(b{:});
7  end
```

3. 集合函数 ismember 剔除非数字字符

源代码 4.115: 通用性不强的做法 1,by the cyclist,size:42

```
1  function total = number_sum(s)
2    s(ismember(s,['A':'Z','a':'z','?',',','$']))=[];
3    s=strrep(s,'-',' ');
4    total=sum(str2num(s))
5  end
```

源代码 4.115 根据例 4.5 测试代码,用 ismember 剔除特定字符,没有什么通用性。类似的还有:

源代码 4.116: 通用性不强的做法 2,by Mike,size:39

```
1  function sum = number_sum(str)
2    sum = 0;
3    while (any(str))
4      [this str] = strtok(str,' -$%');
5      poss = str2num(this);
6      if poss, sum = sum + poss; end
7    end
8  end
```

用例 4.5 测试代码文本中出现的 3 个特殊字符分隔文本,以 str2num 逐一处理,设想输入字符串增加其他特殊字符,函数也需要相应增加对这些特殊字符的剔除,否则出错,例如:

源代码 4.117: 源代码 4.116 运行测试

```
1  >> str = '4 and 20 blackbirds baked in a pie'
2  str =
3  4 and 20 blackbirds baked in a pie
4  >> sum = number_sum(str)
5  sum =
6     24
```

第 4 章 字符操作进阶：正则表达式

```
 7  >> str = '4 and #20 blackbirds baked in a pie'
 8  str =
 9  4 and #20 blackbirds baked in a pie
10  >> sum = number_sum(str)
11  sum =
12       4
```

第 2 条 str 中增加了 strtok 中没有设定剔除的字符 "'#'"，相加后得到错误结果。

字符类型在 MATLAB 中的格式变换十分灵活，可直接针对其构造逻辑索引。

源代码 4.118: 保留字符形式 0-9 的逻辑索引方式,by bainhome,size:26

```
1  function ans=number_sum(s)
2  ans=s(s<'0'|s>'9')=' ';
3  sum(str2num(s));
4  end
```

字符串属性函数 isstrprop 也具备判断整数的功能参数 "'digit'"。

源代码 4.119: 利用 isstrprop 函数判断数值,by Julio,size:24

```
1  function ans = number_sum(str)
2  str(~isstrprop(str,'digit'))=' ';
3  ans=sum(str2num(str));
4  end
```

另一种方法是把不符合要求的字符在与逻辑索引点乘运算中变成 0，这些 0 对求和当然没有影响。

源代码 4.120: 逻辑索引与字符串的点乘,by bainhome,size:25

```
1  function ans = number_sum(str)
2  ans=sum(str2num(char(str.*(str<='9' & str>='0'))));
3  end
```

同样，这些方法都不适用于小数。

4.7.2 正则解法

1. 利用函数 sscanf

sscanf 是专门从文本中读取数值的函数，底层也与正则表达式有紧密的联系，只在数值读取方面专门做了强化，这从参数 'format' 设置可见一斑。

源代码 4.121: 利用函数 sscanf 读取格式文本数据,by bainhome,size:18

```
1  function ans = number_sum(str)
2  ans=sum(sscanf([' ',str],'%*[^0-9]%f'));
3  end
```

源代码 4.121 格式设置参数 "'%*[^0-9]%f'" 分两部分：文本 (数值之前) 及数值。前者由 "'%*[^0-9]'" 匹配。显然，scanf 读取一串非数值内容，再读取其后跟的数字，才会触发匹配条件。其中百分号后跟 "*" 代表将跳过 "*" 之后出现的这个部分，本例中指的是除了数字 0~9 之外其他一切字符，如无此设定，sscanf 将停止读取。这就是为什么会在输入 str 之前"拼"一个空格的原因：当 str 首字符就是数字，得凑出一个让 sscanf 能通过数据读取的格式；"'%f'"则意味着函数支持读取小数。

> **评** sscanf 和 fscanf 区别在于：前者不支持读取精度设置，即 sscanf 读取的文本是什么，就显示什么。

2. regexprep 直接搜索数字

正则表达式中，"'+'"表示可匹配前一表达式一次或多次，相当于"'{1,}'"(参阅 4.2.3 小节的规则③)，在前面设置"'\d'"可匹配一位或多位整数，正好用在本例中：

源代码 4.122: 利用 regexprep 直接搜索数字,by Yuan,size:18

```
1 function ans = number_sum(str)
2     ans=sum(str2double(regexp(str, '(\d+)', 'match')));
3 end
```

匹配结果以 str2double 转换为双精度浮点数求和。

3. 替换非数字为空格

把所有不是数字的字符用空格代替，再转数字求和。

源代码 4.123: 利用 regexprep 替换非数字内容为空格 1,by Tomasz,size:18

```
1 function ans = number_sum(str)
2     ans=sum(str2num(regexprep(str,'\D*',' ')));
3 end
```

替换可通过另一种正则表达式实现匹配。

源代码 4.124: 利用 regexprep 替换非数字内容为空格 2,by Binbin Qi,size:18

```
1 sum(str2num(regexprep(str,'[^0-9]',blanks(1))));
```

注意：源代码 4.124 中用了 blanks 函数生成指定数量的空格。当空格比较多时，这个函数能帮助更准确地控制空格数量。

4. 置零的技巧

非整数数字的"置零"已在源代码 4.120 中介绍了点乘逻辑索引的方法，下面是另一种方法：

源代码 4.125: 置零自动运算的技巧,by Alfonso Nieto-Castanon ,size:14

```
1 str2num(regexprep(str,'[^\d]+','+0'))
```

这个思路有趣的地方是：没用求和函数求和，却得到了求和结果，这是怎么回事呢？

诀窍在于 regexprep 命令的替换字符是"'+0'"，它替换非数字后得到一字符形式的表达式：

源代码 4.126: 解密"没有加号的加法"

```
1 regexprep(str,'[^\d]+','+0')
2 ans =
3 4+020+0
```

> 评 通过命令 str2num 自动执行了表达式相加，因为 str2num 从字符串转为数字时，会自动执行含有四则运算表达式的字符串。

例 4.5 测试代码限定字符串中数字都是整数，这大大放宽了问题求解的条件。如果有小数，上述多数代码将出错，因为正则表达式中不能把小数点"`.`"算作数字的一部分，须做些调整。

源代码 4.127: 文本匹配小数的正则表达式修正,by bainhome

```
1  str = '4 and 20.15 blackbirds baked in a pie';
2  sum(str2double(regexp(str, '([\d+\.]+)', 'match')))
3  ans =
4     24.1500
```

表达式 `'[\d+\.]'` 说明带不带小数点的多位数字都能匹配成功，尾部 "`+`" 按前一模式匹配，直到遇到其他字符停止匹配。同时，因多位整数和小数点放在方括号内，说明二者同时出现属于"或"条件，匹配其中之一就算成功；正则表达式 `'([\d+\.]+)'` 最外面的圆括号是指圆括号内的内容被作为一个被匹配的模式，当这个模式触发匹配条件之后，后跟 `'match'` 模式把匹配成功的字符串存储在输出的 cell 数组中，这在后面的内容中还会介绍。

4.8 正则表达式基础：钱数统计

文本数据的正则提取，首要是抓住特征规律构造搜索匹配表达式，本节继续讨论比较有规律的浮点数提取并求和问题。

例 4.6 把给定字符串单元数组中所有数字相加，这些数字代表钱的数量，因此前缀一个美元符号，例如：'$99,999.99'。

如果输入单元数组为 a = {'\$12,001.87','\$0.04','\$12,003 ,887.55','\$0.32'}；则输出为 b = 12015889.78。

源代码 4.128: 例 4.6 测试代码

```
1   %% 1
2   a = {'$12,001.87','$0.04','$103,887.55','$0.32'};
3   b =  115889.78;
4   assert(abs(moneySum(a)-b) < 1e-4)
5   %% 2
6   a = {'$0.02'};
7   b =  0.02;
8   assert(abs(moneySum(a)-b) < 1e-4)
9   %% 3
10  a = {'$81.47','$12.69','$91,337.60'};
11  b =  91431.76;
12  assert(abs(moneySum(a)-b) < 1e-4)
```

释义：从文本中提取所有数据并求和，注意数据的千位逗号分隔符是个有意思的障碍：它并不是在每个数据中都一定会出现。

例 4.6 能够检验对字符串操作函数、元胞数组与字符串的转换、正则表达式是否透彻了解。因输入通过元胞数组存储，想处理其中的字符串需通过一些方式，或者将适合处理 cell 数组的函数取出，累加时设置了两个障碍，即字符 $ 和千分位逗号，后者还不一定在每个数值中都确保出现。

4.8.1 其他解法

通过在例 4.6 测试代码中输入文本的特点分析，发现 3 个 cell 类型的字符数组，只需剔除其中的 "$" 和逗号，即可转换为数字求和，以此为突破口，出现了集中不同函数组合方案。

1. 循环处理

如果想把 cell 数组中的字符作为其原本类型提取出来，最原始简单的办法是循环赋值，例如：

源代码 4.129: 循环逐个提取 cell 数组内元素的方法

```
1  >> a = {'$12,001.87','$0.04','$103,887.55','$0.32'};
2  >> for i=1:numel(a),k=a{i},end
3  k =
4  $12,001.87
5  k =
6  $0.04
7  k =
8  $103,887.55
9  k =
10 $0.32
```

根据这个思路，可循环提取原 cell 数组内的字符串，处理完毕变成数值类型，存放在某个数组内或与前次循环数值相加。

源代码 4.130: 循环赋值处理 cell 数组完成类型转换, by Mehmet OZC, size:102

```
1  function b = moneySum(a)
2      m=[];
3      for i = 1:length(a)
4          c = a{i};
5          c(1) = [];
6          m{i} = c;
7      end
8      for i = 1:length(m)
9          d = m{i};
10         d(d=='.') = [];
11         d(d==',') = [];
12         m{i} = d;
13     end
14     for i = 1:length(m)
15         kk(i) = str2num(m{i});
16     end
17     b = sum(kk)/100;
18 end
```

因为没有很好地利用字符串处理函数，这样的编程显然十分繁琐。

2. 利用 strrep 函数剔除字符

MATLAB 中，有不少以 "str-" 开头的字符串函数，如：**strfind**、**strjoin**、**strrep**、**strtrim**、**strmatch** 等，这些函数基本上都能直接处理 cell 数组中的字符，这极大地简化了例 4.6 的求解，据此写出代码如下：

源代码 4.131: strrep 剔除 +str2double 类型转换 1,by Chandra Kurniawan,size:38

```
1  function b = moneySum(a)
2  for x = 1 : numel(a)
3      s(x) = str2num(strrep(strrep(a{x},'$',''),',',''));
4  end
5  b = sum(s);
6  end
```

或者：

源代码 4.132: strrep 剔除 +str2double 类型转换 2,by Pratik Patil,size:38

```
1  function b = moneySum(a)
2  k=strrep(a,'$','');
3  for i=1:length(a)
4      j(i)=str2double(k(i));
5  end
6  b = sum(j);
7  end
```

源代码 4.131 和源代码 4.132 从表面上看，流程结构、使用函数都很相似，但后者明显优于前者，表现在以下两个方面：

① 源代码 4.132 利用函数 strrep 直接处理 cell 数组中的字符串的能力，在索引的矢量化方面做得更加彻底；

② 充分利用了函数 str2double 识别千分位逗号的能力，少做一次替换，进一步简化代码。

源代码 4.133: strrep 和 str2double 函数特性介绍

```
1  a = {'$12,001.87','$0.04','$103,887.55','$0.32'};
2  >> strrep(a,'$','')
3  ans =
4      '12,001.87'  '0.04'  '103,887.55'  '0.32'
5  >> str2double(ans)
6  ans =
7      12001.87     0.04    103887.55     0.32
```

函数 strrep 无需循环直接处理 cell 内的字符；函数 str2double 也并不需要剔除千分位逗号，转换时自动取消，这个性质对后续代码优化有一定启发性。

3. 利用逻辑索引剔除无关字符

虽然部分函数可直接处理 cell 数组中的字符串，但毕竟很多命令不具备该功能。于是想到从 cell 数组转换为其他类型着手，比如：cell2mat 去掉 cell 的 "壳"，再完成其他操作。

源代码 4.134: cell2mat+ 逻辑索引剔除字符,by Suman Saha,size:37

```
1  function str = moneySum(a)
2  cell2mat(a);
3  ans(ans=='$')=' ';
4  ans(ans==',')=[];
5  str=sum(str2num(ans));
6  end
```

函数 cell2mat 能提取 cell 数组每个子细胞中的字符串,按列拼成完整字符串,再用逻辑索引剔除无关字符。注意字符 '$' 和逗号的处理方式不同:'$' 替换为空格,目的是分隔字符,之后的函数 str2num 默认在两个空格之间的是两个数字;千分位逗号则赋空矩阵剔除,让大数重新合并。

> **评** 注意:源代码 4.134 逗号必须剔除,用 cell2mat 处理后,原 cell 数组内字符已被拼接为 1 个大的字符串,返回值类型从 cell 变 char;源代码 4.133 利用 strrep,如处理 cell 型数组,返回仍是 cell 型,导致后续处理问题的方式相应有所区别。

4. sscanf 读取数据

函数 sscanf 用于字符串中数据的格式读取,输入必须是 char 类型。有两种用 sscanf 读取字符串功能的思路:输入字符串转为字符类型并去掉逗号(sscanf 不能识别千分位逗号);cellfun 操控 sscanf 句柄,使之进入 cell 数组直接操作。

按前一种思路的源代码如下:

源代码 4.135: cell2mat+sscanf 读取字符串数据,by bainhome,size:23

```
1  function astr = moneySum(a)
2  cell2mat(a);
3  astr=sum(sscanf(ans(ans~=','),'%*c%f'));
4  end
```

源代码 4.135 的意外在于:代码中没有 '$',因为文本数据很规律,每个数据前都有美元符号,可通过 sscanf 格式参数中的 "'%*c'" 跳过它,读取后面的浮点数 "'%f'",也可用多输出形式构造数据的列排布,最后由 sscanf 接力读取数据。

源代码 4.136: "逗号表达式"+sscanf 读取字符串数据,by bainhome,size:25

```
1  function astr = moneySum(a)
2  [a{:}];
3  astr=sum(sscanf(ans(ans~=','),'%*c%f'));
4  end
```

> **评** 逗号表达式 "[a{:}]" 介绍详见 6.3 节。

按后一种思路的源代码如下:

源代码 4.137: cellfun+strrep+sscanf 读取字符串数据,by Bruno Luong,size:28

```
1  function ans = moneySum(a)
```

```
2    ans=sum(cellfun(@(x) sscanf(x,'%f'),strrep(strrep(a,'$',''),',','')));
3  end
```

通过两次剔除无关元素，用 sscanf 读取数据。

5. 利用 char、strjoin 及 strsplit 函数组合

char、strjoin 及 strsplit 三个函数都能用于跳过 cell 数据类型的障碍，直接访问其中的字符串，加上类型转换函数 str2double，形成的解法十分多样，例如：

源代码 4.138: arrayfun+char+str2double,by bainhome,size:39 label

```
1  function astr = moneySum(a)
2    char(a);
3    ans(:,2:end);
4    astr=sum(arrayfun(@(i)str2double(ans(i,:)),1:size(ans,1)));
5  end
```

char 函数的重载方式非常灵活，既可作为字符与 ASCII 码值之间转换的桥梁，又能够直接访问 cell 数组内的字符，并自动将其等列排布，每行单独输出。因为经常需要把 cell 中的数据单独处理，此处 char 起到多输出作用。前面已经讲过：以"str"开头的函数多数都能直接访问 cell 数组中的字符数据，下面给出一例做法：

源代码 4.139: 能直接访问 cell 类型的函数组合,by bainhome,size:39 label

```
1  function astr = moneySum(a)
2    str2double(strsplit(strjoin(a),'$'));
3    astr=sum(ans(isfinite(ans)));
4  end
```

6. 进一步利用 str2double 直接读取 cell 数组的特性

数据读取函数 sscanf 需要作为句柄，在 cellfun 辅助操控下方能访问 cell 数据，函数 str2double 则不需要这样，因为它可直接访问 cell 中的字符并提取数据。

源代码 4.140: str2double+strrep 读取字符串数据,by Bruno Luong,size:26

```
1  function ans = moneySum(a)
2    ans=sum(str2double(strrep(a,'$','')))
3  end
```

> **评** 注意：str2double 可以识别数据千分位逗号，而 str2num 没有这个功能；前者在函数 str2num 中被认为是两个数据的分隔符。另外，str2num 也不能直接访问 cell 数组中的字符类型数据。

4.8.2 正则解法

与前述字符串操控函数解法相比，正则表达式构造更具弹性。

1. regexprep 剔除无关字符

围绕 regexprep 设计代码方案，整体上是剔除无关字符并用 str2double 求和，但正则表达式可写成很多形式，有 str2double 访问 cell 数组和接受千分位逗号两大优势，构思

出如下解法:

源代码 4.141: regexprep 剔除无关字符方式 1, by bainhome,size:18
```
1  function ans = moneySum(a)
2    ans=sum(str2double(regexprep(a,'\$','')));
3  end
```

显然,`regexprep` 能直接访问 cell 数组内字符。其正则表达式中只替换了 1 个字符 "`'\$'`",因为是特殊字符,需要前置转义字符的反斜杠,`regexprep` 等效于源代码 4.140 中的 `strrep`,但正则替换函数中的表达式写法更灵活,例如还可数值取反。

源代码 4.142: regexprep 剔除无关字符方式 2, by bainhome,size:18
```
1  function ans = moneySum(a)
2    ans=sum( str2double( regexprep(a, '[^\d\.]', '') ) );
3  end
```

替换方式把逗号和美元符号 `'$'` 都去掉,`str2num` 和 `str2double` 就通用了。

源代码 4.143: regexprep 剔除无关字符方式 3, by bainhome,size:20
```
1  function ans = moneySum(a)
2    ans=sum(str2num(strjoin(regexprep(a,'[^\d\.]',''))));
3  end
```

因正则替换函数取得的是 cell 数组,因此要以 `strjoin` 合并成 char 类型再转成数值。

2. regexp 函数中使用动态正则条件表达式

动态正则表达式中有一种条件表达式,其语法是 "××× 情况下匹配 ×××",例如:

源代码 4.144: regexprep 中的正则条件表达式, by Axel,size:20
```
1  function ans = moneySum(a)
2    ans=sum(cellfun(@str2double,regexp(a, '(?<=\$)\d*(\,*\d*)\.\d*','match')))
3  end
```

源代码 4.144 正则表达式左端圆括号内的分组运算表达式 "`'(?<=\$)'`" 匹配 "跟在字符 `'$'` 后、且符合后续正则表达式"的内容(参阅 4.2.7 小节的规则③),所谓"后续正则表达式"指的就是后面的 "`'\d*(\,\d*)\.\d*'`",看上去复杂,其实简单:

① `'\d*'`　左端 "`'\d*'`" 代表跟在字符 "`'$'`" 之后的 $0 \sim n$ 个整数(参阅 4.2.3 小节的规则①),比如 "$40.23",将匹配整数 "40",此时不考虑千分位逗号;

② `'(\,\d*)'`　$0 \sim n$ 个逗号(0 代表可以没有逗号)再跟 $0 \sim n$ 个整数,把第①和第②步的表达式合起来,即 `'\d*(\,\d*)'`,它可以匹配小数点之前的全部整数部分,比如 "$12,345.678"将匹配到 "12,345";

③ `'\.\d*'`　转义字符反斜杠后带小数点说明这是各个待匹配数字的小数部分,例如 "$12,345.678"将匹配到 ".678"。

3. str2num 执行表达式的妙用

前面多次提到类型转换函数 `str2double` 兼具"直接访问 cell 数组"和"识别千分位逗号"两大优势,这让该函数在本书很多问题的解决中简直抢尽了风头!但这也会使读者困惑：既然它这么犀利，MATLAB 中何必再保留另一个功能相同的"弱化版"类型转换函数 str2num 呢？

其实 str2num 在一些方面的表现虽然不如 str2double，但却有一个 str2double 函数没有的独特技能：它在转换中能直接执行四则运算表达式，甚至可以用字符串构造函数句柄！鉴于 Cody 目前禁用了类似 eval、evalc 等字符串执行函数，让这个看似不起眼的类型转换函数，一跃成为炙手可热的宠儿，在多种函数句柄构造的问题中都能够看到它的身影，后续问题中会继续探讨该函数的其他用法，这里先谈谈它在执行运算表达式方面的优势。

在求解例 4.5 时（见源代码 4.71），提到正则表达式中将匹配成功的无关内容替换成 "'+0'"，即置零的技巧。

源代码 **4.145**: str2num 自动相加, by bainhome, size:22

```
1  function ans = moneySum(a)
2  ans=str2num(cell2mat(regexprep(regexprep(a,',',''),'\$','+')));
3  end
```

源代码 4.145 自里向外依次替换逗号为空串 → 替换 "$" 为 "+" →cell2mat 合并替换字符串 →str2num 执行运算自动求和，注意下面两个问题：

① 两次替换外带 cell2mat 合成，得到如下代码所示的形式：

源代码 **4.146**: 源代码 4.145 运行分析——str2num 的输入字符串

```
1  >> a = {'$12,001.87','$0.04','$103,887.55','$0.32'};
2  >> regexprep(regexprep(a,',',''),'\$','+')
3  ans =
4      '+12001.87'   '+0.04'   '+103887.55'   '+0.32'
5  >> cell2mat(ans)
6  ans =
7  +12001.87+0.04+103887.55+0.32
```

合成结果是加法表达式，字符串中第 1 个 "'+'" 相当于正号。str2num 自动执行表达式得到计算结果。此外，加号在类型转换中也可作为运算符，例如任意给定字符（如 "m"），要求生成从 "'a-m'" 的所有字母，加号起到简化代码的作用。

源代码 **4.147**: 源代码 4.145 运行分析——"+" 用途解析

```
1  >> f=@(x)char(97:(+x));
2  >> f('m')
3  ans =
4  abcdefghijklm
5  >> f('z')
6  ans =
7  abcdefghijklmnopqrstuvwxyz
```

② 源代码 4.145 用 regexprep 所做的两次替换，均不可省略，因为 str2num 会把千分位逗号识别为两个数字的分隔符。

源代码 4.145 两次 regexprep 简化了正则搜索，却增加了函数使用次数。不妨更进一步：有没有其他办法，一次正则替换去掉千分位逗号和美元符号？答案是不仅有，且方案还不止一种。

源代码 4.148: regexprep 一次替换两个符号——第 1 种解法, by bainhome,size:18
```
1  function ans = moneySum(a)
2  ans=str2num(cell2mat(regexprep(a,'\$(\d*),?(\d*\.\d*)','+$1$2')));
3  end
```

源代码 4.148 中的正则表达式 "'\$(\d*),?(\d*\.\d*)'" 分 3 部分："'\$(\d*)'" 匹配千分位逗号之前的美元符号和 $0 \sim n$ 位整数, 注意圆括号中的部分将在匹配表达式中以一般分组运算形式 "$1" 替代匹配内容 (参阅 4.2.10 小节, 指代内容部分的规则④); "',?'" 指可能出现、也可能没有的逗号, 问号起到 "或许有" 的作用 (参阅 4.2.3 小节, 规则②); "(\d*\.\d*)'" 代表千分位和逗号之后的整数 + 小数点 + 小数部分, 括号内模式对应匹配 "match" 模式下的 "'$2'"。至此一次剔除与求和无关字符的目标达成。

通过上述分析, 相信思路已经比较开阔: 可以把多种函数与操作配合正则表达式结合起来, 构成异常丰富的解算方式, 例如结合 strjoin 函数, 把加号提前。

源代码 4.149: regexprep 一次替换两个符号——第 2 种解法, by Binbin Qi,size:19
```
1  function ans = moneySum(a)
2  ans=str2num(regexprep(strjoin(a,'+'),'\$(\d*),?(\d*[.]\d*)','$1$2'))
3  end
```

再如逗号表达式先处理 cell 数组:

源代码 4.150: regexprep 一次替换两个符号——第 3 种解法, by Binbin Qi,size:20
```
1  function ans = moneySum(a)
2  ans=str2num(regexprep([a{:}],'\$(\d*),?(\d*[.]\d*)','+$1$2'))
3  end
```

或用 strjoin 归并原数组, 加号再回到正则匹配表达式中。

源代码 4.151: regexprep 一次替换两个符号——第 4 种解法, by Binbin Qi,size:18
```
1  function ans = moneySum(a)
2  ans=str2num(regexprep(strjoin(a),'\s?\$(\d*),?(\d*[.]\d*)','+$1$2'))
3  end
```

> **评** 一道简单的提取数字求和, 牵扯到 MATLAB 中数据类型转换字符串函数的异同点与适用范围、正则表达式的构造之间至少上百种不同的操作组合, 把这道题目所有解法看明白, 会发现一些以前空洞模糊的正则语法概念变得越来越 "有谱"。当为小问题大动干戈、挖地三尺寻求多解的次数多了, 会慢慢感觉需要大动干戈的 "大问题", 变得好像越来越不费劲了。

4.9 正则表达式基础: 文本数据的 "开关式" 查找替换

通过上面的介绍, 发现文本与数字混合在一起, 提取数字并处理的最好办法是利用动态正则表达式, 下面更进一步, 解决类似 "开关式" 的数据提取问题。

例 4.7 给定一个字符串, 其中含有一些数字, 这些数字之后有两种单位: 磅 (pound) 或

者千克 (kg)，如果单位是磅，则把之前的数字换算并四舍五入圆整为千克，代表单位的 pound 也同时替换为 kg；如果单位是千克，则把它前面的数字换算并四舍五入圆整为磅，代表单位的 kg 同时替换为 pound。

源代码 4.152: 例 4.7 测试代码

```
1  %% 1
2  assert(isequal(convert('Billy lost 22 pounds in four weeks.'),'Billy lost 10 kgs in four weeks.'))
3  %% 2
4  assert(isequal(convert('Maria gained 10 kgs in four months.'),'Maria gained 22 pounds in four 
       months.'))
5  %% 3
6  assert(isequal(convert('Billy lost 44 pounds in 44 weeks.'),'Billy lost 20 kgs in 44 weeks.'))
7  %% 4
8  assert(isequal(convert('Maria gained 20 kgs in 20 months.'),'Maria gained 44 pounds in 20 months.'
       ))
```

释义：所谓"开关式"有两处隐含意思：首先，当文本中数据后跟单位"磅 (pounds)"时化为"千克 (kgs)"，数据后跟"千克 (kgs)"时要化为"磅 (pounds)"，不但数据转换，而且后跟单位也相应变化；其次，仅转换文本中后面有"kgs"或者"pounds"的数据，其余如测试代码中的"44weeks"或"20months"等，数值不改变。

4.9.1 其他解法

问题的难点是对字符串本身的多次索引寻址上，很难避免出现冗长的循环、复杂的判断。

源代码 4.153: strsplit 分离字符串逐个比较判断和替换,by James,size:110

```
1  function j = convert(c)
2  s=strsplit(c,' ');
3  f=1;
4  while true
5      if strcmp(s{f},'pounds')
6          s{f}='kgs';
7          s{f-1}=num2str(str2num(s{f-1})/2.2);
8          break
9      elseif strcmp(s{f},'kgs')
10         s{f}='pounds';
11         s{f-1}=num2str(str2num(s{f-1})*2.2);
12         break
13     else
14         f=f+1;
15     end
16 end
17 sprintf('%s ',s{:});
18 j=ans(1:end-1);
19 end
```

4.9.2 正则解法

正则表达式的匹配可去掉对指定字符的判断和数字索引的查找，代码肯定比较简捷，但要解决：文本可能出现公斤和磅的公英制单位转换，替代是"开关式"的，即文本匹配出

"pounds"替换为"kgs"、"kgs"替换为"pounds",给正则表达式构造设置了有趣的障碍。

1. 利用外部判断

观察文本发现,两种单位在文本中是"开关型互斥"的,即:一个出现,另一个则不出现。容易想到在外部加判断,写成正则搜索与替换表达式结构类似,但搜索与替换的内容是正好相反的两条 regexprep 语句。

源代码 4.154: strfind 搜索单位字符串并判断,by bainhome,size:31

```
1  function ans = convert(str)
2  ans=regexprep(str,'(\d+) kgs','${num2str(2.2*str2num($1))} pounds');
3  if ~isempty(strfind(str,'pounds'))
4      ans=regexprep(str,'(\d+) pounds','${num2str(1/2.2*str2num($1))} kgs');
5  end
```

默认搜索到"kgs"替换成"pounds",但在下一步的判断条件中,如果 strfind 搜索到单位"pounds",则重新执行另一个表达式,对前一步返回的字符串结果再次赋值。

判断条件千变万化,同样思路可写出多种变化,例如:

源代码 4.155: regexp 搜索单位字符串并判断,by Clemens Giegerich,size:29

```
1  function ans = convert(s)
2    if regexp(s, 'kgs')
3      ans=regexprep(s, '(\d+) (kgs)','${num2str(str2num($1)*2.2)} pounds');
4    else
5      ans=regexprep(s, '(\d+) (pounds)','${num2str(str2num($1)/2.2)} kgs');
6    end
```

或者让搜索结果与判断条件结合起来。

源代码 4.156: isequal 判断假设替换结果与输入字符串是否相同的方法 1,by Guillaume,size:28

```
1  function ans = convert(sentence)
2    ans=regexprep(sentence, '(\d+) pounds', '${num2str(str2num($1) /2.2)} kgs');
3    if isequal(sentence, ans)
4      ans=regexprep(sentence, '(\d+) kgs', '${num2str(str2num($1) *2.2)} pounds');
5    end
6  end
```

还可去掉判断,不管出现哪种单位,一律替换成特殊字符串,处理完毕统一去掉。

源代码 4.157: isequal 判断假设替换结果与输入字符串是否相同的方法 2, by Guillaume,size:24

```
1  function ans= convert(this)
2    ans=regexprep(...
3      regexprep(this,...
4      {'(\d*)( pounds)','(\d*)( kgs)'},...
5      {'${num2str(str2num($1)/2.2)} kg##s','${num2str(str2num($1)*2.2)} pou##nds' }),...
6      '##','');
7  end
```

第 4 章 字符操作进阶：正则表达式

> **评** 不管哪种单位，一律先替换成另一种单位制，但中间增加两个特殊字符以备二次甄别，第二次 regexprep 专门把之前添加的特殊字符再次去掉。源代码 4.156 中出现了值得注意的多表达式构造技巧：不同表达式放在 cell 数组中供 regexprep 调用，说明正则函数 regexp 和 regexprep 都具备良好的矢量化特性。

2. struct+sprintf 构造动态替换表达式

struct 用于构造结构数组，例如：

源代码 **4.158:** struct 用法示例

```
1  >> struct('data1',magic(4),'data2',randi(10,3))
2  ans =
3      data1: [4x4 double]
4      data2: [3x3 double]
5  >> sum([ans.data1(:);ans.data2(:)])
6  ans =
7     194
```

所以 struct 函数的作用就是把两种不同类型的数据，分别存储在结构数组的两个域 (Field) 内，如源代码 4.158 中的 "data1" 和 "data2"。

sprintf 按格式把文本和数据紧邻排布 (参阅源代码 2.12)。联想到例 4.7 对返回值中文本单位 "开关式" 互换的要求，sprintf 会在结构数组的两个域内，向文本动态传递换算单位后的数据。

源代码 **4.159:** 利用结构数组 +sprintf 生成备选字符,by Binbin Qi,size:14

```
1  function ans = convert(s)
2  ans=regexprep(s,'(\d+)\s(pounds|kgs)',...
3      '${struct(''pounds'',sprintf(''%d kgs'',str2num($1)/2.2),''kgs'',sprintf(''%d pounds'',str2num($1)*2.2)).($2)}')
4  end
```

正则表达式利用结构数组生成备选替换文本的内容在本书是首次提到，分析如下：

① **搜索表达式** 正则表达式 "`(\d+)\s(pounds|kgs)`" 之中有两个 "pattern"：前者用于匹配 $1 \sim n$ 个数字，后者则用于对数字后跟单位的搜索匹配。

源代码 **4.160:** 源代码 4.159 分析——搜索表达式

```
1  >> str='Billy lost 22 pounds in four weeks. Maria gained 10 kgs in four months.';
2  >> regexp(str,'\d+ (kgs|pounds)','match')
3  ans =
4      '22 pounds'    '10 kgs'
```

② **替换表达式中的结构数组** 对文本做 "开关式" 的替换，必须在替换表达式中提供两种备选，如果把源代码 4.159 中的结构数组拖到命令窗口执行，则结果如下：

源代码 **4.161:** 源代码 4.159 分析——替换表达式中的结构数组

```
1  >> struct('pounds',sprintf('%d kgs',(22)/2.2),'kgs',sprintf('%d pounds',(10)*2.2))
2  ans =
```

```
    3        pounds: '10 kgs'
    4        kgs: '22 pounds'
```

注意：源代码 4.161 中生成的结构数组和第①步搜索表达式的匹配文本顺序相同，即：文本中搜索到单位"pounds"时，用结构数组第 1 个域内文本替换。从源代码 4.161 运行结果看，字符串内数值 $((22)/2.2)$ 和单位都已被从英制转为公制，第 2 个域"kgs"，数值 $((10)*2.2)$ 单位的公制也已被换算成英制。

3. cell 数组构造替换表达式

与 struct 数据结构一样，cell 数组也能在正则命令中动态构造出多种备选替换表达式。

源代码 4.162: 利用元胞数组 +strcmp+getfield 生成备选字符,by Alfonso Nieto-Castanon,size:14

```
1  function ans = convert(s)
2  ans=regexprep(s,'(\d+) (pounds|kgs)',...
3      '${[num2str((0.453592+strcmp($2,''kgs'')*(2.2046-0.453592))*str2num($1),''%0.0f'') char(
          getfield({'' kgs'','' pounds''},{1+strcmp($2,''kgs'')}))]}');
4  end
```

评 匹配内容的结构为"数据+单位"，可通过"运算+替换"实现：数据用动态正则"`${cmd}`"执行 MATLAB 函数计算和类型转换 (动态正则语法规则请参阅 4.2.10 小节的相关内容)，字符型单位字符串则用 getfield，也就是结构数组函数中的域名获取函数得到，看似使用了结构数组命令，实际上仅借用其域名提取功能。

① **数据的公/英制转换计算** 公/英制的千克与磅的换算关系是 $k=2.2046$，公制转英制乘以 k，英制转公制则除以 k 或乘以倒数 $1/k=0.453592$，问题是程序要知道何时做乘，何时做除。源代码 4.162 以 strcmp 构造逻辑判断解决这个问题。当原字符串匹配数据后置英制单位"pounds"时，两个单位字符串比较结果为不同，即："strcmp('pounds','kgs')=0"；当数据后置公制单位"kgs"时，两个单位字符串比较结果为相同，即："strcmp('kgs','kgs')=1"。strcmp 的第 1 个参数就是动态正则搜索表达式第 2 个圆括号模式 '(pounds|kgs)' 所指代的匹配内容，用"\$2"表示。数据 x 在公/英制间的转换原理如下式表示，式中的 $0.453592=1/2.2046$：

$$\text{data} = \begin{cases} [0.453592 + 1 \times (2.2046-0.453592)] \times x = 2.2046x \\ [0.453592 + 0 \times (2.2046-0.453592)] \times x = 0.453592x = x/2.2046 \end{cases} \quad (4.1)$$

② **单位的公/英制转换** 单位转换是放在函数 getfield 中完成的分段函数。

源代码 4.163: 源代码 4.162 分析——getfield 按匹配结果动态生成备选字符

```
1  >> getfield({' kgs',' pounds'},{1+strcmp('pounds','kgs')})
2  ans =
3      ' kgs'
4  >> getfield({' kgs',' pounds'},{1+strcmp('kgs','kgs')})
5  ans =
6      ' pounds'
```

源代码 4.163 再次利用 strcmp 的返回逻辑值,搜索表达式匹配到英制单位,1+strcmp('pounds', 'kgs')=1, 返回第 1 个域名 'kgs'; 搜索表达式匹配公制单位时, 1+strcmp('kgs','kgs')=2, 返回第 2 个域名 'pounds'，这就是用 1 个表达式实现单位互换的方法。

还可用函数 isequal+strrep 达到同样目的。

源代码 4.164: 利用元胞数组 +strrep+isequal 生成备选字符,by Jan Orwat,size:14

```
1 function ans = convert(this)
2   ans=regexprep(...
3     this,...
4     '(\d+) ((pounds|kgs))',...
5     '${num2str(round(str2num($1)/.45359237^(2*isequal($2,''kgs'')-1)))} ${strrep(''poundskgs'',$2,'''')}');
6 end
```

4.10 正则表达式基础：剔除且只剔除首尾指定空格

例 4.8 在给定的输入字符串中，剔除所有首尾的空格，所指的空格的 ASCII 码值为 32，例如：$a = $ 'singular value decomposition'，其输出结果应为 $b = $ 'singular value decomposition'。

源代码 4.165: 例 4.8 输入示例

```
1 a = ' singular value decomposition  '
```

源代码 4.166: 例 4.8 输出示例

```
1 b = 'singular value decomposition'
```

源代码 4.167: 例 4.8 测试代码

```
1  %% 1
2  a = 'no extra spaces';
3  b = 'no extra spaces';
4  assert(isequal(b,removeSpaces(a)))
5  %% 2
6  a = '      lots of space in front';
7  b = 'lots of space in front';
8  assert(isequal(b,removeSpaces(a)))
9  %% 3
10 a = 'lots of space in back     ';
11 b = 'lots of space in back';
12 assert(isequal(b,removeSpaces(a)))
13 %% 4
14 a = '      space on both sides    ';
15 b = 'space on both sides';
16 assert(isequal(b,removeSpaces(a)))
17 %% 5
18 a = sprintf('\ttab in front, space at end    ');
19 b = sprintf('\ttab in front, space at end');
20 assert(isequal(b,removeSpaces(a)))
```

释义：剔除且只剔除字符串首尾的指定空格，不包括字符串中间单词分隔的空格和首尾处其他方式产生的特殊控制符，例如"tab"键生成的制表符留白。

思路：许多人马上会想到用"'\s'"来解决空格匹配的问题，不过仔细阅读 4.2 节元字符规则⑦ 和表 4.1，就会发现"'\s'"代表 '[\f\n\r\t\v]' 多种字符，空格只是其中一种，测试代码 4.167 的"%%5"输入字符串开始处，恰好就出现了其中的字符"'\t'"，于是直接使用"'\s'"会产生误选。

4.10.1 其他解法

1. 不定次数循环对首尾空格逐个赋空值

容易想到对整个文本的首尾利用不定次循环流程，即"str(i)=[]"逐个剔除，直至找不到首空格为止，尾部空格同理。

源代码 4.168: 不定次循环去空格,by the cyclist,size:38

```
1  function b = removeSpaces(b)
2  while b(1) == char(32)
3      b(1) = []
4  end
5  while b(end) == char(32)
6      b(end) = []
7  end
```

注意去掉的空格 ASCII 码值是 32，源代码 4.168 正好利用了这一点。

2. find 查找首尾非空格始末索引

既然知道取消的空格的 ASCII 码值为 32，那么就容易通过 find 找到第 1 个和最后 1 个 ASCII 码值不是 32 的，这两个索引之间就是结果。

源代码 4.169: 索引查找始末空格 1,by Vaibhav K,size:30

```
1  function ans = removeSpaces(a)
2  ans=a(find(a~=char(32),1,'first'):find(a~=char(32),1,'last'));
3  end
```

find 自带正、反向查找参数："'first'"和"'last'"，方便了问题的解决。

find 函数结合逻辑索引的另一种写法如下：

源代码 4.170: 索引查找始末空格 2,by James,size:30

```
1  function ans = removeSpaces(a)
2  ans=a(min(find(~(a==32))):max(find(~(a==32))));
3  end
```

意为："从原向量非空索引最小值到非空最大值"寻址。其实更聪明的办法是构造做差序列再索引。

源代码 4.171: 索引查找始末空格 3,by James,size:31

```
1  function s = removeSpaces(a)
2      find(diff([' ' a ' ']));
3      s=a(ans(1):ans(end)-1);
4  end
```

给原向量前后各加 1 个空格再做差，首尾若有空格被减成 0，find 函数查找非 0 索引，达到过滤首尾空格的实际效果。

3. strtrim 修剪空格

strtrim 专门用于删除文本首尾各种空格，但例 4.8 测试代码的第 5 个算例中有个不能删除的制表空格符 '\t'，因此要先做一番处理。

源代码 4.172: strtrim 删剪首尾空格,by Pedro Villena,size:28

```
1  function b = removeSpaces(a)
2    a(a==9)='1';
3    b=strtrim(a);
4    b(b=='1')=9;
```

源代码 4.172 看起来颇为费解，这要从空格的 ASCII 码值讲起："'\s'"是"\r\v\n\t\f"的统一称呼，不妨看看这不同空格的 ASCII 码值是多少：

源代码 4.173: 几种空格的 ASCII 码值

```
1  >> sprintf('\t\n\v\f\r')-0
2  ans =
3       9   10   11   12   13
```

例 4.8 测试代码中仅出现了制表符 '\t'，对应 ASCII 码值为"9"，只需把它赋值为其他不是 9:13 之内的数值，比如"1"，用 strtrim 修剪首尾空格完毕，再恢复成"9"即可，这就是源代码 4.172 的基本思想。

4. deblank 函数构造索引

空格在 MATLAB 中有多种表述方式，例如"char(32)"、可输入数字控制生成空格数量的"blanks"、剪除字符串首尾空格的"strtrim"、还有判断是否为空格的"isspace"等。下面是用剪除字符串尾部空格的 deblank 函数解决删剪首尾空格的代码。

源代码 4.174: deblank 通过翻转字符串删剪首尾空格,by Bobby Cheng,size:31

```
1  function b = removeSpaces(a)
2    b = deblank(a);
3    if a(1) == ' '
4      b = fliplr(deblank(fliplr(deblank(b))));
5    end
6  end
```

如果文本尾部没有如制表符"'\t'"之类的特殊字符，可用 cumsum+debalnk 求解问题。

源代码 4.175: cumsum+deblank 删除空格,by Celso Reyes,size:20

```
1  function ans = removeSpaces(a)
2    ans=a( cumsum(deblank(a)-32 )~=0);
3  end
```

> **评** 当尾部空格删掉后，对位减空格 ASCII 码值 32 构成新向量，cumsum 累加后字符串除了起始端其他部分均不为 0，按这个索引规则即可修剪起始空格，需要指出：这

个算法还需要完善，但却要求十分熟悉逻辑索引和数组操作，仍不失为优秀的构思。

5. 利用 strsplit 和 strjoin 剪除空格

strsplit 把字符串按指定标识符分隔成不同段，strjoin 则正好相反，它可以把分隔开的字符重新组合在一起，这一分一合，就可以顺道删除多余空格。

源代码 4.176: strsplit+strjoin 删剪首尾空格,by Z,size:31

```
1  function b = removeSpaces(a)
2  a = strsplit([' ' a ' '], ' ');
3  b = strjoin(a(2:end-1), ' ');
4  end
```

源代码 4.176 中的 strsplit 负责分裂原字符，其标识是 ASCII 码值为 32 的空格，测试代码中最难通过的 case5，文本变量 a 首部有空格，但它是制表符'\t'，其 ASCII 码值是 9，因此得以保留；第 2 句 strjoin 重新整合为 1 个句子时标识符又是 ASCII 码值为 32 的空格，但合并时只有两个字符之间夹以空格，首尾不符合条件，所以分拆+拼接两步去掉了首尾的空格。

6. 利用 strjust 调整字符串

函数 strjust 功能类似于文本"左对齐"、"右对齐"和"居中"的功能合体，通过如下例子说明这一点：

源代码 4.177: strjust 函数功能演示 1

```
1  >> str=sprintf('    \t AB F\f  ')
2  str =
3         AB
4  >> str-0
5  ans =
6     32  32  32  32   9  32  65  66  32  70  32  12  32  32
```

源代码 4.177 构造一个字符串，其中有空格和制表符 '\t' 及 '\f'，从 ASCII 码值可以看出空格首尾数量为左 4 右 2。

源代码 4.178: strjust 函数功能演示 2

```
1  >> strLeftJust=strjust(str,'left')
2  strLeftJust =
3      AB F
4  >> strLeftJust-0
5  ans =
6      9  32  65  66  32  70  32  32  32  32  32  32  32  32
```

源代码 4.178 说明字首 4 个 ASCII 码值 32 的空格字符被移到末尾，但制表符仍在首位，说明 strjust 并不认为控制字符 '\t' 是空格，同样道理还有右对齐和居中。

源代码 4.179: strjust 函数功能演示 3

```
1  >> strRightJust=strjust(str,'right')
2  strRightJust =
```

```
3          AB F
4  >> strRightJust-0
5  ans =
6      32    32    32    32    32    32     9    32    65    66    32    70    32    12
7  >> strCenterJust=strjust(str,'center')
8  strCenterJust =
9       AB F
10 >> strCenterJust-0
11 ans =
12     32    32    32     9    32    65    66    32    70    32    12    32    32    32
```

strjust 给问题求解带来了方便：把首空格调整到文本尾部用 deblank 删掉即可。

源代码 4.180: strjust+deblank 删除空格,by Pranav,size:15

```
1  function ans = removeSpaces(a)
2   ans=deblank(strjust(a,'left'))
3  end
```

4.10.2 正则解法

文本起始和结尾标识分别是 "'^'" 和 "'$'"（参阅 4.2.6 小节的规则①、规则②），据此写出正则表达式查找文本首尾标识。

1. 两次匹配

用两次 regexprep 分步匹配简化正则表达式。

源代码 4.181: 两阶段 regexprep 函数 + 首尾正则标识

```
1  regexprep(regexprep(a,'^ *',''),' *$','')
```

源代码 4.181 两次匹配分别针对文本首尾多个空格，两次 regexprep 的正则表达式都出现 "␣*"，搜索首尾的 1 到多个空格，一旦触发匹配条件，则用空字符串代替，即取消这些空格。

2. 一次匹配

regexprep 也可以一次匹配成功，这需要在正则表达式上下点儿功夫。

源代码 4.182: regexprep 函数结合首尾正则标识一次匹配,by bainhome,size:12

```
1  regexprep(a,'^ *([\w\t\v\f\n].*[\w\t\v\f\n]) *$','$1');
```

源代码 4.182 正则表达式很长，左端 "'^␣*'" 及尾部 "'␣*$'" 代表首尾多个空格，中间圆括号内的模式是首尾空格之间的字符，"'.*'" 代表任意字符，也就是中间所需保留的文本。因其也包括空格，为避免把首尾空格匹配进去，在中间加两道非空格枚举屏障 "'[\w\t\v\f\n]'"。显然，这种事事操心的代码又繁琐又容易出错。改进方法很多，下面提出其中两种。

改进方法 1 前后不变，但把分隔尾部空格和与其相邻非空格首尾字符的 "'[\w\t\v\f\n]'" 用空格取"非"。

源代码 4.183: 源代码 4.182 改进方法 1,by Yuan,size:12

```
1  regexprep(a,'^ *([^ ].*[^ ]) *$','$1');
```

改进方法 2 抛开中间部分的构造。

源代码 4.184: 源代码 4.182 改进方法 2,by Jan Orwat,size:14

```
1  function ans = removeSpaces(a)
2    ans=regexprep(a,'^ *| *$','');
3  end
```

中间部分仅用字符 "|" 隔开,前后 " *" 意为尽可能多地匹配连续空格,并替换成空字符,至于中间部分究竟是什么字符,与问题无关无需设置。

改进方法 3 仍沿用前一种思路,忽略中部的形式构造,但利用条件表达式形成两端空格约定。

源代码 4.185: 源代码 4.182 改进方法 3,by Yalong Liu,size:14

```
1  function ans = removeSpaces(a)
2    ans=regexprep(a,'^(?=[^\t])\s+|\s+$','')
3  end
```

> **评** 注意表达式前边条件 "^(?=[^\t])" 中有两个 "^":第 1 个指字符串开端;方括号内第 2 个是除制表符 '\t' 之外的其他字符(4.2.1 节的规则③)。严格说来,仍然是按照测试代码"特别订制"的解决方案,如果首尾出现 '\v' 或 '\f' 等字符,源代码 4.185 又会出问题,因此它还是不如源代码 4.184 的通用性好。

4.11 正则表达式基础:电话区号查询

例 4.9 给定含有多个电话号码的文本,用元胞数组返回所有不同的电话区号。例如:$s=$ '508-647-7000, (508) 647-7001, 617-555-1212',返回的元胞数组应为 $a=\{$'508','617'$\}$。

源代码 4.186: 例 4.9 测试代码

```
1  %% 1
2  s = '508-647-7000, (508) 647-7001, 617-555-1212, 1-800-323-1234, 704 555-1212';
3  a = {'508','617','704','800'};
4  %% 2
5  s = '212-657-0260; (888) 647-7001; 336 565-1212; +1-800-323-1234';
6  a = {'212','336','800','888'};
```

释义: 文本格式电话号码字符串 (可能有多个号码),用元胞数组返回电话区号。从题意看,例 4.9 对于电话号码格式要求较多,需要设置满足对括号、空格等数字间连接符的不同要求,还要去除重复出现的区号。

4.11.1 其他解法

例 4.9 的核心是按不同要求把数值提取分离,鉴于电话号码内括号、横线、加号等障碍和限制,拆开字符串用不同分类特征判断,成为代码编写的关键。

1. 循环中利用 strcmp 做字符串比较

最笨的办法是用函数 strcmp 逐个字符比较判断。

源代码 **4.187**: 逐个字符分情况比较判断处理, by Mehmet OZC, size:261

```
1  function a = refcn(s)
2  counter = 1;
3  for i = length(s):-1:1
4      if strcmp(s(i),',')
5          k{counter} = s(i+1:end);
6          s(i+1:end) = [];
7          counter = counter + 1;
8      elseif strcmp(s(i),';')
9          k{counter} = s(i+1:end);
10         s(i+1:end) = [];
11         counter = counter +1;
12     end
13 end
14 k{counter} = s;
15 for i = 1:length(k)
16     abc = k{i};
17     for j = length(abc):-1:1
18         if strcmp(abc(j),'-') || strcmp(abc(j),'␣') || strcmp(abc(j),'(') || strcmp(abc(j),')')
               || strcmp(abc(j),'+') || strcmp(abc(j),',')
19             abc(j) = [];
20         end
21     end
22     k{i} = abc;
23 end
24 for i = 1:length(k)
25     if strcmp(k{i}(1),'1')
26         b(i) = str2double(k{i}(2:4));
27     else
28         b(i) = str2double(k{i}(1:3));
29     end
30 end
31 b = unique(b);
32 a=[];
33 for i = 1:length(b)
34     a{i} = num2str(b(i));
35 end
36 end
```

从数值计算角度出发，逐个字符分情况比较判断的繁琐程度是令人惊讶的。其他诸如循环中利用 ASCII 码值构建逻辑索引、集合函数判断等，也因电话号码中区号的多种格式，难以避免分情况讨论导致程序复杂程度大大提高，此处不再一一列举。

2. textscan 按格式读取文本

利用 textscan 该函数兼具"按精度格式读取数值"和"结果返回元胞数组"两个特长，契合题意要求。

源代码 4.188: 利用 textscan 按格式读取数值的功能,by Wasinee Sriapha,size:79

```matlab
1  function a = refcn(s)
2    x = textscan(s,'%s','delimiter',',;');
3    x = x{:};
4    a = cell(1,length(x));
5    for i = 1:length(x)
6        c = textscan(x{i},'%s%s%s%s','whitespace','␣-()+');
7        if isempty(c{4})
8            a(i) = c{1};
9        else       a(i) = c{2};
10       end
11   end
12   a = unique(a);
13 end
```

源代码 4.188 两次用到 textscan：第 1 次在循环体外把电话号码分别存储在元胞数组不同的子 cell 中；第 2 次在循环体内进一步剔除无关字符取得区号。

3. sscanf+sprintf

函数 sscanf 从字符串中提取数据，sprintf 格式化显示字符串数据，搭配起来对少量、或规则文本数据的处理还是非常便利的。

源代码 4.189: sscanf+sprintf 提取电话区号,by Raphael Cautaina,size:74

```matlab
1  function a = refcn(s)
2    q = uint8(s);
3    q((q < 48) | (q > 57)) = 32;
4    q = sscanf(char(q), '%d');
5    q = q(q ~= 1);
6    q = sort(unique(q(1:3:end)));
7    a = arrayfun(@(x) sprintf('%03d', x), q, 'UniformOutput', false)';
8  end
```

电话号码中不会有小数，可先转 ASCII 码用逻辑索引把非数字部分变空格，再用 sscanf 读取整数数据，去掉 "'+1'" 中出现的数字 1，利用 sprintf 以格式 "'%03d'" 显示，"'03'" 代表显示数据最小宽度为 3 位，不够前面补 0。

4. 利用 strsplit

strsplit 支持在元胞数组内访问字符数据的函数，在例 4.9 中按指定标识分离字符比较合适。

源代码 4.190: strsplit 操控 cell 数据,by Balam Willemsen,size:65

```matlab
1  function a = refcn(s)
2    ai = s(ismember(s,'0123456789,;'));
3    spai = strsplit(ai,{',',';'});
4    c = cell(size(spai));
5    for loop = 1:numel(c)
6      c{loop}=spai{loop}(end-9:end-7);
7    end
8    a = unique(c);
9  end
```

源代码 4.190 中的 `strsplit`，当指定两个标识符分离数据时，要用花括号，其中不同标识符之间以逗号分开。

4.11.2 正则解法

总的来说，区号提取问题单纯利用字符串函数+索引判断提取比较繁琐，相比之下，正则表达式匹配数字的思路就便捷太多了。

1. "tokens" 参数

算例中的电话号码区号可能在括号内，且有可能出现括号内不带空格 '(508)' 和括号内带空格 (如 '704␣') 两种情况；或区号前带有形如："'+1-'" 和 "'1-'" 的前缀，正则表达式在定义时需要把它们考虑进去。

不管区号格式怎么变，电话号码都是 'xxx-xxxx' 形式，可设置一个固定"模式"，比如正则表达式："(?=\d{3}\-\d{4})"。"'\d{n}'" 代表连续出现 n 个数字 (4.2.3 小节的规则⑥)，考虑到格式中还可能出现空格或横线分隔符，用条件表达式把两种情况带进搜索：'(?=[␣-]\d{3}\-\d{4})。这个表达式适应诸如 '704␣555-1212' 或 '617-555-1212' 这两种不同情况。而对如 '(508)' 带括号的情形显然用第 1 条规则中的转义符号 "'\('" 和 "'\)'" 表示。

电话号码格式还会出现"有时有括号、有时没有括号"的情况，此时需 '?' 匹配前面模式 0 次或 1 次，如 "'\(?'" 的含义是如果没前圆括号则不匹配，如果有也只匹配 1 次，即：'\(?(\d{3})\)?' 至于其他格式如 "'+1-'" 或 "'1-'" 不在需提取电话区号之中，正则式中不用考虑，完整表达式的 MATLAB 代码。

源代码 4.191: 利用 `regexp` 的 "tokens" 参数提取电话区号,by lin2009,size:22

```
1  function a = refcn(s)
2   regexp(s,'\(?(\d{3})\)?(?=[ -]\d{3}\-\d{4})', 'tokens');
3   a=unique([ans{:}]);
4  end
```

函数 `regexp` 的参数 "'tokens'" 配合分组正则表达式得解。当依据括号内表达式对输入字符串某一部分匹配成功时，告诉我们这次匹配是依据哪一个标记进行匹配的，虽然这在 4.2.9 小节中已经解释了它的使用方法，但为加深印象，还是配合源代码 4.191 对输入文本 s 的捕获匹配，再次说明它起到的作用。

源代码 4.192: "'tokens'" 的解释

```
1  >> s = '212-657-0260;␣(888)␣647-7001;␣336␣565-1212;␣+1-800-323-1234';
2  >> regexp(s,'\(?(\d{3})\)?(?=[ -]\d{3}\-\d{4})', 'tokens')
3  ans =
4      {1x1 cell}  {1x1 cell}  {1x1 cell}  {1x1 cell}
5  >> [ans{:}]
6  ans =
7      '212'  '888'  '336'  '800'
8  >> regexp(s,'\(?(\d{3})\)?(?=[ -]\d{3}\-\d{4})', 'match')
9  ans =
10     '212'  '(888)'  '336'  '800'
11 >> s = '508-647-7000,␣(508)␣647-7001,␣617-555-1212,␣1-800-323-1234,␣704␣555-1212';
12 >> regexp(s,'\(?(\d{3})\)?(?=[ -]\d{3}\-\d{4})', 'tokens')
```

```
13  ans =
14      {1x1 cell}  {1x1 cell}  {1x1 cell}  {1x1 cell}  {1x1 cell}
15  >> [ans{:}]
16  ans =
17      '508'   '508'   '617'   '800'   '704'
18  >> regexp(s,'\(?(\d{3})\)?(?=[ -]\d{3}\-\d{4})', 'match')
19  ans =
20      '508'  '(508)'  '617'   '800'   '704'
```

源代码 4.192 把测试代码中的两段电话号码字符串用 regexp 函数在 "'match'" 和 "'tokens'" 两种参数条件下运行,结果表明区别在于两个圆括号的匹配上,例如第 1 个输入 s 中的区号 888 和第 2 个输入中的区号 508。

前面已经分析:正则表达式第 1 部分 "'\(?(\d{3})\)?'" 用于三位数区号捕获,因为区号可能带外部括号,因此 "'\(?'" 和 "'\)?'" 之间的 "'\d{3}'" 才是准备用来匹配三位区号数字的部分,圆括号把它作为分组独立于其他部分,用于 "'tokens'" 的指代匹配;当 regexp 后跟参数 "'tokens'" 时,就告诉函数返回结果不需要那些外部特征识别符号(本例就是区号外面的圆括号),把特征识别符号包裹的那部分匹配出来即可。

2. 依据数字特征在正则搜索结果中提取

观察字符串 s 发现:不管电话号码格式的改变,只要依次搜索三位数字的模式,会发现区号将按照步长为 3 的顺序出现,比如例 4.9 测试代码第 1 个算例中的电话号码字符串:

源代码 4.193: 电话区号出现的规律分析

```
1  regexp(s,'\d{3}','match')
2  ans =
3      '212'  '657'  '026'  '888'  '647'  '700'  '336'  '565'  '121'  '800'  '323'  '123'
```

显然,区号出现的顺序按下式中双引号强调的位置出现:

$$\text{ans} = [\text{"212"}, 657, 026, \text{"888"}, 647, 700, \text{"336"}, 565, 121, \text{"800"}, 323, 123] \tag{4.2}$$

用 feval 命令构造匿名函数从字符串中隔 3 取数完成匹配,代码如下:

源代码 4.194: 利用数字出现频率提取区号,by Binbin Qi,size:28

```
1  function ans = refcn(s)
2      ans=unique(feval(@(x)x(1:3:end),regexp(s,'\d{3}','match')));
3  end
```

评 源代码 4.191 采用一般正则搜索 + 匹配模式,按自定义表达式搜索,用到多种正则匹配规则组合,是初学者需要重点学习的内容;源代码 4.194 从电话号码字符串的内在排序规律入手,得到颇具技术含量的"特定"方案。

4.12 正则表达式基础:字母出现频数统计

例 4.10 请写一个含有两个输入的函数:第 1 个是字符串(一个句子),第 2 个是代表前一输入字符串中单词的选择长度 nl。返回第 1 个输入的句子中,等于选择长度 nl 的单词,统计这些单词中 26 个字母的出现频率。单词大小写不敏感。

源代码 4.195: 例 4.10 测试代码

```
1  %% 1
2  txt = 'Hello␣World,␣from␣MATLAB' ;
3  nl = 5 ;
4  counts_correct = [0 0 0 1 1 0 0 1 0 0 0 3 0 0 2 0 0 1 0 0 0 1 0 0 0];
5  %% 2
6  txt = 'UPPER␣converts␣any␣lowercase␣characters␣in␣the␣string␣str␣to␣the␣corresponding␣uppercase␣
       characters␣and␣leaves␣all␣other␣characters␣unchanged.'
7  nl = 9 ;
8  counts_correct = [3 0 3 1 5 0 1 1 0 0 0 1 0 2 1 2 0 2 2 0 2 0 1 0 0 0];
9  %% 3
10 txt = 'UPPER␣converts␣any␣lowercase␣characters␣in␣the␣string␣str␣to␣the␣corresponding␣uppercase␣
       characters␣and␣leaves␣all␣other␣characters␣unchanged.'
11 nl = 10 ;
12 counts_correct = [6 0 6 0 3 0 0 3 0 0 0 0 0 0 0 0 0 6 3 3 0 0 0 0 0 0];
```

释义：构造两个输入变量函数，字符串 s 和指定数字 nl，在 s 中查找长度 nl 的单词中，26 个字母出现的频数。如测试代码的第 1 个算例，满足指定长度 5 的单词为 Hello 和 World，其中 a 字符出现 0 次，b 出现 0 次，……；d 出现 1 次，e 出现 1 次，h 出现 1 次，以此类推。不区分大小写，把字母出现频数返回到输出的 1×26 向量内，恰好代表 "A-Z" 字母各一位。

4.12.1 其他解法

关键有两点：如何从输入 s 中找出指定长度字符和统计频数。如果不用正则搜索，索引提取找到指定长度字符是可行的，统计频数则用 `histcounts` 和 `accumarray`。

1. 构造符合条件的逻辑索引查找

输入句子的单词是通过英文逗号、句号以及空格 3 种方式分隔开的，3 个标识符的 ASCII 码值分别为 44、46 和 32。把前两个统一赋值为 32(空格的 ASCII 码)，结果中找到所有等于 32 的索引位，`diff` 次第相减，差序列中值为 "nl+1" 的就是原字符串中指定长度单词的逻辑索引位。为使首尾两个单词也参与统计，输入文本 txt 两端各加一个辅助索引用的空格。

源代码 4.196: 构建逻辑索引查找指定长度字符 +histcounts 频数统计 1,by bainhome,size:66

```
1  function Num = nlWords_getCounts(txt, nl)
2  +['␣' txt '␣'];
3  ans(ans==44|ans==46)=32;
4  find(ans==32);
5  Num=histcounts(lower(txt(bsxfun(@plus,ans(diff(ans)==nl+1),(0:nl-1)'))-96,1:27);
6  end
```

这三个特殊分割字符 ASCII 码值都小于 47，逻辑索引用 "...<47" 构造有同样效果：

源代码 4.197: 构建逻辑索引查找指定长度字符 +histcounts 频数统计 2,by bainhome,size:53

```
1  function Num = nlWords_getCounts(txt, nl)
2  find(+['␣' txt '␣']<47);
3  Num=histcounts(lower(txt(bsxfun(@plus,ans(diff(ans)==nl+1),(0:nl-1)'))-96,1:27);
```

```
4   end
```

> **评** 源代码 4.196 除利用构造索引，在原字符串中查找符合要求的字母外，其余操作通过数值计算函数，相对于正则表达式更容易理解。

以 case1 为例，查得满足 nl=5 要求的索引位是"ind=[1 7]，要从这两个位置向前扩展 ind+nl-1 的长度，才是这些单词字母的全部索引位，如以下代码所示：

源代码 4.198: 查找指定长度单词时的索引扩展问题

```
1  >> txt = 'Hello World, from MATLAB';nl = 5;
2  >> core=[1 7];core=[1:1+nl-1;7:7+nl-1]
3  core =
4       1    2    3    4    5
5       7    8    9   10   11
6  >> lower(txt(core))
7  ans =
8  hello
9  world
```

问题变成："如何把指定长度 nl 单词的起始位置索引，向前扩展 $nl-1$ 位"。扩维方法详见 3.1 节。下面列出三种索引扩展方案，感兴趣的读者还可以试试其他办法。

① **利用函数 bsxfun** 指定长度单词的起始索引由前一步计算得到，采取单一维度扩展。

源代码 4.199: 利用 bsxfun 做索引扩展

```
1  >> x=sort(randi(100,1,4))
2  x =
3      13   54   78   94
4  >> bsxfun(@plus,x',0:nl-1)
5  ans =
6      13   14   15   16   17
7      54   55   56   57   58
8      78   79   80   81   82
9      94   95   96   97   98
```

② **利用累积求和函数 cumsum** 构造维度"[nl-1 size(x,2)]"的全 1 矩阵与索引拼接成大矩阵累计求和。

源代码 4.200: 利用 cumsum 做索引扩展

```
1  >> cumsum([x',ones(size(x,2),nl-1)],2)
2  ans =
3      13   14   15   16   17
4      54   55   56   57   58
5      78   79   80   81   82
6      94   95   96   97   98
```

③ **利用 ndgrid** 网格布点函数 ndgrid 两个输出相加。

第 4 章 字符操作进阶：正则表达式

源代码 4.201: 利用 ndgird 做索引扩展

```
1 >> [i,j]=ndgrid(x,0:nl-1)
2 i =
3      13    13    13    13    13
4      54    54    54    54    54
5      78    78    78    78    78
6      94    94    94    94    94
7 j =
8       0     1     2     3     4
9       0     1     2     3     4
10      0     1     2     3     4
11      0     1     2     3     4
12 >> i+j
13 ans =
14     13    14    15    16    17
15     54    55    56    57    58
16     78    79    80    81    82
17     94    95    96    97    98
```

上述任何一种扩维方法，可得指定长度单词的 ASCII 码值。

源代码 4.202: cumsum 扩展索引 +histcounts 频数统计,by bainhome,size:60

```
1 function Num = nlWords_getCounts(txt, nl)
2 find(+[' ' txt ' ']<47);
3 ans(diff(ans)==nl+1);
4 Num=histcounts(lower(txt(cumsum([ans;ones(nl-1,size(ans,2))])))-96,1:27);
5 end
```

频数统计早期版本中的函数是 histc，据命令帮助的介绍，它可能在未来版本中被取消，替代函数是 histcounts。例如以字符串 "str='I love MATLAB coding very, very much'" 为例，统计字母（不分大小写）出现的频数时如下：

源代码 4.203: histcounts 字母频数统计示例

```
1 >> str='I love MATLAB coding very very much'
2 str =
3 I love MATLAB coding very very much
4 >> str(str==' ')=''
5 str =
6 IloveMATLABcodingveryverymuch
7 >> histcounts(+lower(str),97:123)
8 ans =
9     2  1  2  1  3  0  1  1  2  0  0  2  2  1  2  0  0  2  0
            1  1  3  0  0  2  0
```

字母 "a"、"z" 的 ASCII 码值分别为 97 和 122，str(str==' ')='' 去空格，剩下元素的 ASCII 码值满足 97⩽Range⩽122，第 2 个参数 97:123 构成频数统计 26 个分区：[97, 98), [98, 99), ⋯, [122, 123)，由于函数 histcounts 不接受字符类型数据，在之前加个 "+" 变为 ASCII 码值统计频数。

函数 accumarray 频数统计方案见源代码 4.204。

源代码 4.204: accumarray 字母频数统计示例

```
1  >> Subs=(lower(str)-96)';Val=1;
2  >> accumarray(Subs,Val,[26,1])'
3  ans =
4     2  1  2  1  3  0  1  1  2  0  0  2  2  1  2  0  0  2  0
          1  1  3  0  0  2  0
```

2. strsplit 分隔 +histcounts 统计

指定分隔字符串的标识符，strsplit 按其把字符串分成不同部分，存储在 cell 变量中，好处是不需要寻找指定长度的字符串起始索引和扩展。

源代码 4.205: strsplit 分隔 +histcounts 频数统计,by bainhome,size:37

```
1  function Num = nlWords_getCounts(txt, nl)
2  strsplit(lower(txt),{'.',',','␣'});
3  Num=histcounts(+strcat(ans{cellfun(@numel,ans)==nl}),+'abcdefghijklmnopqrstuvwxyz~');
4  end
```

通过 cellfun 操纵 "@numel" 句柄，统计每个分隔部分的长度，频数统计之前用 strcat 再组合拼接就可以了。用 accmuarray 也是同样道理。

源代码 4.206: strsplit 分隔 +accumarray 频数统计,by bainhome,size:44

```
1  function Num = nlWords_getCounts(txt, nl)
2  strsplit(lower(txt),{'.',',','␣'});
3  Num=accumarray((strcat(ans{cellfun(@numel,ans)==nl})-96)',1,[26 1])';
4  end
```

4.12.2 正则解法

查找指定长度单词和频数统计仍然是构造正则表达式的待解关键。不过正则表达式特别适合解决前者、后者可延续前面的统计方案。

1. 用 regexp 函数

regexp 函数中的正则表达式相当于把外界参数，即指定长度值 nl 传递给字符形式的正则表达式，有两种方法构造动态指定数字的字符串，num2str 字符串拼接和 sprintf 按自定义格式传入数字。

num2str 字符串拼接比较直观，数字变成字符串，再与其他字符型表达式前后拼接。

源代码 4.207: num2str 向正则条件中传送外界数据,by Dan,size:32

```
1  function ans= nlWords_getCounts(txt, nl)
2  ans=histc(cell2mat(regexp(upper(txt),['\<\w{' num2str(nl) '}\>'],'match'))-'@',1:26);
3  end
```

源代码 4.207 用 "'\<'" 和 "'\>'" 匹配单词首尾 (参见 4.2.6 小节的规则 ③ 和规则 ④)。正则表达式由三段字符串拼成。这有时非常繁琐，例如：向表达式传递多个数字，就得在相应插入数字处截断字符串，逐个转换逐个拼接。更合理的方法是用 sprintf 函数向字符串传递参数。

源代码 4.208: sprintf 向字符串传送单个数据

```
>> nl=4;
>> sprintf('Have ever seen the scene of Los Angeles at %d am? I see often',nl)
ans =
Have ever seen the scene of Los Angeles at 4 am? I see often
```

除了灵活的自定义方式外，sprintf 也能批量向字符串传送多个数据，这让它与 num2str 的比较显得更具优势。

源代码 4.209: sprintf 向字符串传送多个数据

```
>> n=[4 5];sprintf('Have U ever seen the scene of Los Angeles at %d or %d AM? I see often.',n(1),n
    (2))
ans =
Have U ever seen the scene of Los Angeles at 4 or 5 AM? I see often.
```

源代码 4.210: 利用 sprintf 向正则条件中传送指定的字符长度 1,by Binbin Qi,size:31

```
function n = nlWords_getCounts(txt, nl)
regexp(lower(txt),sprintf('\\<[a-zA-Z]{%d}\\>',nl),'match');
n=histc([ans{:}],97:122) ;
end
```

cell 内的字符拼接在一起形成完整的 char 类型字符串，还可以采用 cell2mat。

源代码 4.211: 利用 sprintf 向正则条件中传送指定的字符长度 2,by Jan Orwat,size:25

```
function ans = nlWords_getCounts(txt, nl)
ans=histc(cell2mat(regexp(lower(txt),sprintf('\\<\\w{%d}\\>',nl),'match')),'
    abcdefghijklmnopqrstuvwxyz');
end
```

2. 利用 regexprep 函数

之前探讨利用 regexp 查找符合长度要求的单词，也可用 regexprep 反过来把不符合长度 nl 要求的字符串赋为空串，形成事实上的"过滤"效果。

源代码 4.212: regexprep 过滤不符合长度要求的字符串,by Jan Orwat,size:28

```
function ans = nlWords_getCounts(txt, nl)
  ans=histc(regexprep(lower(txt),...
    sprintf('(\\<\\w{1,%d}\\>|\\<\\w{%d,}\\>|\\W)',nl-1,nl+1),''), ...
    'abcdefghijklmnopqrstuvwxyz');
end
```

源代码 4.212 中的正则表达式存在转义字符，看起来不好理解，不妨用 sprintf 提取构造正则表达式分析。

源代码 4.213: 源代码 4.212 中正则表达式的分析

```
>> nl=5;sprintf('(\\<\\w{1,%d}\\>|\\<\\w{%d,}\\>|\\W)',nl-1,nl+1)
ans =
(\<\w{1,4}\>|\<\w{6,}\>|\W)
```

以字符长度 nl = 5 为例，这段正则表达式用"或"字符"|"分 3 种情况(参阅 4.2.5 小节的规则④)，连续非空格字符 1 ~ 4 个的（"\<\w{1,4}\>"）（4.2.3 小节的规则 ④)、连续非空格字符 6 个或 6 个以上的（"\<\w{6,}\>"）和非单字字符（"\W"），它实际上是空格、逗号和句号 3 种标识符，3 种情况中任何一种出现，都算匹配成功并替换成空字符串。

4.13 正则表达式基础：翻转单词（不是字母）次序

单词次序的翻转也需要基本函数命令，与正则表达式紧密结合方能简化代码的典型问题。

例 4.11 翻转字符串内单词的词序，假设字符串内所有单词都是用一个空格分隔开的，且其中只有字母和空格。

源代码 4.214: 例 4.11 测试代码

```
1  %% 1
2  x = 'Will the ecological jail rule outside the tear';
3  y_correct = 'tear the outside rule jail ecological the Will';
4  assert(isequal(reverseWords(x),y_correct))
5  %% 2
6  x = 'That computer programmer kept the room warm';
7  y_correct = 'warm room the kept programmer computer That';
8  assert(isequal(reverseWords(x),y_correct))
9  %% 3
10 x = 'trivial';
11 y_correct = 'trivial';
12 assert(isequal(reverseWords(x),y_correct))
```

释义：不是翻转单词里字母的顺序，而是翻转给定字符串中单词的词序。假设给定字符串由系列单词和分隔它们的空格组成，也就是说字符串中，只出现字母和空格两种字符。

4.13.1 其他解法

可通过 findstr 或 find 查找单词分隔符，以此为起始、下一个分隔符为结尾，循环得每个单词的索引位，逐个以翻转次序加入新构造字符串。

1. 利用 findstr 或 find 查找空格索引

源代码 4.215: 利用 findstr,by Yuval Cohen,size:70

```
1  function s2 = reverseWords(s1)
2  tk = findstr([s1 ' '],' ');
3  s2 = '';
4  for n = length(tk)-1:-1:1;
5      s2 = [s2 s1(tk(n)+1:tk(n+1)-1) ' '];
6  end
7  s2 = [s2 s1(1:tk(1)-1)];
```

或者：

源代码 4.216: 利用 find,by Michael Weidman,size:69

```
1  function s2 = reverseWords(s1)
```

第 4 章　字符操作进阶：正则表达式

```matlab
2  sp = [0, find(s1 == ' '), length(s1)+1];
3  s2 = '';
4  for idx = length(sp)-1:-1:1
5      s2 = [s2, s1(sp(idx)+1 : sp(idx+1)-1), ' '];
6  end
7  s2(end) = [];
```

2. 利用 strtok 分离单词

strtok 用于选择字符串中指定分隔符分隔出的部分，指定分隔符默认是空格，鉴于本例只有字母和空格，可利用 strtok 默认设置，循环逐个把句子中的单词提取出来，例如：

源代码 4.217: strtok 调用示例

```matlab
1  >> [tok,remain]=strtok('one two, three.',',')
2  tok =
3  one
4  remain =
5  ,two, three.
6  >> [tok,remain]=strtok(remain,',')
7  tok =
8   two
9  remain =
10  , three.
11 >> [remain]=strtok(remain,',')
12 remain =
13   three.
```

按此写出循环提取单词的代码：

源代码 4.218: strtok 循环提取单词并翻转,by Ben Petschel,size:43

```matlab
1  function s2 = reverseWords(s1)
2    s2 = '';
3    while ~isempty(s1)
4      [tok,s1] = strtok(s1,' ');
5      s2 = [tok,' ',s2];
6    end
7    s2 = s2(1:end-1);
8  end
```

3. strread+sprintf

按指定格式读取并分离满足要求的字符串，用 sprintf 按一个单词一个空格（"`'%s '`"）顺次拼接。

源代码 4.219: 利用 strread 读取 +sprintf 拼接,by Bryan,size:39

```matlab
1  function s2 = reverseWords(s1)
2    s2 = strread(s1, '%s');
3    s2 = sprintf('%s ',s2{end:-1:1});
4    s2 = s2(1:end-1);
5  end
```

评 不得不说，strsplit 按默认空格分隔字符串，这实际上已用到正则表达式做文本搜索、甄别和匹配。不过，它们包裹在输入参数的调用方式中：简单方便，涉及规则少，但功能单一，也不灵活；下节正则解答中的 regexp 和 regexprep，尤其动态正则表达式的构造就颇有些"Low-level"的味道，按文本特征自行构造，要求对正则语法理解更透彻，虽然上手慢，但通用性和灵活性将大大加强。另外，还要注意：源代码 4.219 中的 strread 已不推荐使用，可由格式读取文本函数 textscan 替代。

源代码 4.220: 利用 textscan 读取 +sprintf 拼接,by bainhome,size:39

```
1  function n = reverseWords(s1)
2  textscan(s1, '%s');
3  ans{:};
4  sprintf('%s ',ans{end:-1:1});
5  n=ans(1:end-1);
6  end
```

sprintf 自定义格式比较灵活，结合其他分隔字符串函数，也可实现求解。

源代码 4.221: 利用 strsplit 分隔 +sprintf 拼接,by bainhome,size:27

```
1  function n = reverseWords(s1)
2  strsplit(s1);
3  n=deblank(sprintf('%s ' ,ans{end:-1:1}));
4  end
```

评 按照格式"'%s␣'"将在尾部留下一个空格，源代码 4.219~4.221 通过索引"1:end -1"裁剪最后一个空格，函数 deblank 或 strtrim 也可修剪这个尾部空格。

4. strsplit 分隔 +fliplr 翻转 +strjoin 拼接

函数 strsplit 和 strjoin 都具有直接访问处理 cell 数组内的字符串的能力，命令组合放在问题代码编写中恰好合适。

源代码 4.222: strsplit 分隔 +fliplr 翻转 +strjoin 拼接,by Yaroslav,size:16

```
1  function ans = reverseWords(input)
2  ans=strjoin(fliplr(strsplit(input)));
3  end
```

strsplit 分隔单词返回 cell 型数组，fliplr 翻转 cell 数组，再由 strjoin 重新拼接单个字符串。

4.13.2 正则解法

1. regexprep 中的动态正则表达式构造

动态正则表达式与自带函数之间的结合是 MATLAB 正则表达式一大特色，简短函数组合完成数据处理在之前已介绍不少，把它们再嵌入正则表达式，在处理文本甄别匹配时，更是如虎添翼。

第 4 章 字符操作进阶：正则表达式

源代码 4.223: regexprep 中的动态正则表达式 1,by Matt Fig,size:14

```
1  function s = reverseWords(s)
2     s = regexprep(fliplr(s1),'(\w+)','${fliplr($1)}');
3  end
```

源代码 4.223 中的第 2 个参数 (匹配表达式) 比较简单，"`\w+`"代表匹配非特殊符号的单字符 1 次到多次。第 3 个参数 (替代表达式)"`'${fliplr($1)}'`"中的两个"`'$'`"各有不同的作用：第 1 个用于动态正则表达式引用 MATLAB 函数 (参阅 4.2.10 小节关于动态正则表达式的相关内容)，第 2 个 `'$'` 是第 1 分组模式的匹配内容（因搜索表达式仅 1 个分组，"`'$1'`"和"`'$0'`"等效）。此外，也可先做正则替换，外层统一用 `fliplr` 翻转。

对于 $1\times n$ 向量而言，翻转让索引位从原来的"`1:end`"变成"`end:-1:1`"。据此，`fliplr` 可用索引翻转替换。

源代码 4.224: regexprep 中的动态正则表达式 2,by Matt Eicholtz,size:14

```
1  function ans = reverseWords(s1)
2  ans=fliplr(regexprep(s1,'([A-z]+)','${$1(end:-1:1)}'));
3  end
```

2. 利用函数 `regexp`

函数 `regexp` 中没有替代表达式，因此翻转要放在函数外。

源代码 4.225: regexp 中的动态正则表达式,by Matt Eicholtz,size:22

```
1  function s = reverseWords(s1)
2  fliplr(regexp(s1,' |[A-Za-z]+','match'));
3  s=[ans{:}];
4  end
```

注意表达式中增加了"`|`"(参阅 4.2.5 小节规则④)，意为正则表达式将自左至右，一串字母或一个空格都算匹配成功，显然为保证结果不出现"`'teartheoutsiderulejailecologicalthe Will'`"这种没有任何空格间隔的情况。当然，空格也可换成默认以空格分隔字符的函数 `strjoin`，合成翻转字符，还能省略接下来一行的逗号表达式 `[ans{:}]`。

源代码 4.226: regexp+strjoin 简化正则表达式 1,by Kevin Hellemans,size:18

```
1  function ans = reverseWords(s1)
2  ans=strjoin(fliplr(regexp(s1,'\w+','match')));
3  end
```

另外，函数 `regexp` 自带分隔字符串的后缀参数"`'split'`"，可替 `strsplit` 完成分隔工作。

源代码 4.227: regexp+strjoin 简化正则表达式 2,by bainhome and Yalong Liu,size:26

```
1  function s = reverseWords(s1)
2  [match,nomatch]=regexp(s1,'\w*','match','split');
3  s=strjoin(nomatch,fliplr(match));
4  end
```

评 源代码 4.227 是逆向考虑问题的解决方案。第 1 句是双输出，"match"输出匹配成功的字符，"nomatch"是除"match"外剩下的字符。本问题中，这就是空格。利用 fliplr 翻转 "'split'" 参数匹配并分隔的单独字符，strjoin 将其与空格拼接合成。

4.14 正则表达式基础：寻找最长的"回文"字符

许多编程语言课程都有"判断回文数"或者字符的例题，本节更进一步，将讨论在一段长字符串中查找最长一段回文字符。

例 4.12 给出一个输入字符串 a，在其中找出最长的回文字符串 b。

源代码 4.228: 例 4.12 测试代码

```matlab
%% 1
a = 'xkayakyy';
p = 'kayak';
assert(isequal(p,pal(a)));
%% 2
a = '3.1415926535897932384626433832795028841971693993751058209749445923078164062866';
p = '46264';
assert(isequal(p,pal(a)));
%% 3
a = 'truly I say: able was I ere I saw elba, but that is another story';
p = 'able was I ere I saw elba';
assert(isequal(p,pal(a)));
```

释义：在一段字符串中，查找最长的一段回文字符，要满足如下两个条件：
① 符合要求的字符串与其翻转字符串完全相同；
② 符合第①条的所有字符串中长度最长。

4.14.1 其他解法

既然是最长的回文字符长度未知，可能会从最小长度逐步增加长度试探；另外，要逐步移位按某长度从原字符串截取一段判断是否为回文字符，所以不用正则表达式，只用一般基本函数组合，至少要有两重循环。

1. 变换索引判断回文条件 + 顺向循环

函数 fliplr 可实现索引倒序，对同段截取字符，如果正、倒序每个字符都相同，自然就是回文字符。

源代码 4.229: 顺向循环 + 索引正反序比较截取字符串, by Clemens Giegerich, size:56

```matlab
function ans = pal(a)
    ans = '';
    for i = 1:length(a)
        for j = i+length(ans):length(a)
            if all(a(i:j) == a(j:-1:i))
                ans=a(i:j);
```

```
7       end
8     end
9   end
```

> **评** 源代码 4.229 按照截取字符从左到右、从短到长的顺序进行。如本次循环回文判断返回 "TRUE(1)"，自动冲掉上次判断成功后的截取字符并保存，因为循环顺序的原因，上次判断的回文字符比此次结果的字符长度要么相同要么更短，省去了孰大孰小的比较过程。

2. fliplr 判断回文条件 + 反向循环

源代码 4.229 虽然省掉字符串长短的判断，但也存在"循环次数可能过多"的缺陷，毕竟想得到最长的回文字符，得从首个字母开始、逐步移位，形成对整个字符的完整遍历，运算量偏大。既然是寻找最长回文字符，更合理的方案应该反过来：从最长字符开始循环，发现第 1 个回文判断条件匹配成功即中断程序返回本次结果。

源代码 4.230: 反向循环 +fliplr 比较截取字符串,by Axel,size:43

```
1   function ans = pal(a)
2   for i = fliplr(find(a))
3       for j = 0:length(a)-i
4           ans=a(j+(1:i));
5           if ans == fliplr(ans)
6               return
7           end
8       end
9   end
10  end
```

判断条件中，用 ans 与翻转 fliplr(ans) 比较，并利用循环在索引内四则运算实现 "a(j+(1:i))" 移位。另外，相等判断还可用字符串比较命令 strcmp 或 isequal。

4.14.2 正则解法

正则解法关键是编写合适的回文字符正则表达式，帮助中提供的 4 个以上回文字符判断正则表达式 "'(.{2,}).?(??@fliplr($1))'" 就写得非常出色，具体分析请参阅 4.2.10 小节的相关内容。不过有些读者也可能觉得奇怪：上述分析并未提及最长的回文字符的取得，又怎么知道按前述表达式匹配文本一定就是最长呢？这是因为正则匹配默认"贪婪"模式，即：自动匹配尽可能多的内容，这为求解问题提供了可能性——说它是"可能性"，因为毕竟可能存在等长度的最长回文字符，这要交给 regexp 处理。

regexp 函数能用诸多后缀参数适应各种不同的搜索模式，参数 "'once'" 就是其中之一，它代表正则表达式搜索时，只匹配一次，另一参数 "'all'" 代表把所有匹配全部列举。"'once'" 通常用于事先知道仅有一个能被匹配到的情况。另外，用 "'once'" 匹配还有一个好处，说明如下：

源代码 4.231: 函数 regexp 的 "'once'" 参数示例

```
1  >> NoOnce=regexp(str,'\w{6}','match')
2  NoOnce =
3      'MATLAB'
4  >> class(NoOnce)
5  ans =
6  cell
7  >> HaveOnce=regexp(str,'\w{6}','match','once')
8  HaveOnce =
9  MATLAB
10 >> class(HaveOnce)
11 ans =
12 char
```

从源代码 4.231 可以看出：不带 "'once'" 仅用 "'match'" 所得的结果，虽然有时也会仅匹配 1 个，但意义仍与后跟 "'once'" 的不同：前者返回 cell 型数组，后者因为知道就匹配一次，不存在长度不匹配的问题，程序内部自动转为字符返回，省去格式转换。结合前面各种信息，可以写出例 4.12 的初步解决方案并做测试。

源代码 4.232: 按初步方案运行测试代码的结果显示

```
1  >> a = 'xkayakyy';
2  >> regexp(a,'(.{2,}).?(??@fliplr($1))','match','once')
3  ans =
4  kayak
5  >> a = '3.1415926535897932384626433832795028841971693993751058209749445923307816406286';
6  >> regexp(a,'(.{2,}).?(??@fliplr($1))','match','once')
7  ans =
8  .1415
9  >> a = 'truly I say: able was I ere I saw elba, but that is another story';
10 >> regexp(a,'(.{2,}).?(??@fliplr($1))','match','once')
11 ans =
12 able was I ere I saw elba
```

发现第 1、3 两个测试结果都与正确结果相同，但第 2 个测试结果却非常奇怪地得到一个明显不是回文字符的 '.1415'，出现这种情况原因是什么呢？原来 "." 在正则匹配过程中是任何字符的通配字符，所以 "'.'" 和字符串尾部的 "'5'" 都被认为匹配成功。显然，这种结果是错误的，为通过测试，可以用字符取 "非"，在搜索时去掉 "." 这个字符，如 "'[^.]{2,}'"。

源代码 4.233: 利用 regexp 搜索回文字符完整方案, by bainhome, size:16

```
1  function ans = pal(a)
2  ans=regexp(a,'([^\.]{2,}).?(??@fliplr($1))','match','once');
3  end
```

> **评** 通过上述例子发现：正则表达式最大的特色在于它无视数值之间的运算特征，仅仅视它们为单个字符来进行比较甄别、搜索以及匹配，因此对带有特征的字符搜索匹配，往往可取得出色的效果。

4.15 正则表达式基础：求解"字符型"算术题

例 4.13 给定一个描述简单计算式的字符串。写一个函数 string_math.m，用于判断字符串中所描述的计算式的结果与整个字符串中非空格字符的数量是否相等。比如：'four␣plus␣eight' 有 13 个非空格字符，但所描述的计算式的结果为 $4+8=12$，所以函数返回的结果应该是 "FALSE(0)"。再如：'eight␣plus␣six␣times␣two' 有 20 个非空格字符，而计算式的结果为 $8+6\times 2=20$，所以函数返回结果为 "TRUE(1)"。

计算中假设只出现数字 $0\sim 9$，运算符只有加 (plus)、减 (minus)、两种等价的乘 (times 和 multiplied by) 和除 (divided by)。

源代码 4.234: 例 4.13 测试代码

```
1  %% 1
2  assert(isequal(string_math('one'),false))
3  %% 2
4  assert(isequal(string_math('four'),true))
5  %% 3
6  assert(isequal(string_math('nine divided by one times three plus six'),true))
7  %% 4
8  assert(isequal(string_math('nine divided by one multiplied by three plus six'),false))
9  %% 5
10 assert(isequal(string_math('six plus nine times six divided by two plus five'),false))
11 %% 6
12 assert(isequal(string_math('seven minus nine plus eight times five plus eight plus two'),true))
13 %% 7
14 assert(isequal(string_math('nine plus six multiplied by three plus nine'),true))
15 %% 8
16 assert(isequal(string_math('plus eight plus nine'),true))
```

释义：属于"符号型算术题"，题目数字已指定 $0\sim 9$ 间整数，四则运算也只有 $+,-,\times,\div$ 四种，但后两种有不同表示方法，要求把这段字符串"翻译"成相应的表达式，计算出结果，如果该结果与这段字符串中除空格外的其他字符的总数相等，则返回"TRUE(1)"，反之则返回"FALSE(0)"。

4.15.1 其他解法

1. 枚举或逐个替代

统计非空格单词数目，并按单词语义替代成相关数字计算，是"算术题"解决的两个关键。观察测试代码并研究题意发现，共有 5 种符号 10 个数字，笨办法是用 regexprep 逐个相应替换。

源代码 4.235: 枚举数字和运算符号以 regexprep 逐个替换,by Grant III,size:141

```
1  function ans = string_math(x)
2      s = x;
3      x = regexprep(x,'plus','+');
4      ...
5      x = regexprep(x,'multiplied by','*');
6      x = regexprep(x,'divided by','/');
7      x = regexprep(x,'zero','0');
```

```matlab
8      x = regexprep(x,'one','1');
9      ...
10     x = regexprep(x,'nine','9');
11     str2num(x) == numel(regexp(s,'[^ ]'))
12 end
```

统计字符数量利用 regexp，正则表达式只去掉无需统计的空格 "'[^]'"。

或先把字符串按空格标识分成单词，构造"switch-case"流程逐个替换。

源代码 4.236: 循环遍历单词以 switch-case 触发开关替换,by James,size:147

```matlab
1  function ans = string_math(v)
2  l=numel(regexprep(v,' ',''));
3  k=strsplit(v,' ');
4  j='';
5  for flag=1:numel(k)
6      switch k{flag}
7          case 'zero'
8              t='0';
9          case 'one'
10             t='1';
11         ...
12         case 'nine'
13             t='9';
14         case 'plus'
15             t='+';
16         ...
17         case 'multiplied'
18             t='*';
19         case 'divided'
20             t='/';
21         otherwise
22             t='';
23     end
24     j=[j t];
25 end
26 str2num(j)==l;
27 end
```

评 源代码 4.235 和源代码 4.236 省略了中间重复取代的过程。很显然，这两种方式都难称灵活。

2. 利用字符串比较函数 strcmp

函数的 strcmp 的优点在于它能直接访问 cell 内的字符类型数据，这对于程序的简化是有利的。

源代码 4.237: arrayfun 操控 strcmp 句柄查找索引替换,by bainhome, size:57

```matlab
1  function t = string_math(str)
2  t=regexp(str,'\w*','match');
3  cell2mat(...
```

第 4 章 字符操作进阶：正则表达式

```
 4        arrayfun(@(i)find(strcmp(t(i),...
 5            strsplit(...
 6                'one two three four five six seven eight nine zero plus minus times multiplied divided'
                 ...
 7                   )...
 8                      )...
 9                   ),1:numel(t),'uni',0...
10              )...
11           );
12  str2='1234567890+-**/';
13  t=str2num(str2(ans))==numel(cell2mat(t));
14  end
```

因字符串太长，写在一行内可读性太差，对括号位置略作调整，源代码 4.237 分析如下：

① regexp 取出字符串中除空格之外所有单词存储至 cell 数组，注意运算符中的 "'multipled by'" 和 "'divided by'" 会被分隔开，多出额外单词 "'by'"，例如：

源代码 4.238: 源代码 4.237 分析 1

```
1  >> str='nine divided by one multiplied by three plus six';
2  >> regexp(str,'\w*','match')
3  ans =
4      'nine'  'divided'  'by'  'one'  'multiplied'  'by'  'three'  'plus'  'six'
```

② 把所有字符型数值、运算符合并成完整字符串，用 strsplit 分隔（用"{'one',…, 'times'}"的形式构造亦可），注意到最后两个乘除运算符去掉了最后的"by"，这是为了分类方便。

源代码 4.239: 源代码 4.237 分析 2

```
1  >> strsplit('one two three four five six seven eight nine zero plus minus times multiplied divided
        ')
2  ans =
3      'one'  'two'  'three'  'four'  'five'  'six'  'seven'  'eight'  'nine'  'zero'  'plus'  '
            minus'  'times'  'multiplied'  'divided'
```

③ arrayfun 操控 strcmp 查找匹配位置，索引存储为 cell 数组，cell2mat 提取索引形成向量。

源代码 4.240: 源代码 4.237 分析 3

```
1  >> arrayfun(@(i)find(strcmp(t(i),ans)),1:numel(t),'uni',0)
2  ans =
3      [9]  [15]  [1x0 double]  [1]  [14]  [1x0 double]  [3]  [11]  [6]
4  >> cell2mat(ans)
5  ans =
6      9  15  1  14  3  11  6
```

两个额外的 "'by'" 无法被匹配，因此形成 "1×0" 空矩阵，arrayfun 要关闭统一输出开关 "arrayfun(...,'uni',0)"，再用 cell2mat "挤"掉这两个空矩阵转为数值索引矩阵。

④ 按字符型数值和运算符顺序，构造对应数学运算符字符串。

源代码 4.241: 源代码 4.237 分析 4

```
1  >> str2='1234567890+-**/'
2  str2 =
3  1234567890+-**/
4  >> str2(ans)
5  ans =
6  9/1*3+6
```

⑤ str2num 执行第 ④ 步得到字符型表达式时，可自动得到计算结果，令其与非空格字符数量做相等比较，返回真假逻辑值。

源代码 4.242: 源代码 4.237 分析 5

```
1  >> str2num(ans)==numel(cell2mat(t))
2  ans =
3    0
```

源代码 4.237 的繁琐之处在于必须排除多余字符 "'by'"，给后续代码带来不小麻烦，例如 arrayfun 操纵 strcmp 句柄对位查找索引时，不仅要关闭统一输出开关，还要再外加一个 cell2mat 过滤空字符串。

那么有没有更简单的办法呢？答案还要从正则表达式里寻找。

4.15.2 正则解法

1. 甄别匹配特定字符

所有四则运算符中仅两个中间带空格，且后跟字符都是 "'by'"。

源代码 4.243: 源代码 4.237 正则匹配表达式的改进

```
1  >> str='nine divided by one multiplied by three plus six';
2  >> regexp(str,'\w+(\sby)?','match')
3  ans =
4    'nine'  'divided by'  'one'  'multiplied by'  'three'  'plus'  'six'
```

正则表达式增加对可能出现、也可能不出现的 "' by'" 甄别匹配，即 "'(\sby)?'"。这部分表达式意思是当 "' by'" 出现，则连同之前的单词一同匹配，不出现就只匹配两空格间的单词。由此写出索引匹配改进方案。

源代码 4.244: arrayfun 操控 strcmp 句柄查找索引替换方案改进,by bainhome, size:57

```
1  function t = string_math(str)
2  t=regexp(str,'\w*(\sby)?','match');
3  arrayfun(@(i)find(strcmp(t(i),...
4      regexp(...
5          'one two three four five six seven eight nine zero plus minus times multiplied by divided by',...
6          '\w+(\sby)?','match'...
7          )...
8                    )...
9                    ),1:numel(t)...
10     );
11 str2='1234567890+-**/';
```

```
12    t=str2num(str2(ans))==numel(str(str~=' '));
13  end
```

2. regexprep 替代原文本

先查找索引的方案固然用到了正则表达式，毕竟属于中间过程，可考虑 regexprep 一步到位，把字符数值和运算符，在内部直接替换为需要的内容，最后交 str2num 计算并返回结果。

源代码 4.245: 利用 regexprep 直接替换字符,by Binbin Qi, size:26

```
1  function ans = string_math(s)
2  ans=str2num(regexprep(s, strsplit(...
3  'one two three four five six seven eight nine zero plus minus (times|multiplied\sby) divided\sby')
       , ...
4        strsplit('1 2 3 4 5 6 7 8 9 0 + - * /')...
5            )...
6        ) == nnz(s~=' ');
7  end
```

分析如下：

① **正则搜索、匹配表达式** 两个意义相同的乘法对应字符，可用'|'匹配任意一个，都代表对应的"*"字符，空格后"'\sby'"不再需要'?'匹配0-1次。

源代码 4.246: 源代码 4.245 分析——regexprep 替换字符为对应的数值或运算符

```
1  >> regexprep(str, strsplit(...
2  'one two three four five six seven eight nine zero plus minus (times|multiplied\sby) divided\sby')
       , ...
3        strsplit('1 2 3 4 5 6 7 8 9 0 + - * /'))
4  ans =
5  9 / 1 * 3 + 6
```

括号分组的交集模式让两个字符共享同一运算符"*"。

② **str2num 执行字符串** 字符串转为数值型，例如："str2num('4+6')"会自动返回运算结果"10"；

③ **逻辑判断** 函数 nnz 用于统计非零字符，里层"s~=' '"意为去掉空格后其他字符的数量。

另一种减少对运算符中的多余内容 'by' 处理的方案是：增加一个特殊字符，作为标识符放在每种数值或字符间，便于 strsplit 区分。

源代码 4.247: 增加新标识符区分对应的数值或运算符,by Binbin Qi, size:28

```
1  function ans = string_math(x)
2  ans=str2num( regexprep(x,strsplit(...
3  'zero#one#two#three#four#five#six#seven#eight#nine#plus#minus#times#multiplied by#divided by',
         '#'),...
4        strsplit('0#1#2#3#4#5#6#7#8#9#+#-#*#*#/','#')...
5            )...
6        ) == nnz(x~=' ');
7  end
```

还可以巧妙地利用四则运算的优先级构造。

源代码 4.248: 四则运算优先级构造替换方法 1,by Alfonso Nieto-Castanon, size:28

```
1  function ans = string_math(x)
2  ans=str2num(regexprep(x,strsplit(...
3    'zero one two three four five six seven eight nine plus minus times multiplied divided by'...
4                    ),...
5            strsplit('0 1 2 3 4 5 6 7 8 9 + - * * / +')...
6            )...
7  )==numel(regexprep(x,' ',''));
```

源代码 4.248 干脆让两个双单词运算字符串去掉后面的"'by'"，单独为其设置运算符"'+'"，不妨看看替换后的结果。

源代码 4.249: 运算结果

```
1  >> str='nine divided by one multiplied by three plus six'
2  >> regexprep(str,strsplit('zero one two three four five six seven eight nine plus minus times multiplied divided by'), strsplit('0 1 2 3 4 5 6 7 8 9 + - * * / +'))
3  ans =
4  9 / + 1 * + 3 + 6
```

为"'by'"单独设置"'+'"运算符后，得到的替换表达式是"'9 / {+} 1 * {+} 3 + 6'"，为了区分，替换"'by'"的加号用花括号括起来，与其之前的乘、除号相比运算级更低：0～9 四则运算中，"'+'"是个"透明"运算符（$+n=n, n>0$）。其实更深想一步："'by'"都可以替换成空格，因为一个数字除以另一个数字，除号与数字之间空几个空格都不影响结果。

源代码 4.250: 四则运算优先级构造替换方法 2,by LY Cao, size:28

```
1  function ans = string_math(x)
2  ans=str2num(regexprep(x,strsplit(...
3    'zero one two three four five six seven eight nine plus minus times multiplied divided by'),...
4            strsplit('0 1 2 3 4 5 6 7 8 9 + - * * / ')...
5            )...
6  )==nnz(x~=' ');
```

3. 动态正则表达式把判断写进替换表达式

前几种思路是替代构造表达式，用 str2num 转字符型为数值型并返回自动计算值，与字符数量比较并返回逻辑值。不过，在认真阅读 4.2.10 小节关于动态正则变表达式的内容之后，会发现几个步骤都能放进命令 regexprep 的替换参数。

源代码 4.251: 逻辑判断写进动态正则表达式,by Alfonso Nieto-Castanon, size:20

```
1  function ans = string_math(x)
2  ans=str2num(regexprep(x,strsplit(...
3    '.* zero one two three four five six seven eight nine plus minus times multiplied divided by')
4            ,...
5            strsplit('nnz(''${upper($0)}''~=32)==$0 0 1 2 3 4 5 6 7 8 9 + - * * / +')...
6            )...
7  );
```

下面逐步分析源代码 4.251：

① **第 1 项匹配**　strsplit 执行字符串中除第 1 项，其他都与前面内容相同，第 1 个通过空格分隔的字符串是 "`.*`"，这当然不是点乘，它等价于 "`.{0,}`"，按正则语法，要求匹配整个输入字符串 str，"`.`" 代表除换行符外的其他所有字符，"`*`" 代表字符可连续匹配 $0 \sim n$ 次。

② **第 1 项替代**　替代部分中，从第 2 项起，后面内容也与之前的分析相同：对应匹配字符以同序号数值或运算符替代，不再赘述。整个代码最核心部分实际上是替代表达式的第 1 项，即 "`nnz(${upper($0)}~=32)==$0`"，其中出现两个代表"当前匹配"的 "`$0`"：动态正则表达式 "`${upper($0)}`" 中的 "`$0`" 是第①步匹配的整个字符串转大写，最后的 "`$0`" 是替换后的数学表达式。"`~=32`" 去掉原字符串中所有空格，即 "`nnz(${upper($0)}~=32)`" 计算输入字符串非空格字符数目，再次强调：第 2 个即逻辑"等于"尾部的 "`$0`"，代表的不是第①步在执行第 1 次匹配替代的整个字符串，而是完全执行所有匹配替代后，得到的字符型数学表达式。里层运行结果如下：

源代码 4.252： 源代码 4.251 分析

```
1  >> str='nine divided by one times three plus six';
2  >> regexprep(str,strsplit(...
3      '.* zero one two three four five six seven eight nine plus minus times multiplied divided by')
       ,...
4      strsplit('nnz(''${upper($0)}''~=32)==$0 0 1 2 3 4 5 6 7 8 9 + - * * / +')...
5      )
6  ans =
7  nnz('NINE DIVIDED BY ONE TIMES THREE PLUS SIX'~=32)==9 / + 1 * 3 + 6
```

源代码 4.252 执行结果的匹配指代，明显看到两个 "`$0`" 代表"当前匹配"的区别。另外，对整个字符串转大写的操作构思相当精妙，想明白其真正目的，不妨令其变为 lower，看看运行结果。

源代码 4.253： 源代码 4.251 分析——lower 替代运行结果

```
1  >> str='nine divided by one times three plus six';
2  >> regexprep(str,strsplit(...
3      '.* zero one two three four five six seven eight nine plus minus times multiplied divided by')
       ,...
4      strsplit('nnz(''${lower($0)}''~=32)==$0 0 1 2 3 4 5 6 7 8 9 + - * * / +')...
5      )
6  ans =
7  nnz('9 / + 1 * 3 + 6'~=32)==9 / + 1 * 3 + 6
```

看出变化了吗？里层初次匹配结果也自动换成替换内容，为保证前半段用于统计字符数，需要把它改成与替换前不同的内容，还要保证非空格字符数量不变化，鉴于 regexprep 搜索匹配大小写敏感，所以，还有什么是比 upper 更合适的呢？综合以上的分析，我们发现源代码 4.251 对简单函数的理解要求其实是很高的。

源代码 4.254： 源代码 4.251 分析——fliplr 替代运行结果

```
1  >> regexprep(str,strsplit(...
```

```
2        '.*␣zero␣one␣two␣three␣four␣five␣six␣seven␣eight␣nine␣plus␣minus␣times␣multiplied␣divided␣by')
            ,...
3        strsplit('nnz(''${fliplr($0)}''~=32)==$0␣0␣1␣2␣3␣4␣5␣6␣7␣8␣9␣+␣-␣*␣*␣/␣+')...
4                )
5   ans =
6   nnz('xis␣sulp␣eerht␣semit␣eno␣yb␣dedivid␣enin'~=32)==9 / + 1 * 3 + 6
```

③ **str2num 执行运算** 第②步返回的字符串表达式输入 str2num，完成类型转换和结果计算。

> **评** 例 4.13 的求解表明：str2num 与 str2double 有很大不同，其直接访问字符串执行表达式的特性，赋予它类似老版本内联函数的能力，结合正则表达式，往往产生意想不到的结果；同时，正则函数 regexp 和 regexprep 本身支持矢量化特性，前例中产生数学表达式的对位匹配，就显示了这一特点。

4.16 本书前三章中一些问题的正则解法

本节利用正则表达式构造方式重解前三章中的部分问题，深化对正则表达式的理解。通过系列问题的正则求解，尤其是与数值求解比较，能体会正则表达式的特点：什么时候能让思路柳暗花明别开生面？什么时候又只是狗尾续貂画蛇添足？这一点，恰恰是纯啃帮助文件时很难获得的切身体会。

4.16.1 正则表达式重解例 1.12

例 1.12 要求查找向量中 NaN 的位置，并从向量中移除包括 NaN 在内及其后的 2 个数字。表面看属于典型的数组操作问题，可通过卷积、索引扩维等多种方式求解。不过既然是在向量中寻找 NaN，那么就可等效为在一段文本中按某种特征寻找确定的关键词。这就是正则表达式最擅长的部分。

源代码 4.255：正则表达式求解例 1.12,by Khaled Hamed,size:18

```
1   function ans = your_fcn_name(x)
2       ans=str2num(regexprep(num2str(x),'NaN\s*\d*\s*\d*',''));
3   end
```

函数 regexprep 的调用格式：newStr = regexprep(str,expression,replace)。对应例 1.12："str"是转为字符串的输入向量。"expression"是正则表达式，在字符串 str 中起到搜索指引的关键作用。"replace"是提供在 str 中，按 expression 规则搜索字符的替换内容。str 以函数 num2str 把数值向量转为字符。"expression"表示在"'NaN\s*\d*\s*\d*'"中出现三种不同标识符："NaN"代表非数。余下的两种对照正则语法会发现：第 1 个"'\s*'"是 'NaN' 后 $0\sim n$ 个（"*"代表数目不定）空白字符，当然本例测试代码中每个元素间的空格也属此类；"'\d*'"代表所有连续出现的整数元素结合起来的运行结果。

源代码 4.256：源代码 4.255 运行结果示例 1

```
1   >> x = [NaN 10 5 3 6 NaN 23 12 9 43 NaN 4 6 7 8]
2   x =
```

第 4 章 字符操作进阶：正则表达式

```
3     NaN    10     5     3     6    NaN    23    12     9    43    NaN     4     6     7     8
4  >> str2num(regexprep(num2str(x),'NaN\s*\d*\s*\d*',''))
5  ans =
6     3     6     9    43     7     8
```

这样写出的程序没有考虑小数，比如向量中有小数时就会得到错误结果。

源代码 4.257: 源代码 4.255 运行结果示例 2

```
1  >> x = [NaN 10 5.3 3 6 NaN 23 12]
2  x =
3       NaN   10.0000    5.3000    3.0000    6.0000       NaN   23.0000   12.0000
4  >> str2num(regexprep(num2str(x),'NaN\s*\d*\s*\d*',''))
5  ans =
6     0.3000    3.0000    6.0000
```

出错的原因是：正则表达式中仅限定搜索整数，即 '\d*'，想让小数也能被搜索匹配，对正则表达式做如下调整：

源代码 4.258: 改进 1——向量中存在小数

```
1  str2num(regexprep(num2str(x),'NaN\s*((\d*\.\d*)|\d*)\s*((\d*\.\d*)|\d*)',''))
```

这样小数或整数就都能匹配了，因后一个数字正则表达式和之前一个相同，再做改进：

源代码 4.259: 改进 2——向量中存在小数

```
1  str2num(regexprep(num2str(x),'NaN(\s*((\d*\.\d*)|\d*)){2}',''))
```

让前一种"空格 + 数字（整数或小数）"的模式再用"`{2}`"重复一次。

4.16.2 正则表达式重解例 2.1

MATLAB 正则表达式能与其他数组、字符串操控函数结合，动态匹配或者动态替换，也就是所谓的动态正则表达式。例 2.1 对二进制字符串的"0-1"互换，用动态正则可写出同样简捷的求解代码。

源代码 4.260: 动态正则表达式应用,size:14

```
1  function ans = flipbit(s)
2    ans=regexprep(s,'(\d)','${num2str(~str2num($1))}')
3  end
```

源代码 4.260 中的正则表达式用到了对搜索字符的动态匹配，原理如下：

① **匹配正则表达式** 表达式"`(\d)`"中的圆括号为独立分组模式，圆括号模式在替换表达式中非常实用，经常用"`$N`"作为部分指代替换，这在本书之前很多代码中也曾多次举例、"`\d`"匹配单个整数字符。

② **替代正则表达式** 这是代码核心部分，它传递出一个重要信息：正则表达式中，能使用 MATLAB 中的一般函数，甚至是在表示字符串的单引号之间！不妨再逐层分析：

- "`~str2num($1)`" 函数 str2num 可把输入字符串转换为数字，外部"`~`"逻辑取反，"0"、"1"互换。里层输入是"`$1`"，这在正则表达式中代表第 $n=1$ 次构造的匹配标记（token），本例中，它是第①步，单个整数字符匹配的正则表达式。

- "'${num2str(...)}'" 这段正则表达式的外层结构为"'${cmd}'",它由字符"'$'"后带一对花括号组成,"cmd"是匹配所需引用的 MATLAB 函数(参阅 4.2.10 小节动态正则部分的规则⑥),函数 num2str 把之前已取反的逻辑索引,重新变成字符形式。

当然,先适当处理原字符,即使不用动态正则,而用 regexprep 函数也可达到求解目的。

源代码 4.261: 利用 regexprep 函数重解例 2.1,by bainhome,size:18

```
1  function ans = flipbit(s)
2    ans=regexprep(char(s+1),'2','0');
3  end
```

因二进制字符串中只有数字"0"和"1",加 1 使"0"变为"1",同时变成"2"的"1",再经由 regexprep 换回"0"。

4.16.3 正则表达式重解例 2.5

动态正则应用很广,比如猜测密码问题 (详见例 2.5),其密码构造模式是把单句的 ASCII 码值向前移 1 位,可通过动态表达式构造。

源代码 4.262: 动态正则表达式重解例 2.5,by Binbin Qi,size:12

```
1  function ans = si(x)
2    ans = regexprep(x,'\w','${char($0+1)}')
3  end
```

源代码 4.262 中的正则表达式 '\w' 代表任意单字符,即:"'[A-Za-z0-9]'",对这些字符的替代规则,是在其原 ASCII 码值基础上加 1,最终组合成的字符通过把函数 char 放入动态正则表达式 "'${...}'","'$0'"代表当前匹配字符,即前面"expression"里的"'\w'"。

4.16.4 正则表达式重解例 2.6

例 2.6 中,给定向量长度数值 lengths 和同维字符向量 letters,要求按对应数值 lengths(i) 依次扩展字符向量 letters(i),并将扩展向量并成一个大的向量。可考虑在动态正则中嵌入矩阵复制函数 repmat。

源代码 4.263: 动态正则表达式重解例 2.6,by Freddy,size:28

```
1  function ans = construct_string(n, str)
2    ans='ERROR';
3    try
4      assert(all(n>0));
5      ans=regexprep(str,'(.)','${repmat($1,1,n(length($`)+1))}');
6  end
```

源代码 4.263 中的动态正则表达式使用 repmat 完成字符扩展,其输入参数的匹配操作符有两种:"'$1'"和"'$`'",各有作用:前者匹配函数 regexprep 中,符合第 1 个标记(token)搜索正则表达式的单字符内容,也就是"expression"参数中的"'(.)'";"'$1'",此处也可用"'$0'"代替,指当前匹配或第 1 个匹配分组;后一匹配操作符"'$`'"代表当前匹配之前的全部索引(参阅 4.2.10 小节指代替换部分的规则②)。

顺便再说明关于匹配的基本原则：正则表达式每次匹配都将整个字符串分成三部分，即当前匹配字符串、当前匹配之前的部分、之后未匹配的部分。按这三原则，源代码 4.263 中的"'$`'"就好理解了：它代表之前按模式"'(.)'"对原输入字符串一共匹配的次数，因为本例属单字符模式，其实也就是之前一共匹配多少个字符，所以需要对其加 1 得到当前索引。

可能读者会觉得困惑：既然"'$0'"能匹配当前索引，为何弃之不用，而要去找之前匹配次数呢？这要从匹配操作符的特性说起，举例如下：

源代码 4.264: 匹配操作符的比较说明 1

```
 1  >> str= '.#4a5'
 2  str =
 3  .#4a5
 4  >> n= [5 4 3 2 1]
 5  n =
 6       5    4    3    2    1
 7  >> regexprep(str,'(.)','${repmat($1,1,n(length($1)))}')
 8  ans =
 9  .....#####44444aaaaa55555
10  >> regexprep(str,'(.)','${repmat($1,1,n(length($0)))}')
11  ans =
12  .....#####44444aaaaa55555
```

无论是单字符匹配"'$1'"还是当前匹配"'$0'"都只引用了第 1 个索引号，它对应 $n(1) = 5$，str 每个单字符都被扩展了 $n(1) = 5$ 次，原因是在正则表达式中只有 1 个搜索模式（前面圆括号里的部分），它一旦成功匹配就停止，本例中就停在第 1 个字符处。为理解"'$N'"的机制，通过如下例子说明：

源代码 4.265: 匹配操作符的比较说明 2

```
 1  >> str='abc def agx124 tx46sc';
 2  >> t=strsplit(str,' ')
 3  t =
 4      'abc'   'def'   'agx124'   'tx46sc'
 5  >> matchExpr = '(^\w)(.*)(\w$)';
 6  >> replaceExpr = '$1${num2str(length($2))}$3';
 7  >> arrayfun(@(i)regexprep(t{i},matchExpr, replaceExpr),1:4,'uni',0)
 8  ans =
 9      'a1c'   'd1f'   'a44'   't4c'
10  >> regexprep(str,matchExpr, replaceExpr)
11  ans =
12  a19c
```

源代码 4.265 中的"matchExpr"代表正则表达式的分组操作，共计三个独立分组运算：
① '(^\w)'：代表包括下画线在内的任何起始单字符；
② '(.*)'：代表除换行符外，所有 0 到多个连续字符；
③ '(\w$)'：代表包括下画线在内的，任何末尾单字符。

这样，匹配表达式"replaceExpr"就很好理解了，在"'1{num2str(length($2))}$3'"中："'$1'"指代第 1 独立分组匹配内容，即起始单字符；"'$3'"指代末尾单字符的第 3 分组匹配内容；中间是动态正则，统计字符串中间到底有多少个字符并反映在匹配结果中。假如把匹配模式更换一下，则代码如下：

源代码 4.266: 当前匹配与第 N 次匹配的差异比较

```
1  >> arrayfun(@(i)regexprep(t{i},match_expr,'$1'),1:4,'uni',0)
2  ans =
3      'a'    'd'    'a'    't'
4  >> arrayfun(@(i)regexprep(t{i},match_expr,'$3'),1:4,'uni',0)
5  ans =
6      'c'    'f'    '4'    'c'
7  >> arrayfun(@(i)regexprep(t{i},match_expr,'$0'),1:4,'uni',0)
8  ans =
9      'abc'    'def'    'agx124'    'tx46sc'
10 >> arrayfun(@(i)regexprep(t{i},match_expr,'$1${num2str(length($0))}$3'),1:4,'uni',0)
11 ans =
12     'a3c'    'd3f'    'a64'    't6c'
```

从源代码 4.266 的分组里可以看到 "'$1'" 和 "'$0'" 之间的显著区别：前者指代第 1 个分组匹配内容、后者指代当前搜索匹配。以第 1 个语句为例：当前，即 "'$0'" 匹配字符 "'abc'"；第 1 分组，也就是 "'$1'" 对当前匹配内容 'abc' 再按 "'(^\w)'" 匹配，指代其起始字母 "'a'"。

4.16.5 正则表达式重解例 2.8

例 2.8 正则解法如下：

源代码 4.267: 动态正则表达式重解例 2.8,by Takehiko KOBORI,size:28

```
1  function ans = your_fcn_name(x)
2  [~, ii] = sort(str2num(regexprep(num2str(x), '(\d{3})\d*(\d{2})', '$1$2')));
3  ans=x(ii);
4  end
```

仔细阅读过本书前几个对动态正则表达式以及匹配操作符的说明，理解源代码 4.266 的正则表达式应该不困难。问题要求抽取输入向量 x 中每个数字的前 3 位和后 2 位组成新数字并排序，以这个顺序再重新排列 x。其他解法详见第 2 章，这里重点谈谈正则表达式的构建以及匹配操作符。

正则表达式 "'(\d{3})\d*(\d{2})'" 设置 2 个搜索模式，中间夹着 $0 \sim n$ 个数目不定的整数字符，即："'\d*'"，第 1 个搜索模式是圆括号内的 "'\d{3}'"，用于匹配前三位整数、第 2 个搜索模式 "'\d{2}'" 代表匹配后 2 位整数字符，如按 "'(\d{3})\d*(\d{2})'" 在原向量中匹配某数成功，则对当前满足正则搜索条件的字符串，用其前 3、后 2 共 5 个整数单字符替代之。

源代码 4.268: "当前匹配"与第 N 次匹配模式的差异比较

```
1  >> x=randi([100000 9000000],1,5)
2  x =
3      6149354    5930372    1547244    1159079    4535440
4  >> regexprep(num2str(x),'(\d{3})\d+(\d{2})','$1$2')
5  ans =
6  61454 59372 15444 11579 45340
```

第 4 章 字符操作进阶：正则表达式　　　　　　　　　　　　　　　　　　　　　　313

```
7  >> regexprep(num2str(x),'(\d{3})\d+(\d{2})','$0')
8  ans =
9  6149354 5930372 1547244 1159079 4535440
```

除正则匹配函数 `regexprep`，还有正则索引函数 `regexp`，与前者不同之处在于它没有替换表达式。

4.16.6　正则表达式重解例 2.9

例 2.9 要求在二进制字符串中查找最长的连续 "1"：

源代码 4.269: 动态正则表达式重解例 2.9,by @bmtran,size:23

```
1  function ans = lengthOnes(x)
2      ans=max( [ 0 cellfun( @length, regexp( x, '1+', 'match' ) ) ] );
3  end
```

由于只寻找连续 "1"，源代码 4.269 中的正则表达式构造很简单。`regexp` 函数后缀参数 "`'match'`" 把所有连续 1 列出，如果没这个参数，`regexp` 将返回每段匹配成功连续 1 的起始索引编号。

源代码 4.270: `regexp` 函数后跟参数解析

```
1  >> x = '10010101111101001111';
2  >> regexp(x,'1+')
3  ans =
4       1    4    6    8   14   17
5  >> regexp(x,'1+','match')
6  ans =
7      '1'   '1'   '1'   '11111'   '1'   '11111'
```

显然，每段连续 1 都在字符串内部，从每个 0 之后的 1 开始进入匹配模式、到下一个 0 匹配结束。"`'match'`" 参数指令函数 `regexp` 把匹配成功的一系列连续 1 字符串用 cell 数组存储。这个数据类型，正好可用 `cellfun` 操控 `@length` 句柄，以获得每段连续 1 的长度，并把这些长度作为输入，提供给外层 `max`，以得到最大长度返回值。起始位增加一个 0，目的是当起始位就是 1 时，提供一个匹配点。

`regexp` 也可后跟分隔参数 "`'split'`"，原字符串内仅有 0、1 两种元素值，可通过元素 "0" 分隔所有连续的 "1"。

源代码 4.271: 动态正则表达式重解例 2.9,by Jason Kaeding,size:19

```
1  function ans = lengthOnes(x)
2    ans=max( cellfun('length', regexp(x, '0', 'split')) );
3  end
```

这个问题用函数 `regexprep` 同样可解，关键仍然是构造正则搜索和动态匹配表达式。

源代码 4.272: 动态正则表达式重解例 2.9,by bkzcnldw,size:16

```
1  function ans = lengthOnes(x)
2      ans=max(regexprep(x,'[^1]*(1*)[^1]*','${char(length($1))}'));
3  end
```

注意到正则表达式"'[^1]*(1*)[^1]*'"共两对方括号,一对圆括号。方括号代表字符集,因此"'[^1]*'"为 $0 \sim n$ 个不是 1 的字符,这包括最开始处的 1——因为 1 之前即使没有非 1 字符也算匹配成功,本例中测试代码字符非 0 即 1,因此也能用"'0*'"代替"'[^1]*'";一对圆括号代表仅一个匹配模式,所匹配为全 1 字符串,这在后面正则替换表达式中能得到利用。匹配成功的字符长度用 `length` 或 `numel` 统计,由于这两个函数返回 double 型数值,正则替换却需要返回字符,所以外层用 `char` 做类型变换。注意:如果去掉外层最大值函数 `max`,匹配结果看似是"透明"的,即:好像在命令窗口显示"空"字符串,实际上这并不是空字符串,如果让它转换为 ASCII 码值,会发现其长度值非常小(测试代码中的算例均小于 5),是所谓控制字符 (char(0:20))。

源代码 4.273: 动态正则表达式重解例 2.9 运行结果分析

```
1  >> x = '1001010111110100111111';
2  >> regexprep(x,'0*(1*)0*','${char(length($1))}')-0
3  ans =
4       1    1    1    5    1    5
```

4.16.7 正则表达式重解例 2.10

例 2.10 要求把 $1 \sim n$ 序列中包含指定整数 $m(m = 0, 1, 2, \cdots, 9)$ 的数字去掉,对序列 x 剩下的数求和。第 2 章采用"求余结合常用对数"、"转字符串构造逻辑索引"等方式求解,本节讨论如何用动态正则求解。因为指定数字明显的搜索匹配特征,仍然可据此构造正则表达式。

源代码 4.274: 正则表达式重解例 2.10,by Matt Baran,size:29

```
1  function ans = no_digit_sum(n,m)
2    ans=sum(str2num(regexprep(num2str(1:n),['\d*' num2str(m) '\d*'],'')));
3  end
```

源代码 4.274 中的动态正则表达式通过字符串从外部"拼"成,其意义是:数字中任意位置,只要包含指定位数"m",就将当前匹配成功的字串替换成空串。有读者可能会问:既然匹配表达式中有动态表达式形式("'${cmd}'"),那么前面的正则搜索表达式中能否构造动态形式呢? 答案是肯定的。

源代码 4.275: 动态正则表达式重解例 2.10,by li jian,size:23

```
1  function ans = no_digit_sum(n,m)
2    ans=sum(str2num(regexprep(num2str(1:n),'\d*(??@num2str(m))\d*','')));
3  end
```

注意:源代码 4.275 中,动态正则并未像前几例那样,出现在匹配变量"replace"内,而是出现在了"expression"中,二者的动态正则形式有一定区别,替代变量中的动态正则"'${cmd}'"含义及用法请参阅 4.2.10 小节动态正则表达式的 3 条规则。回到源代码 4.275,动态正则表达式"'\d*(??@num2str(m))\d*'"的意思是:字符向量 num2str(1:n) 中任何位数上只要搜索到数字 m 就算匹配成功,当前搜索数字整体被匹配为空串。

4.16.8 正则表达式重解例 3.5

例 3.5 Morris 序列，它属于"行程长度编码 (Run-Length Coding)"问题的一种，也能通过动态正则实现扩展。

源代码 4.276: 动态正则表达式重解例 3.5,size:20

```
1  function ans = look_and_say(x)
2    ans=str2num(regexprep(char(x+'0'), '(\d)(\1*)', '${num2str(numel($0))}␣$1␣'));
3  end
```

这句代码有几处值得注意：

① **关于类型转换**　`regexprep` 处理字符向量，不妨采用 `char(x+'0')` 把数值型变换为字符型：

源代码 4.277: 源代码 4.276 分析——数值向量转字符型 1

```
1  >> data=randi(10,1,10)
2  data =
3       1    4    2    8    4    6    2    7    3    7
4  >> strNumstr=num2str(data)
5  strNumstr =
6  1 4 2 8 4 6 2 7 3 7
7  >> strChar=char(data+'0')
8  strChar =
9  1428462737
```

如果用 `num2str` 转换数据类型，需要设置第 2 个参数 "−6" 剔除数据间空格。

源代码 4.278: 源代码 4.276 分析——数值向量转字符型 2

```
1  >> strNumstr=num2str(data,-6)
2  strNumstr =
3  1428462737
```

② **连续数据搜索**　源代码 4.276 的关键在于：连续相同数据的逐段搜索匹配。源代码 4.276 给出行程长度编码中常用的正则搜索匹配模式为 `'(\d)(\1*)'`。两个圆括号代表两个模式同时匹配，前一个代表搜索到任意字符（替代表达式中的 "`'$1'`"），后一个中的 `'\1'` 代表前面刚刚匹配到的相同内容，"`'*'`"是匹配 $0 \sim n$ 次（如果替代表达式中要引用该字符串，其指代符号为 "`'$2'`"）。

③ **匹配数据的替代**　这是第 ② 步搜索匹配成功的字符串要处理的问题。替代表达式也分两部分：第 1 部分对当前匹配成功的字符串，即全部连续的相同字符，用 "`numel($0)`" 求其字符向量长度，接 1 个空格后跟这段相同字符的具体数值，就是前面的模式 1 "`'$1'`" 所匹配的连续数字的第 1 个。

4.16.9 正则表达式重解例 3.6

"孤岛测距"问题即例 3.6 实际上也属于行程长度编码问题变体。本书曾对相邻元素做差判断 1 和 −1 的位置，确定序列中所有连续 1 的始末索引端点，这是典型的数值方法。下面构造正则表达式重解题目。

1. 利用正则搜索确定始末端点

regexp 函数正则搜索的输出开关（outkey）提供了输出匹配成功字符串开始和结束位置索引的参数为 "'start'" 和 "'end'"，用法如下：

源代码 **4.279**: regexp 的参数 "'start'" 与 "'end'"

```
1  >> x='Parameter ''start'' and ''end'' used in regexp function';
2  >> [IndStart,IndEnd]=regexp(x,'\w+','start','end')
3  IndStart =
4       1  12  19  24  29  34  37  44
5  IndEnd =
6       9  16  21  26  32  35  42  51
```

源代码 4.279 示例看出：两个参数实际上获得了每个单词的第 1 个和最后 1 个字母的索引位置。

源代码 **4.280**: 利用 regexp 的参数 "'start'" 和 "'end'" 重解例 3.6,by bainhome,size:66

```
1  function str = distancesFromHoles(str)
2  [IndStart,IndEnd]=regexp(num2str(str,-6),'1+','start','end');
3  Len=diff([IndStart;IndEnd])+1;
4  for i=1:numel(IndStart)
5      str(IndStart(i):IndEnd(i))=min(1:Len(i),fliplr(1:Len(i)));
6  end
```

与源代码 3.101 相比，只在全 1 向量始末端点索引出，采用正则搜索替代数值方法，其后依然用数值求解方式。

2. 动态正则替换求解

源代码 4.279 相当于"半自动"的正则表达式，那么能否用正则表达式一次性完成搜索和替换符合要求的全 1 向量呢？这依然要设法构造动态正则表达式。

源代码 **4.281**: 利用动态正则表达式重解例 3.6 的方法 1,by bainhome,size:20

```
1  function ans = distancesFromHoles(x)
2      ans=regexprep(num2str(x,-6),'([1]+)','${num2str(min(1:length($1),fliplr(1:length($1))),-6)}')...
         -48;
3  end
```

源代码 4.281 的求解仅 1 行，但要分三个部分解释：

① **输入向量的两次类型转换** 第 1 次是函数 regexprep 内部用 num2str(x,-6) 实现，后跟参数 "-6" 用于去掉转换时中间不必要的空格；第 2 次是在 regexprep 外部，由于正则替换返回的是字符数值向量，还要再次还原成数值向量，所使用的方法是第 2 章讲过多次的 "ASCII 码值"法，直接减去 0 数字所代表的 "48"，类型重新还原为数值型。

② **正则搜索表达式** 由于搜索连续数量不定的元素 "1"，用 "'([1]+)'" 或 "'(1+)'" 都可以，注意必须带圆括号形成独立分组，这在第③步，对当前匹配的指代和替换很重要。

③ **正则替代表达式** 源代码 4.281 的核心部分所完成的功能是把刚查找到的每段连续 1 向量，动态替换成与各段全 1 向量长度相同的距离向量，整个替代表达式格式是 "'${cmd}'"，其中的 "cmd" 代表 MATLAB 函数，即 "num2str(min(1:length($1),fliplr(1:length($1))),-6)"，

关于最内层的测距向量构造原理，已在源代码 3.100 中介绍，不再赘述。注意被 MATLAB 函数 length、fliplr 和 min 所执行的参数，变成每次搜索得到的全 1 向量（用 "`$1`" 指代）长度，由于字符串替换结果也必须是字符串，最小值函数外需再用 "num2str(...,-6)" 转换一下。

3. 动态正则中借用函数 cumsum

思路类似源代码 4.281，但对正则搜索式做出调整，用 cumsum 获得当前匹配长度索引向量。

源代码 **4.282:** 利用动态正则表达式重解例 3.6 的方法 2,by Binbin Qi,size:18

```
1  function ans = distancesFromHoles(x)
2    ans=regexprep(num2str(x),'[1\s]*','${num2str(min(cumsum(str2num($0)),fliplr(cumsum(str2num($0)))),-6)}')-'0';
3  end
```

前面说过：用 "num2str(data)" 默认方式转换数值向量为字符串，会出现不必要的空格，可用参数 "-6" 加以避免，实际上还有两种方法可以避免这种空格的出现：

- 利用函数 char，这在之前一些问题求解中也曾用过。

源代码 **4.283:** 解决数值型转字符型向量时中间出现空格的其他方法 1

```
1  >> char(data+'0')
2  ans =
3  385592773500
4  >> char(data+48)
5  ans =
6  385592773500
```

- 正则搜索表达式中加入连续 1 向量中的空格，实际上就是在找到 1 之后，再匹配一个空格，在匹配表达式中就能利用 str2num 把匹配的带空格全 1 向量直接换成数值参与其他计算，例如：

源代码 **4.284:** 解决数值型转字符型向量时中间出现空格的其他方法 2

```
1  >> data=randi([0 9],1,12)
2  data =
3       3   8   5   5   9   2   7   7   3   5   0   0
4  >> regexprep(num2str(data),'[\d\s]*','${num2str(fliplr(str2num($0)),-6)}')-'0'
5  ans =
6       0   0   5   3   7   7   2   9   5   5   8   3
```

注意：搜索表达式中出现了数字和空格两个元素，方括号不能去掉，按照搜索默认的"贪婪"模式，如果不加方括号则变成搜索 $0 \sim n$ 个空格，而不是 "$0 \sim n$ 个数字或空格"。通过以下代码即可看出区别：

源代码 **4.285:** 源代码 4.284 正则搜索中的方括号

```
1  >> regexp(num2str(data),'[\d\s]*','match')
2  ans =
3      '3  8  5  5  9  2  7  7  3  5  0  0'
4  >> regexp(num2str(data),'\d\s*','match')
```

```
5  ans =
6     '3 ␣␣'  '8 ␣␣'  '5 ␣␣'  '5 ␣␣'  '9 ␣␣'  '2 ␣␣'  '7 ␣␣'  '7 ␣␣'  '3 ␣␣'  '5 ␣␣'  '0 ␣␣'  '0'
```

显然，加上方括号搜索得到整个字符串，不加方括号则等效于表达式"'\d{1}\s{0,}'"，即仅匹配单个数字字符。

由于查找全 1 向量，累积求和函数用在这里十分合适，通过累加正好得到该部分的索引值：

源代码 4.286: 全 1 向量索引号的计算方法 1

```
1  >> cumsum(ones(1,10))
2  ans =
3     1   2   3   4   5   6   7   8   9   10
```

另外，cumsum 函数后置"'direction'"参数，可从前后两个方向累加，这在例 3.6 中被用到。

源代码 4.287: cumsum 的"'direction'"参数

```
1  >> cumsum(ones(1,10))
2  ans =
3     1   2   3   4   5   6   7   8   9   10
4  >> cumsum(ones(1,10),'reverse')
5  ans =
6     10  9   8   7   6   5   4   3   2   1
```

显然替换表达式中函数 fliplr 可去掉，改 cumsum 后置"'reverse'"参数。

源代码 4.288: 利用 cumsum 后置"'reverse'"参数测距,by LY Cao,size:14

```
1  function ans = distancesFromHoles(x)
2  regexprep(char(x),'\x1+','${char(min(cumsum(+$0),cumsum(+$0,''reverse'')))}');
```

> **评** 再次提醒：正则表达式"'${cmd}'"中的"cmd"为 MATLAB 命令，函数输入来自对字符串的搜索结果，需要按函数要求被转换成数值运算。源代码 4.282 用 str2num 做类型转换，源代码 4.288 则用更简捷的"+"运算，待 MATLAB 函数运算完毕，如结果仍是数值，需按"正则替换表达式返回为字符串"的要求，重新用 char 返回字符型。

对非 0 向量，用 find 查找非 0 数值索引位：

源代码 4.289: 全 1 向量索引号的计算方法 2

```
1  >> find(randi(10,1,10))
2  ans =
3     1   2   3   4   5   6   7   8   9   10
```

正好用来求解例 3.6:

源代码 4.290: 利用 find 获得每段全 1 向量的索引号,by bainhome,size:18

```
1  function ans = distancesFromHoles(str)
2  ans=regexprep(num2str(str),'[1\s]*','${num2str(min(find(str2num($0)),fliplr(find(str2num($0)))
       ,-6)}')-'0';
```

```
3 end
```

4.16.10 正则表达式重解例 3.7

再如 3.7 节"自然数序列扩展"问题即例 3.7，通过动态正则实现此类规律性很强的扩展也很方便。

源代码 4.291: 动态正则表达式重解例 3.7,size=21

```
1 function ans = your_fcn_name(n)
2  ans=str2num(regexprep(num2str(1:n),'\d','${num2str(repmat(str2num($0),1,str2num($0)))}'));
3 end
```

源代码 4.291 实际上是把扩展部分放进"替换"参数（replace expr）的动态正则表达式。

4.17 小　结

正则表达式语法规则偏向于从底层元素构造，它与 MATLAB 其他内容有一些区别，其运行和匹配结果难以调试，尤其是当涉及动态正则表达式时，也就是与 MATLAB 函数交互部分的时候，是个很大的挑战。如果不通过一定量正则语法的单项或者综合练习，而只是单纯阅读帮助文件中关于正则表达式的叙述，想要掌握正则表达式的有关内容相当困难，至少也要经历相对漫长的阶段，才能理解种类繁多的语法规则、各种后缀参数的含义以及它们之间的搭配构造。本章试图先抛出一些问题，通过分析及不同解法思路，由简单到复杂，从浅显到深入，对正则表达式在实际问题中的应用进行全面探讨，希望缩短读者对正则表达式建立初步理解的阶段。此外，在一些问题的求解中，还用字符串函数或者矢量索引的解决方案，与正则解法进行比较，这也有助于更全面地了解正则表达式在何种情况下能够发挥出更大的作用。

第 5 章 多维数组漫谈

三维以上的多维数组 (N-D Array) 是特殊的数据结构，在数学、物理、图形处理等领域仍有广泛应用。MATLAB 自 5.0 版本后，开始支持多维数组，其处理方式与低维类似，例如用 plot 绘制二维图形，x 轴和 y 轴上的原始数据所具有的颜色、线宽、标注等，都可看做平面图形向多个维度的数据外延，因此简单的 MATLAB 平面图形，也是一个完整的 N-D 数组。在一些特殊情况下，往往需要多维数组完成问题描述和信息存储，比如帮助文件中的流场数据 "wind.mat" 就是比较典型的多维数组应用。

源代码 5.1: zeros 命令构造多维数组

```
1  >> load wind
2  figure
3  streamslice(x,y,z,u,v,w,[],[],[5])
4  axis tight
5  >> @(f,varargin)feval(@(x)x{:},cellfun(f,varargin,'uni',0));
6  >> [sx,sy,sz,su,sv,sw]=ans(@size,x,y,z,u,v,w)
7  sx =
8       35    41    15
9  sy =
10      35    41    15
11 sz =
12      35    41    15
13 su =
14      35    41    15
15 sv =
16      35    41    15
17 sw =
18      35    41    15
```

可以看出，"wind.mat" 中装载坐标数据及方向矢量数据都是多维数组[*]，源代码 5.1 运行结果如图 5.1 所示。

多维数据操作函数介绍其实多见于各种书籍资料之中，但结合矢量寻址、高低维变换，综合解决问题的案例还比较少，以多解方式、不同角度深入分析代码编写思路的就更少见。鉴于多维数组的特殊性，本章从了解多维数组结构、元素存储顺序和 MATLAB 的操作方式等入手，最终由 Cody 题目诸多思路，探讨多维数组数据使用的一些"诀窍"。

---

[*]源代码 5.1 中利用匿名函数设置"逗号表达式"完成多输出，这种方式将在第 6 章介绍。

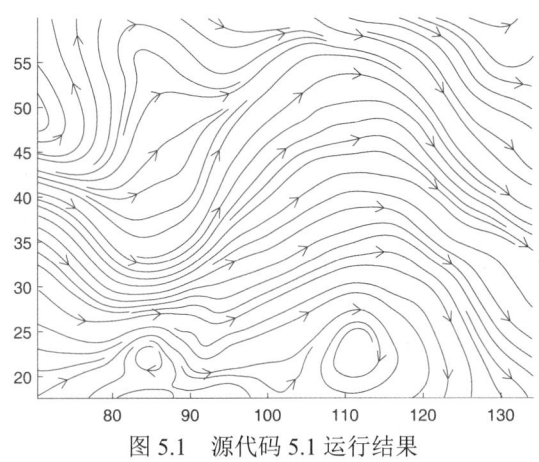

图 5.1 源代码 5.1 运行结果

5.1 多维数组基础

二维数组两个维度分别称为"行"、"列",三维方向上通常可用"层"或者"页"表示,更高维数的数组目前还没有通用的命名方式[1],为方便描述起见,本书统称"第 n 维 ($n = 4, 5, \cdots$)"。多维数组构造有多种方法,比如利用标准数组函数 zeros、ones、rand 等构造:

源代码 5.2: zeros 命令构造多维数组
```
1  >> zeros(2,3,2)
2  ans(:,:,1) =
3       0     0     0
4       0     0     0
5  ans(:,:,2) =
6       0     0     0
7       0     0     0
```

或者:

源代码 5.3: rand 命令构造多维数组
```
1  >> rand(2,3,2)
2  ans(:,:,1) =
3      0.8147    0.1270    0.6324
4      0.9058    0.9134    0.0975
5  ans(:,:,2) =
6      0.2785    0.9575    0.1576
7      0.5469    0.9649    0.9706
```

源代码 5.2 和源代码 5.3 分别形成 2 行 3 列 2 层的三维全 0 矩阵和随机矩阵,或者通过简单的赋值扩维构造。

源代码 5.4: 赋值扩维构造多维数组
```
1  >> rand(2,3)
2  ans =
3      0.9572    0.8003    0.4218
4      0.4854    0.1419    0.9157
5  >> ans(2,3,2)=rand
6  ans(:,:,1) =
```

```
 7         0.9572    0.8003    0.4218
 8         0.4854    0.1419    0.9157
 9    ans(:,:,2) =
10              0         0         0
11              0         0    0.7922
```

源代码 5.4 在二维随机矩阵基础上，对数组第 2 页第 2 行第 3 列赋随机数，MATLAB 自动对该页低维索引小于它的其他元素赋值零，生成 $2 \times 3 \times 2$ 三维数组。

常用数组构造命令，很多对 N-D 数组同样适用，例如 repmat、reshape 等。

源代码 5.5: reshape 函数——构造多维数组

```
 1  >> t=1:18;
 2  >> reshape(t,2,3,[])
 3  ans(:,:,1) =
 4       1    3    5
 5       2    4    6
 6  ans(:,:,2) =
 7       7    9   11
 8       8   10   12
 9  ans(:,:,3) =
10      13   15   17
11      14   16   18
```

另外，reshape 函数只改变原始数组的元素排列，不能增删元素个数。

源代码 5.6: reshape 函数——变换维度

```
 1  >> k=cat(3,1:6,7:12,13:18)
 2  k(:,:,1) =
 3       1    2    3    4    5    6
 4  k(:,:,2) =
 5       7    8    9   10   11   12
 6  k(:,:,3) =
 7      13   14   15   16   17   18
 8  >> reshape(k,3,2,4)
 9  Error using reshape
10  To RESHAPE the number of elements must not change.
11  >> reshape(k,[3,2,3])
12  ans(:,:,1) =
13       1    4
14       2    5
15       3    6
16  ans(:,:,2) =
17       7   10
18       8   11
19       9   12
20  ans(:,:,3) =
21      13   16
22      14   17
23      15   18
```

源代码 5.6 运行结果显示：当生成高维数组元素数量超过必要时，提示出错。另外，当生成高维数组时，从原矩阵中取得数据的顺序是"逐层列取"。

源代码 5.7: repmat 函数——构造多维数组

```
1  >> t=rand(2,3);
2  >> repmat(t,1,2,2)
3  ans(:,:,1) =
4      0.2435    0.3500    0.2511    0.2435    0.3500    0.2511
5      0.9293    0.1966    0.6160    0.9293    0.1966    0.6160
6  ans(:,:,2) =
7      0.2435    0.3500    0.2511    0.2435    0.3500    0.2511
8      0.9293    0.1966    0.6160    0.9293    0.1966    0.6160
```

源代码 5.5 利用 reshape 函数把 1×18 的行向量重组为 $2\times 3\times 3$ 三维数组，源代码 5.7 则用 repmat 函数对二维矩阵 t 扩维，从运行结果可以看出：后缀参数"1,2,2"代表在行维度上不扩展，在列、层维度上各扩展 1 次。

针对三维以上数据，MATLAB 中还有些处理函数，如：用于低维向高维数据组合的 cat、删除高维数据中单独维度的 squeeze、数组翻转的 flip、多维数组转置的 permute 函数以及支持数据旋转轮换的 shiftdim 函数。道理与二维条件下对应的 fliplr、flipud、circshift 等类似，例如：

源代码 5.8: flipdim 函数在第三维上翻转多维数组

```
1   >> t=rand(3,3,3)
2   t(:,:,1) =
3       0.8147    0.9134    0.2785
4       0.9058    0.6324    0.5469
5       0.1270    0.0975    0.9575
6   t(:,:,2) =
7       0.9649    0.9572    0.1419
8       0.1576    0.4854    0.4218
9       0.9706    0.8003    0.9157
10  t(:,:,3) =
11      0.7922    0.0357    0.6787
12      0.9595    0.8491    0.7577
13      0.6557    0.9340    0.7431
14  >> flip(t,3)
15  ans(:,:,1) =
16      0.7922    0.0357    0.6787
17      0.9595    0.8491    0.7577
18      0.6557    0.9340    0.7431
19  ans(:,:,2) =
20      0.9649    0.9572    0.1419
21      0.1576    0.4854    0.4218
22      0.9706    0.8003    0.9157
23  ans(:,:,3) =
24      0.8147    0.9134    0.2785
25      0.9058    0.6324    0.5469
26      0.1270    0.0975    0.9575
```

源代码 5.8 的功能如图 5.2 所示，在层 (页) 维度上，以 $b_i(i=1,2,\cdots,9)$ 为轴，$a_i(i=$

$1, 2, \cdots, 9$) 和 $c_i(i = 1, 2, \cdots, 9)$ 两层数据互换翻转。

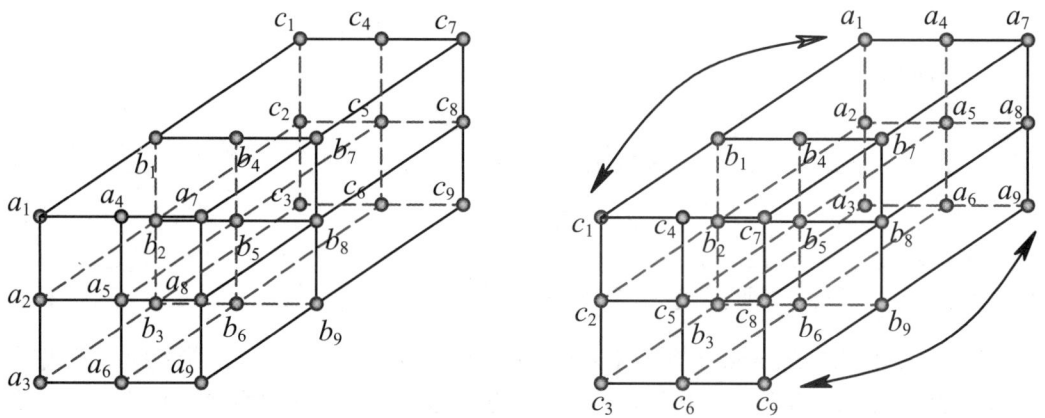

图 5.2　三维矩阵的翻转示意图

permute 函数能对多维数组实现转置，在二维条件下它与转置命令 $A.'$ 功能类似。

源代码 5.9: permute 函数操控二维数组转置

```
1  >> t=rand(3,2)
2  t =
3      0.3922    0.7060
4      0.6555    0.0318
5      0.1712    0.2769
6  >> t_1=t.'
7  t_1 =
8      0.3922    0.6555    0.1712
9      0.7060    0.0318    0.2769
10 >> t_2=permute(t,[2,1])
11 t_2 =
12     0.3922    0.6555    0.1712
13     0.7060    0.0318    0.2769
```

源代码 5.9 表明：permute 与矩阵转置得到相同的运行结果。但 permute 与二维转置操作方式的不同之处在于：permute 函数更多用于高维数组元素跨维置换。

源代码 5.10: permute 函数操控三维数组做元素置换

```
1  >> t=reshape(1:12,3,[])
2  t =
3      1    4    7   10
4      2    5    8   11
5      3    6    9   12
6  >> t(:,:,2)=10*t
7  t(:,:,1) =
8      1    4    7   10
9      2    5    8   11
10     3    6    9   12
11 t(:,:,2) =
12    10   40   70  100
13    20   50   80  110
14    30   60   90  120
```

```
15  >> t_3=permute(t,[3,1,2])
16  t_3(:,:,1) =
17       1     2     3
18      10    20    30
19  t_3(:,:,2) =
20       4     5     6
21      40    50    60
22  t_3(:,:,3) =
23       7     8     9
24      70    80    90
25  t_3(:,:,4) =
26      10    11    12
27     100   110   120
28  >> size(t),size(t_3)
29  ans =
30       3     4     2
31  ans =
32       2     3     4
```

多维数组 t 在指定读取顺序 "[3 1 2]" 所产生的运行结果，移位思路用如下步骤分解：

① 新数组行数等于原数组层数 2，即 $m' = l = 2$；

② 新数组列数等于原数组行数 3，即 $n' = m = 3$；

③ 按照 MATLAB 数组列写入原则，新数组第 1 层数据输入顺序是 "1−10−2−20−3−30"，共 $2 \times 3 = 6$ 个元素，其余同理，结果如图 5.3 所示。

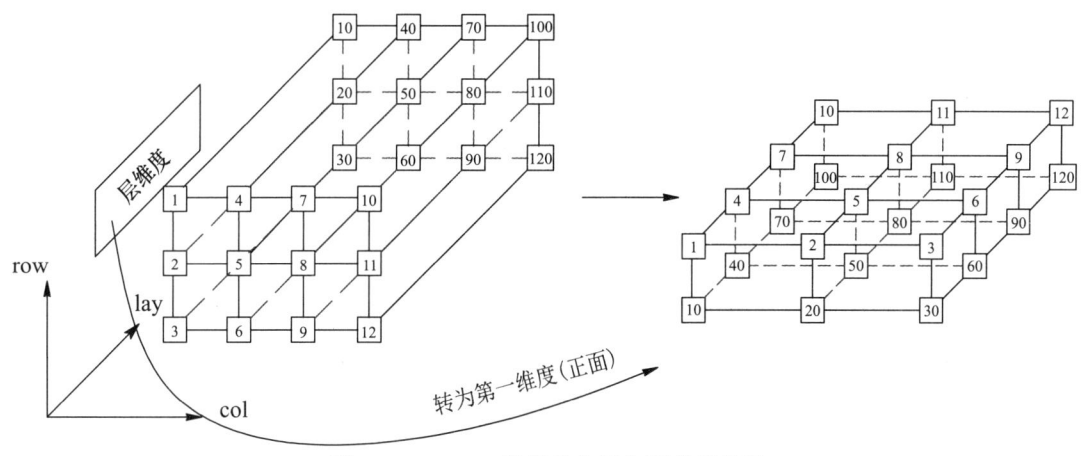

图 5.3 permute 数据移位写入顺序示意图

cat 函数的作用是把低维矩阵合成为高维，函数的第 1 个调用参数是维度 "dim"，当等于 1 时，矩阵按第 1 维度 (行方向) 合并；等于 2 时，按第 2 维度 (列方向) 合并；等于 3 时，按层 (页) 方向合并，更高维度类推。

源代码 5.11: cat 函数——3 个二维矩阵合成三维数组

```
1  >> a=ones(2);b=zeros(2);c=eye(2);
2  >> d1=cat(1,a,b,c);
3  d1 =
4       1     1
```

```
 5      1     1
 6      0     0
 7      0     0
 8      1     0
 9      0     1
10  >> d2=cat(2,a,b,c)
11  d2 =
12      1     1     0     0     1     0
13      1     1     0     0     0     1
14  >> d3=cat(3,a,b,c)
15  d3(:,:,1) =
16      1     1
17      1     1
18  d3(:,:,2) =
19      0     0
20      0     0
21  d3(:,:,3) =
22      1     0
23      0     1
```

值得注意的是，即使只有 3 个组合矩阵，如果维数更高，也同样可以生成高维数组。

源代码 5.12: cat 函数——3 个二维矩阵合成四维数组

```
 1  >> d4=cat(4,a,b,c)
 2  d4(:,:,1,1) =
 3      1     1
 4      1     1
 5  d4(:,:,1,2) =
 6      0     0
 7      0     0
 8  d4(:,:,1,3) =
 9      1     0
10      0     1
11  >> size(d4)
12  ans =
13      2     2     1     3
```

源代码 5.12 中，size 函数运行结果说明：生成了 $2 \times 2 \times 1 \times 3$ 四维数组。

维数增加导致计算和其余操作变得困难，同时要求参与运算的两个高维数组在每一层(页)上都具有相同维数，MATLAB 中提供了高维和低维转换的函数 squeeze，可把维数中的单一维度去掉，从而使高维数组降维，例如源代码 5.12 中的四维数组 d_4，经 squeeze 处理得到：

源代码 5.13: squeeze 函数的"缩维"操作

```
 1  >> size(d4)
 2  ans =
 3      2     2     1     3
 4  >> d5=squeeze(d4)
 5  d5(:,:,1) =
 6      1     1
 7      1     1
```

第 5 章 多维数组漫谈

```
 8  d5(:,:,2) =
 9       0     0
10       0     0
11  d5(:,:,3) =
12       1     0
13       0     1
14  >> size(d5)
15  ans =
16       2     2     3
```

比较源代码 5.12 和源代码 5.13 的运行结果发现，数组 d_5 与 d_4 数据一样，只减少一个维度。另外，冒号操作符在高维数组中的规则也与低维情况下相同。

源代码 5.14: 多维数组中用冒号实现元素列写

```
 1  >> a(:,:,2)=1:3
 2  a(:,:,1) =
 3       0     0     0
 4  a(:,:,2) =
 5       1     2     3
 6  >> a(:)'
 7  ans =
 8       0     0     0     1     2     3
 9  >> squeeze(a)'
10  ans =
11       0     0     0
12       1     2     3
```

容易想到两个多维数组的索引引用函数 sub2ind 和 ind2sub，举例如下：

源代码 5.15: sub2ind 函数用法说明

```
 1  >> rand(2,3,3)
 2  ans(:,:,1) =
 3      0.8147   0.1270   0.6324
 4      0.9058   0.9134   0.0975
 5  ans(:,:,2) =
 6      0.2785   0.9575   0.1576
 7      0.5469   0.9649   0.9706
 8  ans(:,:,3) =
 9      0.9572   0.8003   0.4218
10      0.4854   0.1419   0.9157
11  >> ind=sub2ind(size(t),2,3,2)
12  ind =
13      12
```

源代码 5.15 结果显示：维数为 $2\times 3\times 3$ 的矩阵 t，第 $(2,3,2)$ 个元素在全矩阵中的索引编号为 12。另一个与之密切关联的函数 ind2sub 则与之相反，通过提供全矩阵索引来返回其行、列、层以及更高维度地址编号。

源代码 5.16: ind2sub 函数用法说明

```
 1  >> [i,j,k]=ind2sub(size(t),12)
 2  i =
```

```
3      2
4  j =
5      3
6  k =
7      2
```

多维数组维度、元素数量、维度数由函数 size、numel 和 ndims 得到。

源代码 **5.17**: ind2sub 函数用法说明

```
1  >> t=rand(2,3,2)
2  t(:,:,1) =
3      0.5472   0.1493   0.8407
4      0.1386   0.2575   0.2543
5  t(:,:,2) =
6      0.8143   0.9293   0.1966
7      0.2435   0.3500   0.2511
8  >> size(t),numel(t),ndims(t)
9  ans =
10     2    3    2
11 ans =
12     12
13 ans =
14     3
```

源代码 5.17 说明维度 $2 \times 3 \times 2$ 的三维数组 t，共有 $2 \times 3 \times 2 = 12$ 个元素，其维度数是 3。

5.2 多维数组问题 1：扩维

本节先通过数组练习，说明数组维数怎样按需逐步扩大。

例 5.1 这是一个乘法表在更高维度上扩展的变体。要求编写包含两个输入 n 和 d 的函数，乘数因子变量 n 为正整数，维度变量 d 为整数 (可以为零)，函数返回的变量 tt 在维度 d 上，乘数因子 $1:n$ 次第与本身元素相乘的列表。如果输入维度 $d = 0$，则返回变量 tt $= 1$；如果 $d = 1$，则返回变量 tt 为列向量 $[1:n]'$。比如源代码 5.18 所示的输入变量如下：

源代码 **5.18**: 例 5.1 示例输入

```
1  n = 3;
2  d = 3;
```

则输出如下：

源代码 **5.19**: 例 5.1 示例输出

```
1  tt(:,:,1) = [ 1    2    3
2                2    4    6
3                3    6    9 ];
4  tt(:,:,2) = [ 2    4    6
5                4    8    12
6                6    12   18 ];
7  tt(:,:,3) = [ 3    6    9
8                6    12   18
9                9    18   27 ];
```

观察源代码 5.19 中的输出发现：无论在 $d=3$ 的三个维度 (行、列、页) 的哪一个方向上，都是向量 1:3 与自身元素次第相乘 (扩维) 的结果。

源代码 5.20: 例 5.1 测试代码

```
1   %% 1
2   m = 5;
3   n = 0;
4   tt = 1;
5   assert(isequal(ndtimestable(m,n),tt))
6   %% 2
7   m = 10;
8   n = 1;
9   tt = (1:10)';
10  assert(isequal(ndtimestable(m,n),tt))
11  %% 3
12  m = 12;
13  n = 2;
14  tt= [  1   2   3   4   5   6   7   8   9  10  11  12
15         2   4   6   8  10  12  14  16  18  20  22  24
16         3   6   9  12  15  18  21  24  27  30  33  36
17         4   8  12  16  20  24  28  32  36  40  44  48
18         5  10  15  20  25  30  35  40  45  50  55  60
19         6  12  18  24  30  36  42  48  54  60  66  72
20         7  14  21  28  35  42  49  56  63  70  77  84
21         8  16  24  32  40  48  56  64  72  80  88  96
22         9  18  27  36  45  54  63  72  81  90  99 108
23        10  20  30  40  50  60  70  80  90 100 110 120
24        11  22  33  44  55  66  77  88  99 110 121 132
25        12  24  36  48  60  72  84  96 108 120 132 144 ];
26  assert(isequal(ndtimestable(m,n),tt))
27  %% 4
28  m = 3;
29  n = 3;
30  tt = zeros(m,m,m);
31  tt(:,:,1) = [ 1   2   3
32                2   4   6
33                3   6   9 ];
34  tt(:,:,2) = [ 2   4   6
35                4   8  12
36                6  12  18 ];
37  tt(:,:,3) = [ 3   6   9
38                6  12  18
39                9  18  27 ];
40  assert(isequal(ndtimestable(m,n),tt))
41  %% 5
42  m = 2;
43  n = 4;
44  tt = zeros(m,m,m,m);
45  tt(:,:,1,1) = ...
46     [ 1   2
47       2   4 ];
48  tt(:,:,2,1) = ...
```

```matlab
49      [ 2     4
50        4     8 ];
51  tt(:,:,1,2) = ...
52      [ 2     4
53        4     8 ];
54  tt(:,:,2,2) = ...
55      [ 4     8
56        8    16 ];
57  assert(isequal(ndtimestable(m,n),tt))
58  %% 6
59  m = 2;
60  n = 7;
61  assert(numel(ndtimestable(m,n)) == m^n);
```

释义：从低维到高维、沿第 $n\,(n=1,2,\cdots)$ 维度序列逐次扩维。其中，算例 5 比较能够说明扩维要求：当 $m=2$，$n=4$，也就是第 $n_2=2$ 次扩维后所形成的 $m\times m$ 阶（本例为 mat $=[1,2;2,4]$）矩阵在沿着第 3、4 两个维度继续扩维时，所乘系数与二维依序扩维时类似。

从测试代码看，三维以下扩维不难，如：

源代码 5.21: 三维以下的矩阵扩展

```matlab
1  >> arrayfun(@(k)(1:3)'*(1:3)*k,1:3,'uni',0)
2  ans =
3      [3x3 double]  [3x3 double]  [3x3 double]
4  >> [t1,t2,t3]=ans{:};
5  cat(3,t1,t2,t3)
6  ans(:,:,1) =
7      1    2    3
8      2    4    6
9      3    6    9
10 ans(:,:,2) =
11     2    4    6
12     4    8   12
13     6   12   18
14 ans(:,:,3) =
15     3    6    9
16     6   12   18
17     9   18   27
```

但推广到高维需要技巧，类似例 5.1，容易想到 3.1 节关于扩维的内容，只是这次要扩展为 N-D 数组。

5.2.1 利用 kron 和 reshape 函数

往往产生这样一种思维误区：似乎最终结果在高维都是矩阵，就下意识地倾向于矩阵组合。其实有了 kron 和 reshape 函数，维度上的隔阂并不是想象中那么壁垒森严，完全可以先以 kron 得到结果所需高维数组的所有元素，再通过 reshape 维度变换。

源代码 5.22: 函数 kron 和 reshape 组合构造高维数组,by Tomasz,size:49

```matlab
1  function tt = Tomasz_ndtimestable(n,d)
2  tt=1;
```

```
3      for l=1:d
4         tt = kron(tt,(1:n)');
5      end
6      if d>1
7         tt = reshape(tt,ones(1,d)*n);
8      end
9  end
```

张量积函数 kron 的介绍见 3.1 节，用法："kron(A,B)" 把第 2 个参数 B 作为一个整体元素，按 A 的维度，并按两者元素的张量积形式，逐一放入。则源代码 5.21 第 2～5 行就容易理解：以元素 1 为初值，最终结果的维度尺寸 d 为循环次数，生成结果数组的所有元素。这包括维度和元素值两方面的扩展：

① **维度扩展**：基础元素 $B = (1:n)'$，维数是 $n \times 1$，且每次循环都用前次扩维结果做第 1 个调用参数 (扩维核 A)，所以扩维全程列数保持 1 不变，行数按 $n^0 = 1, n^1 = n, \cdots, n^d$ 的规律逐步扩大。以 $n = 2, d = 5$ 为例，kron 通过 $d = 5$ 次循环后，得到 $n^d = 2^5 = 32$ 行的单列向量。

② **元素值扩展**：这是 kron 函数用在这里非常适合的另一原因，源代码 3.7 只给出了 kron 在求值方面的等值特例，即：第 1 调用参数在源代码 3.7 中是全 1 序列，其结果仅显示扩维效果，但例 5.1 要求在扩维过程中，元素值也同样变化，kron 函数全貌至此才算全部展现。仍以 $n = 2, d = 5$ 为例，当第 $d_i = 1$ 次循环结束、开始第 $d_{i+1} = 2$ 次循环之前，变量 tt 的行维度 $n^{d_i} = 2^2 = 4$，这两次循环过程的中间变量 tt 值变化如下：

$$\begin{cases} \text{tt}^{(0)} = 1 \\ \text{tt}^{(1)} = \begin{pmatrix} 1 \\ 2 \end{pmatrix} \\ \text{tt}^{(2)} = \begin{pmatrix} 1 \\ 2 \\ 2 \\ 4 \end{pmatrix} = \begin{bmatrix} \text{tt}_1(1) \times \begin{pmatrix} 1 \\ 2 \end{pmatrix} \\ \text{tt}_1(2) \times \begin{pmatrix} 1 \\ 2 \end{pmatrix} \end{bmatrix} \\ \text{tt}^{(3)} = \cdots \end{cases} \tag{5.1}$$

顺利解决元素扩展维度同时求值的问题，下一任务是把元素组成题意所求的数组格式，因 reshape 函数支持 N-D 数组维度变换，例 5.1 返回值要求得到高维数组，其维度为

$$\underbrace{n \times n \times \cdots \times n}_{d\text{个}}$$

通过全 1 矩阵和已知维度输入 d，就能很方便地构造结果。

另外，每一维"基准"序列的构造，未必非用 kron，例如源代码 5.21，用矩阵直接做乘，也是一种好办法：

源代码 5.23: 矩阵乘法和 reshape 组合构造高维数组,by Elmar Zander,size:40

```
1  function ans=ndtimestable(m,n)
2     1;
```

```
3    for i=1:n
4        reshape(ans(:)*(1:m),[m*ones(1,i),1]);
5    end
6  end
```

> **评** 源代码 5.23 不同处在于：提交给 reshape 换维的数据在每次循环中按 "$m \times 1$" → "$m \times m$" → "$m \times m \times m$" → $\cdots$ 的顺序变动；源代码 5.22 则利用 kron 生成 $m^n \times 1$ 序列，再统一由 reshape 换维。

5.2.2 利用 cat 函数

cat 函数可以把低维和同维的多个数组合成高维数组，例如：

源代码 5.24: 函数 cat 调用方法

```
1  >> A={[1,2],[3,4]};
2  >> arrayfun(@(n)cat(n,A{:}),1:3,'uni',0)
3  ans =
4      [2x2 double]    [1x4 double]    [1x2x2 double]
5  >> [d1,d2,d3]=ans{:}
6  d1 =
7       1     2
8       3     4
9  d2 =
10      1     2     3     4
11 d3(:,:,1) =
12      1     2
13 d3(:,:,2) =
14      3     4
```

例 5.1 从低维到高维，很有规律的元素扩展，能够用 cat 函数把符合要求的多个低维数组，合成高维数组得到问题解答。

1. 循环中的 cat 函数

严格按例 5.1 问题的要求，把维度排布细节深入到元素。两重循环中：外层循环指定内层循环维度的要求，并构造内层 cat 函数组合用的低维 "基准" 序列 A；内层循环次数与 "基准" 序列 A 相乘得到另一个待组合的低维序列 B，cat 组合的数组作为下一次循环的 "基准" 序列，并逐步把低维序列 "刷" 在原数组上，如源代码 5.25 所示：

源代码 5.25: 函数 cat 与循环组合构造维度扩展,by Yuval Cohen,size:37

```
1  function ans = B_ndtimestable(m,n)
2  ans=1;
3  for dim = 1:n
4      m1 = ans;
5      for k = 2:m
6          ans=cat(dim,ans,m1*k);
7      end
8  end
```

以 $m=n=3$ 为例,源代码 5.25 的运行结果如图 5.4 所示。

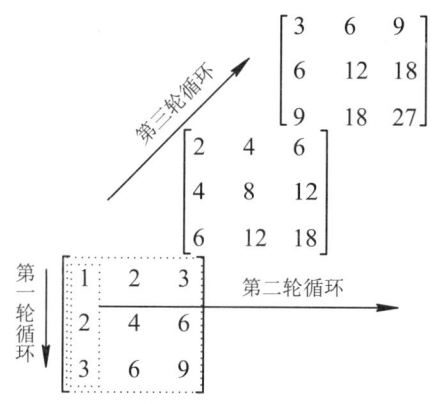

图 5.4 源代码 5.25 的运行结果

2. 递归中的 cat 函数

从每次循环调用自身的特点,容易想到递归,这是另一种操控 cat 组合数组的办法。

源代码 **5.26**: 函数 cat 与递归组合构造维度扩展,by denis,size:41

```
1  function tt = Denis_ndtimestable(n,d)
2  if d
3      tt= [];
4      for z=1:n
5          tt = cat(d,tt,ndtimestable(n,d-1)*z);
6      end
7  else
8      tt = 1;
9  end
10 end
```

可以把递归过程看作循环的"倒序"。比如想知道"Denis_ndtimestable(n,d)"的结果,首先应该知道"Denis_ndtimestable(n,d-1)"的执行结果,依次反推,直至 $tt=1$。

3. ndgrid+cell 数组构造"基"序列 + cat 合成

ndgrid 命令在构造二维格点时与 meshgrid 类似(输出相差一个转置),不同之处在于它还适合于 N-D 数组,函数名已经说明这一点(N-D Space Grid),更重要的是:它支持多输出形式。综上,ndgrid 非常适合高维数组扩展构造。

源代码 **5.27**: 函数 cat 与 ndgrid 组合,by Grzegorz Knor,size:51

```
1  function ans = ndtimestable(m,n)
2  if n==0
3      ans=1;
4  else
5      ans=cell(1,n);
6      [ans{:}]=ndgrid(1:m);
7      ans=prod(cat(n+1,ans{:}),n+1);
8  end
9  end
```

读者可能比较好奇，为什么需要利用"基础"序列逐步扩维的程序体内部，竟然没有循环、矢量化函数或者递归流程呢？虽然源代码 5.27 中的 if 流程前半段用于排除空矩阵，但第 4～6 行 $n \neq 0$ 的处理中仍包含几个实用技巧：

① 外带矩阵方括号的多输出写法。根据 ndgrid 命令帮助，其调用格式如下：

源代码 5.28: 函数 ndgrid 调用格式

```
1  [X1,X2,X3,...,Xn] = ndgrid(x1gv,x2gv,x3gv,...,xngv)
2  [X1,X2,...,Xn] = ndgrid(xgv)
```

两种输出因为是网格点在各维度上的坐标数据，必须为多输出形式，但源代码 5.27 中的语句"[ans{:}]=ndgrid(1:m)"从表面上看只返回单个变量，与调用格式不符，为什么程序运行没提示错误呢？不妨以 $m = n = 2$ 为例，对这种有点"另类"的多输出形式进行说明。

源代码 5.29: 多输出"逗号表达式"含义解释 1

```
1  >> cell(1,2);
2  >> [ans{:}]=ndgrid(1:2)
3  ans =
4      [2x2 double]  [2x2 double]
5  >> ans{:}
6  ans =
7      1    1
8      2    2
9  ans =
10     1    2
11     1    2
```

源代码 5.29 表明："[ans{:}]"就是一种多输出的表达形式，它把多个输出"$X_1, X_2, \cdots$"存储在 cell 内，通过逗号表达式完成独立输出。同时发现：其生成的多输出维度和程序返回多维数组每个单一维的维度相等。这解答了第一个疑问：因为维度已先于赋值达到最终目的，自然就不再需要进行循环或递归扩大维度。当然，如果更加熟悉多输出的写法，该语句的规模声明可合并到下一行内。

源代码 5.30: 多输出"逗号表达式"含义解释 2

```
1  >> [ans{1:2}]=ndgrid(1:2)
2  ans =
3      [2x2 double]  [2x2 double]
```

② 前面讲到 ndgrid 函数先于赋值完成维度扩展，但很多读者对为何在此使用 ndgrid 有困惑：以 $m = n = 3$ 为例，ndgrid 得到如源代码 5.31 所示数组。表面上看其结果与所要求返回值完全无关。

源代码 5.31: ndgrid 函数结果

```
1  >> [t1,t2,t3]=ndgrid(1:3)
2  t1(:,:,1) =
3      1    1    1
4      2    2    2
5      3    3    3
6  t1(:,:,2) =
```

```
 7       ...
 8   t1(:,:,3) =
 9       ...
10   t2(:,:,1) =
11       1    2    3
12       1    2    3
13       1    2    3
14   t2(:,:,2) =
15       ...
16   t2(:,:,3) =
17       ...
18   t3(:,:,1) =
19       1    1    1
20       1    1    1
21       1    1    1
22   t3(:,:,2) =
23       ...
24   t3(:,:,3) =
25       3    3    3
26       3    3    3
27       3    3    3
```

但下一行的 prod 函数有"沿着维度对应元素相乘"的调用格式。

源代码 5.32: 源代码 5.27 第 6 行运行分解

```
 1   % B = prod(A,dim)
 2   >> randi(10,2,2)
 3   ans =
 4       10    9
 5        5    2
 6   >> prod(ans,2)
 7   ans =
 8       90
 9       10
10   >> randi(10,2,2,2)
11   ans(:,:,1) =
12        5    8
13       10   10
14   ans(:,:,2) =
15        7    9
16        1   10
17   >> prod(ans,3)
18   ans =
19       35   72
20       10  100
```

从源代码 5.32 第 2 个例子可以看出: "prod(ans,3)" 把三维随机数组,在层维度上对应的元素相乘,得到结果又变成二维矩阵。通过这个分析,语句 "prod(cat(n+1,ans{:}),n+1)" 的意义就很清楚了: 对 $m = n = 3$ 的情况,先利用 cat 把 ndgrid 所得三维数组组合为 $n+1 = 4$ 维数组,再沿第三维各元素对应相乘。

源代码 5.33: prod 沿维度乘积运行结果分析

```
1  >> [ans{1:n}]=ndgrid(1:m);
2  >> k1=cat(n+1,ans{:})
3  k1(:,:,1,1) =
4       1     1     1
5       2     2     2
6       3     3     3
7  k1(:,:,2,1) =
8       1     1     1
9       2     2     2
10      3     3     3
11 k1(:,:,3,1) =
12      1     1     1
13      2     2     2
14      3     3     3
15 k1(:,:,1,2) =
16      1     2     3
17      1     2     3
18      1     2     3
19 k1(:,:,2,2) =
20      1     2     3
21      1     2     3
22      1     2     3
23 k1(:,:,3,2) =
24      1     2     3
25      1     2     3
26      1     2     3
27 k1(:,:,1,3) =
28      1     1     1
29      1     1     1
30      1     1     1
31 k1(:,:,2,3) =
32      2     2     2
33      2     2     2
34      2     2     2
35 k1(:,:,3,3) =
36      3     3     3
37      3     3     3
38      3     3     3
39 >> k1(:,:,1,1).*k1(:,:,1,2).*k1(:,:,1,3)
40 ans =
41      1     2     3
42      2     4     6
43      3     6     9
44 >> k1(:,:,2,1).*k1(:,:,2,2).*k1(:,:,2,3)
45 ans =
46      2     4     6
47      4     8    12
48      6    12    18
49 >> k1(:,:,3,1).*k1(:,:,3,2).*k1(:,:,3,3)
50 ans =
51      3     6     9
```

52	6	12	18
53	9	18	27

利用 ndgrid 函数的求解，输出结果与返回数组间的联系不易想到，需要出色的空间想象能力。

5.2.3 利用 bsxfun 和 shiftdim 函数

单一维度扩展的 bsxfun 函数详见 3.1 节，它既能作为矢量化核心函数，又是矩阵扩维利器之一。函数 shiftdim 本书首次出现，先简单介绍。

函数意为 Shift Dimension，用途是数组维度变换，更确切地说叫"轮换"，即：维度尺寸序列中把最前面的元素依次排布在序列尾部。

源代码 5.34: shiftdim 调用方法

```
 1  >> a=randi(10,3,2,3)
 2  a(:,:,1) =
 3      7    9
 4      5    6
 5      4    6
 6  a(:,:,2) =
 7     10    8
 8      3    4
 9      8    6
10  a(:,:,3) =
11      1    8
12      1   10
13      6    2
14  >> b=arrayfun(@(n)shiftdim(a,n),1:2,'uni',0)
15  b =
16      [2x3x3 double]    [3x3x2 double]
17  >> [b1,b2]=b{:}
18  b1(:,:,1) =
19      7   10    1
20      9    8    8
21  b1(:,:,2) =
22      5    3    1
23      6    4   10
24  b1(:,:,3) =
25      4    8    6
26      6    6    2
27  b2(:,:,1) =
28      7    5    4
29     10    3    8
30      1    1    6
31  b2(:,:,2) =
32      9    6    6
33      8    4    6
34      8   10    2
```

源代码 5.34 共执行 3 条语句：第 1 条提供维度为 $3\times 2\times 3$ 的三维数组源数据；第 2 条按从

前往后顺序、轮换行维度、轮换行列维度顺序，对元素按新维度排列。cell 数组 b 中：前者把维度尺寸向量"[3 2 3]"最前面 1 个维度的"3"放在向量尾端；后者把"[3 2 3]"最前面的 2 个维度"[3 2]"放在向量尾端。数据排布规律以 $b_1(2\times3\times3)$ 为例：源数据第 1 层的行维度向量"[7 5 4]"，因被移动至层维度，行向量中的 3 个元素分别变成第 1×3 层的首个元素；因维度移位，使原来第 1 层列维度向量"[7 9]"变成现在的行维度"[7;9]"，其他类推。

另外，移位数 $n<0$ 代表移位方向相反，它可以把完成维度移位的数组再还原回去。

源代码 5.35: shiftdim 参数 $n<0$ 的情况说明

```
1  >> a=randi(10,1,3,2)
2  a(:,:,1) =
3       6    5    1
4  a(:,:,2) =
5       4    2    8
6  >> a1=shiftdim(a,1)
7  a1 =
8       6    4
9       5    2
10      1    8
11  >> isequal(shiftdim(a1,-1),a)
12  ans =
13      1
```

源代码 5.35 以正、反序轮换维度一次，又回到原结果。shiftdim 处理维度轮换时，如维度轮换次序超过源数据本身维度，默认把所缺维度按 1 递补，例如：

源代码 5.36: shiftdim 维度递补示例

```
1  >> arrayfun(@(i)shiftdim(1:3,2-i),1:4,'uni',0)
2  ans =
3      [3x1 double]    [1x3 double]    [1x1x3 double]    [4-D double]
4  >> [d1,d2,d3,d4]=ans{:};
5  >> size(d4)
6  ans =
7       1    1    1    3
8  >> d4
9  d4(:,:,1,1) =
10      1
11  d4(:,:,1,2) =
12      2
13  d4(:,:,1,3) =
14      3
```

数组"1:3"的维度只有 1×3，却强行做了 4 次维度轮换，从源代码 5.36 第 3 条语句看到所空缺的第 3 和第 4 维度默认由 1 递补，第 4 条语句则说明维度变了，数组元素并没增加或者减少。

源代码 5.37: bsxfun+shiftdim 循环形成维度扩展,by Alfonso Nieto-Castanon,size:33

```
1  function tt = Alf1_ndtimestable(m,n)
2  tt=1;
3  for n1=1:n
```

```
4        tt=bsxfun(@times,tt,shiftdim(1:m,2-n1));
5    end
6 end
```

根据 shiftdim 的介绍，做乘法运算的第 2 个参数在 shiftdim 的输出产生 3 种结果，以 $m=n=3$ 为例：

源代码 5.38: 源代码 5.37 中的维度变换序列

```
1 >> arrayfun(@(i)shiftdim(1:3,2-i),1:3,'uni',0)
2 ans =
3    [3x1 double]  [1x3 double]  [1x1x3 double]
4 >> [d1,d2,d3]=ans{:}
5 d1 =
6    1
7    2
8    3
9 d2 =
10    1    2    3
11 d3(:,:,1) =
12    1
13 d3(:,:,2) =
14    2
15 d3(:,:,3) =
16    3
```

利用 "bsxfun" 式的序列乘，数组 tt 在 d_1, d_2, d_3 三个维度上依次扩展，三次循环结果如下式：

$$\begin{cases} \text{tt}^{(1)} = \text{tt}^{(0)} \times d_1 = 1 \times \begin{pmatrix} 1 \\ 2 \\ 3 \end{pmatrix} = \begin{pmatrix} 1 \\ 2 \\ 3 \end{pmatrix} \\ \text{tt}^{(2)} = \text{tt}^{(1)} \times d_2 = \begin{pmatrix} 1 \\ 2 \\ 3 \end{pmatrix} \times [1,2,3] = \begin{pmatrix} 1 & 2 & 3 \\ 2 & 4 & 6 \\ 3 & 6 & 9 \end{pmatrix} \\ \text{tt}^{(3)} = \text{tt}^{(2)} \times d_3 = \text{output}(3 \times 3 \times 3) \end{cases} \quad (5.2)$$

表明合理设置 bsxfun 的两个参数，能把维度扩展和做乘同步完成，但对矩阵思维、迭代格式构造的要求也更高，并不仅仅是 "熟悉函数" 这个层面的问题。

与循环类似，如下是递归代码：

源代码 5.39: bsxfun+ shiftdim 循环形成维度扩展,by Alfonso Nieto-Castanon,size:34

```
1 function tt = ndtimestable(n,d)
2    tt=1;
3    for n1=1:d
4        tt=bsxfun(@times,(1:n)',shiftdim(tt,-1));
5    end
6 end
```

5.2.4 利用 convn 和 shiftdim 函数

利用 n 维卷积函数 convn+ shiftdim 是更简捷的办法。

源代码 5.40: convn+ shiftdim 循环形成维度扩展,by LY Cao,size:32

```
1  function ans = ndtimestable(n,d)
2  ans=1;
3  for i =1:d
4  ans=convn((1:n)',shiftdim(ans,-1));
5  end
```

感兴趣的读者不妨运行体会此处 n 维卷积命令的用法。

5.3 多维数组问题 2:"乘"操作

普通数乘、二维矩阵的乘法运算是容易的,但对高维数组,如何对每层 (页) 内的数据做矩阵乘法批量操作,是更有趣的问题,有人提出如下这样一个"多维数组乘法操作"问题:

例 5.2 给定两个多维矩阵 A 和 B,现在需要对它们实现"乘"操作。在相乘时,两个矩阵起始两个维度,按照一般 2 维矩阵的乘法规则相乘,也就是 $A(:,:,1)*B(:,:,1)$,当然,按照矩阵相乘的维度约定,满足 $\text{size}(A(:,:,1),2) == \text{size}(B(:,:,1),1)$,或者 $A(:,:,1)$ 和 $B(:,:,1)$ 都是单一数值;输入 A 和 B 中,最大维度 $n>2$ 时,应满足以下三个条件之一:① A 和 B 对应维数均相等,即 $\text{size}(A,n) == \text{size}(B,n)$;② $\text{ndims}(A)$ 或 $\text{ndims}(B)$ 小于 n;③ $\text{size}(A,n)$ 或 $\text{size}(B,n)$ 等于 1。更多解释详见问题后面的释义。

源代码 5.41: 例 5.2 测试代码

```
1  %% case 4
2  A = rand(2,3,2);B = rand(3,4,2);
3  C = mtimesm(A,B);
4  C_correct = cat(3,A(:,:,1)*B(:,:,1),A(:,:,2)*B(:,:,2));
5  assert(isequal(C,C_correct))
6
7  %% case 5
8  A = rand(2,3,3);B = rand(3,4);
9  C = mtimesm(A,B);
10 C_correct = cat(3,A(:,:,1)*B,A(:,:,2)*B,A(:,:,3)*B);
11 assert(isequal(C,C_correct))
12
13 %% case 6
14 A = rand(4,3,1,2);B = rand(3,2,2);
15 C = mtimesm(A,B);
16 C_correct(:,:,1,1) = A(:,:,1,1)*B(:,:,1);
17 C_correct(:,:,1,2) = A(:,:,1,2)*B(:,:,1);
18 C_correct(:,:,2,1) = A(:,:,1,1)*B(:,:,2);
19 C_correct(:,:,2,2) = A(:,:,1,2)*B(:,:,2);
20 assert(isequal(C,C_correct))
21
22 %% case 7
23 A = rand(4,3,1,2);B = rand(3,2,1,1,2);
24 C = mtimesm(A,B);
```

```
25  C_correct(:,:,1,1,1) = A(:,:,1,1,1)*B(:,:,1,1,1);
26  C_correct(:,:,1,1,2) = A(:,:,1,1,1)*B(:,:,1,1,2);
27  C_correct(:,:,1,2,1) = A(:,:,1,2,1)*B(:,:,1,1,1);
28  C_correct(:,:,1,2,2) = A(:,:,1,2,1)*B(:,:,1,1,2);
29  assert(isequal(C,C_correct))
```

释义：数组乘法服从矩阵乘法，即任意两层进行乘操作的 2 维矩阵，两个多维数组本身总维数可以不同，但做乘时，所提取该层的乘矩阵列数等于被乘矩阵行数，最终每层矩阵维数均相同，返回的乘积矩阵维数满足如下要求：

① 如果两矩阵维度均满足 ndims$(A,B) \leqslant 2$，则按普通数乘和矩阵乘计算；当任意输入矩阵维度大于 2 时，第 1、2 维满足矩阵乘法维度，例如 $A(:,:,i)(m \times n)$ 和 $B(:,:,j)(n \times k)$ 相乘结果维度为 $m \times k$。

② 第 3 维及以上的乘积维数通过比较输入两数组 A 和 B 对应维数上的维度，维度数据 ndims 和对应的维度尺寸 (size) 均取最大值，即：

源代码 5.42: 返回的乘积数组结果维度约定 1

```
1  ndims(C)=max(ndims(A),ndims(B));
2  size(C)=[max(size(A,1),size(B,1)),max(size(A,2),size(B,2)),...]
```

如源代码 5.41 的算例 7 中的输入数组 A 和 B，返回乘积结果数组 C 的维度尺寸：size(C) = $[4,2,1,2,2]$。

③ 自第 3 维 (如果有的话) 以上，两输入数组的总层数应相同，即源代码 5.43 返回结果应为 1，否则不能对 A 和 B 做数组乘运算。

源代码 5.43: 返回的乘积数组结果维度约定 2

```
1  function ans=JudgeSizeAB()
2  [tA,tB]=deal(size(A),size(B));
3  isequal(tA(3:end),tB(3:end));
```

两个问题值得关注：① 输入矩阵维度未知，循环次数事先不确定；② 两个输入矩阵维数除在每层内行、列维度满足矩阵乘积条件外，高维部分的维数和维度可能相同也可能不同，这给求解带来一定困难。

解决方案大体可分成两步走：先设法将两个输入的数组指定一个"包含"的维度数，把它们化成同维数组，即维度尺寸相同；然后利用循环或者其他多维数组的向量化方法，完成各维度上矩阵的乘法运算；最后合成为一个数组。

5.3.1 循环和分情况判断的基本方法

由于两输入数组维度未知，因此容易想到的做法是分 ndims(A) > ndims(B)、ndims(A) = ndims(B) 和 ndims(A) < ndims(B) 三种情况讨论。这个讨论的前提是两个输入数组至少一个维度大于 2，如两个输入的维度均小于 2，按照一般矩阵计算或者数乘的方法即可。

源代码 5.44: 一般的循环求解思路,by Swapnali Gujar

```
1  function C = mtimesm(A,B)C = [];
2  ndimA = ndims(A);ndimB = ndims(B);
3  if ((ndimA <=2) && (ndimB <= 2))
```

```
4    C = A*B;
5    elseif (ndimA == ndimB)
6      for i=1:ndimA-1
7        C = cat(ndimA, C, A(:,:,i)*B(:,:,i));
8      end
9    else
10     if (max(ndimA,ndimB)==3)
11       for i=1:ndimA-1
12         for j=1:ndimB-1
13           C = cat(ndimA, C, A(:,:,i)*B(:,:,j));
14         end
15       end
16     else if (max(ndimA,ndimB)==4)       %who is bigger in size?
17         [a,b] = max([ndimA, ndimB]);
18         sizeA = size(A);sizeB = size(B);
19         if b==1                         %means A is bigger in size than B
20           for ...
21             for ...
22               C(:,:,1,i,j) = ...;
23             end
24           end
25         else                            %means B is bigger in size than A
26           for ...
27             for ...
28               C(:,:,1,i,j) = ...;
29             end
30           end
31         end
32       else                              %who is bigger in size?
33         [a,b] = max([ndimA, ndimB]);
34         sizeA = size(A);sizeB = size(B);
35         if b==1                         %means A is bigger in size than B
36           for ...
37             for ...
38               C(:,:,1,i,j) = ...;
39             end
40           end
41         else                            %means B is bigger in size than A
42           for ...
43             for ...
44               C(:,:,1,i,j) = ...;
45             end
46           end
47         end
48       end
49     end
50   end
51 end
```

显然，该程序具有较大的优化空间：首先，循环体控制中不能指定循环次数，不能预判返回数组 C 的维度，只能根据测试算例严格地假定 C 的维度最高是 5 维；其次，没有充分利用矢量化方式的精简代码,多重循环代码冗长而效率低下。

5.3.2 点积单独构造维数向量与循环的组合

仍用相对容易理解的循环求解套路,但 3 维以上向量构造相对简捷,循环体内用子函数避免重复。

源代码 5.45: 改进的循环求解思路,by Tim,size=218

```
1  function C=Tim_mtimesm(A,B)
2  m=ndims(A);n=ndims(B);o=max(m,n);
3  if isscalar(A)||isscalar(B)||o<3
4      C=A*B;
5      return;
6  end
7  s=size(A);s(m+1:o)=1;a=s(3:o);
8  t=size(B);t(n+1:o)=1;b=t(3:o);
9  c=max(a,b);
10 C=zeros([s(1) t(2) c]);
11 for k=combv(c)
12     C(:,:,f(k,c))=A(:,:,f(k,a))*B(:,:,f(k,b));
13 end
14 function ans=f(k,a)
15 1+dot([min(k',a)-1 0],[1 cumprod(a)]);
16 function ans=combv(c)
17 [];
18 i=0:prod(c)-1;
19 for m=c
20     [ans;1+mod(i,m)];
21     i=floor(i/m);
22 end
```

源代码 5.45 用标量判断函数 isscalar 判断输入是否单一数字,且最大维度如小于 3,采用乘法得返回值,如不属该情况则程序继续。

输入数组 A 和 B 维度是否相等事先并不知道,且每一维度数组要完成矩阵乘法,返回最终变量 C 在第 N 维 ($N \geqslant 3$) 每一层上尺寸相同,须把两个输入扩展成同维 (ndims 相等),看似要用 if 语句分不同情况讨论,源代码 5.45 却没有这么做,而用高维补 1 的方法替代,第 7、8 两行体现了这一点。假设 A 维度大于 B,通过断点运行可知:"s(m+1:o)=1" 语句中的递增序列是不存在的空索引,赋值 1 失去意义,原数组维度不变;B 的维数更小,通过 $t(n+1:o) = 1$ 完成正常扩维,省去判断。此外,循环体内的高维索引通过向量点积在子函数中完成,循环体内调用该子函数,完成返回数组 C 的索引归并。

5.3.3 利用高、低维索引变换

5.3.2 小节提到:元素在数组中具有两个索引地址编码,一个是总元素序列中的索引号,另一个是每个维度中的索引号,这就好比确定某个家庭住址,可以用具体的街道小区门牌号寻址,或通过经纬度数据定位,二者最终将找到同一位置。MATLAB 中元素的两种地址索引编号并不矛盾,知道其中一个,另一个也可以通过具体的函数如 sub2ind,ind2sub 或冒号操作等完成转换,下面就利用这个思路求解多维矩阵乘积的题目。

源代码 5.46: 改进的循环求解思路,by Qi Binbin,size=241

```matlab
1  function C = QBB_mtimesm(A,B)
2  sa = size(A);sb = size(B);
3  sa = [sa,ones(1,length(sb) - length(sa))];
4  sb = [sb,ones(1,length(sa) - length(sb))];
5  sc = max(sa,sb);
6  sc(1) = sa(1);
7  if isscalar(B)
8      sc(2) = sa(2);
9  else
10     sc(2) = sb(2);
11 end
12 C = zeros(sc);
13 sc = [sc,1,1];
14 sa = [sa,1,1];
15 sb = [sb,1,1];
16 ma = prod(sa(3:end));
17 mb = prod(sb(3:end));
18 for i = 1 : prod(sc(3:end))
19     if ndims(A) == ndims(B)
20         ia = i;
21         ib = i;
22     elseif ndims(A) > ndims(B)
23         [ib,ia] = ind2sub([ma,mb],i);
24     else
25         [ia,ib] = ind2sub([ma,mb],i);
26     end
27     try
28         C(:,:,i) = A(:,:,ia) * B(:,:,ib);
29     catch
30         C(:,:,i) = A(:,:,ib) * B(:,:,ia);
31     end
32 end
```

源代码 5.46 也采用 isscalar 判断是否变量为单一数字，扩维思路同前。后半部分有较大改进，主要是循环体内返回值 $C(:,:,i)$ 的维度，表面上看只有 3，似乎给人感觉当已知输入超过 3 时会发生维数不符的问题，但通过运行高维数组，得到的结果却是正确的，这是什么原因呢？

奥妙在于源代码 5.46 第 5 ~ 12 行扩维后的初始置零数组 C，其维度已按计算好的最终结果维度，生成"初始"高维数组。该数组高维索引根据前面分析，完全可用低维索引表示。例如，测试代码 5.41 中的第 7 组算例：对源程序在第 13 行下断点或在命令窗口单独运行 2 ~ 12 行，得如下运行结果（为节省篇幅，重复代码以省略号替代）：

源代码 5.47: 高、低维索引变换步骤详解

```matlab
1  A = rand(4,3,1,2);B = rand(3,2,1,2);
2  ...
3  C = zeros(sc)
4  C(:,:,1,1,1) =
5       0     0
```

```
 6     0    0
 7     0    0
 8     0    0
 9  C(:,:,1,2,1) =
10     0    0
11     0    0
12     0    0
13     0    0
14  C(:,:,1,1,2) =
15     0    0
16     0    0
17     0    0
18     0    0
19  C(:,:,1,2,2) =
20     0    0
21     0    0
22     0    0
23     0    0
```

源代码 5.47 中，即使未运行后面的相乘循环体，返回数组 C 的最终维数也已固定，循环体内 $C(:,:,i)$ 中的 "i" 代表高维索引的低维变换，其原理见 5.2 节函数 sub2ind 讲解，即：$C(:,:,1)$ 等价于 $C(:,:,1,1,1)\cdots C(:,:,4)$ 等价于 $C(:,:,1,2,2)$。也就是说，这个总维度数目为 5 的高维数组，其子层一共有 $1\times 2\times 2 = 4$。同理，源代码 5.46 第 18 行 "prod(sc(3:end))" 确定循环总次数就是用低维索引遍历高维数组。

这样做的好处显而易见：避免多重循环嵌套，不管怎样的高维数组，循环体内永远循环到第 3 维，自第 3 维起用低维索引，代码清晰简捷。

另一个值得注意的地方在于，程序使用 try/catch 控制流程，在不判断两层数据乘与被乘的位置先后情况下，包了一个容错的 "壳"，减少一步判断。

从上述例子看出：多维数组和低维数组间的维度不是相互独立的，一定条件下能相互变换。这在矩阵寻址索引中往往极其有用，比如对 1 维数组，MATLAB 取得与索引位相应的数组数值非常方便。

源代码 5.48: 1 维数组的索引寻址

```
1  >> ind_b=[2,3,4,1,6];
2  >> b=randi(20,1,10)
3  b =
4     17   19    3   19   13    2    6   11   20   20
5  >> b(ind_b)
6  ans =
7     19    3   19   17    2
```

换成 2 维矩阵解决类似问题需要把 2 维地址索引转为 1 维，例如给出下列指定索引和随机整数矩阵，要求在每列中寻求数值并生成新序列。

源代码 5.49: 2 维矩阵的索引寻址

```
1  >> ind_b=[2,3,1,4,2,1];
2  >> b=randi(20,4,6)
```

```
3  b =
4       2    20    16     9     6     3
5      17     1    16    13    14    10
6      14     9     4    15    14    20
7       7     8    10    16     4     7
```

源代码 5.49 要求逐列对维数为 4×6 的矩阵 b，按 ind_b 索引值形成新的 1×6 向量，例如索引向量第 1 项值 $\text{ind}_b(1) = 2$，对应新向量首个值为 $b(1,2) = 17$。

当然，用循环也能得到结果。

源代码 5.50: 循环实现 2 维矩阵索引寻址

```
1  >> for i=1:length(ind_b);c(i)=b(ind_b(i),i);end
2  >> c
3  c =
4      17     9    16    16    14     3
```

也可用 2 维矩阵的高、低维索引转换实现。

源代码 5.51: 维度索引高低转换的 2 维矩阵索引寻址

```
1  >> c=b(ind_b+size(b,1)*((1:size(b,2))-1))
2  c =
3      17     9    16    16    14     3
4  >> size(b,1)*((1:size(b,2))-1)
5  ans =
6       0     4     8    12    16    20
```

将源代码 5.51 拆开逐步运行，发现："size(b,1)*((1:size(b,2))-1)" 提供的就是低维索引，按前述高维向低维索引转换原则，即："逐层按列"（见图 5.5），每列与它相隔 n 列同行位置处的低维索引只相差 $(n-1) \times \text{col} + \text{row}$ 个元素。上述是一个 2 维数组索引变换的示例，本章后续内容还会针对 3 维数组的索引高低维转换，探讨相应的思路和方法。

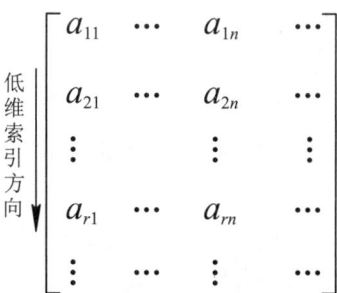

图 5.5　2 维矩阵索引转换为 1 维

5.3.4 cell 数组结构与 repmat 函数组合

鉴于多维数组结构的特殊性，不能直接采用矩阵乘法，简化程序结构体的工作难度增大。问题仍然在于：怎样能合理利用支持矢量化操作特性的基本函数，按利于做乘的方向，微调输入数组的基本结构。

对于输入维度不太高也不确定、for 循环有一定困难的数组，cell 数据结构存储是值得考虑的。具体方法：对两输入数组采用 repmat 函数按对应乘方式依序扩维，cell 数据结构分

第 5 章 多维数组漫谈

层存储，再用 cellfun 等矢量化函数做乘。

源代码 5.52: cell 数组与 repmat 函数组合, by Jan Orwat, size=134

```
1  function ans=JO_mtimesm(A,B)
2  sA=size(A);sB=size(B);
3  ans=max(numel(sB),numel(sA))+1;
4  sA([1 2 ans])=1;sB([1 2 ans])=1;
5  ans=3:ans;
6  [sA(ans),sB(ans)]=deal(max(1,(sA(ans)<2).*sB(ans)),max(1,(sB(ans)<2).*sA(ans)));
7  A=num2cell(repmat(A,sA),[1 2]);
8  B=num2cell(repmat(B,sB),[1 2]);
9  ans=cell2mat(cellfun(@mtimes,A,B,'un',0));
10 end
```

对两个输入数组中所需进行重复乘运算的每层元素，依序复制、扩展、存入 cell 数组，是本行代码的目标，难点是：A 和 B 维数未知，且可能相等，也可能不等；维数的大小要预先判断，因为事先也不知道。一个可行方案：一律对维数向量赋值 1 增维扩维，规避判别大小的步骤简化程序。以源代码 5.41 算例 7 的输入数组 A 和 B 为测试数据，运行源代码 5.52，按其分步结果分析如下：

① 首先是输入数组的维数统一：第 2 行得到输入数组维数数列 s_A 和 s_B，为实现后续同层乘法操作目的，第 3 行取二者中维数更高的那个，加 1 得 6，第 4 行按此最大维数对 s_A、s_B 统一扩维，同时维数数组 s_A 和 s_B 的第 1、2、6 三个元素赋值为 1，便于后面分层统计元素个数。

源代码 5.53: 第 2～5 行运行结果

```
1  sA=size(A),sB=size(B)
2  sA =
3       4    3    1    2
4  sB =
5       3    2    1    1    2
6  max(numel(sB),numel(sA))+1
7  ans =
8       6
9  sA([1 2 ans])=1,sB([1 2 ans])=1
10 sA =
11      1    1    1    2    0    1
12 sB =
13      1    1    1    1    2    1
```

② 第 6 行目的是：生成数组做乘所需每层 2 维矩阵的扩展复制次数（供 repmat 和 num2cell 函数调用）。分析测试代码发现两输入数组 A 和 B 逐层做乘的输出结果中：3 维以上维度向量元素值根据输入数组每层维数的最大值确定，维度向量总长度值则由输入维度向量的最大长度决定，仍以源代码 5.41 的算例 7 为例：

源代码 5.54: 确定维数的原则

```
1  >> sA=size(A),sB=size(B)
2  sA =
3       4    3    1    2
```

```
4   sB =
5        3     2     1     1     2
6   >> size(JO_mtimesm(A,B))
7   ans =
8        4     2     1     2
```

困难之处在于，怎样处理和扩展复制输入数组，使之每层对应相乘得到正确的维数序列。源代码 5.52 的思路是：逻辑运算与另一数组维度向量的交叉点乘，获得 3 维以上的下标索引阵，由于输入的大小不等和逻辑判断可能出现 0 元素，采取 max 函数用 1 (数字 1 代表在该维度上使用 repmat 函数时不扩展复制) 和生成的索引数组遍历比较，实现数字 0 的替换剔除，以算例 7 中的数组 A 下标索引向量生成为例，过程如以下源代码所示：

源代码 5.55: 第 6 行运行结果

```
1    k=3:ans
2    k =
3         3     4     5     6
4    (sA(k)<2),sB(k)
5    ans =
6         1     0     1     1
7    ans =
8         1     1     2     1
9    (sA(k)<2).*sB(k)
10   ans =
11        1     0     2     1
12   max(1,(sA(k)<2).*sB(k))
13   ans =
14        1     1     2     1
```

③ 第 7、8 行执行 cell 存储功能，分两层：

- 里层用 repmat 按第 6 行得到的索引向量扩展原数组,生成分层相乘的序列,repmat 函数对高维数组的扩展，通过源代码 5.56 即可体会在不同维数上扩展的异同点；

源代码 5.56: repmat 函数对高维数组的扩展

```
1    >> a=randi(10,1,3,2)
2    a(:,:,1) =
3         6     3     8
4    a(:,:,2) =
5         2     7     2
6    >> repmat(a,1,1,1,2)
7    ans(:,:,1,1) =
8         6     3     8
9    ans(:,:,2,1) =
10        2     7     2
11   ans(:,:,1,2) =
12        6     3     8
13   ans(:,:,2,2) =
14        2     7     2
15   >> repmat(a,1,1,2,1)
16   ans(:,:,1) =
17        6     3     8
```

```
18  ans(:,:,2) =
19       2    7    2
20  ans(:,:,3) =
21       6    3    8
22  ans(:,:,4) =
23       2    7    2
```

源代码 5.56 是对一个 $1\times 3\times 2$ 的 3 维数组 a 在第 4 维度和第 3 维度上的扩展结果，其得到的数据虽然相同，但索引下标却是不一样的。

- 外层把每个单独的"层"存储在单独的 cell 中，采用 num2cell 函数，比较容易想到另一个转换函数 mat2cell，它们的功能虽然都是把数组结构转为 cell 结构，但比较明显的区别是：前者分割数组得到的结果（不妨称为子数组）其维数均相等；后者分割原数组得到的子数组结果维数可以不相等，另外调用方式也略有不同，其区别见源代码 5.57。

源代码 5.57: num2cell 和 mat2cell

```
 1  a = ['four';'five']
 2  a =
 3  four
 4  five
 5  >> a1=mat2cell(a,[1 1],ones(1,4))
 6  a1 =
 7     'f'    'o'    'u'    'r'
 8     'f'    'i'    'v'    'e'
 9  >> a2=num2cell(a)
10  a2 =
11     'f'    'o'    'u'    'r'
12     'f'    'i'    'v'    'e'
13  >> a3=mat2cell(a,[1 1],[1,3])
14  a3 =
15     'f'    'our'
16     'f'    'ive'
```

④ cellfun 完成矩阵"乘"运算，并通过 cell2mat 把相乘结果的 cell 结构转为高维数组。

> **评** 更简练的代码意味着更深入的分析和思考，源代码 5.52 所提出的求解思路核心是如何生成供矢量化操纵函数 cellfun 完成矩阵"乘"运算的 cell 细胞数组序列，解决该问题的关键是下标索引向量的正确构造。

5.3.5 cell 数组结构 + 扩维

源代码 5.52 用 repmat 完成数组依序扩维，不过扩维方式并不唯一，例如用 bsxfun 扩维。不妨在源代码 5.46 基础上，保持前边判断维数和统一维数的部分不变，改用 cellfun、bsxfun 函数对输入数组实现扩维操作，具体如下：

源代码 5.58: cell 数组与 bsxfun 函数扩维,by Qi Binbin,size=143

```
1  function T=Q2_mtimesm(A,B)
2  sa1 = size(A);sb1 = size(B);
3  sa = [sa1,ones(1,length(sb1) - length(sa1)),1,1];
4  sb = [sb1,ones(1,length(sa1) - length(sb1)),1,1];
5  [sa(3:end),sb(3:end)] = deal(max(sa(3:end),sb(3:end)));
6  {{A,B},{sa,sb}};
7  cellfun(@(t)num2cell(t,[1 2]),cellfun(@(x,n)bsxfun(@times,x,ones(n)),ans{:},'uni',0),'uni',0);
8  T=cell2mat(cellfun(@mtimes,ans{:},'uni',0));
9  end
```

源代码 5.58 第 2 ~ 5 行除采用 deal 函数实现多输出以缩减代码尺寸之外, 写法和源代码 5.46 相同, 不再赘述。

第 6 行输入数组与其统一维数的下标组合在同一元胞数组, 不妨看成分层做乘运算的基本原料; 第 7 行代码开始处理之前组合的元胞数组, 这一句是实现问题求解的关键, 理解这一句代码首先需要从另一个侧面弄懂 cellfun 函数在这行内所起的作用。

源代码 5.59: cellfun 函数作用分析

```
1  >> {{2,3},{4,5}}
2  ans =
3      {1x2 cell}    {1x2 cell}
4  >> cellfun(@times,ans{:})
5  ans =
6       8    15
7  >> {{'a','b'},{'1','2'}}
8  ans =
9      {1x2 cell}    {1x2 cell}
10 >> cellfun(@horzcat,ans{:},'uni',0)
11 ans =
12     'a1'    'b2'
```

源代码 5.59 中, cellfun 操纵 "乘" 或者 "横向字符串合并" 运算法则, 完成对应动作, ":" 运算符号指示 cellfun 函数按 "列" 方向完成运算。

bsxfun 函数则构造了相对特殊的做乘匿名函数, 关于 bsxfun 函数的用法见 3.1 节, 值得注意的是: 本例以匿名函数句柄的方式出现, 供 cell 数组调用。第 6 行所构造的 cell 数组再下分两个维数为 1×2 的子 cell 数组, 分别是输入 A、B 和下标索引维度向量 s_A、s_B, 按源代码 5.59 对 cellfun 函数所起作用的分析, 当它们被 cellfun 函数调用时, 前者为匿名函数句柄自变量 n, 后者为索引维数标量 n, 它要用全 1 矩阵函数 ones 处理, 不妨用单一数字构成的元胞数组直观地表示这种调用产生的效果。

源代码 5.60: bsxfun+cellfun 组合函数调用 cell 元胞数组过程分析

```
1  >> {{1,2},{[1,2,3],[1,3,2]}}
2  ans =
3      {1x2 cell}    {1x2 cell}
4  K>> cellfun(@(x,n)bsxfun(@times,x,ones(n)),ans{:},'uni',0)
5  ans =
6      [1x2x3 double]    [1x3x2 double]
```

```
 7  K>> celldisp(ans)
 8  ans{1} =
 9  (:,:,1) =
10       1     1
11  (:,:,2) =
12       1     1
13  (:,:,3) =
14       1     1
15  ans{2} =
16  (:,:,1) =
17       2     2     2
18  (:,:,2) =
19       2     2     2
```

以源代码 5.60 为例：相当于对 cell 数组第 {1,1} 个子元胞数组，按第 {2,1} 子元胞数组所提供的维度，采取 bsxfun 函数实现等量扩展，得到的结果在最外层以 num2cell 函数，再次 cell 结构的分层对应存储，最后一行再调用 cellfun 函数，句柄 "@times" 完成 cell 内层矩阵的对应相乘。

cell 数组结合矢量化函数，如：cellfun、bsxfun 等，利用句柄函数操纵输入参数，对某些问题的描述表达及求解，具有其他普通控制流程所无法比拟的优势。其实利用矢量化函数操纵 cell 数组的方法远不止这么多，下面再提出另一种更灵活的方案。

源代码 5.61: cell 数组与 repmat 函数组合求解问题进阶, by Alfonso Nieto-Castanon, size=75

```
1  function T = mtimesm(varargin)
2  [~,~, na{1:100}]=cellfun(@size,varargin);
3  cell2mat(na')';
4  arrayfun(@(n)repmat(num2cell(varargin{n},1:2),[1 1 max(ans)-ans(n,:)+1]),1:2,'uni',0);
5  T=cell2mat(cellfun(@mtimes,ans{:},'uni',0));
```

源代码 5.61 形式很简单，蕴含的程序思想却并不简单，也不易理解，不妨逐行分析：

开始的 "[~,~, na{1:100}]=cellfun(@size,varargin)" 就充满新意，MATLAB 帮助文件中似未见范例，结构虽与以前的句柄操纵函数 feval 类似，深入分析发现，多输出参数中给定 cell 数组来"浓缩"多变量输出，仍是个值得学习的技巧。

源代码 5.62: 另类的 cell 数组多输出解析

```
 1  >> x=randi(10,3,4,5);y=randi(10,6,4,5,3,2,3);
 2  >> [d1,d2]=deal(size(x),size(y))
 3  d1 =
 4       3     4     5
 5  d2 =
 6       6     4     5     3     2     3
 7  [d1,d2,dn{1:5}]=cellfun(@size,{x,y})
 8  d1 =
 9       3     6
10  d2 =
11       4     4
12  dn =
13      [1x2 double]  [1x2 double]  [1x2 double]  [1x2 double]  [1x2 double]
14  >> celldisp(dn)
```

```
15   dn{1} =
16       5    5
17   dn{2} =
18       1    3
19   dn{3} =
20       1    2
21   dn{4} =
22       1    3
23   dn{5} =
24       1    1
```

为说明情况，源代码 5.62 给出 $\text{ndims}(x)=3$ 和 $\text{ndims}(y)=6$ 的多维数组 x 和 y。执行 cellfun 左端返回参数 d_1,d_2,d_n 是维数尺寸确定函数 size 的输出，前两个返回的 cell 类型数据 d_1、d_2 为 x,y 第 1、2 维的数组维数；第 3 个返回值则把超过 2 的维数全部"浓缩"，存放在 cell 数组 d_n 里。

这种调用对维度要求非常宽松，数组本身不存在的维度自动赋值为 1，用 celldisp 显示 cell 结果看出：由于从第 4 维起超出数组 x 的总维数，因此 $d_n\{i\}(1)(i=2,3,\cdots,5)$ 的数值都是 1，这符合本节问题中关于维度未知的特性。另外，多余或不需要的返回值，用波浪符号表示，本节问题只需要从第 3 维起的维度，因此第 1 和第 2 输出处有起"占位"作用的"~"，不返回前两个参数；源代码 5.61 用到任意个数输入函数 varargin，当输入个数未知时，用其指代初始输入参数，调用时多个输入自动被打包成 cell 数组，在程序语句调用之前解包；程序中 3 维以上的返回值之所以写成 $d_n\{1:100\}$，是假定输入数组最多只有 100 维，当然，可以写得更多些，这需要依问题的情况而定，一般不需要这么多。

源代码 5.61 第 3 行将两个输入的下标维度索引数组利用 cell2mat 解包成维数 2×100 的 3 维以上维度矩阵，当然，如果两输入均低于 3 维，则该数组为 2×100 的全 1 矩阵。

代码第 4 行的思路基本与前面相同，差别有两点：

① arrayfun 函数设置非统一输出的后缀参数："arrayfun(...,'uni',0)"，自动把每次循环得到的结果存储在 cell 数组中，避免多余数据格式转换操作；

② 函数 repmat 和 num2cell 执行顺序与前面的思路正好相反：先分层存储再执行扩展。

> **评** 纵观同一问题的几种解法，说明如果多维数组、cell 数据格式及矢量化句柄操纵系列函数综合运用得当，会在执行效率不变、甚至是有所提高的前提下简化代码流程。不过，能达到对 MATLAB 函数灵活运用的程度，并非一朝一夕之功，多维数组本身的存储、提取以及数据格式转换所服从的规则较多，想在准确理解和运用这些规则的基础上，写出合适的程序代码，要下很多功夫。

5.4 多维数组问题 3：高维数组的矢量化索引寻址

数据带有指向性的存取和索引位置关系密切，本书 5.3.3 小节讨论了高维 (大于 3 维) 数组一律变换成 3 维索引，再通过循环实现赋值，同时提到索引值在 2 维到 1 维的之间的变换。本节将通过另一个问题，再次讨论矢量化索引寻址，并介绍几个索引"替代"、"变通"的

例 5.3 最大值和最小值函数分别为 max 和 min,在它们规定的第 2 个输出变量可以返回指定维度对应的每一个向量上最大 (小) 值的索引。例如源代码 5.63 中,对 2 维矩阵返回其最小值在原矩阵中的索引位 I 如下:

源代码 **5.63**: 最值函数返回矩阵索引位示例

```
1  A = rand(3);
2  [B, I] = min(A, [], 2);
```

请写出一个函数 dimsel.m,其输入是数组 A 和一个索引向量 I(就像在代码 5.63 中的返回值 I),其返回的是与 I 同维的数组 C。

源代码 **5.64**: 求解例 5.3 的代码 dimsel 调用示例

```
1  C = dimsel(A, I);
```

源代码 5.64 中的返回值 C 与源代码 5.63 中的 B 相同。

源代码 **5.65**: 例 5.3 测试代码

```
1   clc;
2   for a = 1:10                                    % 循环构造10次
3     sz = 1 + ceil(rand(1, 3) * 10);               % 用随机整数构造高维随机整数数组的维数向量
4     A = rand(sz);                                 % 按维度向量生成随机数高维数组
5     I = ceil(rand(sz) * sz(1));                   % 按维数向量行数最大值先构造索引维数向量
6     I = I(1,:,:);                                 % 改取行数做维度向量实际尺寸
7     B = reshape(A(I(:)+(0:sz(1):numel(A)-1)'), size(I));  % 验证程序对错的参考标准值
8     p = randperm(3);                              % 随机打乱第1~3维的顺序
9     A = permute(A, p);                            % 按前述打乱的维数顺序重新排序A
10    I = permute(I, p);                            % 按前述打乱的维数顺序重新排序I
11    B = permute(B, p);                            % 按前述打乱的维数顺序重新排序B
12    C = dimsel(A, I);                             % 程序计算值
13    assert(isequal(dimsel(A, I), B));             % 验证程序是否正确
14  end
```

释义: 要求在随机整数构造的高维数组 A 中,把符合索引地址向量 I(也是高维数组) 的元素取出来构造与 I 维数相同的数组 C。说明三点:

① 测试中的随机整数没有用 randi,采用基础命令组合 ceil(rand(...)) 构造,实际效果相同;

② 测试算例数据经几次变换,所以语句中加注释以便理解;

③ 随机数高维数组序列生成过程中,因索引被 p 随机打乱次序,可能出现第 3 维尺寸为 1 的情况,即高维数组 A 是 3 维数组,而维度索引向量 I 却变成 2 维矩阵,如以下源代码所示:

源代码 **5.66**: Problem1896——高维数组的特例

```
1  >> [sA,sI]=deal(size(A),size(I))
2  sA =
3       6     6     7
4  sI =
```

| 5 | 6 | 6 |

运行测试代码发现:无论高维数组还是索引向量的维数如何随循环变化,因"I=I(1,:,:)"的设定,使 I 的最后某一维维数必为 1,其他两维度数值与数组 A 相同,比如某次测试算例运行结果。

源代码 5.67: Problem1896——代码求解思路 1

```
1  >> [sA,sI,sB]=deal(size(A),size(I),size(B))
2  sA =
3       4    7    2
4  sI =
5       4    1    2
6  sB =
7       4    1    2
```

根据源代码 5.67 可以具体地表述例 5.3 的要求:按维度 $4\times7\times2$ 的矢量索引数组 I 指引的位置,在维度为 $4\times1\times2$ 的高维数组 A 中逐一取出数据,因为每个索引在原数组中对应唯一元素,所以最终结果维数与索引数组 I 相同,也是 $4\times1\times2$。

解决这个问题,代码编写思路可分"维度变换"和"索引分组"两类,下面分别介绍。

5.4.1　permute 做源数据维度变换的不同方式

实现方法 1: permute 实现数据的维度变换

低维索引是相对"通用"的数据寻址方式,如果把 3 维数组 A 按某种数据排序方式降为 2 维,索引数组 I 降至 1 维,且能够让 I 的索引与降维后 A 的行一一对应,就能通过类似"C=A(...)"的低维索引,从源数据取得所需元素,最后按 I 维数重组实现所求。

源代码 5.68: 用 permute 实现维度变换,by Qi Binbin,size:67

```
1  function a = dimsel(ans, I)
2  ind=size(I);
3  if ismatrix(I)
4      permute(ans,'ecd'-'b');
5  elseif ind(2)==1
6      permute(ans,'dce'-'b');
7  end
8  I(:) = I(:)+(0:size(ans,1):numel(ans)-1)';
9  a=ans(I);
```

按需变换维度的关键在于:猜测命令 permute 对源数据 A 采用何种维度数据排列次序,也就是说:permute 对数组 A 降低维数形成 2 维矩阵,其列序列应当与"I(:)"某维度对应,形成类似源代码 5.69 所示的"每一列对应一个索引元素"的局面。

源代码 5.69: 维度变换后需要形成的维度形式

```
1  >> b=randi(20,4,12)
2  b =
3      7   11    9   12    3   16   19   20   16    8   15    1
4     12    3    5   19   11    8   11   14   12    5   18   19
5     15    5    6   13    9   12    6   15   11    6    8   10
6      9    6   18    6   14    5   14   18   19   13   11
```

```
7  >> bi=randi(size(b,1),1,12)
8  bi =
9       4    2    3    2    2    3    2    1    1    4    3    3
```

例如，源数据 b 维数 $4 \times 6 \times 2$ 通过变换维数改为 4×12、索引数据 b_i 维数为 $1 \times 6 \times 2$，变为 1×12 数组，通过 5.3.3 小节的源代码 5.48~5.51 所述方法即可实现矢量索引。

问题在于：对每次循环维度未知的数据，怎样能准确找到降维的次序排布呢？好在例子中有参考标准数据 B，而 3 个维度的次序排布方式也只有 6 种，通过对其反向测试发现：无论生成数据怎样变动，按维度索引数组 I 中等于"1"的维数 n_{d_1} 分别处于第 1、2、3 维时，适合的排布方式是确定的，如下式：

$$t_i = \begin{cases} [1,2,3] & n_{d_1} \text{在第 1 维} \\ [2,1,3] & n_{d_1} \text{在第 2 维} \\ [3,1,2] & n_{d_1} \text{在第 3 维} \end{cases} \quad (5.3)$$

不妨取一组测试数据，说明上述维度变换次序的作用，运行测试源代码 5.64 的第 1~11 行形成一组源数据（维数 $3 \times 2 \times 3$）和索引向量 I（$3 \times 2 \times 1$）：

源代码 5.70: 维度变换后的所需形式说明

```
1   >> A
2   A(:,:,1) =
3       0.0713    0.0690
4       0.3515    0.9429
5       0.3802    0.8212
6   A(:,:,2) =
7       0.3196    0.3111
8       0.3961    0.0816
9       0.7958    0.8226
10  A(:,:,3) =
11      0.2853    0.8167
12      0.8085    0.1318
13      0.5478    0.9366
14  >> A1=permute(A,[3,1,2])
15  A1(:,:,1) =
16      0.0713    0.3515    0.3802
17      0.3196    0.3961    0.7958
18      0.2853    0.8085    0.5478
19  A1(:,:,2) =
20      0.0690    0.9429    0.8212
21      0.3111    0.0816    0.8226
22      0.8167    0.1318    0.9366
23  >> A2=reshape(A1,size(A1,1),[])
24  ans =
25      0.0713    0.3515    0.3802    0.0690    0.9429    0.8212
26      0.3196    0.3961    0.7958    0.3111    0.0816    0.8226
27      0.2853    0.8085    0.5478    0.8167    0.1318    0.9366
28  >> I2=I(:)'
29  I2 =
30      1    2    3    2    2    1
```

命令 permute 第 2 个参数 "[2 1 3]" 代表按数组 A 的 "层 → 行 → 列" 次序取数。原数组 A 通过维数变换，从 $3\times 2\times 3$ 变成维数为 $3\times 3\times 2$ 的数组 A_1。再由 reshape 命令降维至 3×6 的矩阵 A_2。索引向量 I 压缩维数变为与 A_2 列数相同的行向量，此时即可逐列按索引 I_2 在 A_2 取得数据，最后用 reshape 把所取得行向量转为与 I 同维的结果数组 C。

实现方法 2：函数 ind2sub、sub2ind 做索引变换

变换源数据以适应索引，对于 3 维数组而言无疑是容易的，通过运行几组数据，很快找到维度变换的规律，得到 3 组索引维度变化的可能分类，但是如果数组维度再扩大，随着索引乱序可能性增多，猜测合适的维度变换会变得越发困难，源数据本身规模的扩大也造成维度变换效率急剧降低。因此，改变源数据适应索引并非首选方法。问题的解决还是落在对索引的处理和对变化规律的观察上。

谈到矩阵高、低维索引转换，不能不提 ind2sub 和 sub2ind 这对函数，使用方法见 5.1 节源代码 5.15 和源代码 5.16。前者把低维索引（即 $[1,2,3,\cdots]$）转换为高维索引（即 $[(1,1,1), (1,2,1),\cdots,(1,1,n),\cdots]$），后者则恰好是逆过程。例 5.3 中涉及索引的变换与指向，如能正确地使用这两个函数，则无需对整个矩阵 A 进行维度变换，仅操作索引变换就能精准找到所需元素并排列。

源代码 5.71: 函数 sub2ind、ind2sub 操纵高低维索引变换实现求解,by Binbin Qi,size:74

```
1  function B = dimsel(A, I)
2  B = I;
3  [s{1:3}] = size(B);
4  find(cell2mat(s) == 1);
5  [ind{1:3}] = ind2sub(size(B),1 : numel(B));
6  ind{ans}(:) = I(:);
7  B(:) = A(sub2ind(size(A),ind{:}));
```

首先，源代码 5.71 再次出现 "cell 数组外套矩阵方括号" 操作方式，为体会其用法特点，通过几段小代码加深印象。

源代码 5.72: cell 数组外套矩阵方括号的多输出表达形式介绍

```
1  >> [s1,s2,s3]=size(rand(2))   % 标准调用格式维度为三个变量的多输出
2  s1 =
3       2
4  s2 =
5       2
6  s3 =
7       1
8  >> s{1:3}=size(rand(2))       % 定义超过矩阵维数的输出个数将提示出错
9  The right hand side of this assignment has too few values to satisfy the left hand side.
10 >> s{:}=size(rand(2))         % 用元胞数组打包输出维度，输出一个数组变量
11 s =
12     [1x2 double]
13 >> [s{:}]=size(rand(2))       % 元胞数组（仅有冒号）外套矩阵方括号，输出一个数组变量
14 s =
15     [1x2 double]
16 >> [s{1:3}]=size(rand(2))     % 元胞数组（指定输出数量）外套矩阵方括号，输出一个数组变量
17 s =
```

| 18 | [2] | [2] | [1] |

源代码 5.72 的第 1 种标准调用格式多数人都比较熟悉不再赘述，第 2 种则提示左右输入输出不能满足相等要求，这是可以理解的，因为维数 2×2 的随机数矩阵，默认只能输出"行"、"列"两个数值，第 3 个运行代码似乎也证明了这一点：得到的"s{:}"，是维度为 1×1 的 cell 数组，其内部存储输入随机数矩阵的全部维数信息 (1×2)，即使再外套矩阵方括号得到的结果也没有什么变化。

第 5 段代码证明上述论点有误，多输出形式也同样能够得到这 3 个数值，但需要在 cell 内部指定存储位，并用方括号展开。源代码 5.71 使用"[s{1:3}]=size(B)"这种多输出形式的目的是简化代码，可等效替代如下：

源代码 5.73: 多输出等效替换写法 1

```
1  >> [s1,s2,s3]=size(B)
2  s1 =
3       9
4  s2 =
5       7
6  s3 =
7       1
8  >> find([s1,s2,s3]==1)
9  ans =
10      3
```

替代方案中使用了 3 个变量，但到下一步还是要组合成一个矩阵完成操作，与多输出操作相比省去了变量名分配，只需一个变量名存储即可。

源代码 5.73 这种多输出的替换写法，也适合第 5、6 行处的低维向高维索引转换函数 ind2sub：按题意，ind2sub 用索引维度 (第 1 个参数) 正常返回行、列、层 3 个索引，假定源数据维度 $2\times 3\times 3$、索引维度 $2\times 1\times 3$，按源代码 5.73 的思路写成：

源代码 5.74: 多输出等效替换写法 2

```
1  >> [t1,t2,t3] = ind2sub(size(I),1 : numel(I))
2  t1 =
3       1    2    1    2    1    2
4  t2 =
5       1    1    1    1    1    1
6  t3 =
7       1    1    2    2    3    3
8  B1=A(sub2ind(size(A),t1,I(:)',t3))
9  B1 =
10     0.9010   0.1511   0.4758   0.1458   0.0115   0.2104
```

与源代码 5.71 的第 5 ~ 7 行对照，发现多输出同样起到了节省变量名分配的作用。

两相比较发现，不同处在于源数据 A 的维度并未改变，变的是索引值的高、低维转换，初看似乎并不好想，但结合测试源代码 5.65 第 7 行，会发现其中规律：不管 p 怎样在 3 个维度之间随机乱序，但源数据 A、索引 I 和参考值 B 均按照 p 的顺序同时变化，意味着所求结果的低维矢量索引依然是每间隔"sz(1)"递增"I(n)"个序号，那么只须找到乱序前的

"sz(1)"，就抓住了求解的关键。

源代码 5.71 第 4 行寻找维数向量 s 中等于 1 的位置，就是后面再将其逐个替换为"I(n)"的依据，等于在数据 A 中用低维索引值还原了测试代码中"I = I(1,:,:)"所压缩的高维索引值（还原前这一维度的按 I 的高维索引值当然全部为 1）。这个算法需要有较强的观察力。当然，求解代码还可小幅调整，使之更紧凑：

源代码 5.75: 源代码 5.71 的小幅改进,by Alfonso Nieto-Castanon,size:59

```
1  function a = dimsel(A, I)
2  [size(I) 1];
3  [i{find(ans)}]=ind2sub(ans,reshape(find(I),ans));
4  i{find(ans==1,1)}=I;
5  a=A(sub2ind(size(A),i{:}));
6  end
```

除了带矩阵括号的多输出、sub2ind 和 ind2sub 函数组合的使用等相同之处外，Alfonso 的代码与之前还有两处显著改进，值得注意。

程序很小，但蕴含的信息量并不小：

① 程序体第 1 行"[size(I),1]"就是个显著改进——不再区分当"1"出现在第 3 维时造成的"缩维"问题：不管 1 出现在何处，都在维数向量尾部补充"[size(I),1]"，不管 I 是 2 维矩阵还是 3 维数组，补"1"都让索引数据扩展到 3 维以上，第 4 行通过"find(ans==1,1)"保证所得结果是维度序列中，"首次出现的 1"，自然避免运行状态下，误选第 4 维的情况。

② 第 2 行"[i{find(ans)}]=ind2sub(ans,reshape(find(I),ans));"除左端括号表达式、ind2sub 使用方法已在前面介绍外，还有两点需要说明：

- find 用于按某种逻辑关系在序列中查找相应索引，但 find(I) 实际是在序列上查找序列本身，其返回值形式见如下源代码：

源代码 5.76: 函数 find 的"另类"用法

```
1  >> find(rand(1,4))
2  ans =
3       1    2    3    4
4  >> find(rand(1,4)')
5  ans =
6       1
7       2
8       3
9       4
10 >> find(rand(2))
11 ans =
12      1
13      2
14      3
15      4
```

显然：当查找序列维度为 $1\times n$ 时，返回的索引值与序列本身维度相同，矩阵、高维数组等，则返回其低维索引值。

- 右端 ind2sub 按第 1 行维度格式，把第 2 个数据转换为高维索引，但该函数更加便利处是对高维度数据的支持：用 reshape 将变量 I 的低维索引形态（即：索引 I 的索引）按第 1 行"[size(I),1]"维度要求，重组为高维形态，并分维输出 cell 数组"i"。这句代码埋下极其精彩的伏笔：一方面是下一行所需的全 1 矩阵被分离成 i 的单独维度便于索引替换；另一方面也是更便利的一点就是最后一行按"i"低维索引形态，在源数据 A 中重新寻址时，不再需要利用 reshape 做换维操作，可谓一举两得。

③ 因前述 reshape 函数维度变换的操作，测试代码中变量 I 被压缩为 1 的那一维，按照高维形态显示并存储在 cell 数组 i 中，"i"的每个子细胞按 I 的维度要求，存储其高维索引形态的某一维，其中当然有一维全部是 1。第 3 行"i{find(ans==1,1)}=I"的用意就相当明显了，即用条件找到这个维度，将其替换为同维数组 I。

④ 前面的代码执行完毕，矢量索引 I 已经以高维形态"i"出现，为从源数据 A 中把这些索引处数据再次取出，第 4 行再用 sub2ind 把它们换成低维索引供 A 寻址索引。

同样的索引换维思路，还有另一种不错的求解方式：

源代码 5.77：索引变换思路下的另一种写法,by Alfonso Nieto-Castanon,size:65

```
1  function a = dimsel(A, I)
2  sa=size(A);
3  arrayfun(@(n)size(I,n),find(sa));
4  [i{find(ans)}]=ind2sub(ans,reshape(find(I),ans));
5  i{ans<sa}=I;
6  a=A(sub2ind(sa,i{:}));
7  end
```

源代码 5.77 对源代码 5.75 又做了两处堪称绝妙的微调：

① 乱序后第 3 维度为"1"的处理,之前用了补充第 4 维扩维的方法,这里则利用 arrayfun 遍历源数据 A 的维度向量（其 numel 值总是 3），当出现第 3 维度数值为 1 的情况时，控制句柄"@(n)size(I,n)"自动扩充 1，维数就统一了。

② 既然不再需要处理维数尺寸是 3 还是 4 的问题，"find(ans==1,1)"就可去掉，换成矢量索引逻辑判断语句"ans<a"。如果是 1，则小于"size(A)"的对应维数值，应当在高维索引"i"中把哪一维替换成 I。

纵观源代码 5.75 和源代码 5.77，其索引高、低维转换如行云流水一气呵成，对于维数统一的两个办法则巧借 find、arrayfun、size 等基础函数的"势"，镶嵌在程序主体内，能为流程服务，又并不炫技抢戏，说这是 MATLAB 顶级代码一点不为过，短短几行代码提供了非常经典的范例，十分值得鉴赏体会。

相比变换整个源数据维度，索引值的高低维转换更值得推荐：尤其源数据规模较大时，维持数据不动，仅处理地址位置的读取顺序，完成精准索引显然符合矢量化寻址的特征。这好比我们从一个很高的货架上取物品，合理的办法是利用梯子、机械手等工具在准确位置取货，而不是为了某次取得高处的货物就放倒整个货架重摆一遍。

5.4.2 索引分组

根据前面的分析，例 5.3 关键在于把测试代码中"I = I(1,:,:)"所减缩的维数，从以 p 乱序后的源数据中还原出来，还原依据是查找哪个维度被减缩为 1，源代码 5.71、5.75 采用"find(ind==1,1)"得到"1"究竟处于索引向量 I 的第几维度上。

在索引分组中，还有更精炼、更"矢量化"的代码编写思路：

源代码 5.78: 匿名函数构造矢量索引映射方式, by Jan Orwat, size:35

```
1  function ans = dimsel(A, I)
2      ans=cellfun(@(mat,ind)mat(ind),num2cell(A,find([size(I)==1 1],1)),num2cell(I));
3  end
```

源代码 5.78 用 num2cell 分组，这是新颖且实际的做法，关于这个函数在源代码 5.57 中已经有过分析，主要讲它在这里起到的作用。运行源代码 5.65 第 1～11 行得到一组维度 $4\times 5\times 2$ 的源数据 A、维度 $4\times 1\times 2$ 索引向量 I，由外向里逐步运行查看结果。

源代码 5.79: 源代码 5.78 的分析 1——代码整体结构

```
1  cellfun(@(mat,ind)mat(ind), cell1 , cell2);
```

源代码 5.79 说明解法整体结构是通过命令 cellfun 操纵受控句柄"@(mat,ind)mat(ind)"，根据 cellfun 调用格式：第 2、3 位两个参数 cell1 和 cell2 均为元胞数组，前者是分组的源数据，后者是寻址用的索引向量，因此里层要构造这两个 cell 数组以满足 cellfun 利用句柄的调用：

源代码 5.80: 源代码 5.78 的分析 2——分组源数据的构造

```
1   >> find([size(I)==1 1],1)
2   ans =
3        2
4   >> num2cell(A,find([size(I)==1 1],1))
5   ans(:,:,1) =
6        [1x5 double]
7        [1x5 double]
8        [1x5 double]
9        [1x5 double]
10  ans(:,:,2) =
11       [1x5 double]
12       [1x5 double]
13       [1x5 double]
14       [1x5 double]
15  >> num2cell(I)
16  ans(:,:,1) =
17       [3]
18       [4]
19       [4]
20       [5]
21  ans(:,:,2) =
22       [4]
23       [4]
24       [1]
```

源代码 5.80 的第一部分运行结果与之前分析一样：在索引维数中寻找维数被压缩为 1 的位置，本次运行中，它处于索引向量 I 的列维度（根据运行结果 $4\times1\times2$），所以等于 2；第二部分调用 `num2cell` 的用意就具体变成沿着列维度方向，把源数据 A 分组为 $4\times1\times2$ 共计 8 组 2 层，每层 4 组维度为 1×5 的向量；第三部分多索引向量 I 按照默认分隔方式，每个单独数字存储在一个单独的 cell 中，正好也是 $4\times1\times2$，也是 2 层共计 8 组，对应第二部分生成的源数据分组，每个索引向量一一映射之前的分组数据即完成寻址工作，得到结果。

无独有偶，"`@(mat,ind)mat(ind)`" 能提供矢量索引控制形式，利用 cell 数组括号连写，即 "`{…}(…)`"，也可以用同样思路构造类似分组信息求解。

源代码 5.81：用 cell 数组括号连写方式构造矢量索引句柄,by yuan,size:34

```
1  function ans = dimsel(A, I)
2    ans=arrayfun(@(x,y)x{:}(y), num2cell(A,find([size(I)==1 1])), I);
3  end
```

思路与源代码 5.78 相同，不再赘述。

> **评** 上述代码多处用到 `cellfun`，它在操控 cell 数据方面具有天然优势。同时，矢量化寻址的思维，甚至渗透到匿名函数中，作为受控句柄操控基本数据，这给人一种赏心悦目、"俯瞰"代码的即视感。下一章还将继续介绍匿名函数结合 `cellfun`、`bsxfun`、`arrayfun` 等矢量化命令，构造多变表达式形式的诸多方法技巧，以加深对程序编写机制的理解。

5.5 小 结

本章从 MATLAB 多维数组基本结构、元素存取次序入手，介绍了它与低维数组之间的区别和联系，并结合矢量寻址、索引变换，探讨了高维数组的构造排布、扩维降维的规律。在基础知识部分，重点说明高维数组常用函数，如：`cat`、`permute`、`flip`、`ndgrid`、`reshape`、`squeeze`、`ind2sub`、`sub2ind` 等的应用技巧。假如认真阅读本章遴选的 3 个典型高维数组问题，以及相应的解决代码分析，相信读者会真切地感受到：3 维以上的高维数组，结构排布和变换不大适合采用直观形象的方法解释，常令人感到学习时不知从何入手，但如果把高维数组相关函数的使用，放在问题解决的背景中综合展现，感受命令组合、调用方式在不同解法方案中的细微区别，往往有柳暗花明的顿悟。

第 6 章 匿名函数专题

顾名思义，匿名函数不专门占用一个函数名，也非 MATLAB 专有（比如 C#、Python 中的 Lambda 函数等），匿名函数调用简单，尤其是与矢量化系列函数如 ".*fun" 之间的组合，深入理解并灵活运用它，往往有出色的化学反应，能起到简化流程、提高执行效率的作用，第 5 章的源代码 5.78 就是利用 cellfun 构造高维数组的矢量化寻址句柄的典型例子。本章进一步探讨匿名函数对复杂表达式的构造，及对矢量化函数的操纵技巧。

6.1 匿名函数探析

6.1.1 基本应用

匿名函数 (anonymous function) 出现于 MATLAB 7.0 版本，它可作为内联函数 inline（该函数用字符串构造函数句柄，但执行效率相当低）的替代。匿名函数构造并不复杂，源代码 6.1 为定义、调用匿名函数的简单实例。图 6.1 为源代码 6.1 运行结果。

源代码 6.1: 匿名函数的基本格式

```matlab
1  f1=@(x) sin(x).*cos(x)
2  subplot(211)
3  plot(1:5,f1(1:5))
4  f2=@(x1,x2) sin(x1.*x2).^2
5  1:.1:5;
6  subplot(212)
7  surf(ans,ans,bsxfun(f2,ans,ans'),'facealpha',.7)
8  shading interp
```

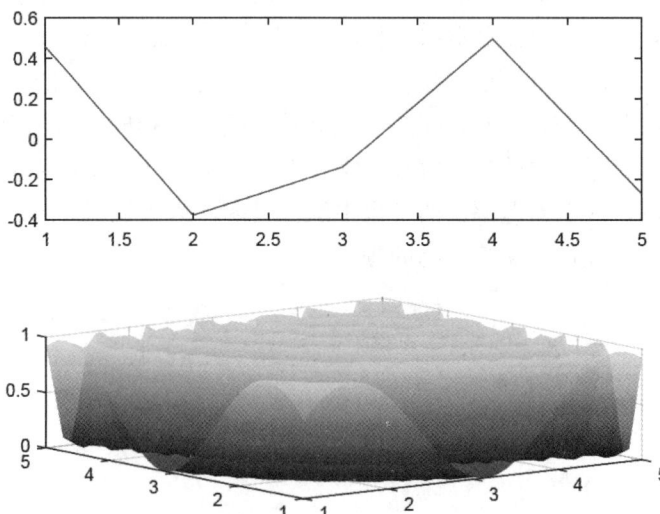

图 6.1　源代码 6.1 运行结果

第 6 章 匿名函数专题

匿名函数在编程中应用很广,例如下面这样一个简单的"一维一、二阶五点中心差分"算法数值微分程序。

源代码 6.2: 匿名函数在数值微分算法程序中的应用

```
1  function [D1,D2]=Diff12(f,data,h)
2  % 计算函数一、二阶数值微分及绘图
3  D1=arrayfun(@(i) [1 -8 8 -1]*f(data(i)+[-2*h;-h;h;2*h])/12/h,1:length(data));
4  D2=arrayfun(@(i) [-1 16 -30 16 -1]*f(data(i)+(-2*h:h:2*h)')/12/h^2,1:length(data));
5  subplot(211)
6  plot(data,f(data))
7  subplot(212)
8  plotyy(data,D1,data,D2)
```

源代码 6.2 在 arrayfun 内部自定义匿名函数,计算源数据的数值微分,形式上比起一般循环代码有很大程度的简化。调用源代码 6.2 求解式 (6.1) 所示一、二阶数值微分如源代码 6.3 所示。图 6.2 为源代码 6.2 数值微分计算结果。

$$f(x) = \frac{e^{-5x} \sin 2x}{x^2 + 3x + 5} \qquad (x = 0, 0.05, 0.1, \cdots, 2) \tag{6.1}$$

源代码 6.3: 源代码 6.2 运行结果

```
1  [D1,D2]=Diff12(@(x) exp(-5*x).*sin(2*x)./(x.^2+3*x+5),0:.05:2,.01)
```

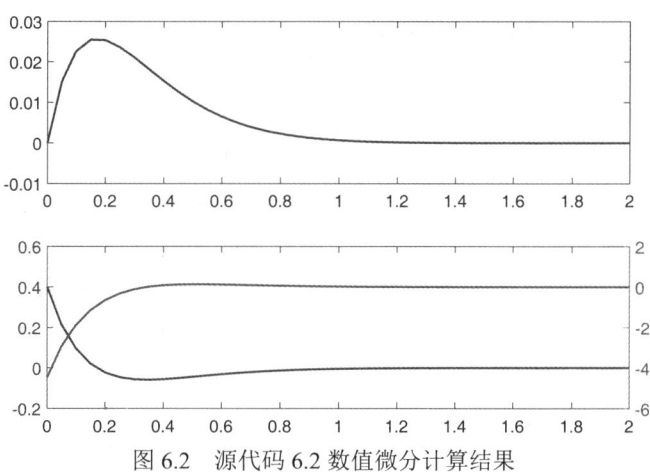

图 6.2　源代码 6.2 数值微分计算结果

再如二维数值微分问题,参考文献 [2] 利用中心差分方法编写一、二阶偏导数数值计算程序。

源代码 6.4: 循环结构下的一、二阶偏导数计算

```
1  function [df1,df2]=funDiff12(f,x,epsx)
2  if nargin<3,epsx=1e-4;end
3  h2=2*epsx;N=length(x);
4  I=eye(N);df1=zeros(N,1);df2=zeros(N);
5  for n=1:N
6      df1(n,:)=(f(x+I(:,n)*epsx)-f(x-I(:,n)*epsx))/h2;
7  end
8  for j=1:N
```

```
 9      for k=1:N
10          df2(j,k)=(f(x+.5*I(:,j)*epsx+.5*I(:,k)*epsx)...
11              -f(x-.5*I(:,j)*epsx+.5*I(:,k)*epsx)...
12              -f(x+.5*I(:,j)*epsx-.5*I(:,k)*epsx)...
13              +f(x-.5*I(:,j)*epsx-.5*I(:,k)*epsx))/epsx^2;
14      end
15  end
```

结合矢量化控制函数 arrayfun 和匿名函数, 在算法相同的情况下, 对源代码 6.4 做如下优化:

源代码 6.5: 匿名函数结构下的一、二阶偏导数计算

```
1  function [df1,df2]=funDiff12(f,x,epsx)
2  x=x(:);h2=2*epsx;N=length(x);I=eye(N);
3  df1=arrayfun(@(n) (f(x+I(:,n)*epsx)-f(x-I(:,n)*epsx))/h2,1:N);
4  [J,K]=meshgrid(1:N);
5  df2=arrayfun(@(j,k) (f(x+.5*I(:,j)*epsx+.5*I(:,k)*epsx)-f(x-.5*I(:,j)*epsx+.5*I(:,k)*epsx)...
6      -f(x+.5*I(:,j)*epsx-.5*I(:,k)*epsx)+f(x-.5*I(:,j)*epsx-.5*I(:,k)*epsx))/epsx^2,J,K);
7  end
```

6.1.2 匿名函数嵌套构造函数在程序编写中的应用

上一小节所述的两个数值微分程序, 共同点是结合 arrayfun、cellfun 等函数, 以自定义匿名函数为调用句柄, 达到操控已知数据的目的。本小节将以约束优化中应用较为广泛的内点罚函数法程序编写为例, 再次说明匿名函数在此方面的优势。

1. 内点罚函数算法

为方便没学过优化的读者理解问题, 先简要介绍内点罚函数算法 (简称内点法)。内点法是一次迭代中, 将约束条件与目标函数结合构造带惩罚项的无约束优化目标函数, 从而简化原问题, 且每次搜索限定新目标迭代点于约束条件所允许的可行域内, 迭代点偏离下降方向时, 惩罚项急剧增大, 警示该搜索处于"坏"的方向, 迫使下一轮迭代更换搜索方向, 如此保证迭代序列点在可行域内逐步逼近约束边界上的最优点[3]。内点法只能用来求解具有不等式约束的优化问题, 表达式如下:

$$\begin{cases} \min f(\boldsymbol{x}) \\ s.t. \quad g_j(\boldsymbol{x}) \leqslant 0 \quad (j=1,2,\cdots,m) \end{cases} \quad (6.2)$$

转化后的罚函数可以写成:

$$\phi(\boldsymbol{x},r) = f(\boldsymbol{x}) - r\sum_{j=1}^{m}\frac{1}{g_j(\boldsymbol{x})} \quad (6.3)$$

或者写成:

$$\phi(\boldsymbol{x},r) = f(\boldsymbol{x}) - r\sum_{j=1}^{m}\ln[-g_j(\boldsymbol{x})] \quad (6.4)$$

式 (6.3) 和式 (6.4) 中: r 为惩罚因子, 这是由大到小趋于 0 的数列 ($r^0 > r^1 > r^2 > \cdots > \to 0$); $\sum_{j=1}^{m}\frac{1}{g_j(\boldsymbol{x})}$ 或 $\sum_{j=1}^{m}\ln[-g_j(\boldsymbol{x})]$ 为障碍项。

内点法的迭代总是在可行域内进行，障碍项则阻止迭代点越出可行域。由障碍项的函数形式可知：迭代点靠近某一约束边界 $g_j(\boldsymbol{x})$ 时，其约束函数值趋于 0，而障碍项数值则陡然增加并趋于 inf，好像筑起一道围墙迫使迭代点远离搜索边界，从而整体有向最优点方向搜索的趋势。显然只有当惩罚因子 $r \to 0$ 时，才能求得在约束边界上的最优解。另外，虽然构造"障碍"的惩罚因子并没有统一的有效算法，但一般通过小于 1 的缩减因子 $c = 0.1 \sim 0.7$ 使之在迭代逼近最优解过程中逐步减小，以降低"惩罚"，如式 (6.5)。

$$r^{(k)} = cr^{(k-1)} \quad (k = 1, 2, \cdots) \tag{6.5}$$

不加证明地给出一种惩罚项 $r^{(0)}$ 的表达式[3] 如下：

$$r^0 = \left| \frac{f(\boldsymbol{x})}{\sum_{j=1}^{m} \dfrac{1}{g_j[\boldsymbol{x}^{(0)}]}} \right| \tag{6.6}$$

收敛条件如式 (6.7) 所示，其中第一个公式说明：相邻两次迭代惩罚函数值相对变化充分小，第二个公式表示满足收敛条件的无约束极小点 $\boldsymbol{x}^*[r^{(k)}]$，已经逼近原问题约束最优点，迭代终止。

$$\begin{cases} \left| \dfrac{\phi\{\boldsymbol{x}^*[r^{(k)}], r^{(k)}\} - \phi\{\boldsymbol{x}^*[r^{(k-1)}], r^{(k-1)}\}}{\phi\{\boldsymbol{x}^*[r^{(k-1)}], r^{(k-1)}\}} \right| \leqslant \varepsilon_1 \\ \|\boldsymbol{x}^*[r^{(k)}] - \boldsymbol{x}^*[r^{(k-1)}]\| \leqslant \varepsilon_2 \end{cases} \tag{6.7}$$

最后给出算法实现步骤如下：

① 选取可行初始点 $\boldsymbol{x}^{(0)}$、惩罚因子初值 $r^{(0)}$、缩减系数 c 和收敛精度 $\varepsilon_1, \varepsilon_2$；

② 构造惩罚函数 $\phi(\boldsymbol{x}, r)$，选择适当的无约束优化方法，求函数 $\phi(\boldsymbol{x}, r)$ 的无约束极值得到 $\boldsymbol{x}^*(r^{(k)})$ 点；

③ 用式 (6.7) 判别迭代收敛条件能否得到满足,如满足则迭代终止,$\boldsymbol{x}^* = \boldsymbol{x}^*[r^{(k)}], f(\boldsymbol{x}^*) = f\{\boldsymbol{x}^*[r^{(k)}]\}$；否则令 $r^{(k+1)} = cr^{(k)}, \boldsymbol{x}^{(0)} = \boldsymbol{x}^*[r^{(k)}]$ 转步骤②。

算法框图如图 6.3 所示。

2. 内点罚函数法程序编写要点

内点罚函数法算法整体结构简单，通过式 (6.3) 或式 (6.4)，把原约束问题转换为关于惩罚因子 r 和迭代点的无约束函数求解。在编写程序的过程中，发现难点在于：同次迭代中，惩罚因子和新搜索点的变化规律并不服从同种变化规则，且每次迭代构造无约束目标函数要动态变化，这给直接迭代造成困难。

解决办法是把被转换无约束函数 $\phi(\boldsymbol{x}, r)$，做成两层匿名函数嵌套：先在嵌套的匿名函数体最外层，求得本次迭代惩罚因子 $r^{(i)}(i = 2, 3, \cdots)$，该系数在外层求得，等于脱掉一个未知数的"壳"，里层就变成关于迭代点坐标的普通匿名函数，按一般多元无约束优化问题调用求解即可。通过代码可以比较清晰地看到这种流程，为节省篇幅，无约束问题求解子函数采用工具箱命令 `fminsearch`，同时去掉部分无关的判断代码。

源代码 6.6："嵌套式"匿名函数在内点罚函数优化算法中的应用

```
1  function [ outX,outY,count ] = SUMTInnerPointOpt( f,g,x0,e0,epsf )
```

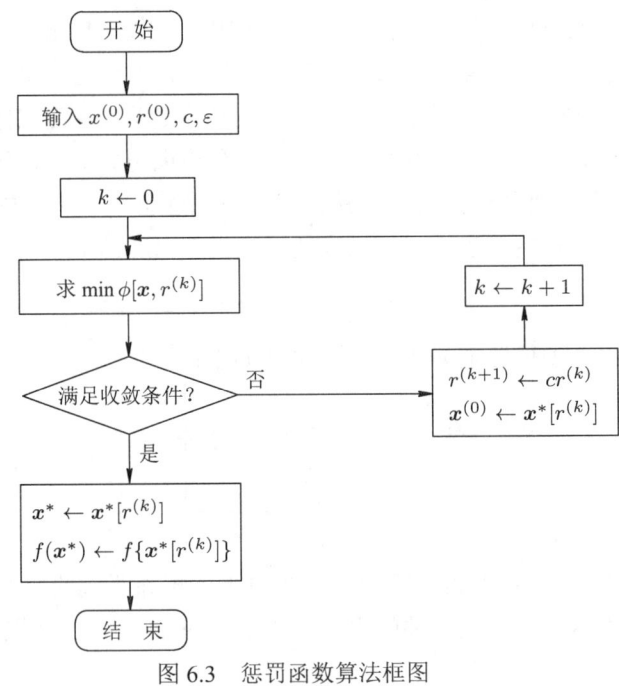

图 6.3 惩罚函数算法框图

```
 2  xStart=x0(:);
 3  r0=5*RCalc(f,g,x0);
 4  f0=f(x0);fk=f0+1;xk=x0+.01;
 5  count=0;
 6  while abs((fk-f0)/f0)>epsf||norm(xk-xStart)>epsf
 7      count=count+1;
 8      PhiRX=BuildPhi(f,g,r0);
 9      f0=fk;xStart=xk;
10      [xk,fk,exitflag]=fminsearch(PhiRX,xStart);
11      r0=(exitflag<=0)*r0*5+(exitflag>0)*r0*e0
12  end
13  outX=xk;
14  outY=f(xk);
15  function r0=RCalc(f,g,x0)
16  % Calculate r0
17  r0=abs(f(x0)/sum(1./g(x0)));
18  function Dx=BuildPhi(f,g,r)
19  % building Phi(X)
20  phiX=@(r)@(x) f(x)-r*sum(1./g(x));
21  Dx=phiX(r);
```

无约束优化函数 fminsearch 的调用格式如下：

源代码 6.7: fminsearch 调用格式

```
 1  [x,fval]=fminsearch(f,x0)
```

fminsearch 函数首个输入参数是本轮次迭代构造的无约束目标函数句柄，通过 SUMTInner-PointOpt 中第 $18\sim21$ 行的子程序 BuildPhi 动态构造，所需参数惩罚因子 r_i 在子程序外部由其他算式计算，作为已知参量输入子程序，调用最外层对二重嵌套匿名函数"脱壳"生成无约束函数句柄。如式 (6.8) 所示为优化问题：

$$\begin{cases} \min f(\boldsymbol{X}) = x_1 + 2x_2^2 \\ \boldsymbol{X} \in \mathrm{R}^n \\ s.t. \\ \quad g_1(\boldsymbol{X}) = -x_1 - 2x_2 \leqslant 0 \\ \quad g_2(\boldsymbol{X}) = x_1 - x_2 \leqslant 0 \\ \quad g_3(\boldsymbol{X}) = -x_1 \leqslant 0 \end{cases} \quad (6.8)$$

求解代码如下：

源代码 6.8: 罚函数法新程序的测试代码

```
1  f=@(x) x(1)+2*x(2)^2;
2  g=@(x) [-x(1)-2*x(2);x(1)-x(2);-x(1)];
3  x0=[3 8];
4  [ outX,outY,count ] = SUMTInnerPointOpt( f,g,x0,.2,1e-6)
5  outX =
6      0.000085323751281  0.001453599882656
7  outY =
8      8.954965651910162e-05
9  count =
10     27
```

其中：惩罚因子初值设为 $e_0 = 0.2$，收敛容差设为 $\varepsilon = 10^{-6}$，经 27 次迭代，结果收敛。注意源代码 6.8 的第 2 行中，多个约束条件的匿名函数写法。

6.1.3 匿名函数与参数传递

在处理计算和数据处理时，或多或少都会遇到一些参数在主程序与子程序之间、程序与 workspace 之间传递的问题，回忆 6.1.2 小节中源代码 6.6 中的惩罚因子 r，就是参数在不同程序之间的动态改变和传递，通过"构造两重变量的匿名函数"实现了两类参数变化互不干涉的意图。

参数的传递依程序所处环境不同，解决方案迥异，例如：GUI 图形界面程序在不同控件句柄之间，数据传递通常采用 setappdata 和 getappdata；Simulink 中框图数据与 workspace 之间，可用 assignin 完成数据交互；subs 命令以"替换"的方法向符号函数中传递参数；以前还有人喜欢用 global 定义全局变量等。

本小节重点讨论匿名函数机制下，参变量传递的问题，结合某些工具箱函数本身灵活的重载、矢量化函数的控制，匿名函数完全能在我们编写的 MATLAB 程序中扮演比多数人所想象的、更加有用的角色。

1. 单一表达式的匿名函数参变量控制

数值积分常遇到被积函数由于某种原因，其中某个或多个参变量数值随程序的迭代、循环等流程而动态变化的问题。怎样自动批量求出这些积分数值，并存储在一个变量中呢？下面用一元函数积分的实例说明该过程。

例 6.1 求式 (6.9)

$$\int_1^2 x^a \sin(ax) + 2 \tag{6.9}$$

当参变量 a 发生变化的所有积分数值,其中 $a = 0.2, 0.4, \cdots, 10$,并把积分结果值按顺序绘制曲线。

式 (6.9) 所示积分不存在解析解,其数值解在 MATLAB 中有不少命令可以实现,其中有些方法现已逐步退出历史舞台,下面选择几种方法做简要介绍。

(1) 循环逐一求解

MATLAB 7.0 之前没有匿名函数,对这种被积函数形式完全相同,但多次改变其中某参数值的问题,求解办法是单独生成被积函数的 M 文件,把所需变化的参数附加在这个主函数的输入中,利用循环调用主函数完成传递参数求解,步骤如下:

① 编写单独的"intMain"文件,写被积函数。注意,源代码 6.9 的输入中已经含有积分所需参数 a。

源代码 6.9: 用主函数输入传参步骤 1

```
1  function y=intMain(x,a)
2  y=x.^a.*sin(a*x)+2;
```

② 在命令窗口写、或重新创建积分求解的程序*,通过循环,向积分式中变量 a 逐一赋值。

源代码 6.10: 用主函数输入传参步骤 2

```
1  function data=solveIntMain(a)
2  for i=1:length(a)
3      data(i)=quadl(@intMain,1,2,[],[],a(i));
4  end
5  plot(a,data)
```

源代码 6.9 和源代码 6.10 的运行结果如图 6.4 所示。当然,回看此程序,是一个在形式上很简单的数值积分问题,编写独立 M 文件,从外部循环反复变换输入参数进行调用,过程真的相当繁琐。

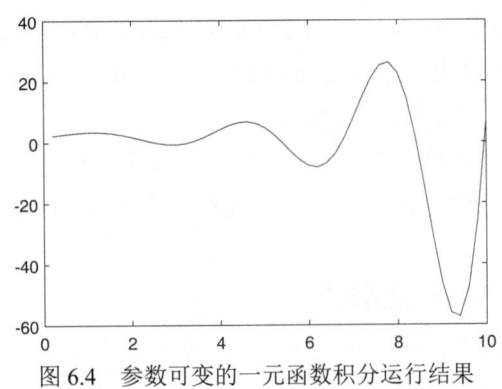

图 6.4 参数可变的一元函数积分运行结果

---

*源代码 6.10 中用到的积分命令 quadl 属于旧版本函数,现已被新函数 integral 等取代,在后面的内容将介绍该函数。

(2) 内联函数求解

很多人开始思考是否还有其他办法简化积分问题求解流程，比如能不能避免为一个积分就得建立单独的 M 文件？于是有人想到了内联函数 inline。这个命令中的执行函数是字符串形式的。

源代码 6.11: 内联函数构造函数方法介绍

```
1  >> f=inline('x.^a.*sin(a*x)+2','x','a')
2  f =
3       Inline function:
4       f(x,a) = x.^a.*sin(a*x)+2
5  >> f(1,2)
6  ans =
7      2.9093
```

内联函数使我们看到一丝希望，但糟糕的是：类似源代码 6.11 构造出的内联函数还不能直接用于积分解算，因为还没法把外部标量 a 在积分过程中单独传递给内联函数 $f(x,a)$，每次积分时 a 只能传进其自身的一个数值 $a(i)$，而积分变量 x 才是积分过程中真正的变量。于是我们得对内联函数再做适当处理。

由于内联函数形式是字符串形式，所以想到每次循环中动态构建被积函数的字符串，把积分所需数字 $a(i)$ 传递给每次积分运算，num2str 和 sprintf 都能实现。

源代码 6.12: 内联函数动态构造被积函数的参数传递

```
1  function data=solveIntMain()
2  a=.2:.2:10;
3  for i=1:length(a)
4      str=['x.^',num2str(a(i)),'.*sin(',num2str(a(i)),'*x)+2'];
5      f=inline(str,'x');
6      data(i)=quadl(f,1,2);
7  end
8  plot(data)
```

还能用：str=sprintf('x.^%f.*sin(%f*x)+2',a([i,i])) 动态构成字符串 str 传递参数。动态构造字符串的两种方法形式上虽然都稍嫌啰嗦，但避免了独立生成被积函数 M 文件，形式上有所简化。不过执行效率却有明显下降。

源代码 6.13: 函数传参与内联函数动态构造被积函数效率比较

```
1  >> solveIntMain
2  Elapsed time is 0.132365 seconds.
3  tic;
4  a=.2:.2:20;
5  for i=1:length(a)
6      str=['x.^',num2str(a(i)),'.*sin(',num2str(a(i)),'*x)+2'];
7      f=inline(str,'x');
8      data(i)=quadl(f,1,2);
9  end
10 toc;
11 Elapsed time is 0.699769 seconds.
```

源代码 6.13 结果显示：单独建立 M 文件的方案，比内联函数动态构造被积函数时间节约 5 倍以上，因此内联函数这种形式的函数构造思路，在 MATLAB 程序编写中被逐步摒弃，它很可能在未来的版本中被正式取消。

那到底有没有更好的办法，既可以避免单独构建被积函数，效率又不至于下降呢？

(3) 匿名函数构造

不妨看看 MATLAB7.0 版本后，采用匿名函数的构造方式。

源代码 6.14: 匿名函数与循环构建积分的参数传递

```
1  function TestAnonymousEffi()
2  tic;
3  a=.2:.2:20;
4  f=@(t)@(x) x.^t.*sin(t*x)+2;
5  for i=1:length(a)
6      data(i)=quadl(f(a(i)),1,2);
7  end;
8  toc;
9  >> TestAnonymousEffi
10 Elapsed time is 0.104348 seconds.
```

相比之下，匿名函数计算相同问题，不用单独构建 M 文件、构造更简捷，运行时间还少于单独构建 M 文件的方式，只有内联函数形式所需时间的七分之一。相比 inline 命令构造字符串函数，匿名函数一个难以比拟的优势是："@(x)..." 能与外界参数实现共享，例如函数中定义一个 $t=1:3$ 的向量，则 t 就能不加声明地出现在下一个匿名函数的构造中。

源代码 6.15: 匿名函数的参数共享

```
1  >> [t1,t2]=deal(1,2)
2  t1 =
3      1
4  t2 =
5      2
6  >> f=@(x)t1*x+x^t2;
7  >> f(3)
8  ans =
9      12
```

这就是采用匿名函数完成积分运算效率远远高于内联函数的原因之一：无需频繁地从字符串中把所需函数"释放"出来。当然，循环部分代码的基本形式还能进一步简化。

源代码 6.16: 匿名函数和 arrayfun 构建积分的参数传递

```
1  >> tic;a=.2:.2:20;data=arrayfun(@(t) quadl(@(x) x.^t.*sin(t*x)+2,1,2),a);toc;
2  Elapsed time is 0.098416 seconds.
```

注意：积分函数，尤其多元函数的积分命令，自 MATLAB 2009a 版本后变化非常大，几乎每年都有明显调整，不少早期使用者耳熟能详的命令被淘汰，前面所举的 quadl 即在此列。自 2012a 版本之后，MATLAB 中出现一系列新的积分命令，算法效率也相应有很大改进，例如：integral、integral2 和 integral3 等，这些函数的调用方式、参数含义也与之前命令有了明显差别，例如：式 (6.9) 所示的积分问题现在有如下解决方案：

源代码 6.17: 匿名函数和 integral 构建积分的参数传递

```
1 >> tic;a=.2:.2:20;integral(@(x) x.^a.*sin(a*x)+2,1,2,'arrayvalued',1);toc;
2 Elapsed time is 0.003348 seconds.
```

也就是说：integral 命令仍像之前版本中的一些积分函数一样，使用匿名函数构造被积函数，但其参数重载方式与之前版本命令的区别较大，增加了对于"向量式"参数变化时批量积分的支持 (参数 "...,'arrayvalued',1")。显然：integral 这种调用方式的效率是前述所有方案中最快的，在作者的电脑上，其执行速度甚至是源代码 6.16 的近 30 倍。

有时还会遇到表达式中需要多个参数一同变化的情况，下面就是这样一个例子：参数条件下的二重积分数值求解。

例 6.2 求解下式：

$$\int_0^a \int_0^b \sqrt{xy^b} \cos(bx+ay) \mathrm{d}x \mathrm{d}y \tag{6.10}$$

所示矩形区域中当 a,b 分别取 $3:0.1:5$ 时的二重积分值。

例 6.2 实际相当于含两个参变量的系列二重定积分计算，不妨先用 integral2，在循环中遍历两个参数每个数据求解：

源代码 6.18: 匿名函数构造被积函数及循环传递参数解算二重积分

```
1 [t1,t2]=meshgrid(3:.1:5);
2 f=@(m,n)@(x,y) sqrt(x.*y.^n).*cos(n.*x+m.*y);
3 for m=1:size(t1,1)
4     for n=1:size(t2,2)
5         data(m,n)=integral2(f(t1(m,n),t2(m,n)),0,t1(m,n),0,t2(m,n));
6     end
7 end
8 surf(t1,t2,data)
9 shading interp
```

对取得的 $21 \times 21 = 441$ 个积分结果绘制曲面图，如图 6.5 所示。源代码 6.18 比较容易理解：二重嵌套匿名函数做控制流程，可变参数放外层，里层逐次循环 integral2 解算积分值，反观另一种矢量化味道更浓的解法，过程就要稍微复杂一些了。

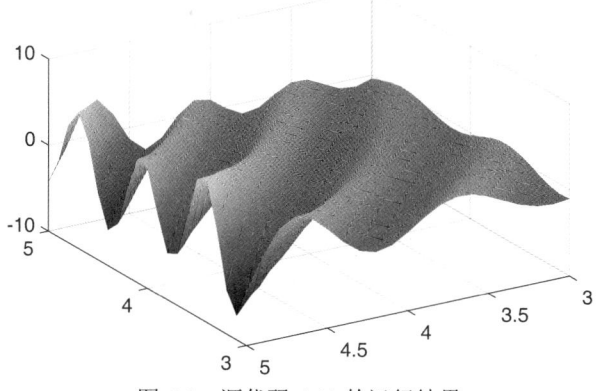

图 6.5 源代码 6.18 的运行结果

源代码 6.19: 匿名函数与矢量化函数组合控制传递参数与积分解算

```
1  t = 3:.1:5;
2  f = @(m,n)@(x,y) sqrt(x.*y.^n).*cos(n.*x+m.*y);
3  surf(t,t,bsxfun(@(m,n)arrayfun(@(n)integral2(f(m,n),0,m,0,n),n),t,t'))
4  shading interp
```

二重匿名函数、绘图等均与前面的叙述同样道理不再赘述，重点分析 surf 绘图命令所需的第 3 维数据，即：第 4 行中最里层，传递参数并求二重积分的矢量化代码。

与循环求解的思路有两点显著不同：

① 源代码 6.19 中只提供了 $1 \times n$ 向量 t 作为参数控制数据，不像源代码 6.18 是用 meshgrid 构造矩阵；surf 所需曲面高度 (维数 $n \times n$) 数据放 bsxfun 函数内部，用单一维度扩展 (singleton expansion)，在积分过程中随取随用；surf 命令在新版本中提供了全新的重载方式：曲面绘图时的前两维数据在特定条件下可以是向量 (本节后面对此还有介绍，此处略)，正好加以利用。

② 里层如不加函数 arrayfun，数据直接套在 bsxfun 里运行，将提示如源代码 6.20 所示的错误：

源代码 6.20: 用 bsxfun 等控制匿名函数完成积分运算流程分析

```
1  >> m1=bsxfun(@(m,n) integral2(f(m,n),0,m,0,n),t,t')
2  Error using integral2 (line 102)
3  YMAX must be a floating point scalar or a function handle.
4  Error in @(m,n)integral2(f(m,n),0,m,0,n)
```

错误提示从侧面说明了 bsxfun 自向量 t 得到的数据，以向量形式传给积分表达式中的 m,n，但二重积分里外层上限 m,n 却必须是数值，arrayfun 作用就在于此：它把 bsxfun 传进的数据逐次分给内层的 m,n，之所以 arrayfun 的调用句柄仅用一个参量 "@(n)" 把经由 bsxfun 处理的数据 t 和 t'，以 "m=t(1:length(t)),n=t'(1:length(t))" 的次序传入函数 integral2 计算数值积分。

> **评** 以上积分示例仅限于矩形区域积分，目的仅仅是介绍匿名函数在参数可变时的矢量化控制方法，如果对数值积分尤其是类似式 (6.11) 所示一般区域数值积分的矢量化计算方法感兴趣，不妨参看吴鹏[4]所著《高效编程技巧与应用：25 个案例分析》一书的相关章节对于此类问题的更深入的分析。

$$\int_a^b \int_{g_1(x)}^{g_2(x)} f(x,y) \mathrm{d}x \mathrm{d}y \tag{6.11}$$

当参数传递同样频繁出现在应用如 fminsearch、fmincon 等优化工具箱函数时，假如优化问题可归结为同一种数学模型，但其中某参数的变化对优化结果影响的敏感性有待分析，则匿名函数的参数传递就有用武之地了。先从最简单的无约束优化问题谈起：

例 6.3 求下式：

$$f(x) = 100\left(x_2 - x_1^2\right)^2 + (a - x_1)^2 \tag{6.12}$$

所示的无约束优化问题当 $a = [1:3, 7:9]$ 时的极小值。

可以用 fminsearch 解决无约束优化问题，调用格式：[x,fval]=fminsearch(fun,x0))。其中：x 为函数取得极值时的设计变量值；fval 为函数极值；fun 为调用的目标函数句柄；x_0 为初值。不过，当函数句柄 "fun" 中含有参变量 a 时，传递参数求解有两种思路，无论句柄 "fun" 建立独立的 M 文件传递参数，还是构造匿名函数循环调用 fminsearch，都略显繁琐，不妨对后一种方案做如下改进：

① 定义目标函数前，设置参数 a 的数值，匿名函数与其共享。

源代码 6.21: 变量 a 与匿名函数共享

```
1  a = [1 : 3, 7 : 9];
2  [~,fval] = arrayfun(@(t)fminsearch(@(x)100*(x(2)-x(1)^2)^2+(t-x(1))^2,rand(1,2)),a,'uni',0);
```

源代码 6.21 用 arrayfun 函数，把参数 a 逐次传入目标函数，观察发现其调用匿名句柄中的变量 t，相当于每次传入的 $a(i)$，因为最终计算结果可能维数不统一，或出现多输出的情况，后缀参数设定 "'Uniformoutput'" 的值为 "False"。

② 在匿名函数中定义独立变量 t：

源代码 6.22: 事先声明变量 a 与匿名函数调用 fminsearch 前不共享 1

```
1  a = [1 : 3, 7 : 9];
2  f = @(x,t)100*(x(2)-x(1)^2)^2+(t-x(1))^2;
3  [~,fval] = arrayfun(@(y)fminsearch(@(t)f(t,y),rand(1,2)),a,'uni',0);
```

源代码 6.22 参数传递步骤如下：

❶ 外层 arrayfun 遍历参数 a 逐一获得 $a(i)$ 赋给 y；
❷ 里层 t 等效于设计变量 x、第 2 个参数 y 为第❶步得到的 $y = a(i)$；
❸ fminsearch 搜索极值。

尤其需要注意：源代码 6.22 中的匿名函数对参数和设计变量的次序是没有要求的，按源代码 6.23 写也可以：

源代码 6.23: 事先声明变量 a 与匿名函数调用 fminsearch 前不共享 2

```
1  a = [1 : 3, 7 : 9];
2  f = @(t,x)100*(x(2)-x(1)^2)^2+(t-x(1))^2;
3  [~,fval] = arrayfun(@(y)fminsearch(@(t)f(y,t),rand(1,2)),a,'uni',0);
```

③ 一些老用户习惯于把参数缀在主函数的传递参数写法，用匿名函数也能实现：

源代码 6.24: 匿名函数定义用主函数后缀参数传递外部参数

```
1  a = [1 : 3, 7 : 9];
2  [~,fval]=arrayfun(@(y)fminsearch(@(x,y)100*(x(2)-x(1)^2)^2+(t-x(1))^2,rand(1,2),[],y),a,'uni',0);
```

> **评** 从几种匿名函数定义目标函数+fminsearch+arrayfun 组合求解极值的问题发现：arrayfun 只是向目标函数里逐次传了个数值，起到循环的作用，并不干预里层 fminsearch 的输出，等式左端都是里层 fminsearch 命令的输出，如果输出维数不协调，

就在 arrayfun 后缀参数中加设"uniformoutput"为"False",不同输出会分类存储至 cell 数据中。

2. 表达式组的参数传递

关于参数传递,前面所述无论优化目标函数或者被积函数都是单个表达式,但很多实际情况下我们往往同时处理一组关系表达式,例如求解非线性方程组、优化问题中的多组不等式或等式约束条件等,这种情况下的参数如何利用匿名函数完成传递,本节对此进行探讨。

为方便后面参数传递的问题叙述,不妨利用 MATLAB 非线性方程组求解示例来说明向量形式匿名函数构造方法。

例 6.4 求解下式:

$$\begin{cases} 2x_1 - x_2 = e^{-x_1} \\ -x_1 + 2x_2 = e^{-x_2} \end{cases} \quad (6.13)$$

所示非线性方程组的根,初值设为 $x = [-5 \ -5]$。

fsolve 命令帮助中表述此类线性方程组的方法是单独建立 M 文件。

源代码 6.25: 建立单独 M 文件表述非线性方程组

```
1  function F = myfun(x)
2  F = [2*x(1) - x(2) - exp(-x(1));
3       -x(1) + 2*x(2) - exp(-x(2))];
```

再通过另一段代码调用上述文件:

源代码 6.26: fsolve 调用方程组 M 文件

```
1  [x,fval] = fsolve(@myfun,x0)
```

按匿名函数则简捷得多,不用再构建单独的方程组 M 文件:

源代码 6.27: 匿名函数表述非线性方程组

```
1  >> [x,fval] = fsolve(@(x) [2*x(1) - x(2) - exp(-x(1));-x(1) + 2*x(2) - exp(-x(2))],[-5,-5])
2  ...
3  x =
4      0.5671    0.5671
5  fval =
6     1.0e-06 *
7     -0.4059
8     -0.4059
```

评 源代码 6.27 中的省略号代表求解信息,限于篇幅省略,读者可自行按照帮助内容修改上述代码运行。显然,匿名函数对向量形式表达式的支持十分周到,很多问题不用再走自建 M 文件从构建到调用的繁琐流程。

不妨在描述的线性方程组 (6.13) 中,指数项增加参数 a 和 b,用匿名函数传递参数,fsolve

第 6 章 匿名函数专题

求解下列方程组在不同参数时的根：

$$\begin{cases} 2x_1 - x_2 = \mathrm{e}^{-ax_1} \\ -x_1 + 2x_2 = \mathrm{e}^{-bx_2} \end{cases} \tag{6.14}$$

为方便描述问题，式 (6.14) 中增加的参数设为 $a = 0.2, 0.4, 0.6$，$b = 0.1, 0.2$，注意向量 a 和 b 的长度不相等。

解决思路：首先，定义匿名函数，包含二重参数嵌套参数方程组；再用 meshgrid 生成所需对位参数，即向量 a 所有元素与向量 b 对位组合，本例中的 fsolve 求解次数应为 $3 \times 2 = 6$ 次；最后通过 arrayfun 命令逐次向方程组传递参数求解。

源代码 6.28: 用嵌套匿名函数向非线性方程组逐次传递多个参数

```
1  f=@(m,n)@(x) [2*x(1) - x(2) - exp(-m*x(1));-x(1) + 2*x(2) - exp(-n*x(2))];
2  [t1,t2]=meshgrid(.1:.1:.3,[.2,.4])
3  [x,fval]=arrayfun(@(m,n) fsolve(f(m,n),[-2,2]),t1,t2,'uni',0)
4  ...
5  x =
6      [1x2 double]    [1x2 double]    [1x2 double]
7      [1x2 double]    [1x2 double]    [1x2 double]
8  fval =
9      [2x1 double]    [2x1 double]    [2x1 double]
10     [2x1 double]    [2x1 double]    [2x1 double]
```

数值微分方程组解算中，向方程组内部的参数传递原理与之前分析的解决思路基本一致。例如：文献 [5] 中有一个 Apollo 卫星运动轨迹微分方程数学模型，转化为一阶显式常微分方程组后，用 ode45 求解。可沿用其数值计算的整体思路，不过，改用匿名函数建立微分方程组，替代原文献单独建立 M 函数的办法，如例 6.5 所示。

例 6.5 已知 Apollo 卫星的运动轨迹 (x,y) 满足下式：

$$\ddot{x} = 2\dot{y} + x - \frac{\mu^*(x+\mu)}{r_1^3} - \frac{\mu(x-\mu^*)}{r_2^3}, \ddot{y} = -2\dot{x} + y - \frac{\mu^* y}{r_1^3} - \frac{\mu y}{r_2^3} \tag{6.15}$$

其中：

$$\mu = 1/82.45, \mu^* = 1 - \mu, r_1 = \sqrt{(x+\mu)^2 + y^2}, r_2 = \sqrt{(x-\mu^*)^2 + y^2}$$

试在初值

$$x(0) = 1.2, \dot{x}(0) = 0, y(0) = 0, \dot{y}(0) = -1.04935751$$

下进行求解，并绘制 Apollo 位置的 (x,y) 轨迹。

【解】选择一组状态变量 $x_1 = x, x_2 = \dot{x}, x_3 = y, x_4 = \dot{y}$，得到形为下式所示的一阶常微分方程组：

$$\begin{cases} \dot{x}_1 = x_2 \\ \dot{x}_2 = 2x_4 + x_1 - \mu^*\frac{(x_1+\mu)}{r_1^3} - \mu\frac{(x_1-\mu^*)}{r_2^3} \\ \dot{x}_3 = x_4 \\ \dot{x}_4 = -2x_2 + x_3 - \mu^*\frac{x_3}{r_1^3} - \mu\frac{x_3}{r_2^3} \end{cases} \tag{6.16}$$

式 (6.16) 中参数意义同题干。因有附加参数 μ，按前述方法，做二重参变量嵌套的匿名函数形式，描述该微分方程组。

源代码 6.29: Apollo 轨迹微分方程组的二重嵌套匿名函数构造

```
1  tic;
2  Dx=@(mu)@(t,x)...
3      [x(2);...
4      2*x(4)+x(1)-(1-mu)*(x(1)+mu)/(sqrt((x(1)+mu)^2+x(3)^2))^3-mu*(x(1)-1+mu)/(sqrt((x(1)-1+mu)^2+
5      x(3)^2))^3;...
6      x(4);...
7      -2*x(2)+x(3)-(1-mu)*x(3)/(sqrt((x(1)+mu)^2+x(3)^2))^3-mu*x(3)/(sqrt((x(1)-1+mu)^2+x(3)^2))^3];
8  [t,y]=ode45(Dx(1/82.45),[0,20],[1.2 0 0 -1.04935751]',odeset('RelTol',1e-6));toc;
9  plot(y(:,1),y(:,3))
```

源代码 6.29 运行的结果如图 6.6 所示。

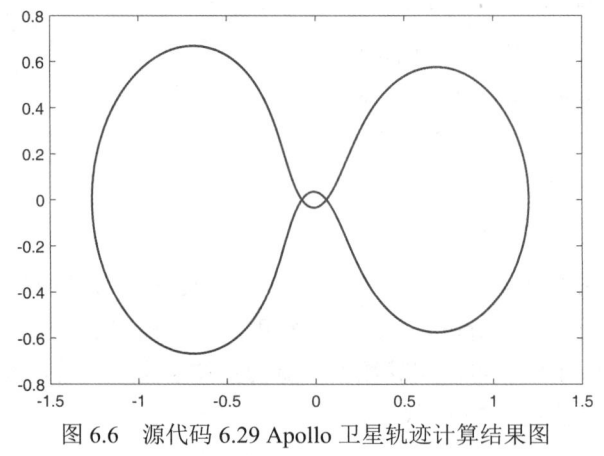

图 6.6　源代码 6.29 Apollo 卫星轨迹计算结果图

> **评** 以前曾有"存在中间运算与变量，不适合采用匿名函数或者 inline 函数进行描述，只能用 M 函数的形式描述微分方程"的结论，目前已能够通过二重参变量嵌套的形式，定义匿名函数构造这种含参数的微分方程组。

上述示例代码用匿名函数定义、构造和描述一系列数学问题。能看出：匿名函数作为一种自定义受控句柄，结合矢量化控制命令，各种参数几乎能够毫无障碍传进传出，对同一模型下多参数返回结果的判断能起到事半功倍的效果，在本章后面其他示例中，还将介绍其他利用匿名函数定义解决实际算例的灵活应用。

6.1.4 匿名函数进阶

匿名函数运用得当，能大大简化代码流程，不会在描述复杂的数学或物理问题时，出现一堆眼花缭乱的 M 文件。但要想让程序简捷性和可读性并存，还需要深入了解匿名函数。要点之一是：如何准确把握"函数"和"变量"二者之间的异同点，这是理解匿名函数的关键。因为普通函数可以作为受控句柄出现在一个匿名函数的调用参数里，实际上它已经变成了变量，例如求数组最大值和最小值时的代码如下：

源代码 6.30: 求向量最值的常用写法

```
1  >> a=randi(10,1,6)
2  ans =
3       9  10   2  10   7   1
4  >> [min(a),max(a)]
5  ans =
6       1  10
```

也可写成匿名函数:

源代码 6.31: 求向量最值的匿名函数写法

```
1  >> f=@(x) [min(x),max(x)]
2  f =
3       @(x)[min(x),max(x)]
4  >> f(a)
5  ans =
6       1  10
```

不妨更全面些,min 和 max 函数能输出两个参数:第一个返回最小 (大) 值,第二个返回最小 (大) 值在向量中的下标索引序号,如果要把最值和最值索引都求出来,看似只能分步运行,比如像下面代码这样,先用 min 求最小值,再用 max 求最大值:

源代码 6.32: 最值多输出的一般写法

```
1  >> a=randi(10,1,6)
2  a =
3       9  10   2  10   7   1
4  >> [Min_a,indmin_a]=min(a)
5  Min_a =
6       1
7  indmin_a =
8       6
9  >> [Max_a,indmax_a]=max(a)
10 Max_a =
11      10
12 indmax_a =
13      2
```

借助矢量化函数调用,其实源代码 6.32 中的两次运行能够合并:

源代码 6.33: 最值多输出的匿名函数写法, by Loren Shuren

```
1  [ms,inds]=cellfun(@(f) f(a),{@min,@max})
2  ms =
3       1  10
4  inds =
5       6   2
```

还能自定义匿名函数和直接调用工具箱命令:

源代码 6.34: 不统一格式的多输出匿名函数写法

```
1  >> a=randi(5,1,6)
2  a =
```

```
3        2     3     5     5     1     5
4  >> @(x) cellfun(@(f) f(x),{@max,@(x) magic(max(x))},'uni',0)
5  ans =
6       @(x)cellfun(@(f)f(x),{@max,@(x)magic(max(x))},'uni',0)
7  >> celldisp(ans(a))
8  ans{1} =
9       5
10 ans{2} =
11      17    24     1     8    15
12      23     5     7    14    16
13       4     6    13    20    22
14      10    12    19    21     3
15      11    18    25     2     9
```

源代码 6.34 用 cellfun 与匿名函数组合，接着用 bsxfun 函数控制匿名函数：本章开篇源代码 6.1 中利用匿名函数的"正统"调用方法绘制三维图形，bsxfun 函数的加入又会发生什么变化呢？

源代码 6.35: 加入 bsxfun 函数改写源代码 6.1

```
1  %% "usual" way
2  f2=@(x1,x2) sin(x1.*x2).^2;
3  [x1,x2]=meshgrid(1:.1:5);
4  surf(x1,x2,f2(x1,x2),'facealpha',.7)
5  {x1,x2};
6  celldisp(cellfun(@size,ans,'uni',0))
7  ans{1} =
8       41    41
9  ans{2} =
10      41    41
11 %% "bsxfun" way
12 figure;
13 1:.1:5;
14 surf(ans,ans,bsxfun(f2,ans,ans'),'facealpha',.7)
15 shading interp
16 celldisp(cellfun(@size,{ans,bsxfun(f2,ans,ans')},'uni',0))
17 ans{1} =
18       1    41
19 ans{2} =
20      41    41
```

都是绘制三维图，但源代码 6.35 两段代码中的参数维数却大不一样：前一段用 meshgrid 生成维数 41×41 的数据网格，对应由匿名函数定义的高度函数算得三维数据绘图；后一段也就是加入 bsxfun 函数构造数据网格的，第 1、2 维数据是 1×41 的向量，匿名函数中 bsxfun 对二者定义了"先做乘，再正弦"的运算操作，得到维数为 41×41 的高度数据。有两点值得注意：

① 第二种做法在早期版本中也许会提示"维度不一致"的错误，新版本的 surf 命令参数重载帮助信息中对此增加如下说明：

surf(X,Y,Z) uses Z for the color data and surface height. X and Y are vectors or matrices defining the x and y components of a surface. If X and Y are vectors, length(X) = n and length(Y) = m, where [m,n] = size(Z). In this case, the vertices of the surface faces are (X(j), Y(i), Z(i,j)) triples. To create X and Y matrices for arbitrary domains, use the meshgrid function.

最后一句话指出：如果首两个参数 X,Y 是向量，则必须满足 X 长度为 m、Y 长度为 n，且第 3 维参数 Z 必须是 $m \times n$ 维数的矩阵才能顺利通过，不符合此规则的维度数据仍需用 `meshgrid` 构造。

② `bsxfun` 是高效率的矢量运算函数，能进行的复杂控制运算远不止于此，但对服从前述 `surf` 帮助解释的简单运算，按源代码 6.36 的方式写也能有同样的效果。

源代码 **6.36**: surf 命令不采用匿名函数的等效写法

```
1  1:.1:5;
2  surf(ans,ans,sin(ans'*ans),'facealpha',.7)
3  shading interp
```

> **评** 仔细思索"把函数看成变量"这句话，会觉得其内涵丰富。一般来讲，函数 $y = f(X)$ 的基本定义看似在局限思维——往往映射法则 f 固定，自变量 X 通过 f 映射得到应变量 y。但匿名函数的某些调用方式，在一定程度上扩展了它的内涵：经过处理，函数也可作为变量，控制其他普通数据变量得到不同的返回值。但因函数本身的特殊性，调用时需要总"控制函数"，普通数据变量需要先通过控制函数进入作为变量的句柄，最后依函数不同的映射机制返回不同的值并存储至特定类型的数据变量。

例如，Mathworks 专栏女作家 Loren 关于匿名函数的系列博客有这样一段代码，可以帮助理解和看清匿名函数结构中数据与受控函数句柄之间的相互联系。

源代码 **6.37**: 句柄变量的控制方式

```
1  sameDim=@(val,fcns) cellfun(@(f) f(val{:}),fcns)
2  sameDim =
3      @(val,fcns)cellfun(@(f)f(val{:}),fcns)
4  >> sameDim({randi(10,3,3)},{@det,@(x) max(max(x))})
5  ans =
6     513    10
7  >> diffDim=@(val,fcns) cellfun(@(f) f(val),fcns,'uni',0)
8  diffDim =
9      @(val,fcns)cellfun(@(f)f(val),fcns,'uni',0)
10 >> t=20;[xt,yt]=meshgrid(1:t);diffDim({randi(10,t,t)},{@det,@inv,@(x) surf(xt,yt,x)})
11 ans =
12     [-1.0397e+17]    [20x20 double]    []
13 >> shading interp
```

源代码 6.37 说明：

① 所有函数控制输入数据"val"得到的各个运行结果均为数值时，自动把返回值组合为一个向量；返回值不是数字或者维数不同，输出结果以 cell 单元数组的形式返回，但总控

制函数 cellfun 必须加上非统一返回值设定的后缀参数 "'uniformoutput'"，并设为 "False"。

② 利用矢量化函数 cellfun 批量操纵多个函数句柄，针对一组数据的处理其实容易理解，好比多个电器通电：把 cellfun 函数看成电源插排、数据 val 看成电流、受控函数 "@.*" 如 inv、max 等，看成插排上的各个分插座、匿名函数 sameDim 和 diffDim 看成插排总开关、返回值是插座上连接的诸多电器如冰箱、电灯等产生的功用效果。源代码 6.37 运行流程相当于：插排总开关打开 → 电流进入各个子插座 → 各电器得到能量处于运行模式，诸多电器产生不同效果，如冰箱开始制冷、电灯被点亮等。

③ 操控数据的方式与基本命令的单独运行并无二致，从最后一个调用 diffDim 语句所实现的结果发现：在处理相同数据产生不同结果并存储的同时，它还能有余暇，顺手帮着画三维曲面 (见图 6.7)。

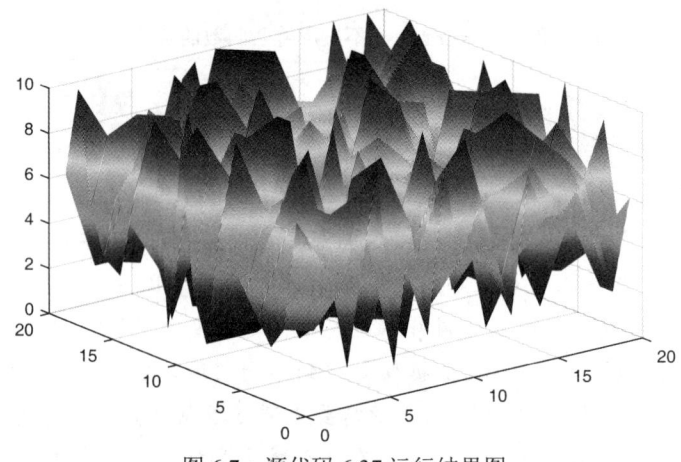

图 6.7　源代码 6.37 运行结果图

匿名函数这种"函数向数据反向映射"的流程，用新版返回多输出命令 deal 可以更简捷直观地实现。

源代码 6.38: 多输出函数 deal 调用方法

```
1  t=20;[xt,yt]=meshgrid(1:t);
2  dataM=randi(10,t,t);
3  [out1,out2,out3]=deal(det(dataM),inv(dataM),surf(xt,yt,dataM))
```

比较源代码 6.37 最后一段语句非统一输出和 deal 函数的执行结果，发现返回结果相同，区别在于 deal 函数输入部分要逐次写入数据 dataM；另外，按源代码 6.37 中 diffDim 函数调用，其受控函数可以是多个，但是映射数据唯一；deal 函数的输入数据没有这种限制，且能按受控函数基本调用格式变动。在命令行窗口输入 "edit deal"，打开 deal 函数源码发现，它只是对多个函数的输入和输出，分别用 varargin 和 varargout，以 cell 的形式 "打包"、"解包"，本身不干预任何调用函数的执行。

源代码 6.39: 多输出函数 deal 源码

```
1  if nargin==1,
2      varargout = varargin(ones(1,nargout));
3  else
4      if nargout ~= nargin
```

```
5       error(message('MATLAB:deal:narginNargoutMismatch'))
6   end
7   varargout = varargin;
8 end
```

本节讲解了部分匿名函数基本的应用技巧，其他一些内容、尤其是与矢量化函数的深入结合，将在后面的内容中根据具体问题的代码编写继续探索。

6.2 匿名函数应用：函数迭代器

本节讨论一个与匿名函数有关的递归问题。

例 6.6 给定一个初始句柄 fh 和正整数执行次数 n，返回执行初始句柄 fh 共 n 次之后的句柄 fh2。

源代码 6.40: 例 6.6 测试代码

```
1  >> addOne = @(x)x+1;
2  >> addTen = iterate_fcn(addOne, 10);
3  >> addTen(3)
4  ans =
5       13
6  >> squarer = @(a) a^2;
7  >> fh2 = iterate_fcn(squarer, 3);
8  >> fh2(3)
9  ans =
10        6561
11 % Golden Ratio
12 >> fh = @(y)sqrt(y+1);
13 >> fh2 = iterate_fcn(fh,30);
14 >> fh2(1)
15 ans =
16     1.6180
```

释义： 例 6.6 要求写一个名为 "iterate_fcn" 的 M 文件，输入中的第 1 个参数为匿名函数句柄，命名为 fh，次参数为调用文件 "iterate_fcn" 次数 n，从例 6.6 测试代码可以看出 "function iterator" 即调用输入句柄 fh，重复执行 n 次，返回式 (6.17) 所示 n 重嵌套匿名函数句柄 $fh^{(out)}$，以 $fh^{(out)}(x)$ 完成求值。

$$\begin{aligned} fh^{(out)} &= fh^{(n)}(fh^{(n-1)}(fh^{(n-2)}\cdots(fh^{(1)}(x)))) \\ &= @(x)(@(x)@(x)\cdots(fh's\ handle)) \end{aligned} \quad (6.17)$$

6.2.1 循环求解的多个变体

既然"重复执行 n 次"，容易想到循环流程，不过要注意：与多数人习惯上的返回值不同，这次执行程序最终得到的是匿名函数句柄，写法自然略有差异。

源代码 6.41: 用循环流程返回匿名函数句柄 1,by bainhome,size:29

```
1 function ans = interate_fcn(fh,n)
2 ans=fh;
3 for i=2:n
```

```
4       ans=@(x) fh(ans(x));
5   end
6   end
```

> **评** $i=1$ 次初值句柄被设为 fh，为保证总数 n 次嵌套的执行，从 $i=2$ 开始循环，源代码 6.41 说明：匿名函数和其他参数变量并没有太多不同：它同样能作为输入参量，被其他函数调用，也可以是某函数的执行结果。

循环流程解决例 6.6，还可以这样写：

源代码 6.42：用循环流程返回匿名函数句柄 2,by Jan Orwat,size:28

```
1   function ans=JO_iterate_fcn(fh,n)
2   ans=@sum;
3   for k=1:n
4       ans=@(x) fh(ans(x));
5   end
6   end
```

注意：源代码 6.42 的第 2 行中的 "`@sum`"，这个似乎没有任何输入参量要求的匿名函数句柄出现在这里十分突然，它作为初值进入循环体后会不会影响最终的运行结果？但测试算例的运行结果却证明结果无误，原因是什么？

分析发现：句柄循环构造过程中不执行任何四则运算，只把一重接一重的原始句柄 fh，"刷" 在前一次运行结果上。注意源代码 6.41 和源代码 6.42 之间除 "`ans=@sum`" 外，另一个明显的不同在于：循环体的起点不同，前者从 2 开始，"刷" fh 的次数是 4；后者则为 1，"刷" 5 次 fh 句柄。执行结果相同的原因是：源代码 6.41 初值为 fh 本身，源代码 6.42 所生成句柄在输入数字时，会先对输入数字自身求和，然后才嵌套 fh，所以多执行 1 次句柄嵌套。

通过上述分析，应该明白 "`ans=@sum`" 很类似于计算 "$1\times n$" 中的 "1"，属于运算符号，任何不使自身发生变化的任何句柄操作，例如 "`ans=@double`"、"`ans=@(x)x`" 等，都能够替换该求和句柄。

6.2.2 递归思路及引申

除循环之外，递归也不失为是一种思路，只是更 "绕" 一点，说明如下：

源代码 6.43：用递归流程生成匿名函数句柄,by Jan Orwat,size:32

```
1   function ans=JO_iterate_fcn2(fh,n)
2   if n
3       ans=@(x) fh(feval(JO_iterate_fcn2(fh,n-1),x));
4   else
5       ans=@double;
6   end
7   end
```

没有循环，源代码 6.43 却达到了用 "$i=1:n$" 做循环的相同效果，其原理是什么呢？

第 6 章 匿名函数专题

回答这个问题需要从递归流程说起,以源代码 6.43 为例:运行到第 2 行判断 n 的逻辑值为"TRUE",因此第 3 行中,`feval` 再次调用函数本身继续递归流程,输入参数从 n 改为 $n-1$,如果 $n-1$ 仍然大于零,则逻辑值维持"TRUE",重复过程至 n 降为零进入"@double"流程,这与源代码 6.42 中的第 2 行"@sum"效果相同,完成和循环执行次序正好相反 $(n \to n-1 \to \cdots \to 1)$ 的递归过程。

下面继续引申讨论源代码 6.43 中两个有意思的部分:"if"判断流程的匿名函数写法;递归流程的匿名函数写法。这两种用匿名函数方式重写的流程,其实是有一些联系的,重写这两个流程,有助于加深对匿名函数机制的理解。

1. 判断流程匿名函数编程引申探讨

Mathworks 工程师 Tucker McClure 在其博客中曾提出一个匿名函数版本的"if-else-end"控制流程模板:

源代码 **6.44:** 匿名函数版 "if-else-end" 流程,by Tucker McClure

```
1  iif=@(varargin) varargin{2*find([varargin{1:2:end}],1,'first')}();
```

虽然很短,但却是个很开脑洞的写法,为方便理解,不妨先看看它完成判断流程的运行结果:

源代码 **6.45:** Tucker McClure 的匿名函数版判断流程运行结果

```
1  iif=@(varargin) varargin{2*find([varargin{1:2:end}],1,'first')}();
2  out=@(x) iif(~all(isreal(x)),@() abs(x),...
3      isscalar(x),@() sin(x^2),...
4      true,@() x.^2);
5  [out1,out2,out3,]=deal(out([1 2+3i 3]),out(3),out([1 2 3]))
6  out1 =
7      1.0000    3.6056    3.0000
8  out2 =
9      0.4121
10 out3 =
11     1    4    9
```

这段用匿名函数执行判断的代码,实现了如下所示的计算:

$$\text{out} = \begin{cases} |[x_1,x_2,\cdots,x_n]| & \text{当输入任一元素为虚数时遍历元素求模} \\ \sin x^2 & \text{当输入是一个数字时求平方的正弦值} \\ x^2 & \text{当输入为全实数向量时遍历元素求平方} \end{cases} \quad (6.18)$$

下面就以式 (6.18) 中描述的分段函数问题 (运行结果见源代码 6.45),自里向外,分步分析源代码 6.44 是怎样"不做条件判断",却完成条件判断的:

① 虽说没有"if"、"elseif"等 key word,但源代码 6.44 最里层匿名函数体内的 `varargin` 已经设定了逻辑判断,以式 (6.18) 所描述的问题为例,判断执行选项如源代码 6.46 所示,处在`varargin{1,3,5}`的位置。

源代码 **6.46:** 匿名函数体结构分析之一

```
1  [~all(isreal(x)),isscalar(x),true]
```

② 对第①步产生的逻辑数组用 find 函数查找真值所在的索引位置，注意：查找到的索引位置是新逻辑数组，不是原来的 varargin，再乘以 2 得到对应需要执行的代码在 varargin 中的索引数。

③ 用最外层 varargin{}() 执行选中的匿名函数句柄，最后的括号属于最外层，用于求值。这个括号加和不加的区别见源代码 6.47：不加得到的还是句柄，加上则等于执行该匿名函数求值——当然，该函数求值中在不需要输入参数时才成立。

源代码 6.47: 匿名函数体结构分析之二

```
1  >> f=@(x)1
2  f =
3      @(x)1
4  >> f
5  f =
6      @(x)1
7  >> f()
8  ans =
9       1
```

2. 递归流程匿名函数编程引申探讨

从编程角度而言，斐波那契数列 (Fibonacci Sequence)*恐怕是最容易与递归流程联系在一起的问题了。本节通过这个著名的数列，讨论递归流程的匿名函数写法，本章后面还会围绕斐波那契数列提出两个有趣的编程问题，但讨论重点不再围绕递归流程进行。

斐波那契数列的递归流程一般写法：

源代码 6.48: 斐波那契数列递归程序

```
1  function ans=calcFibo(n)
2  if n<=2
3      ans=1;
4  else
5      ans=calcFibo(n-1)+calcFibo(n-2);
6  end
```

运行结果：

源代码 6.49: 斐波那契数列递归程序运行结果

```
1  >> calcFibo(6)
2  ans =
3       8
```

根据 Tucker McClure "匿名函数版"判断源代码 6.44，斐波那契数列递归的另一种代码形式如下：

---

*斐波那契数列在维基百科中称为黄金分割数列，表示为：0, 1, , 1, 2, 3, 5, 8, 13, 21, · · ·。数学上，斐波纳契数列以递归方法定义：
$$F(0) = 0, F(1) = 1$$
$$F(n) = F(n-1) + F(n-2) \quad (n \geq 2)$$
其中：$n = 0$ 不是第 1 项，而是第 0 项。在现代物理、准晶体结构、化学等领域，斐波纳契数列都有直接应用。

第 6 章 匿名函数专题

源代码 6.50: 匿名函数模式的递归流程写斐波那契数列程序

```
1 iff = @(varargin) varargin{2*find( [varargin{1:2:end}],1,'first')}();
2 fib = @(f,n) iff(n <= 2, 1, true, @() f(f,n-1) + f(f,n-2));
3 >> fib(fib,6)
4 ans =
5      8
```

有了前面的叙述和分析，源代码 6.50 是不难理解的，只是最外层匿名函数中增加了自身调用自身的句柄声明 "f"。从运行来看，两种方式都可以运行得到不同位置 n 处的斐波那契数列值 $F(n)$。不过，执行效率的比较又如何呢？

源代码 6.51: 两种模式下的递归效率比较

```
1 >> tic;fib(fib,20);toc
2 Elapsed time is 0.747509 seconds.
3 >> tic;F = calcFibo(20);toc
4 Elapsed time is 0.039624 seconds.
```

> **评** 通过比较：普通递归方式的效率竟比"匿名函数版"递归斐波那契数列程序高出近 20 倍！这说明匿名函数在一些情况下的代码简捷性其实在效率方面是有所牺牲的，匿名函数在斐波那契数列计算时变成了人为设置的"壁垒"，输入数据频繁进出匿名函数，造成了不必要，或者说能够避免的开销。

6.3 匿名函数应用：返回多输出

与匿名函数有关的程序，往往能看出代码编写者对函数流程的理解是否透彻。例如本节要讨论的匿名函数返回多输出的问题。

6.3.1 利用匿名函数创建多输出句柄

例 6.7 返回一个函数句柄，其输入变量个数是 1 个，产生 2 个输出：第 1 个输出是输入变量本身；第 2 个是遍历首个输入所有元素，并求平方。如下面的示例代码：

源代码 6.52: 例 6.7 示例

```
1 f=f2f(); [a b]=f([1 2 3])
2 a = 1 2 3
3 b = 1 4 9
```

源代码 6.53: 例 6.7 测试代码

```
1 %% 1
2 x = [1 2 3];
3 a_correct = x;
4 b_correct = x.^2;
5 f=f2f();
6 [a b]=f(x);
7 assert(isequal(a,a_correct)&&isequal(b,b_correct))
8 %% 2
9 x = [-1 2 -3 5 -1];
```

```
10  a_correct = x;
11  b_correct = x.^2;
12  f=f2f();
13  [a b]=f(x);
14  assert(isequal(a,a_correct)&&isequal(b,b_correct))
```

释义：从源代码 6.52 容易看出："f"就是允许多个输出的函数句柄，但多输出的属性，却需要由句柄"f2f"赋予。

多输出按格式"[out1,out2]=[1 2]"直接写肯定不能通过，因为 MATLAB 不知道把运行结果分配给哪个输出变量，而给出"Too many output arguments."，即"输出变量太多"的出错信息。不过，写成独立 M 函数时，function 允许多输出，想到利用子函数中转，再以匿名函数构成句柄输出：

源代码 6.54: 利用子函数实现多输出,by Tim,size:23

```
1  function ans=f2f
2  ans=@f;
3  function [x,y]=f(x)
4  y=x.^2;
```

如果不会用匿名函数构造多输出，源代码 6.54 以子函数完成多输出，那么最后返回一句柄也可以达到同样的目的。

另一种方式是通过单元数组构造逗号表达式完成多输出的。

源代码 6.55: 单元数组构造逗号表达式,by Yalong Liu,size:23

```
1  function ans=f2f()
2  ans=@(x) feval(@(x) x{:},{x,x.^2});
3  end
```

本书之前其实多次提到"逗号表达式"，可能读者对它还是比较陌生，不知其谓何意，下面就对这种表示方法进行逐步分析：

首先，普通变量中的冒号可把多维数组变换为列向量：

源代码 6.56: 普通变量中的冒号操作

```
1  >> x=[1 3;2 4]
2  x =
3       1   3
4       2   4
5  >> x(:)
6  ans =
7       1
8       2
9       3
10      4
```

冒号操作符强制每个元素独占一行，好像把群组元素都独立分隔开来一样。源代码 6.55 中元胞数组冒号意义差不多：代表对元胞数组中多个逗号之间的变量做"分隔操作"，使每个子cell 独占一行，只不过普通变量按基本单位为每个元素遍历，而元胞数组则是以每个子 cell

第 6 章 匿名函数专题

为基本单元遍历。

源代码 6.57: 元胞数组中的冒号操作

```
1  x={rand(2,3),eye(2)},x{:}
2  >> x={rand(2,3),eye(2)},x{:}
3  x =
4      [2x3 double]  [2x2 double]
5  ans =
6      0.2785    0.9575    0.1576
7      0.5469    0.9649    0.9706
8  ans =
9      1    0
10     0    1
```

这在某种程度上可看做一个维数 1×2 的 cell，变成两个独立变量，如果再给变量赋予名称，其实就是多输出了：

源代码 6.58: 对元胞数组中单个数字分隔至单一 cell 存储并分别赋值

```
1  >> x=num2cell(1:3),[a,b,c]=x{:}
2  x =
3      [1]   [2]   [3]
4  a =
5      1
6  b =
7      2
8  c =
9      3
```

注意：代码中用到的 num2cell 命令，在例 1.14 和例 5.2 中都出现过：它把数值矩阵 x 中的每个元素分别存储在独立的子 cell 里，利用冒号操作和等式左端的多输出，就可以分别赋值了。补充一下：num2cell 并不是只能把矩阵分隔到每个元素的程度，也可以按维度要求加后缀参数按需分隔数据。

源代码 6.59: num2cell 按维度设定分隔向量元素各自赋值

```
1  >> num2cell(x,[2 3]),[Dim2,Dim3]=ans{:}
2  ans =
3      [1x3 double]
4      [1x3 double]
5  Dim2 =
6      0.6787    0.7431    0.6555
7  Dim3 =
8      0.7577    0.3922    0.1712
```

评 源代码 6.56~6.59 解释了冒号符的作用，即：所谓的逗号表达式 (comma-separated list)，其实就是识别元胞数组中逗号分隔开的每个子细胞，并按"列"次序排列。num2cell 把数值矩阵按某种需要分隔到不同的细胞中（其实就是在细胞元素中间加了个"逗号"）便于冒号的列排序。通过上述对逗号操作符的解释，源代码 6.55 中的 feval

> 控制句柄"@(x)x{:}"的含义也就不言而喻了。

之前的多输出解决方案是利用匿名函数和 cell 数组，构造受控句柄群形成多输出。还有一种数据类型：结构数组也能作为匿名函数的受控部分，以实现多输出。

源代码 6.60: 结构数组和匿名函数组合构造多输出

```
1  function ans=f2f()
2  ans=@(x) struct('name',{x,x.^2}).name;
3  end
```

> **评** struct 函数构造结构数组，第 1 项是结构数组的名称，第 2 项是在这个结构名下的数据，当调用由函数"f2f"生成的句柄时，与 cell 直接调用的区别在于这次需要先通过 struct 函数构造结构数组的"壳"，其他均与之前相同。".name"是将该名称下的数据向外界输出。

deal 函数是返回多输出的官方命令：

源代码 6.61: 匿名函数中构造 deal 函数形成多输出句柄

```
1  function ans=f2f()
2  ans=@(x) deal(x,x.^2);
3  end
```

> **评** 从表面上看，函数 deal 似乎没有了讨厌的 cell 数组的花括号，但其源码(源代码 6.39)显示：这一工作其实已经包含在 varargin 和 varargout 部分中，原理还是与前述 cell 数组结合匿名函数的方案基本类似。

部分读者会觉得：花费额外的精力构造匿名函数实现简捷的多输出，似乎是不必要的：用分行单独赋值，增加几个变量名也并不会增加太多麻烦。不过，在某些问题的代码描述中，匿名函数定义思路却能起到出人意料的作用。例如：在计算非线性约束优化问题时，把约束优化数学模型转换为 MATLAB 代码的常规办法就显得比较繁琐和复杂，工具箱函数 fmincon 中甚至需要建立 2 个独立的 M 文件：

源代码 6.62: fmincon 函数的基本调用格式

```
1  [x,fval] = fmincon(fun,x0,A,b,Aeq,beq,lb,ub,nonlcon)
```

在用源代码 6.62，也就是帮助文件中的标准格式计算非线性约束优化算例时，共需要 2 个 M 文件：一个用于构造第一个输入变量，即目标函数"fun"，另一个则用于构造非线性不等式约束和等式约束，即"nonlcon"。

帮助文件和几乎所有与优化计算有关的书籍，似乎都没有提供其他替代的求解流程，所以当需要练习或者解算的优化算例比较多时，就不得不建立各种眼花缭乱的目标函数以及配套的约束 M 文件，而这些都难以记忆和管理。其中在 6.1.3 小节"匿名函数与参数传递"中，已经总结了关于如何用匿名函数构造单独表达式和具有向量特征的表达式组的办法。下面

第 6 章 匿名函数专题

再进一步,讨论用匿名函数正确地构造非线性约束,来替换帮助中需要单独构建的 M 文件 "nonlcon",以非线性优化问题 (仅含不等式约束) 为例。

例 6.8 用 fmincon 函数求解式 (6.19) 所含有的非线性不等式约束的优化问题:

$$\begin{cases} \min f(\boldsymbol{X}) = (x_1 - 2)^2 + (x_2 - 1)^2 \\ g_1(\boldsymbol{X}) : x_1^2 - x_2 \leqslant 0 \\ g_2(\boldsymbol{X}) : x_1 + x_2 - 2 \leqslant 0 \end{cases} \tag{6.19}$$

用 fmincon 求解非线性约束优化问题的标准格式需要建立两个 M 文件,存储目标函数 $f(\boldsymbol{X})$ 的 "MainFun.m"。

源代码 6.63: M 文件——描述目标函数 $f(\boldsymbol{X})$

```
1  function f=MainFun(x)
2  f=(x(1)-2)^2+(x(2)-1)^2;
```

存储不等式和等式约束条件 $g_j(\boldsymbol{X}), h_m(\boldsymbol{X})$ 的 "SubFun.m",优化问题中没有不等式约束,但返回值中仍要用 "[]" 占位。

源代码 6.64: M 文件——描述非线性约束条件

```
1  function [c,ceq]=SubFun(x)
2  c=x(1)^2-x(2);
3  ceq=[];
```

fmincon 调用上述两个 M 文件求解:

源代码 6.65: fmincon 调用 M 文件求解例 6.8

```
1  >> [x,fval]=fmincon(@mainFun,[3 3],[1 1],2,[],[],[],[],@SubFun)
2  ...
3  x =
4      1.0000    1.0000
5  fval =
6      1.0000
```

标准格式要求建立两个单独 M 文件,才能用 fmincon 调用求解例 6.8,比较繁琐。但是按 "fx=@(x)..." 格式构造匿名函数,代替上述两个独立 M 文件时,运行提示错误。

源代码 6.66: 单输出匿名函数构造优化模型的出错提示

```
1  [x,fval]=fmincon(@(x) (x(1)-2)^2+(x(2)-1)^2,[3 3],[1 1],2,[],[],[],[],@(x) x(1)^2-x(2))
2  Error using fmincon (line 624)
3  The constraint function must return two outputs; the nonlinear inequality constraints and the
      nonlinear equality constraints.
```

出错信息很明确:按照此类优化的 MATLAB 问题描述格式,非线性约束必须返回不等式和等式两个输出——尽管本例中没有非线性等式约束,但 "@(x) x(1)^2-x(2)" 却只能返回一个输出结果。

那么,到底匿名函数能否构造多输出来满足这种优化问题的格式要求呢?看完之前关于多输出的分析过程,答案就呼之欲出了。

源代码 6.67: 多输出匿名函数构造优化模型的方式

```
1 >> [x,fval]=fmincon(@(x)(x(1)-2)^2+(x(2)-1)^2,[3 3],[1 1],2,[],[],[],[],@(x) deal(x(1)^2-x(2),[]))
```

注意：源代码 6.67 最后一个非线性约束用 deal 函数"包裹"了两个表达式，空矩阵"[]"也作为一个表达式，返回其本身，非线性优化问题的 MATLAB 格式就自动被满足了。

或仿照源代码 6.55，用 feval 建立逗号表达式。

源代码 6.68: 匿名函数 + feval 构造逗号表达式

```
1 [x,fval]=fmincon(@(x) (x(1)-2)^2+(x(2)-1)^2,[3 3],[1 1],2,[],[],[],[],@(x) feval(@(x)x{:},{x(1)^2-x(2),[]}))
```

两种解法中，比较简单的是用 deal 函数返回多输出，不过鉴于源代码中要利用 varargin 以及 varargout 函数对数据打包和解包，两种解法区别不大。出于知其所以然的目的，不妨把 deal 源码按本例要求简单改写，目的是便于更好地理解 deal 函数的机制。

源代码 6.69: 利用 varargin 和 varargout 函数做多输出,by Rifat ahmed,size:49

```
1 function varargout = f2f(varargin)
2 if nargout==1
3     varargout{1}=@(varargin) f2f(varargin);
4 else
5     varargout(1)=varargin{1};
6     a=cell2mat(varargin{1});
7     varargout(2)={a.^2};
8 end
```

6.3.2 利用匿名函数构造更灵活的任意数量输出

上一小节提到利用 deal、逗号表达式结合匿名函数，可以返回多个输出结果。这是把多个句柄向同一组数据映射，即：同一组数据送进多个函数表达式，得到不同的结果。如果反过来，用多组数据映射同一个句柄，会发生什么情况呢？

接例 6.7，进一步规范匿名函数对输出数量的要求，甚至传入多组输入数据之后，能返回小于或等于输入变量个数的任意个输出。

例 6.9 给定一个函数句柄 flexf，用它再返回一个能接受任意数量输入变量的函数句柄 yourf，对每一个输入应用这个句柄，能返回对应数量的输出——当然，数量也要小于或等于输入变量的数量。

源代码 6.70: 例 6.9 测试代码

```
1 myf=@(x) det(x);
2 yourf = flexf(myf);
3 [a,~,b,c] = yourf([1 2;3 4],7,[1 2 3; 4 5 6; 2 3 1],3,[2 -1 ; 1 -1])
4 a = -2
5 b = 9
6 c = 3
```

释义：要求写一个名为"flexf"的 M-Function，函数体内构造匿名函数句柄 yourf，该句柄输入（注意：不是函数 flexf 的输入）满足以下 3 个要求：

① 可以是任意个数的数据变量，或者单个数值、或者矩阵，或者二者的混合。

② M 文件的输入为构造的第 2 个匿名函数句柄 myf，用于操纵前句柄 yourf 的各种输入变量，按操作返回其数值。

③ 调用 yourf，返回值的个数可以自己定义，不想返回的数据用"~"省略；同时，返回值数量即使加上波浪省略符"~"，总数也可与输入不同，例如源代码 6.70 中右端共 5 个输入，而左端即使加上波浪省略符也只有 4 个。

这是例 6.7 的反问题，属于由多组数据批量向一句柄传入，流程比例 6.7 多一道手续，因为输入数据并不能直接通过所定义 flexf 操控，在变量分类扩展上要做变化；此外，看到"任意数量"的输入或输出，会马上想到两个常用函数 varargin 和 varargout，问题是怎样与匿名函数的输入结合。

1. 子函数操纵 cell 数据主导变量扩展

建立合适的子函数中转，这仍然是最容易想到的方案，函数体按照未知输入输出个数的标准格式"function varargout = f(varargin)"。

源代码 **6.71:** 子函数应用 1,by Binbin Qi ,size:26

```
1  function ans = flexf(myf)
2      ans=@myfun;
3      function varargout = myfun(varargin)
4          varargout = cellfun(myf,varargin,'uni',0);
5      end
6  end
```

变量扩展的任务交给子函数，varargin 函数把变量打包成 cell 数据，正好与 cellfun 函数结合，实现多组输入数据向外部句柄 myf 的映射。

当然，也可以不让主函数闲着，毕竟需要子函数提供的只是多输出的效果。

源代码 **6.72:** 子函数应用 2,by Prateep Mukherjee ,size:27

```
1  function ans = flexf(f)
2   ans=@(varargin) disperse(cellfun(f,varargin,'Uni',0));
3   function varargout = disperse(x)
4  varargout = x;
```

按照源代码 6.72 的流程，输入数据首先会传入 flexf 的子函数 disperse 输入最里层，经 cellfun 批量处理得到输出数据，子函数对输入不加处理打 cell 型的"包"传入 varargout。这就是命令窗口执行的最终结果。

连同自定义句柄 myf 和输入数据一起放进子函数也同样道理。

源代码 **6.73:** 子函数应用 3,by Tim,size:31

```
1  function ans=flexf(f)
2  ans=@(varargin)flexg(f,varargin{:});
3
4  function varargout=flexg(f,varargin)
5  varargout=cellfun(f,varargin,'uni',0);
```

如果没有掌握矢量化函数 cellfun，循环也能产生相同效果。

源代码 6.74: 子函数应用 4,by Gregor Baiker,size:34

```
1  function y = flexf(f)
2      y = @myfun;
3      function varargout=myfun(varargin)
4          for k=1:nargout
5              varargout{k}=f(varargin{k});
6          end
7      end
8  end
```

甚至有更另类的子函数思路:

源代码 6.75: 函数体内调用外部建立的 M 文件

```
1  function ans = flexf(f)
2      fid = fopen('newFile.m','w');
3      fprintf(fid,'function␣[varargout]␣=␣newFile(varargin)\nf␣=␣varargin{1};\n␣for␣i␣=␣1:nargout\n␣␣␣␣
            varargout{i}␣=␣f(varargin{i+1});\n␣\n␣end␣\n␣end');
4      fclose(fid);
5      rehash
6  
7      ans=@(varargin) newFile(f,varargin{:});
8  end
```

说源代码 6.75 "另类", 是因为看似函数体内只有一个 function, 但却先通过 fprintf 在外面自建 newFile.m, 再在函数体内调用这个 M 文件。

在源代码 6.74 和源代码 6.75 中, 都出现了统计函数输出变量个数的命令 nargout, 这也是一个编写程序时十分常用的命令, 例如:

源代码 6.76: 函数 nargout 的说明——程序

```
1  function varargout=nargoutEx(varargin)
2  varargout=varargin;
3  sprintf('共计%d个输出',nargout)
```

源代码 6.76 中输出结果的个数设定很灵活, 例如:

源代码 6.77: 函数 nargout 的说明——调用

```
1  >> [out1,out2,~,out4]=nargoutEx([1 2;3 4],7,[1 2 3; 4 5 6; 2 3 1],3,[2 -1 ; 1 -1]) % 共计4个输出
2  out1 =
3       1     2
4       3     4
5  out2 =
6       7
7  out4 =
8       3
```

> **评** 调用源代码 6.77 发现: 即使用波浪省略符略去输出 "out3", 输出结果个数依然是 4 个。此外, 输入变量个数其实有 5 个, 二者可以不等。这样, 源代码 6.74 中的 nargout 就好理解了: 它依照调用函数左端的输出数量, 例如: 源代码 6.77 中的 "[out1,

out2,~,out4]",按其数循环依次返回设定句柄对该次循环所处位置的数据处理结果。

2. "逗号表达式"主导变量扩展：feval 方式

在上一小节已利用"{:}"+feval 的操作组合，解决了匿名函数的多输出问题 (源代码6.55)，并在非线性约束优化问题中对其应用进行了延伸探讨 (源代码 6.68)。这里继续利用这个组合，实现多组数据向同一句柄的批量映射。

源代码 6.78: 匿名函数与 feval 构造变量分配扩展,by Alfonso Nieto-Castanon,size:22

```
1  function ans = flexf(f)
2  ans=@(varargin)feval(@(x)x{:},cellfun(f,varargin,'uni',0));
3  end
```

源代码 6.78 中"@(varargin)"、"cellfun(f,varargin,'uni',0)"的作用在上一小节已经讨论过，此处控制句柄"@(x)x{:}"起到对输出做"列排布"的作用，其实就是对返回变量完成了事实上的独立输出。

3. deal 主导变量扩展

既然 feval 能实现多输出，deal 同样也能，只是当多组数据映射同一句柄时，deal 要比上一小节的多句柄映射同一数据略繁琐一些。

源代码 6.79: 匿名函数与 deal 构造变量分配扩展,by Khaled Hamed,size:30

```
1  function ans = flexf(f)
2  ans=@(x) deal(x{:});
3  ans=@(varargin) ans(cellfun(f,varargin(1:nargout),'uni',0));
4  end
```

> **评** 注意：源代码 6.79 在输入部分已经开始甄别输出，"varargin(1:nargout)"计算所需显示的结果，deal 部分与源代码 6.61 类似，但仍然用到"{:}"实现变量的输出扩展。

4. 结构体操控 cell 数据主导变量扩展

结构体数据完成变量扩展见上一小节的源代码 6.60，因 struct 型数据返回时自动列排布扩展的特性，省略了"{:}"独立输出的步骤，而显得更加简捷。

源代码 6.80: 匿名函数与结构数组构造变量分配扩展,by Yuan,size:20

```
1  function ans = flexf(f)
2    ans=@(varargin) struct('name', cellfun(f, varargin, 'uni', 0)).name;
3  end
```

6.4 匿名函数应用：复合句柄

复合句柄构造与 6.2 节针对不同数据重复调用同一句柄输入颇为类似，只是这次准备把问题推广到多个句柄（可能相同也可能不同）的复合叠加。

例 6.10　写一个能接受任意数量输入句柄 $f_1, f_2, \cdots, f_n$ 的函数，返回其复合句柄，即：

$$h = f_1(f_2(\cdots(f_{n-1}(f_n(x)))))$$

如下面源代码中的运算：

源代码 6.81: 例 6.10 示例代码

```
1 >> f1 = @(x)x+1;
2 >> f2 = @(x)3*x;
3 >> f3 = @sqrt;
4 >> h = compose(f1,f2,f3);
5 >> h(9)
6 ans =
7    10
```

复合句柄的执行结果就应该是：

$$f_1(f_2(f_3(9))) = f_2(f_3(9)) + 1 = 3 \cdot f_3(9) + 1 = 3 \cdot \sqrt{9} + 1 = 10$$

释义：要求返回一个对单输入自变量的复合函数句柄，但输入的复合函数数量未知。

函数 varargin 用于输入变量未知时的汇总处理。对一般数据的多输入参量处理，用以下"多向量卷积"的示例能够很好地说明其应用。

关于卷积在第 1 章提到：一维卷积命令 conv 能用于两个多项式的乘积系数运算，比如对多项式

$$f(x) = (2x^2 + 4x - 3)(x^4 - 3x^3 + 11x^2 + 4x + 9)$$

展开系数可以这样计算：conv([2,4,-3],[1,-3,11,4,9])，其运行结果是以下多项式的系数向量：

$$f(x) = 2x^6 - 2x^5 + 7x^4 + 61x^3 + x^2 + 24x - 27$$

不过，MATLAB 却没有提供多个多项式连续乘积的命令，文献 [6] 为此写了一个利用卷积命令 conv 进行多项式系数连乘的自定义函数 convs。

源代码 6.82: 文献 [6] 中的多项式连续卷积函数 convs

```
1 function a=convs(varargin)
2 a=1;
3 for i=1:length(varargin)
4     a=conv(a,varargin{i});
5 end
```

源代码 6.82 的输入变量个数不限，函数体内部用循环依次卷积完成多项式连乘系数求解。同理，根据本章开始所述：函数句柄具备操控具体数据和作为参量在函数中使用的双重功能，因此匿名函数与 varargin 之间也有着灵活的组合方式。

6.4.1 利用子函数

很多人还是喜欢用子函数，毕竟 function 的写法要直观得多：

源代码 6.83: 子函数 + 循环输出复合函数句柄,by bainhome,size:31

```
1 function ans = compose(varargin)
```

```
2   ans=@fcn;
3       function ans = fcn(ans)
4           for i = fliplr(1:numel(varargin))
5               ans=varargin{i}(ans);
6           end
7       end
8   end
```

注意以下两个问题：

① varargin 函数是主、子函数共享的，也就是说：在主函数中的输入已经完成打包，子函数调用时仍然是其本身，但输入个数函数 nargin 不能在主、子函数之间共享，例如在源代码 6.83 内，主、子函数各增加一条语句：

源代码 **6.84:** 关于函数 varargin 和 nargin

```
1   function ans = compose(varargin)
2   kMain=nargin                    % 主函数中的输入数量
3   ans=@fcn;
4       function ans = fcn(ans)
5       kSub=nargin                 % 子函数的输入数量
6           for i = fliplr(1:numel(varargin))
7               ans=varargin{i}(ans);
8           end
9       end
10  end
```

存储后运行以下源代码语句：

源代码 **6.85:** 关于函数 varargin 和 nargin——执行语句

```
1   f1 = @(x)x+1;f2 = @(x)3*x;f3 = @sqrt;
2   >> JM_compose(f1,f2,f3)
3   kMain =
4        3
5   ans =
6       @JM_compose/fcn
7   >> ans(9)
8   kSub =
9        1
10  ans =
11       10
```

执行结果显示：主函数中的输入数量为 3，而子函数中的输入数量则为 1。结论：不能把子函数的 for 循环写成 "for i= fliplr(1:nargin)"，而要写成 "for i = fliplr(1:numel(varargin))"，因为循环体是用主函数中输入的匿名函数数量作为循环次数的。

② 由于复合函数中的执行次序是从末端开始的，即：先调用 $f_n(x)$，再 $f_{n-1}[f_n(x)]\cdots$ 所以循环体倒序执行，可以是 "for i=numel(varargin):-1:1" 或 "flip(1:numel(varargin))"。

6.4.2 利用匿名函数构造

利用匿名函数构造时，一方面要提供首次调用的"核"，这是由于作为输入变量的诸句柄在构造复合函数时尚且未知,如何形成这个循环初始的"核"句柄成为关键之一;此外,逐步把各输入句柄一层一层"刷"在复合函数的句柄上,也有几种思路,例如循环、递归等。

1. 循　环

回到本章开始所提到的:自变量与函数句柄之间其实并没有严格的壁垒隔阂,可以把无论哪个要首次调用的句柄作为普通变量,不加变动地(比如乘以 1)返回给这个"核"句柄,完成首次构造。

源代码 6.86: 匿名函数 + 循环输出复合函数句柄,by Yalong Liu,size:31

```
1  function ans = compose(varargin)
2  ans=@(x)x;
3  for i=fliplr(1:nargin)
4      ans=@(x)varargin{i}(ans(x));
5  end
6  end
```

源代码 6.86 中第 2 行的"@(x) x"就是上面所说在循环初次使用的"核"句柄,它其实并没有改变进入复合句柄第 1 层的输入句柄,单纯只为向循环递入一个供叠加的句柄"引子"。

匿名函数句柄构造一旦与多输出逗号表达式结合,值得琢磨的用法还真不少,先看个简单的例子:

源代码 6.87: 匿名函数 + 多输出表达方式原理解释

```
1  >> fTol={@(x)x.^2+1,@(x)x+3,@(x)4*x}
2  fTol =
3      @(x)x.^2+1   @(x)x+3   @(x)4*x
4  >> @(x) x;
5  ans =
6      @(x)x
7  >> for i=fTol
8      @(x) i{:}(ans(x));
9     end
10 ans =
11     @(x)i{:}(ans(x))
12 ans =
13     @(x)i{:}(ans(x))
14 ans =
15     @(x)i{:}(ans(x))
16 >> ans(1:5)
17 ans =
18     20   32   52   80   116
```

源代码 6.87 中共 4 条语句,下面逐条讲解:

① 第 1 条语句将多个句柄存储在 cell 数组中(等同于 varargin 的工作)。

② 第 2 条语句形成所谓的"核"句柄,把第 1 个句柄传递到循环体内构成循环条件。

③ 第 3 条语句的循环体很有特点,利用逗号表达式。其实它对 cell 内部的多句柄是逐次执行的,由于没有设置变量,故每次执行 cell 数组 f_{Tol} 中的一个句柄后都自动返回变量"ans",如此接力完成复合句柄构造。

④ 对数组数据求值，以 $x = 2$ 为例：
$$4 \times [(x^2 + 1) + 3] = 4 \times (5 + 3) = 32$$
显然，源代码 6.87 的运算方式适合于例 6.10 求解。

源代码 6.88: 匿名函数 +cell 数组多输出形式构造循环体 1,by Khaled Hamed,size:26

```
1  function ans = compose(varargin)
2    ans=@(x) x;
3    for k = fliplr( varargin )
4      ans=@(x) k{:}(ans(x));
5    end
6  end
```

循环运算时，句柄执行顺序自里向外，所以循环体上要用 fliplr 翻转输入句柄位置，假如不做翻转，也可以让 ans 与 cell 句柄交换执行次序。

源代码 6.89: 匿名函数 +cell 数组多输出形式构造循环体 2,by Jan Orwat,size:24

```
1  function ans = compose(varargin)
2  ans=@(x)x;
3  for k=varargin
4    ans=@(x)ans(k{:}(x));
5  end
```

初看源代码 6.89 时也许会困惑：为什么"ans"放在外面，就不用翻转 varargin 的次序呢？这是因为：先执行"@(x)x"，"k{:}"作为它的变量（"x =k{:}(x)"），经第 1 次执行，cell 输入第 1 个句柄冲掉原来的"ans(x)"，变成"@(x)k{1}(x)"，第 2 次执行，内部的 x 再变成"k{2}(x)"，以此类推。

还有另一种循环方案甚至"@(x)x"都去掉，更是堪称美妙。

源代码 6.90: 循环 cell 数组中的句柄,by Alfonso Nieto-Castanon,size:21

```
1  function ans = compose(ans,varargin)
2    for f=varargin
3      ans=@(x)ans(f{1}(x));
4    end
5  end
```

源代码 6.90 可谓简到无以复加！不过有个问题需要得到明确回答：舍弃"核"句柄构造，外界输入的句柄群以谁为核心实现堆叠呢？

为回答这个问题，要从搞清楚 varargin 中存储多个句柄时，循环内部的表现开始，为直观起见，varargin 中存入 4 个函数句柄：

源代码 6.91: 源代码 6.90 分析——输入句柄构造

```
1  >> {@(x)x^2+1,@(x)x+3,@(x)4*x,@(x)sin(x)};
2  >> [f1,f2,f3,f4]=ans{:}
3  f1 =
4      @(x)x^2+1
5  f2 =
6      @(x)x+3
7  f3 =
```

```
 8      @(x)4*x
 9   f4 =
10      @(x)sin(x)
```

编写显示 varargin 的简单程序：

源代码 6.92: 源代码 6.90 分析——varargin 赋值外部参量后在循环体内的显示

```
1   function ans=TestAnonymousCell(varargin)
2   for k=varargin
3       ans=k{:}
4   end
```

命令窗口用源代码 6.91 构造的 4 个句柄参量作为输入，运行 TestAnonymousCell.m：

源代码 6.93: 源代码 6.90 分析——TestAnonymousCell 句柄 cell 数组返回值

```
 1   >> TestAnonymousCell(f1,f2,f3,f4)
 2   ans =
 3       @(x)x^2+1
 4   ans =
 5       @(x)x+3
 6   ans =
 7       @(x)4*x
 8   ans =
 9       @(x)sin(x)
10   ans =
11       @(x)sin(x)
```

显示结果令人意外：设想循环体因为没加"$f=1:4$"或"f=varargin{i}"，每次循环都应按逗号表达式输出相同的 4 个句柄才对，但事实上它却不折不扣地逐个显示从 $f_1 \sim f_4$ 的句柄，如果可把源代码 6.90 中的循环语句"@(x)ans(f{1}(x))"换成"@(x)ans(f(x))"，则又会提示矩阵维数错误。这表明：cell 数组在循环次数控制时，与一般数据还是有所区别的，例如不用句柄，只用简单数据组成 cell 数组代入函数 TestAnonymousCell，其结果相同。

源代码 6.94: 源代码 6.90 分析——TestAnonymousCell 的一般 cell 数据返回值

```
 1   >> {1,[2,3],(3:5)'};
 2   >> TestAnonymousCell(ans{:})
 3   ans =
 4        1
 5   ans =
 6        2     3
 7   ans =
 8        3
 9        4
10        5
11   ans =
12        3
13        4
14        5
```

有了上述试验，源代码 6.90 的机制就真相大白了：按"compose(ans,varargin)"运行时，对照调用格式有：
$$\text{ans} = f_1$$
$$\text{varargin} = \{f_2, f_3, f_4\}$$

因为定义"f = varargin"，首次循环 $f^{\{(1)\}} = f_2$、循环体循环次数为 `numel(varargin)=3`；第 1 次循环代入前述变量，得等价句柄"`@(x)ans(f{1}(x))=@(x)f1(f2(x))`"，经过此次循环，原 ans 被冲掉变成"`@(x)f1(f2(x))`"；第 2 次循环时，最里层的 x 变成 $f^{\{(2)\}} = f_3$，余下类推。

回到原来的问题，源代码 6.90 循环体内只有 1 条语句，却包含了关于 cell 数组多输出、复合句柄构造、varargin 机制等数个问题的理解。举一反三，重新审视之前的卷积连乘命令 convs（源代码 6.94），现在就可以改为以下形式：

源代码 6.95: 多项式连乘命令 convs 的改进代码

```
1  function ans=convs(ans,varargin)
2    for f=varargin
3      ans=conv(ans,f{:});
4    end
5  end
```

相比原来，是不是更简捷了呢？

2. 递　归

可以把递归看成是循环的反序执行过程。循环时，输入句柄从里到外作用于"核"句柄，递归则是从外向里：$f_1(f_2 \cdots f_n(x))$ 的执行顺序，所以代码首先要做的是剥离外层句柄。

源代码 6.96: 匿名函数 + 递归输出复合函数句柄 1, by Tim, size:29

```
1  function ans=compose(ans,varargin)
2    if nargin>1
3      g=compose(varargin{:});
4      ans=@(x)ans(g(x));
5    end
```

源代码 6.96 看似简单，其实颇有讲究：

① 输入被分组为两个量，以例 6.10 示例代码（源代码 6.81）为例，共计 f_1, f_2, f_3 三个输入句柄，按主函数输入格式，外层句柄"f_1"（即程序中的"ans"）与 f_2, f_3 分开，进入程序后因 nargin=3，满足大于 1 的条件，执行判断流程语句；

② 执行语句"`g=compose(varargin{:})`"时，逗号表达式自动把剩余输入 varargin（就是 f_2 和 f_3）形成多输出，实际相当于：

源代码 6.97: 多输出的等价表达形式

```
1  >> [f2,f3]=varargin{:}
2  f2 =
3      @(x)3*x
4  f3 =
5      @sqrt
```

按函数 compose 要求，剥离 f_2，剩下的 f_3 变成新的"varargin"，以此类推；

③ 按第①、②步骤执行直至剩下 1 个句柄，后面的 varargin 势必为空，进入下一行 "@(x)ans(g(x))"，经过递归之后的 ans 已经把外层句柄"刷"好，这样就自外向里，从 f_1 到 f_n 执行完毕。

仍然以例 6.10 示例代码为例，源代码 6.96 执行结果相当于：

源代码 6.98: 例 6.10 示例代码的执行结果

```
1  >> compose(f1,{f2,f3})
2  >> compose(f1,compose(f2,f3))
3  >> compose(f1,compose(f2,compose(f3)))
4  >> compose(f1,compose(f2,compose(@sqrt)))
```

源代码 6.96 也可用 feval：

源代码 6.99: 匿名函数 + 递归输出复合函数句柄 2,by Nicholas Howe,size:28

```
1  function ans = compose(ans,varargin)
2    for f=varargin
3      ans=@(x)ans(f{1}(x));
4    end
5  end
```

原理与源代码 6.96 相同，但用 feval 形成对里层句柄的调用，省去了中间变量 g。

6.5 匿名函数应用：斐波那契数列求值

6.1.4 小节围绕斐波那契数列，探讨了采用匿名函数写递归流程的思路，其实除数列本身所蕴藏的数学含义，MATLAB 中给定一些限定条件的求解代码，也存在讨论的必要性。

例 6.11 计算 Fibonacci 数列第 n 项，即：给定正整数 n，返回 $\text{fib}(n)$ 的值。例如：$n=5$，$\text{fib}(5)=5$；$n=7$，$\text{fib}(7)=13$。最后，请注意，在开始时，测试代码就禁止使用许多函数命令，其中包括读者最容易想到的循环和判断流程函数："while"、"for"和"if"等。

源代码 6.100: 例 6.11 测试代码

```
1  %% Clean workspace
2  !/bin/cp fib.m safe
3  !/bin/rm *.*
4  !/bin/mv safe fib.m
5  % Clean user's function from some known jailbreaking mechanisms
6  functions={'!','feval','eval','str2func','str2num','regex','system','dos','unix','perl','assert','
      fopen','write','save','setenv','path','please','for','if','while','switch','round','roundn','
      fix','ceil','char','floor'};
7  fid = fopen('fib.m');
8    st = char(fread(fid)');
9    for n = 1:numel(functions)
10     st = regexprep(st, functions{n}, 'error(''No fancy functions!'');_%','ignorecase');
11   end
12  fclose(fid)
13  fid = fopen('fib.m' , 'w');
14    fwrite(fid,st);
15  fclose(fid);
16  %%
```

```
17  n = 1;
18  f = 1;
19  assert(isequal(fib(n),f))
20  %%
21  n = 6;
22  f = 8;
23  assert(isequal(fib(n),f))
24  %%
25  n = 10;
26  f = 55;
27  assert(isequal(fib(n),f))
28  %%
29  n = 20;
30  f = 6765;
31  assert(isequal(fib(n),f))
```

释义：要求编写程序确定第 n 项斐波那契数列的数值，只不过测试源代码 6.100 设定了很多限定条件，不允许使用诸如 str2func、str2num、dos、system、fopen、please、for、if 等函数，限定原因是这些函数可能被用来绕开问题，制造作弊的"大招"，所以被测试代码"屏蔽"。与此同时，求解代码中也不允许使用循环、判断等关键词，看似诡谲，回想则有其深意。

6.5.1 几种不用匿名函数定义句柄的解法

1. 矩阵法

直接根据数学定义求解总是可取的方法之一。

源代码 6.101: 矩阵构造求斐波那契数列,by Yalong Liu

```
1  function ans = fib(n)
2    ans=[1 1;1 0]^n;
3    ans=ans(2);
4  end
```

其原理是构造系数矩阵自身连续做乘，反对角线上元素就是连乘次数 n 对应的斐波那契数列第 n 项数值，从源代码 6.58 给出第 $1\sim 5$ 次连乘结果，可以看出：每次乘积结果的第 $(2,1)$ 或第 $(1,2)$ 个元素就是乘积次数代表数值项的斐波那契数列值。

源代码 6.102: 矩阵构造求斐波那契数列结果

```
1  >> K=arrayfun(@(n) [1 1;1 0]^n,1:5,'uni',0)
2  K =
3    [2x2 double]  [2x2 double]  [2x2 double]  [2x2 double]  [2x2 double]
4  >> K{:}
5  ans =
6       1     1
7       1     0
8  ans =
9       2     1
10      1     1
11  ans =
```

```
12        3     2
13        2     1
14   ans =
15        5     3
16        3     2
17   ans =
18        8     5
19        5     3
```

用于人口数量统计和存活率计算的 n 阶 "Leslie" 测试矩阵, 其二阶形式也能用于求斐波那契数列, 原理同上。

源代码 6.103: 测试矩阵求解, by Jan Orwan, size:21

```
1   function ans = fib(n)
2     ans=gallery('leslie',2)^n;
3     ans=ans(2);
4   end
```

矩阵法思路源自递推通项特征值算法, 看似生僻, 其实如果熟悉斐波那契数列证明则不难理解, 简单推导如下:

① 斐波那契数列先改写为

$$\begin{cases} F(n) = F(n-1) + F(n-2) \\ F(n-1) = F(n-1) \end{cases} \tag{6.20}$$

式中的 $F(1) = F(2) = 1$。

② 将其改为矩阵表达形式形成递推:

$$\begin{bmatrix} F(n) \\ F(n-1) \end{bmatrix} = \begin{bmatrix} 1 & 1 \\ 1 & 0 \end{bmatrix} \begin{bmatrix} F(n-1) \\ F(n-2) \end{bmatrix} = \cdots$$

$$= \begin{bmatrix} 1 & 1 \\ 1 & 0 \end{bmatrix}^{n-2} \begin{bmatrix} F(2) \\ F(1) \end{bmatrix} = \begin{bmatrix} 1 & 1 \\ 1 & 0 \end{bmatrix}^{n-2} \begin{bmatrix} 1 \\ 1 \end{bmatrix} \tag{6.21}$$

也可把式 (6.20) 看做以递归通项试凑的系数矩阵连乘。

2. 通项法

斐波那契数列通项式为

$$F(n) = \frac{1}{\sqrt{5}} \left[\left(\frac{\sqrt{5}+1}{2} \right)^n - \left(\frac{\sqrt{5}-1}{2} \right)^n \right] \tag{6.22}$$

通项式 (6.22) 推导方法很多, 如: 特征值法、二阶常系数线性微分方程法、待定系数法、特征值法衍生出的母函数法等。

源代码 6.104: 通项法之一

```
1   >> feval(@(n) round(1/sqrt(5)*((((sqrt(5)+1)/2)^n-((sqrt(5)-1)/2)^n))),6)
2   ans =
3        8
```

不过，算例限定不能使用 floor、fix、ceil、round 或 roundn 等，所以源代码 6.104 中的 floor 换成 uint16。

源代码 6.105: 通项法之二,by Michael C,size:37

```
1  function ans = fib(n)
2    ans=sqrt(5);
3    ans=uint16(((0.5+ans/2)^n - (0.5-ans/2)^n)/ans)
4  end
```

3. 利用滤波函数 filter

卷积和滤波系列函数也可用在斐波那契数列的通项计算。一维滤波函数用法非常灵活，仅给出题目所需的均值滤波方式原理分析。其调用方式 "y = filter(b,a,x)" 中，b 代表有理变换之后输入被滤波数据 x 的系数，a 代表输出 y 的系数。每个被滤波数据 $y(n)$ 都是两边求卷积的逐步迭代过程如下：

$$a(1)y(n) + a(2)y(n-1) + \cdots + a(n_a+1)y(n-n_a) =$$
$$b(1)x(n) + b(2)x(n-1) + \cdots + b(n_b+1)x(n-n_b)$$
$$\Rightarrow a(1)y(n) = [b(1)x(n) + b(2)x(n-1) + \cdots + b(n_b+1)x(n-n_b)] -$$
$$[a(2)y(n-1) + \cdots + a(n_a+1)y(n-n_a)] \tag{6.23}$$

式 (6.23) 显示了一维移动均值滤波结果数据的由来：它相当于对滤波前和滤波后的数据，在等式两边分别按系数 a 和 b 做卷积，从 $y(1)$ 起，逐步递推出每个 $y(i), i=1,2,\cdots,n$，例如：

源代码 6.106: 滤波函数 filter 运算机理分析

```
1  >> a=[1 1 1];b=1;x=[1 1 1 1 1];
2  >> y=filter(b,a,x)
3  y =
4     1    0    0    1    0
```

返回的数据 y 按式 (6.23) 可表述如下：

$i=1$ 时，$\qquad a_1y_1 + a_2y_0 + a_3y_{-1} = 1 \times x_1$

所以 $\qquad\qquad y_1 = \dfrac{x_1}{a_1} = 1$

$i=2$ 时，$\qquad a_1y_2 + a_2y_1 + a_3y_0 = 1 \times x_2$

所以 $\qquad\qquad y_2 = \dfrac{x_2 - a_2y_1}{a_1} = \dfrac{1-1\times 1}{1} = 0$

$i=3$ 时，$\qquad a_1y_3 + a_2y_2 + a_3y_1 = 1 \times x_3$

所以 $\qquad\qquad y_3 = \dfrac{x_3 - a_2y_2 - a_3y_1}{a_1} = \dfrac{1-1\times 0-1\times 1}{1} = 0 \tag{6.24}$

$i=4$ 时，$\qquad a_1y_4 + a_2y_3 + a_3y_2 = 1 \times x_4$

所以 $\qquad\qquad y_4 = \dfrac{x_4 - a_2y_3 - a_3y_2}{a_1} = \dfrac{1-1\times 0-1\times 0}{1} = 1$

$i=5$ 时，$\qquad a_1y_5 + a_2y_4 + a_3y_3 = 1 \times x_5$

所以
$$y_5 = \frac{x_5 - a_2 y_4 - a_3 y_3}{a_1} = \frac{1 - 1 \times 1 - 1 \times 0}{1} = 0$$

源代码 6.106 示例数据取得很简单,式 (6.24) 中把不存在的索引 $y_0 = y(0)$ 和 $y_{-1} = y(-1)$ 也补齐,但在计算中自动去掉,可以看出滤波数据是自 $y(1) \sim y(5)$ 递推出来的。

了解了均值滤波数据的由来和计算方法,继续分析它在斐波那契数列构造中的作用,关键在滤波数据系数 a 和 b 的构造。

按斐波那契数列通项公式:
$$y(n) = y(n-1) + y(n-2)$$

再比较:
$$a(1)y(n) + a(2)y(n-1) + a(3)y(n-2) = b(1)x(n)$$

移项后不难看出:需要让 "a=[1 -1 -1];b(1)=1",可 "凑" 出斐波那契数列的大致形态;同时,因输出数据 y 和输入 x 维度相同,函数 fib 输出 n 项,x 也必须是 n 个数字,可按式 (6.23) 的思路反推 x 的数据:

- $n = 1$, $a_1 y_1 + 0 + 0 = b_1 x_1 \Rightarrow y_1 = x_1 = 1$,其中 y_1 是已知的首项斐波那契数列值,故 $x_1 = 1$;
- $n = 2$, $a_1 y_2 + a_2 y_1 = b_1 x_2 \Rightarrow y_2 = y_1 + x_2$,第 2 项为已知数 ($y_2 = 1$),故 $x_2 = 0$;
- $n = 3$, 原理同上:$a_1 y_3 + a_2 y_2 + a_3 y_1 = y_3 - y_2 - y_1 = b_1 x_3 \Rightarrow y_3 = y_2 + y_1 + x_3$,根据斐波那契数列递推公式,第 3 项为前两项之和,即 $y_3 = y_2 + y_1$,故有 $x_3 = 0$;
- $n > 3$, 按递推原理得到:$y_n = y_{n-1} + y_{n-2} + x_n$,所有 $x_n = 0 (n > 3, n \in \mathbf{N})$。

按上述分析,写出利用滤波函数构造斐波那契数列的 MATLAB 代码如下:

源代码 6.107: 滤波函数 `filter` 构造斐波那契数列,by Peng Liu,size:34

```matlab
function ans = fib(n)
    ans=filter(1,[1 -1 -1],[1 zeros(1,n-1)]);
    ans=ans(n);
end
```

> **评** 源代码 6.107 先构造 n 以下斐波那契数列,再按需选择数值,执行效率肯定不好,但这种按问题要求、设计合适数学模型、从数列通项构造一步跨越至滤波算法的构思,是值得学习的。

另外,脉冲波响应函数 `impz` 用两个有理变换系数 a 和 b 作为输入变量,也能构造出斐波那契数列:

源代码 6.108: 滤波函数 `impz` 构造斐波那契数列

```matlab
>> h=impz(1,[1 -1 -1],10)'
h =
    1    1    2    3    5    8   13   21   34   55
```

6.5.2 使用匿名函数构造序列的相关算法

依托匿名函数的自定义句柄以及 `cellfun` 等的操控,大体有以下几种求解思路。

1. 另类的网站数据访问处理

有时候，当问题中限制诸多条件时，反而激发了解题时另辟蹊径的特别热情，涌现出许多别开生面的思路，例如下面读取通项公式网站相关内容获取答案的做法：

源代码 6.109: 访问网站相关内容获取结果的思路,by Jan Orwan,size:36

```
1  function ans = fib(n)
2    y=urlread('http://oeis.org/A000045/b000045.txt');
3    ans=cellfun(@(N)base2dec(N,10),strsplit(y(1:332)));
4    ans=ans(2*n+2);
5  end
```

> **评** 显然这不是什么"正统"解法，可它对基本函数的使用能力要求并无一丝折扣：用 `urlread`(这是老版函数，新版本替代命令是 `webread`) 访问其他网站通项列表 txt 文本，获得字符类型数据结果，`strsplit` 分隔返回 cell 型数据；再以 `cellfun` 操纵 `base2dec` 受控句柄，处理存储在 cell 中的通项数值(访问结果)。代码绝大多数是在访问、读取数据。更让人眼前一亮的是：完全跳过问题设置的壁垒另辟蹊径，因为囿于原问题的圈定方向，多数人很难想到如此超常规的办法。

2. 匿名函数 +Cell 构造"没有 if 的 if"

前面介绍了通过匿名函数构造没有 `if` 语句的判断流程(详见 6.1.4 小节中的源代码 6.44)，其思路非常适合斐波那契数列的递归求解。

源代码 6.110: 匿名函数 + 逻辑索引 + 递归构造斐波那契数列,by Jan Orwan,size:39

```
1  function ans = fib(n)
2    ans={@numel, @(N)fib(N-1)+fib(N-2)};
3    ans=ans{(n>2)+1}(n);
4  end
```

源代码 6.110 仅有两行，表面上看也没什么陌生的命令，但真想写出这样的程序，需要对基本函数组合有很深的理解，分析如下：

① 函数体内第 1 行构造的元胞数组代表斐波那契数列定义中的分段函数——一个简捷的执行语句集合：第 1 个子 cell 用"`@numel`"句柄返回输入维数，因输入满足 $n \in \mathbf{N}$ 且为单个自然数，故单元数组第 1 项句柄返回值恒为"1"，之所以不直接写成 1，而用句柄代替，其目的是下一行中要用输入本身来做判断，决定应当执行受控 cell 句柄中的哪一个。

② 第 2 个子 cell 完成数列递归，见 6.2.2 小节中"2. 递归流程匿名函数编程引申探讨"相关内容。

③ 第 2 行"`ans{(n>2)+1}(n)`"使用前一行 cell 数据类型构造的匿名函数句柄，但究竟执行受控 cell 句柄的第 1 部分还是第 2 部分，要根据"`(n>2)+1`"的情况来判断，其数值如果输入 $n \leqslant 2$ 则返回 1，即执行"`cell{1}`"，否则返回 2，执行"`cell{2}`"。不管返回哪个值，ans 都是句柄，后面跟参数"`(n)`"，变成完整的匿名函数，再求值完成递归构造。

> **评** 无论构思还是函数使用水平，源代码 6.110 都达到相当高的程度，综合了数据类型、匿名函数句柄和逻辑数组三种利器，在短短两行代码中，完成判断、递归、求值三个过程，匿名函数构造判断和执行语句的功能被简化到极致。

同样的判断流程，也用 cell 结构，斐波那契数列递归流程又能写成：

源代码 6.111: 匿名函数 + 逻辑索引 + 递归构造斐波那契数列,by Alfonso Nieto-Castanon,size:35

```
1  function ans = fib(n)
2  ans={1 1 @()fib(n-1)+fib(n-2)};
3  ans=ans{min(n,3)}();
```

源代码 6.111 枚举 $n = 1, 2$ 时 $F(i)|_{i=1,2} = 1$ 的情况，构造的表达式在 cell 数组中有两种数据类型：双精度（"cell{1}"、"cell{2}"）及第 3 个匿名函数构造的递归计算受控句柄（"cell{3}"）。一方面，本步骤中的匿名递归句柄不必有输入参数（"@()..."）；另一方面，下一步不用输入做逻辑判断，只需让输入值与 3 对位比较。小于 3 时，分别执行第 1、2 个值；大于 3 时，用 "min(n,3)" 对位比较，运行结果恒等于 3，即总执行第 "cell{min(n,3)}=3" 项。

> **评** 源代码 6.110 和源代码 6.111 各具特色，都利用递归构造控制句柄的 cell 类型数组，再通过逻辑判断完成判断和执行，形式看似简单，细品之下却韵味十足，是难得一见的优秀代码。

6.6 匿名函数应用：斐波那契数列构造

例 6.11 要求第 n 项的斐波那契数列值，本节讨论返回给定自然数序列所对应的斐波那契数列。

例 6.12 计算斐波那契数列的 n 项值，即：给定正整数数组 n，返回 fib(n)。与例 6.11 类似之处是仍然禁止使用循环和判断流程，以及一些可能用来"走捷径"的函数。不同之处则在于，n 变成了正整数数组，也就是要把数组 n 中对应的所有斐波那契数都计算出来。

源代码 6.112: 例 6.12 测试代码

```
1  %%% Clean workspace
2  % !/bin/cp fib.m safe
3  % !/bin/rm *.*
4  % !/bin/mv safe fib.m
5  % Clean user's function from some known jailbreaking mechanisms
6  functions={'!','feval','eval','str2func','str2num','regex','system','dos','unix','perl','assert',...
       'fopen','write','save','setenv','path','please','for','if','while','switch','round','roundn',...
       'fix','ceil','char','floor','\.','^','power'};
7  fid = fopen('fib.m');
8  st = char(fread(fid)');
9  for n = 1:numel(functions)
10     st = regexprep(st, functions{n}, 'error(''No␣fancy␣functions!'');␣%','ignorecase');
11  end
12  st = regexprep(st, 'function', 'error(''No␣fancy␣functions!'');␣%','ignorecase',2);
```

```matlab
13  fclose(fid);
14  fid = fopen('fib.m' , 'w');
15    fwrite(fid,st);
16  fclose(fid);
17  %%
18  n = 1:5;
19  f = [1    1    2    3    5];
20  assert(isequal(fib(n),f))
21  %%
22  n = 7 : 10;
23  f = [13    21    34    55];
24  assert(isequal(fib(n),f))
25  %%
26  n = 20 : 22;
27  f = [ 6765    10946    17711];
28  assert(isequal(fib(n),f))
29  assert(isequal(fib(n),f))
```

释义：与例 6.11 的不同之处在于：本例不是计算单个的"$F(n) = ?$"，而是把给定输入正整数序列的斐波那契数列值悉数构成对应数列返回。因限定禁止使用 for、switch、while、if 等控制流程函数，所以想套用上一层按输入序列的循环得到结果的程序是无法通过测试代码的。限制函数使用的最终目的还是帮助更进一步熟悉匿名函数构造带有递归、判断等流程的复杂受控句柄的高级技巧。

6.6.1 不使用匿名函数的几种求解思路

1. 枚举法

一维插值函数 interp1 取得选定斐波那契数列的一部分：

源代码 6.113: 插值函数在数列中选取,by Binbin Qi,size:17

```matlab
1  function ans = Binfib(x)
2  ans=interp1(sscanf('1 1 2 3 5 8 13 21 34 55 89 144 233 377 610 987 1597 2584 4181 6765 10946 17711
    ', '%d')',x);
```

枚举法中，interp1 用的是按给定序列线性插值 "vq = interp1(v,xq)"。其中："vq"是插值点数值，"v"是原向量，"xq"为插值参照序列。为理解它在源代码 6.113 中所起的作用，写一个直观的示例如下：

源代码 6.114: 插值函数 interp1 调用格式及示例

```matlab
1  >> v=randi(10,1,3)
2  v =
3        2     5    10
4  >> xq=1:.25:3
5  xq =
6      1.0000    1.2500    1.5000    1.7500    2.0000    2.2500    2.5000    2.7500    3.0000
7  >> vq=interp1(v,xq)
8  vq =
9      2.0000    2.7500    3.5000    4.2500    5.0000    6.2500    7.5000    8.7500   10.0000
10 >> plot(1:3,v,'ko',xq,vq,'r*')
```

```
11  >> legend('原数据点','插值序列点')
```

根据源代码 6.114 的运行结果及图 6.8 所示：随机整数构造的原数据 $v = [2\ 5\ 10]$，每两个点间等距插入 3 个点。内插几个点、何处插入，由参考序列 x_q (query points) 确定，例如本例中的 x_q 代表从第 1 个点起，每向前跨两点间距的 25% 插入一个点，该点插值的数值由两端点的线性插值决定。同时注意：如果引用的参考序列正好是整数，则该点的 v 数值与原数据点相同。

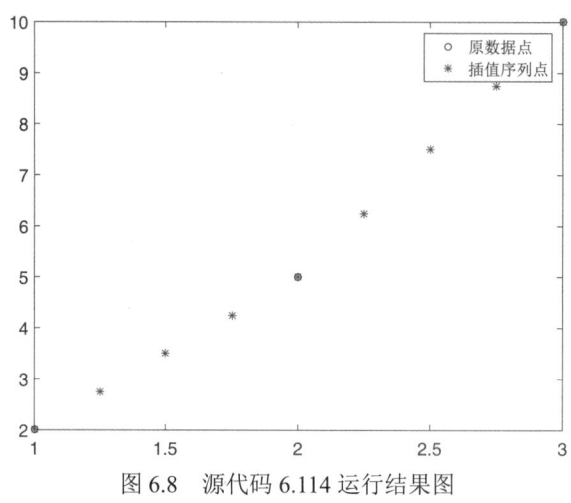

图 6.8 源代码 6.114 运行结果图

这样，源代码 6.113 就容易理解了：sscanf 把字符串中空格分隔的数据分配给一个向量的每一个位置，当输入 x 正好是自然数时，所取数据就是该点的斐波那契数列值。

上述分析目的是熟悉一维插值函数 interp1 的使用方法，枚举思路中并不计算斐波那契数列，是从现有的数列向量中找到准确的位置。如果仅仅是为了这个目的，interp1 可以不用，以下就是直接以输入 x 在斐波那契数列中索引寻址的方法：

源代码 6.115: 直接对原数据索引寻址,by LY Cao,size:18

```
1  function ans = Mfib(x)
2  ans=sscanf('1 1 2 3 5 8 13 21 34 55 89 144 233 377 610 987 1597 2584 4181 6765 10946 17711','%d')
     ';
3  ans(x);
```

2. 利用滤波函数 filter

滤波函数 filter 辅助构造斐波那契数列的思路与例 6.11 分析相同（内容详见 6.5.1 小节）。但它得到的不是"第 n 项"，而是"前 n 项"，即：不管要求第几项的数列值，都会从 1 开始逐个计算。求指定自然数序列对应的数列值时，需略作调整。

源代码 6.116: 利用滤波函数计算指定序列的斐波那契数列值,by Peng Liu,size:37

```
1  function ans = fib(x)
2      ans=filter(1,[1 -1 -1],[1 zeros(1,x(end)-1)]);
3      ans=ans(x);
4  end
```

6.6.2 使用匿名函数构造受控句柄的几种解法

1. 修正的矩阵法

对应 6.5.1 小节矩阵相乘的求解思路，利用 arrayfun 函数对矩阵通项加循环，循环体内向量相乘去掉无关元素，省去后面选择元素的麻烦。

源代码 6.117: arrayfun 操控匿名函数构造的矩阵通项句柄,by Yalong Liu,size:32

```
1  function ans = fib(x)
2    ans=arrayfun(@(n)[1 0]*[1 1;1 0]^n*[0;1],x);
3  end
```

在 6.5.2 小节的源代码 6.110 和源代码 6.111 中，用 cell 数据组合匿名函数构造矢量句柄索引，对其略加改进，例如源代码 6.110 用 arrayfun 遍历。

源代码 6.118: cell 数组构造递归分段流程,by Jan Orwat,size:44

```
1  function ans = fib(n)
2    ans={@numel, @(N)fib(N-1)+fib(N-2)};
3    ans=arrayfun(@(N)ans{(N>2)+1}(N),n);
4  end
```

源代码 6.118 相当于执行两重匿名函数嵌套。原理及实现方法同前。

源代码 6.111 仍与 arrayfun 有关，但在其基础上用函数 sign 取代原来两个 "1" 的枚举。

源代码 6.119: cell 数组构造递归分段流程——arrayfun 遍历求值,by Alfonso Nieto-Castanon,size:44

```
1  function ans = fib(x)
2    ans={@sign @(n)fib(n-1)+fib(n-2)};
3    ans=arrayfun(@(n)ans{1+(n>2)}(n),x);
4  end
```

> **评** sign 简化判断是程序亮点：arrayfun 遍历 x 序列，如满足 $x\leqslant 2$，逻辑判断结果：$1+(n>2)=1+0=1$，要执行 "@sign"。输入 x 已指定正整数序列，决定了运行结果无论 $n=1$ 或 $n=2$，返回值总是 1，顺便能省去一次枚举的判断。感觉用寥寥几个常见函数，在递归流程发生前，对触发机制看似漫不经心地轻轻一"让"，啰唆写一堆分情况判断的麻烦，被短短两行代码带走，好像什么都没发生，且逻辑判断和递归两大流程一步到位，构思之精巧，有些"大巧似拙"的味道。

还有另一种利用矩阵表示的解法：

源代码 6.120: 受控句柄递归形成矩阵叠加,by Alfonso Nieto-Castanon,size:44

```
1  function ans = fib(n)
2    ans={0 @()(n==1)+fib(n-1)+fib(n-2)};
3    ans=ans{1+any(n>0)}();
```

同样短短两行语句，不过想把流程理解透彻却并非易事，不妨用倒推的形式进行分析：

① 设 $n=1:3$，根据源代码 6.120 递归流程，第一次递归时，"$n==1$" 的逻辑判断结果为 "[1 0 0]"，同理，$(n-1==1)$ 即为 "[0 1 2]==1"，判断结果为 "[0 1 0]"，其他类推。

fib(1:3) 过程如下式所示：

$$(n == 1) + \text{fib}(0:2) + \text{fib}(-1:1) = [1,0,0] +$$
$$([0,1,0] + \text{fib}(-1:1) + \text{fib}(-2:0)) +$$
$$([0,0,1] + \text{fib}(-2:0) + \text{fib}(-3:-1)) \tag{6.25}$$

因"fib(-2:0)"或之后的"fib(-3:-1)"输入中，已经没有满足 $n==1$ 的元素，第 2 行中的"any(n>0)"同样不再满足，执行单元数组匿名受控句柄的第 1 项"0"元素，递归终止，最终结果如下：

$$[1,0,0] + ([0,1,0] + [0,0,1] + 0) + ([0,0,1] + 0 + 0)$$
$$= [1,1,2] \tag{6.26}$$

② 再假设 $n = 1:4$，与前例类似：

$$(n == 1) + \text{fib}(0:3) + \text{fib}(-1:2)$$
$$= [1,0,0,0] + ([0,1,0,0] + \text{fib}(-1:2) + \text{fib}(-2:1)) +$$
$$([0,0,1,0] + \text{fib}(-2:1) + \text{fib}(-3:0))$$
$$= [1,1,1,0] + \text{fib}(-1:2) + 2\text{fib}(-2:1)$$
$$= [1,1,1,0] + ([0,0,1,0] + \text{fib}(-2:1) + \text{fib}(-3:0)) + 2\text{fib}(-2:1)$$
$$= [1,1,2,0] + 3\text{fib}(-2:1) = [1,1,2,0] + 3([0,0,0,1] + \text{fib}(-3:0) + \text{fib}(-4:-1))$$
$$= [1,1,2,3] \tag{6.27}$$

> **评** 通过两个示例，发现递归流程是斐波那契数列"从第 3 项开始，每项值为前两项之和"的矩阵表示法，算法并不奇怪，函数也是看似泛泛寻常，难的是代码被精简至 2 行！第 1 行中"cell{1}"中的"0"用于执行递归的终止，"(n==1)"则构造了矩阵数据的逐次累加，二者结合，又是把已知条件，举重若轻地用到极致的经典解法。

6.7 匿名函数应用：函数执行计数器中的匿名函数传参机理

例 6.13 写一个函数，调用它能够再返回一个函数，该函数仅有一个功能：返回函数本身被执行或调用了多少次。比如：

源代码 6.121: 例 6.13 示例代码

```
1  >> h = counter;
2  >> h()
3  ans =
4       1
5  >> h()
6  ans =
7       2
8  >> h()
9  ans =
10      3
```

从源代码 6.121 可以看出，每次调用句柄 h，得到的结果都是上次结果基础上加 1。注意：所写函数中不能使用 persistent，也就是静态变量。

源代码 6.122: 例 6.13 测试代码

```
1  %% 1
2  h = counter;
3  assert(isequal(h(), 1))
4  assert(isequal(h(), 2))
5  assert(isequal(h(), 3))
6  assert(isequal(h(), 4))
7  assert(isequal(h(), 5))
8  %% 2
9  code = fileread('counter.m');
10 assert(isempty(strfind(code, 'persistent')));
```

释义：在不使用静态变量（"persistent" 类型）的情况下，每运行一次函数 "counter" 返回结果都在原来基础上加 1。

首先介绍例 6.13 条件明确要求不使用的 "persistent"，也就是静态变量的使用方法，不妨用它先解决例 6.13。

从测试代码中返回值 h 形态来看，它应当是没有输入变量的句柄，因此函数内部还要构造 h 句柄控制的子函数。

源代码 6.123: 利用 "persistent" 变量 x 求解例 6.13

```
1  function h = counter()
2  h=@count;
3  function h=count()
4  persistent x
5  if isempty(x)
6      x=1;
7  else
8      x=x+1;
9  end
10 h=x;
11 end
```

function 的机制是：当 "function" 执行完毕，其内部普通类型变量不被保留。而源代码 6.123 中的变量 x 为 "persistent" 型，它将在函数 counter 执行完毕后仍驻留内存，下次调用 counter 时，仍可使用它之前的数值。本例中，按照程序体内设定，每执行一次函数 counter，变量 x 数值增加 1。

源代码 6.124: 源代码 6.124 运行结果

```
1  >> h = counter()
2  h =
3      @count
4  >> h()
5  ans =
6      1
7  >> h()
```

```
8  ans =
9      2
```

6.7.1 save+load 存储调用变量

在不能用"persistent"变量解决问题的情况下，容易想到把数据 x 保存成数据文件如"mat"型，下次执行时调用该文件，取得数据赋值给返回值 h，变量 x 加 1 重新存储至原数据文件保存。

源代码 6.125: 利用 save+load 存储调用变量, by Boris Huart, size:39

```
1   function h = counter()
2   h = @count;
3   end
4   function c = count()
5   if exist('count.mat')
6       load('count.mat');
7       c=c+1;
8   else
9       c=1;
10  end
11  save 'count.mat' c;
12  end
```

也可把对数据文件是否存在的判断，放进"try-catch"流程中：

源代码 6.126: 利用 save+load 存储调用变量改进方案, by Jan Orwat, size:28

```
1   function ans = counter
2   ans=@h;
3   end
4   function ans = h()
5     try load mat;
6         ans=ans+1;
7     catch
8         ans=1;
9     end;
10    save mat ans;
11  end
```

如果文件存在，执行 load 并将待存储数据加 1；不存在时，对变量赋值 1，最后都保存为同名文件"mat.mat"。

利用外部文件存储变量并非只有 mat 格式的文件形式，多种读/写 (I/O) 命令其实都可行，例如：

源代码 6.127: 利用 dlmwrite+importdata 存储调用变量, by Grzegorz Knor, size:35

```
1   function h = counter()
2   if ~exist('gknorTMP')
3       h = @counter;
4       dlmwrite('gknorTMP',0);
5   else
6       h = importdata('gknorTMP')+1;
```

第 6 章 匿名函数专题

```
 7      dlmwrite('gknorTMP',h);
 8    end
 9  end
```

6.7.2 图形句柄

图形界面编程（GUI）中，图形句柄是基本概念，例如："h1=figure"生成空白图形，自动返回句柄值"h1=1"；在 h_1 不销毁的前提下，执行"h2=figure"再生成新图形时，返回值为"h2=2"，以此类推。

因此，MATLAB 2014b 之前的版本*中，可利用句柄值"从 1 起始，自动累加"的特性。

源代码 6.128: 利用图形句柄实现函数执行次数计数,by Yaroslav,size:10

```
1  function h = counter();
2    h=@figure;
3  end
```

当然，根据匿名函数的构造规则，还可写成"h=@()figure"。

MATLAB 2014b 后，图形句柄对象结构发生重大变化，句柄对象返回"matlab.ui.Figure"的数据类型，而非单个"double"类型数值。

源代码 6.129: MATLAB 2014b 版本之后的图形句柄返回值

```
 1  >> h=figure
 2  h =
 3    Figure (1) with properties:
 4       Number: 1
 5        Name: ''
 6       Color: [0.940000000000000 0.940000000000000 0.940000000000000]
 7     Position: [680 558 560 420]
 8        Units: 'pixels'
 9    Show all properties
10  >> class(h)
11  ans =
12  matlab.ui.Figure
```

显然，MATLAB 新图形句柄形式比之前更复杂，不过并不影响图形属性的提取，就本例而言，与老版本对应的默认返回值应当是"h.Number"。该属性名称大小写敏感，因此例 1.11 的求解方法要改成：

源代码 6.130: 利用图形句柄实现函数执行次数计数（2014a 之后）,by Binbin Qi,size:14

```
1  function h = counter
2    h=@()get(figure,'Number');
3  end
```

图形句柄序列值"h.Number"获得方法并不唯一，比如通过 findobj：

---

*根据 Release Note，从 MATLAB 2014b 版本开始，MATLAB 绘图机制有重大变化，图形句柄对象返回类型将由"double"型向"matlab.ui.Figure"句柄对象（查看和数据赋值方式类似结构数组）逐步过渡，具体可参照 mathworks 主页版本变化通知。

源代码 6.131: 利用图形句柄实现函数执行次数计数,by LY Cao,size:19

```
1  function h = counter
2  h=@()numel(findobj('type',get(figure,'type')));
3  end
```

6.7.3 随机数控制器 rng

首先谈谈随机数,虽然它与例 6.13 的求解关联并不密切,但至少能帮助熟悉了解 MATLAB 中有关随机数的生成原理、函数使用方法等。细心的人会发现:随版本系列的更新,随机数目前基本上是通过 rng 函数控制随机数种子 (seed) 生成,例如:rng 输入参数相同,输出相同的随机数结果。一般经常利用这一点来调试随机数相同的代码,例如:

源代码 6.132: 控制得到相同的随机数

```
1  >> rng(0)
2  >> rand
3  ans =
4      0.8147
5  >> rng(0)
6  >> rand
7  ans =
8      0.8147
```

另一些情况需要模拟"真实随机"状况,解决办法是基于系统当前时间生成随机数 (rng 'shuffle'),于是函数 rand、randi 或 randn 等就能在每次调用 rng 时,得到不同的随机数。

此外,通过研究 rng 的命令帮助,发现它能返回结构体数组,下面分析该结构体的作用。

提出一个不用常数做种子(如:rng(0))就能得到相同随机数的问题。为方便起见,分步描述:

① 输入 rand 得到随机数;
② 随便写些代码;
③ 命令窗口再次输入 rand。

也就是说,在第③步,命令窗口输入的 rand,返回值与第①步得到的随机数完全相同。

按之前的分析可以知道:输入 rand 后,随机数的状态会发生变化,想要回溯,就得看状态发生了何种变化,观察如下代码:

源代码 6.133: 控制得到相同的随机数

```
1  >> s = rng;
2  >> rand;
3  >> s1 = rng;
4  >> isequal(s1.State(1:end-1) , s.State(1:end - 1))
5  ans =
6      1
7  >> s1.State(end) - s.State(end)
8  ans =
9      2
```

发现当生成一个随机数后,随机数的状态结构体"States"字段最后一个数字会加 2,不妨再进一步,多生成几个以便观察其规律:

源代码 6.134: 控制得到相同的随机数

```
1  >> rand(2);
2  >> s2 = rng;
3  >> s2.State(end) - s1.State(end)
4  ans =
5       8
```

用"rand(2)"生成 4 个随机数后,随机数结构数组状态域内的值增加了 8,至此真相大白:把当前状态量减去相应的随机数个数 ×2,随机数的值就能回溯到最初状态,测试如下:

源代码 6.135: 随机数的"回溯"

```
1  >> randi(5,1,3)
2  ans =
3       3    5    4
4  >> s = rng;
5  >> s.State(end) = s.State(end) - 3 * 2;
6  >> rng(s);
7  >> randi(5,1,3)
8  ans =
9       3    5    4
```

就是这样:描述随机数信息的结构数组,可以被用来充当随机数事发现场的"回放录像"。

回到例 6.13,目的是返回产生随机整数的函数句柄。

源代码 6.136: 随机数句柄的返回值

```
1  >> f = @()randi(6)
2  f =
3      @()randi(6)
4  >> f()
5  ans =
6       6
7  >> f()
8  ans =
9       4
```

显然,返回值不是想要的"1, 2, · · ·"规则顺序,想做到这一点,即按自然序列依次返回 1, 2, · · · , 5,首先要找到对应的随机序列,先做以下测试:

源代码 6.137: 特定随机序列的查找

```
1  >> rng(0);
2  >> s = randi(5,1,5000);
3  >> strfind(sprintf('%d',s),'12345')
4  ans =
5        4056
6  >> s(4056:4060)
7  ans =
8       1    2    3    4    5
```

源代码 6.137 的意思是：随机数种子设置为 0 的状态下，生成 4 055 个随机数，接下来就是 1, 2, 3, 4, 5，不妨再做以下测试：

源代码 6.138: 特定随机序列的查找测试

```
1  >> rng(0);
2  >> randi(5,[5,811]);
3  >> h = @()randi(5);
4  >> h()
5  ans =
6       1
7  >> h()
8  ans =
9       2
10 ...
11 >> h()
12 ans =
13      5
```

明显看出：方案创意非常出色，但计算效率方面则完全不值得提倡。因为"1:5"是用 4 055 个随机数事先"铺垫"出来的。此外，如果要得到连续自然数序列"1:6"，还得重新计算，此时源代码 6.137 中的第 2 句就要改成"`t=randi(6,5000,1)`"，计算结果是 4 897，意味着在随机数种子为 0 的情况下，连续自然数序列应为"`t(4897:4902)`"，也就是要在生成 4 896 个随机数后，才能够得到题意要求的序列。

6.7.4 全局变量定义 "global"

全局变量用于函数和函数之间共享某个变量，与大多数编程语言一样，全局变量与局部变量的差别主要体现在作用域和生存周期两方面。

1. 作用域

程序特定区域，变量名在该区域内有意义且"可见"。变量所谓的"局部"和"全局"特性是针对作用域而言：局部变量仅在某个函数中允许访问，全局变量在程序任何地方都能引用（使用前在每一个引用该全局变量的函数或基本工作区都需先用 global 做声明才能用）。

源代码 6.139: 赋值全局变量的函数

```
1  function Fun1(var)
2  global x;
3  x=var;
4  end
```

Fun1 没有返回值，仅仅定义全局变量 x，并将其外部输入值返回该全局变量。

源代码 6.140: 使用全局变量的函数

```
1  function y=Fun2()
2  global x;
3  y=x;
4  end
```

以上的函数 Fun1 和 Fun2 是独立的 M 文件：Fun1 用外部输入 var 对全局变量 x 赋值；源代

码 6.140 使用该全局变量,注意函数 Fun2 中并未对 x 赋值,声明它是全局变量后(不声明 x 就是 Fun2 内部的局部变量,和 Fun1 中的 x 完全不同)直接引用,值 var = 12 通过全局变量 x 为桥梁,使函数 Fun2 的局部变量输出值 y 也能分享它。调用方法如下:

源代码 6.141: 全局变量的定义和使用:源代码 6.139、6.140 的调用

```
1  >> Fun1(12)
2  >> y=Fun2()
3  y =
4       12
```

2. 生存周期

生存周期属于变量的 "运行时" 性质,简单说就是变量能被调用、赋值、存储等具有实际意义的时间范围。变量生存周期受变量名字的作用域影响:进入作用域时,局部变量通常(此处的 "通常",意指 MATLAB 中有 "persistent" 静态变量情况下的例外)开始生存周期;离开作用域时,局部变量往往结束生存周期。全局变量除非人为清除,将在一个周期内始终存在。清除全局变量,要用 "clear global varName" 或 "clear all",如只运行 "clear varName",只会让全局变量在当前工作区中不可见,并不能真正清除。

按上述解释,发现例 1.11 的本质实际就是构造变量生存时间周期长于函数体的变量,用全局变量定义能满足要求:

源代码 6.142: 利用全局变量构造函数计数器,by Alfonso Nieto-Castanon,size:30

```
1  function h = counter()
2  global n;
3  if isempty(n)
4      n=0;
5      h=@counter;
6  else
7      n=n+1;
8      h=n;
9  end
```

注意函数内部判断,当 "isempty(n)" 返回 "TRUE",说明全局变量 n 还不存在,间接证明程序 counter 尚未执行,因此对其赋值为 0 后,要再调用自身句柄,相当于对全局变量执行初值为零的 "初始化";判断流程中以句柄形式,再度调用 "h=@counter" 时,全局变量 n 已被赋值为 0,"isempty(n)" 返回 "FALSE",进入 "else" 判断流程,第 1 句 "n=n+1" 完成计数;第 2 句 "h=n" 是函数 counter 的返回值。

6.7.5 匿名函数句柄传递计数结果

句柄 (function_handle) 也能携带拥有更长生存周期的变量,句柄可由匿名函数和 M 文件两种方式返回,匿名函数的构造方式在之前已经介绍多次,函数返回句柄前面也有所涉及,例如源代码 6.142 中的 "@counter" 就是通过 M 文件返回自身句柄。

函数句柄的判断一般通过 isa 或者 class+ isequal 的组合实现,例如:

源代码 6.143: 变量是否为函数句柄的判断方法

```
1  >> f=@()1
```

```
2  f =
3      @()1
4  >> isa(f,'function_handle')
5  ans =
6      1
7  >> class(f)
8  ans =
9  function_handle
10 >> isequal(class(f),'function_handle')
11 ans =
12     1
```

句柄作为变量，与一些特殊的操控函数结合在一起，具有显著的矢量化特征。本书前面曾介绍过让句柄构成变量的调用方法 (见源代码 6.37)，以不同数据类型再列举两个例子：

① **结构数组形式句柄组的调用**

源代码 **6.144:** 结构数组形式句柄"簇"的调用

```
1  >> S.fun1=@(x)x+1;S.fun2=@(x)sin(x.^2);S.fun3=@sum;
2  >> structfun(@(x)x(1:5),S,'uni',0)
3  ans =
4      fun1: [2 3 4 5 6]
5      fun2: [0.8415 -0.7568 0.4121 -0.2879 -0.1324]
6      fun3: 15
```

② **元胞数组形式句柄组的调用**

源代码 **6.145:** 元胞数组形式句柄"簇"的调用

```
1  >> C={@(x)x+1;@(x)sin(x.^2);@sum};
2  >> cellfun(@(x)x(1:5),C,'uni',0)
3  ans =
4      [1x5 double]
5      [1x5 double]
6      [      15]
7  >> ans{:}
8  ans =
9      2    3    4    5    6
10 ans =
11     0.8415  -0.7568   0.4121  -0.2879  -0.1324
12 ans =
13     15
```

另一个问题是：既然句柄可被看做特殊的变量形式，也应像其他数据类型那样，允许查看其内在属性，例 6.13 求解的秘密就隐藏在句柄的属性信息之中。

句柄信息可通过函数 functions 查看，为此不妨建立一个 M 文件和一个工作空间内的匿名函数，通过函数 functions 分别查看下面两种句柄的属性信息：

① **构造含句柄的 M 文件** 仅查看内部句柄的信息：

源代码 **6.146:** 建立内含句柄的 M 文件

```
1  function InfoFun=Fun1(x)
2  a=1;
```

```
3  y=x+a;
4  h1=@Fun1;
5  InfoFun=functions(h1);
6  end
```

② **M 文件内句柄信息的查看**　命令窗口中调用上述函数 Fun1，将返回句柄 "@Fun1" 的信息：

源代码 **6.147**: M 文件内句柄信息的查看

```
1  >> InfoFun=Fun1(2)
2  InfoFun =
3      function: 'Fun1'
4          type: 'simple'
5          file: 'D:\MATLABFiles\Code_EX\Fun1.m'
```

源代码 6.147 通过命令 functions 显示句柄名称、类型以及路径。

③ **匿名函数的句柄信息**　在命令窗口中构造一个与源代码 6.146 功能颇为类似的匿名函数，再次查看其句柄信息：

源代码 **6.148**: 匿名函数句柄信息的查看

```
1  >> a=1;
2  >> Fun2=@(x)x+a;
3  >> functions(Fun2)
4  ans =
5      function: '@(x)x+a'
6          type: 'anonymous'
7          file: ''
8     workspace: {[1x1 struct]}
9  >> c=class(functions(Fun2))
10 c =
11 struct
12 >> ans.workspace{1}
13 ans =
14      a: 1
```

比较上述两段代码中的句柄结构数组信息，发现除类型变成匿名函数外，后者还多了 "workspace" 域：鉴于非断点调试正常情况下，M 函数变量向 workspace 封闭（除非使用 assignin 之类的命令与之强行交互），因此并不具有 workspace 信息可以理解。同时，工作空间域内存储了匿名函数中使用的外部参数 a。该参数就是句柄携带生存周期更长的外部参量的关键所在。可以尝试在工作空间中销毁变量 a，再次运行 "functions(Fun2)" 查看句柄信息中的变量 a 生存状况：

源代码 **6.149**: 工作空间销毁变量在句柄中的存在状况

```
1  >> clear a
2  >> functions(Fun2)
3  ans =
4      function: '@(x)x+a'
5          type: 'anonymous'
6          file: ''
```

```
 7      workspace: {[1x1 struct]}
 8  >> ans.workspace{1}
 9  ans =
10      a: 1
11  >> exist a
12  ans =
13       0
14  >> Fun2(2)
15  ans =
16       3
```

有趣的现象发生了：源代码 6.149 第 1 条语句在工作空间的确销毁了变量 a，第 4 条语句"exist('a')=0"证实变量 a 并不存在于 workspace 中，可它却依然保留在句柄信息中，这就是句柄能够携带更长生存周期变量的秘密所在。最后一条语句"Fun2(2)"调用匿名函数时，它使用的还是销毁之前已保存在匿名函数中的变量 $a=1$。

这从另一个侧面解释了匿名函数多次复用前提下的高效能：当函数使用该句柄时直接执行操作，反复调用时无需文件或变量搜索，可节省大量时间，从而提高函数执行效率[1]。

但必须说明一点：这种机制是把双刃剑，并非所有情况下都有利于效率，特殊情况下，甚至适得其反，比较典型的例子是构造如下源代码所示的 M 文件：

源代码 6.150: 匿名函数携带变量维度很大时的情况分析——第 1 步

```
1  function fh = BigVarCarry()
2  fh = @(x)x^2 ;
3  a = rand;
4  b = rand(1e3);
5  end
```

命令窗口查看该函数产生的匿名函数句柄信息：

源代码 6.151: 匿名函数携带变量维度很大时的情况分析——第 2 步

```
 1  >> fh = BigVarCarry()
 2  fh =
 3      @(x)x^2
 4  >> InfoF=functions(fh)
 5  InfoF =
 6      function: '@(x)x^2'
 7          type: 'anonymous'
 8          file: 'D:\MATLABFiles\Code_EX\BigVarCarry.m'
 9     workspace: {2x1 cell}
10  >> InfoF.workspace{2}
11  ans =
12      fh: @(x)x^2
13       b: [1000x1000 double]
```

句柄信息显示：最后一条语句的句柄信息结构数组 InfoF，其"workspace"域内莫名其妙携带了一个与匿名函数本身根本不相干且维度很大的变量 b，这势必会降低函数的执行效率，可通过标识子函数的方式解决这个问题。

源代码 6.152: 匿名函数携带无关变量的解决办法——第 1 步

```
1  function f = AvoidBigVarCarry()
2  f = @subfun ;
3  a = rand;
4  b = rand(1e3);
5  function y = subfun(x)
6  y = x^2;
```

通过在命令窗口中再次查看句柄信息时，发现了变化：

源代码 6.153: 匿名函数携带无关变量的解决办法——第 2 步

```
1  >> fh=AvoidBigVarCarry()
2  fh =
3      @subfun
4  >> InfoF=functions(fh)
5  InfoF =
6      function: 'subfun'
7          type: 'scopedfunction'
8          file: 'D:\MATLABFiles\Code_EX\AvoidBigVarCarry.m'
9     parentage: {'subfun' 'AvoidBigVarCarry'}
10 >> InfoF.workspace{2}
11 Reference to non-existent field 'workspace'.
```

源代码 6.153 的最后一条语句显示：不相干的变量不再存在于句柄的携带变量中。对源代码 6.152 的句柄信息查看的过程中，使用了函数句柄的重要特性：标识子函数、私有函数和嵌套函数。这对用户来说，本来是隐藏的。

通过上述分析，例 6.13 的解决方法就清楚了。

源代码 6.154: 利用句柄存储信息求解例 6.13,by Binbin Qi,size:29

```
1  function x = counter
2  y = 0;
3  x = @fcn;
4      function t = fcn
5          [t ,y]= deal(y + 1);
6      end
7  end
```

句柄"@fcn"中存储了变量 y，它每次调用时都会增加 1。

总结：体会句柄中存储变量的机制，发现老版本中，利用图形句柄"h=@figure"逐次运行加 1 与本节分析有类似之处。

根据上述分析，继续用斐波那契数列举例：

例 6.14 给定正整数 n，写一个计算斐波那契数列的函数 fib()，调用该函数 i 次，返回第 $n+i$ 项斐波那契数列值。注意：这个函数 fib 是不带输入的，例如给定输入 $n=2$，因此第 $i=1$ 次调用 fib() 结果为 2；第 2 次调用 fib() 结果为 3；第 3 次调用得到 fib() = 5。

源代码 6.155: 例 6.14 测试代码

```
1  %%% Clean workspace
2  % !/bin/cp fib.m safe
```

```
 3   % !/bin/rm *.*
 4   % !/bin/mv safe fib.m
 5   % Clean user's function from some known jailbreaking mechanisms
 6
 7   functions={'!','feval','eval','str2func','str2num','regex','system','dos','unix','perl','assert','
         fopen','write','save','setenv','path','please','for','if','while','switch','global','figure'
         ...
 8       'round','roundn','fix','ceil','char','floor','\.','^','pow','\^','sscanf','persistent'};
 9   fid = fopen('fib.m');
10    st = char(fread(fid)');
11    for n = 1:numel(functions)
12       st = regexprep(st, functions{n}, 'error(''No fancy functions!'');_%','ignorecase');
13    end
14   fclose(fid);
15   fid = fopen('fib.m' , 'w');
16    fwrite(fid,st);
17   fclose(fid);
18   %% 2
19   n = 2;
20   f = fib(n);
21   assert(isequal(f() + f(),f()));
22   assert(isequal(f(),5));
23   %% 3
24   n = 7;
25   f = fib(n);
26   assert(isequal(f() + f(),f()));
27   assert(isequal(f() + f(),f()));
28   assert(isequal(f(),233));
```

释义：继续斐波那契数列构造之旅，只是这次并未在数列构造上设置障碍，转而结合例 6.13 介绍的句柄传递参数机理，利用函数返回句柄，在不改变输入的前提下，第 i 次运行自定义 M 函数输出的句柄 $f()$，返回的斐波那契数列第 $n+i-1$ 项数值。注意两点：① 输出句柄 $f()$ 没有输入值；② 很多函数包括 persistent 静态变量等被禁止使用。

看懂前面匿名函数传递参数机制的分析后，例 6.14 就很容易解了。

源代码 6.156: 通过匿名函数携带生存周期更长变量解例 6.14,by Binbin Qi,size:51

```
1   function f = fib(n)
2   y=n;
3   f=@fibcn;
4       function ans=fibcn
5           ans=filter(1,[1 -1 -1],[1 zeros(1,y)]);
6           [ans,y]=deal(ans(y),y+1);
7       end
8   end
```

源代码 6.156 的斐波那契数列通项采用滤波函数 `filter`（见源代码 6.106 及分析）。参量 y 在主函数中赋初值，但它却由子函数句柄存储，当命令窗口调用函数"`fib`"后，就是用句柄在做计算，此时参数 y 在句柄内每调用一次就加 1，自然逐次按新值 y 求通项。

固然，使用匿名函数携带生存周期更长的变量，让 MATLAB 的使用变得非常有趣。不过伴随的安全和效率隐患也客观存在。很可能 Mathworks 公司也意识到这一点,在版本更替过程中,某些功能正逐步受到限制,例如下面的问题,在 MATLAB 2015a 和 MATLAB 2015b 两个版本中执行,结果就完全不同。

① 建立 M 文件"myfun.m"并保存:

源代码 6.157: 不同 MATLAB 版本匿名函数携带变量运行比较 1

```
1  function y = myfun()
2  a = 1;
3  y = @(x) 1;
```

② 建立 script 脚本"main.m":

源代码 6.158: 不同 MATLAB 版本匿名函数携带变量运行比较 2

```
1  clear;clc;close all
2  y = myfun;
3  t = functions(y);
4  t.workspace{end}.a
```

③ 在 2015a 和 2015b 两个 MATLAB 版本的命令窗口中,如果分别执行 main 文件,前者正常运行,并返回结果"t.workspace{end}.a";后者则提示如下出错信息:

源代码 6.159: 不同 MATLAB 版本匿名函数携带变量运行比较 3

```
1  Reference to non-existent field 'a'.
2  Error in main (line 4)
3  t.workspace{end}.a
```

MATLAB 2015a 和 2015b 两个版本对同一程序运行的结果说明:MATLAB 2015a 仍然允许访问独立变量 a,并让它在匿名函数中继续生存,即使匿名函数"y=@(x)1"与变量 a 无关;但时隔半年后发布的 MATLAB 2015b 却已经禁止匿名函数自动保存此类无关变量,这是匿名函数机制的一个显著更改。

6.8 小　结

多种函数组合构造句柄,再利用匿名函数实现操控,能形成很多异常灵活的代码方案。随着读者多解能力的提高、对 MATLAB 函数的日益熟悉,看待同一问题的视角会更开阔,新代码也一定会兼具简捷和高效两大优点。随着发散性思维方式与工具软件的日益融合,代码效率提高是水到渠成的事情。今天我们所做的探讨,仅仅是在这个实现过程的开端,远谈不上结果。

本章通过一些实际应用较为频繁的数值计算绘图以及 Cody 中与匿名函数密切关联的问题,引出程序编写中句柄构造与操控的诸多办法,切身体会匿名函数句柄构造灵活的手段,它与多个矢量化控制函数的组合,在某种程度上甚至能完成程序控制流程的等效工作。此外,许多需要调用函数句柄的常用数值计算工具箱函数如:微分方程求解的 ODE 系列、优化函数 linprog、fmincon、fminsearch、非线性方程求解函数 fsolve、积分求解函数 integral 等,都能用匿名函数灵活定义传递参数,大大简化了代码的编写工作。

参考文献

[1] DUANE HANSEIMAN B L. Mastering MATLAB[M]. 北京: 清华大学出版社, 2012.
[2] 李万祥. 工程优化设计与 MATLAB 实现 [M]. 北京: 清华大学出版社, 2010.
[3] 孙靖民. 机械优化设计 [M]. 3 版. 北京: 机械工业出版社, 2005.
[4] 吴鹏. MATLAB 高效编程技巧与应用: 25 个案例分析 [M]. 北京: 北京航空航天大学出版社, 2010.
[5] 薛定宇. 控制数学问题的 MATLAB 求解 [M]. 北京: 清华大学出版社, 2007.
[6] 薛定宇. 控制系统计算机辅助设计——MATLAB 语言与应用 [M]. 北京: 清华大学出版社, 2012.